高等职业教育农业农村部"十三五"规划教材
"十二五"江苏省高等学校重点教材

# 动物药理

## DONGWU YAOLI

## 第三版　| 赵明珍　主编

中国农业出版社
北　京

图书在版编目（CIP）数据

动物药理/赵明珍主编 . —3 版 . —北京：中国
农业出版社，2019.8（2022.12 重印）
高等职业教育农业农村部"十三五"规划教材 "十
二五"江苏省高等学校重点教材
ISBN 978-7-109-26204-1

Ⅰ.①动… Ⅱ.①赵… Ⅲ.①兽医学－药理学－高等
职业教育－教材 Ⅳ.①S859.7

中国版本图书馆 CIP 数据核字（2019）第 247022 号

中国农业出版社出版
地址：北京市朝阳区麦子店街 18 号楼
邮编：100125
责任编辑：徐 芳
版式设计：张 宇 责任校对：吴丽婷
印刷：北京通州皇家印刷厂
版次：2009 年 12 月 1 版 2019 年 8 月第 3 版
印次：2022 年 12 月第 3 版北京第 6 次印刷
发行：新华书店北京发行所
开本：787mm×1092mm 1/16
印张：19
字数：392 千字
定价：46.00 元

# 第三版编审人员

# 第三版前言

## Preface three

本教材第一版是国家示范性高职高专院校重点专业建设项目资助的特色教材，2009 年出版。第二版是农业农村部"十三五"规划教材和"十二五"江苏省高等学校重点教材，2015 年出版。第三版是国家"双高计划"建设项目资助的重点教材。期间得到了广大师生的肯定和好评。

本教材内容结构继续采用"学与导、练与做、拓与展、思与议"的形式编写，旨在引导学生自主学习，指导学生"为什么学?""学什么?""如何学?""有什么用?"，培养学生的求知欲和探究学习的能力及方法，提高学生分析问题和解决问题的能力。

近几年，为保障动物产品质量安全和公共卫生安全，农业农村部先后发布了第 2292 号、2450 号、2625 号、2638 号、194 号公告，停止了氧氟沙星等 4 种原料药的各种盐、酯及其各种制剂，喹乙醇等 3 种兽药的原料药和各种制剂的生产、使用，规范了饲料添加剂安全使用和兽医处方格式及应用。第三版教材修订时，我们根据国家在兽药生产、管理及使用等方面的文件要求，在内容选取上充分考虑了对畜牧业生产的指导性、实用性及知识结构的完整性，在第二版基础上，增加了新药或新制剂 12 种、删除药物品种或制剂 22 种，增加了兽药应用临床案例和中兽药应用知识，同时，结合《执业兽医资格考试大概》，增补了全国执业兽医师考试模拟题资源，以引导学习者共同探讨动物临床选药用药技术，希望起到抛砖引玉的作用。

本版教材增加了大量的信息化资源，通过二维码，给相关重难点知识点配置了动画、微课，给实验和部分实训配置了视频录像。教材内容与畜牧兽医专业国家级资源库升级改进项目——《动物药理》课程资源相配套（资源库课程网站 https：//www.icve.com.cn/portal/courseinfo? courseid＝ii39acetgpnifzvmgjnkgg），为学习者提供了大量的教学视频资源、动画、案例、题库及 PPT 等素材资源。

1

本版教材坚决贯彻党的教育方针，落实立德树人根本任务，坚持正确的政治方向和价值导向，在相关知识点增加了课程思政内容。

参与本次教材修订的作者有高职院校的教师、动物药品生产企业的专家，以及从事临床兽医工作的高级兽医师。具体分工为：赵明珍（江苏农林职业技术学院），负责前言、第一篇和动画、PPT 及测试题；吕兴萍（江苏农林职业技术学院），负责第二篇（第一模块）、附录和部分实训录像；张萍（金陵科技学院），负责第二篇（第二模块）、第六篇和部分实训录像及动画；杨国林（江苏农林职业技术学院），负责第三篇；李红梅（黑龙江科技职业学院），负责第四篇；刘立英（辽宁农业职业技术学院），负责第五篇；邓茂先（江苏农林职业技术学院），负责第七篇；王丽群（江苏农林职业技术学院），负责第八篇和部分实训录像；周道明（江苏省句容市兽医站）、黄文江（镇江威特药业有限公司），负责案例及拓展部分。

书稿由农业农村部兽药典专家委员、江苏省新兽药评审委员、江苏省食品安全委员会委员、南京农业大学江善祥教授和常州智能动物药业有限公司总工程师、扬州大学褚德明教授主审。

教材修订过程中，许多畜牧及兽药行业企业人员及同行老师对教材内容、收载药物及文字等提出了很好的建议和意见，谨在此一并致谢！

由于编者水平有限，第三版仍会有许多缺点和不足，恳请读者批评、指正。

编　者

2019 年 1 月

  本教材是根据教育部《关于加强高职高专教育人才培养工作意见》《关于全面提高高等职业教育教学质量的若干意见》和教育部、财政部《关于实施国家示范性高等职业院校建设计划，加快高等职业教育改革与发展的意见》的精神，按照高职高专畜牧兽医类专业人才培养目标和中国农业出版社教材编写要求编写的。

  本教材是国家示范性高职高专院校重点专业建设项目资助的一门特色教材。其内容结构采用"学与导、练与做、拓与展、思与议"的形式编写，是我们对动物药理知识"学用结合"的一种尝试，旨在教学过程中体现以学生为主体，使学生由被动接受者转为主动求知者，指导学生"为什么学?""学什么?""如何学?""有什么用?"，培养学生的求知欲和探究学习的能力及方法，提高学生分析问题和解决问题的能力。

  教材编写过程中考虑到生产指导性、实用性以及作为教材知识结构的完整性，收集了多品种兽药，重点介绍了畜禽群发病、多发病临床所用药物，对部分食品动物禁用药物仅作简述，同时介绍了部分宠物及水产用药，拓展了一些临床选药用药的技巧和技术，供师生共同深入探讨，希望起到抛砖引玉的作用。

  教材编写由江苏农林职业技术学院赵明珍担任主编，组织了职业技术院校的老师、动物药品生产企业的专家和多年从事临床兽医工作的高级兽医师共同参加编写。他们是江苏农林职业技术学院教师杨国林、张萍、邓茂先、吕兴萍、王丽群，江苏省句容市兽医站段启忠、周道明高级兽医师、江苏镇江威特实业公司黄文江研究员。书稿完成后由扬州大学兽医学院教授、常州智能动物药业有限公司总工程师褚德明和扬州大学兽医学院张雨梅教授审稿。

  教材编写出版得到江苏农林职业技术学院的领导及各方面的

支持，谨在此一并致谢。

教材编写中我们所引用的参考文献列在书后，在此谨对参考文献的作者表示衷心感谢。

本教材在编写过程中虽然参考了大量的相关资料，仍会挂一漏万。由于水平有限，难免有不足和错误之处，敬请读者批评指正。

编　者

2009 年 10 月

# 第二版前言
## Preface two

　　本教材第一版是国家示范性高职高专院校重点专业建设项目资助的特色教材，2009 年由中国农业出版社出版。6 年来，本课程历经了江苏省精品课程、国家高等职业教育畜牧兽医专业教学资源库动物药理子项目库和高等职业教育农业部"十二五"规划教材建设，积累了大量的教学资源。2013 年，本教材立项为"十二五"江苏省高等学校重点教材建设。

　　本教材内容结构继续根据"学与导、练与做、拓与展、思与议"四大版块编写，旨在教学过程中突出以学生为主体，使学生由被动接受者转为主动求知者，指导学生"为什么学?""学什么?""如何学?""有什么用?"，培养学生的求知欲和探究学习的能力及方法，提高学生分析问题和解决问题的能力。

　　教材内容选取充分考虑了生产指导性、实用性及知识结构的完整性，结合《执业兽医资格考试大纲》要求，在第一版基础上增、删了 40 多种兽药与兽药制剂，重点介绍了畜禽群发病、多发病临床常用药物，同时增加了教学案例、中兽药方剂和思考题，以引导师生共同探讨动物临床选药用药的技术，希望起到抛砖引玉的作用。教材内容编排与高等职业教育畜牧兽医专业教学资源库动物药理子项目库相配套。资源库课程网（http：//www.cchve.com.cn/hep/portal/courseId_1383）提供了大量的实验实训录像、动画、案例、题库及图片等素材资源，以供学生自主学习参考。

　　本次教材再版，有高职院校的教师、动物药品生产企业的专家，以及多年从事临床兽医工作的高级兽医师共同参与修订。具体分工为：赵明珍（江苏农林职业技术学院），前言、第一篇；吕兴萍（江苏农林职业技术学院），第二篇（模块一）；张萍（金陵科技学院），第二篇（模块二）、第六篇；杨国林（江苏农林职业技术学院），第三篇；李红梅（黑龙江科技职业学院），第四

1

篇；刘立英（辽宁农业职业技术学院），第五篇；邓茂先（江苏农林职业技术学院），第七篇；王丽群（江苏农林职业技术学院），第八篇、附录；周道明（江苏省句容市兽医站）、黄文江（江苏镇江威特实业公司），案例及拓展。

书稿由扬州大学兽医学院教授、常州智能动物药业有限公司总工程师褚德明主审，南京农业大学王丽平教授参审。

教材编写出版还得到畜牧行业企业人员及全国多个农牧院校教师的大力支持，谨在此一并致谢。

教材编写中我们所引用的参考文献列在书后，在此谨对参考文献的作者表示衷心感谢。

由于编者水平有限，第二版仍会有许多缺点和不足之处，还望读者提出宝贵意见。

编　者

2015 年 4 月

# 目 录
Contents

## 附 录 ·····280

## 参考文献 ·····288

# 第一篇　动物药理基础知识

## 内容提要

本篇主要介绍动物药理的基本概念、药物的一般知识、药物对动物机体的作用（药效学）、动物机体对药物的作用（药动学）、影响药物作用的因素与合理用药、兽医处方等药理基础知识。通过社会实践了解处方开写方法。

## 学习目标

1. 理解动物药理概念、课程性质和研究内容，兽药的发展简史和一般知识，掌握基本概念及常用术语。

2. 掌握药物作用的基本表现、药物作用的方式、药物作用的选择性、药物治疗作用与不良反应、药物作用的机理，理解药物的构效关系和量效关系。

3. 理解药物的转运方式，掌握药物的体内过程（吸收、分布、转化和排泄），掌握影响药物作用的因素及合理用药。

4. 理解兽医处方内容，通过参观动物医院药房，了解处方开写方法，能对格式不规范的兽医处方进行纠错。

## 单元一　动物药理的性质、内容及发展简史

### 一、动物药理的概念、性质和内容

动物药理是研究药物与动物机体（包括病原体）之间相互作用规律的一门科学。是一门为兽医临床合理用药、防治疾病提供基本理论的专业基础课。

动物药理运用动物生理、动物生化、动物病理、动物微生物与免疫学等基础理论和知识，阐明药物的作用机理、主要适应证和禁忌证，为兽医临床合理选用药物提供理论依据。它与动物食品中的药物残留、动物疾病模型的实验治疗、毒物鉴定与毒理研究等有着密切的联系，是畜牧兽医、动物医学、动物防疫与检疫专业和动物药学专业的专业基础课程。

动物药理的内容主要包括两个方面：一是药物效应动力学，是研究药物对动物机体（包括病原体）的作用及作用机理，简称药效学，主要阐明药物的作用机理、药物的作用、适应证、不良反应和禁忌证等。二是药物代谢动力学，研究动物机体对药物处置的动态变化（包括吸收、分布、转化与排泄）过程中，浓度随时间变化的规律，简称药动学。

药效学与药动学在动物体内是同时进行的，加强这两方面的学习和研究，有助于我们全面、客观地理解药物与机体之间的相互作用的规律。

## 二、学习目的与方法

学习动物药理课程目的主要有两方面：一是指导临床正确选药、合理用药，减少不良反应，更好地为畜牧生产和兽医临床实践服务，保证动物性食品的安全，维护人民身体健康；二是为进行兽医临床药理实验研究，开发新兽药及新兽药制剂奠定基础。

学习动物药理应以辩证唯物主义思想为指导，认识和掌握药物与机体之间的相互作用关系，正确评价药物在防治疾病中的作用。重点学习动物药理基础知识，以及各模块中的代表性药物，分析每类药物的共性和特点。对重点药物要全面掌握其作用机理、作用、应用、不良反应及注意事项。要掌握常用的实验方法和基本操作，重视各项技能实训，通过实验实训培养实事求是的科学作风和分析解决问题的能力。

## 三、动物药理的发展简史

动物药理是药理学的组成部分，由于许多药理学的研究多以动物为基础，所以，动物药理学的发展与药理学的发展有着密切的联系。

### （一）古代本草学或药物学阶段

本草为天然药物的古称，以植物药为主，包括动物药和矿物药。此阶段的研究成就主要有以下几本著作。

1. 《神农本草经》是我国最早的（大约公元前1世纪）药物学专著。该专著系统地总结了秦汉以来众多医家和民间的用药经验，于东汉时期集结整理成书，共收载药物365种，其中，植物药252种、动物药67种、矿物药46种。本书对药物的功效、主治、用法均有论述，如麻黄平喘、黄连止痢、猪苓利尿、黄芩清热等，至今仍在临床广泛应用。同时，提出了"药有君、臣、佐、使"的组方用药等方剂学理论，堪称现代的药物配伍应用实践的典范。

2. 《新修本草》是世界第一部（公元659年）药典。该著作由唐代苏敬等人编撰，唐朝政府颁布，全书共54卷，收载药物844种。较西方最早的《纽伦堡药典》（1542年）早883年。《新修本草》的颁发，对药品的统一、药性的订正、药物的发展都有积极的促进作用。

3. 《本草纲目》是明代李时珍历时30年完成（1578年）的闻名世界的药学巨著。全书共52卷、收药1 892种、插图1 160幅、药方11 000余条，曾被译为英、日、德、俄、法、朝、拉丁7种文字。《本草纲目》广泛收集了民间用药知识和经验，总结了16世纪以前我国的药物知识，纠正了以往本草书中的某些错误，提出当时纲目清晰的、最先进的药物分类法，系统论述了各种药物的知识，纠正了反科学见解，辑录保存了大量古代文献，被誉为中国古代的百科全书。

4. 《元亨疗马集》公元1608年，明代喻本元、喻本亨集以前及当时兽医实

细菌耐药性

践经验，编著了《元亨疗马集》，收载药物 400 多种，方剂 400 余条。它是我国最早的兽医著作。

### （二）近代、现代药理学阶段

近代我国药物学的研究有清代赵学敏的《本草纲目拾遗》，又新添药物 716 种。吴其浚的《植物名实图考》及《植物名实图考长篇》，陈存仁的《中国药学大辞典》（1935 年）等都是在《本草纲目》的基础上整理补充的。近代药理学是 19 世纪药物化学与生理学相继发展而创新的学科。许多植物药物的有效成分被药剂师们提纯并在广泛实验的基础上用于临床，如吗啡（1803 年）、士的宁（1819 年）、咖啡因（1819 年）、奎宁（1820 年）、阿托品（1831 年）、可卡因（1860 年）等。之后，人工合成药也相继问世，如氯仿（1831 年）、氯醛（1831 年）、乙醚（1842 年）等，均在广泛实验的基础上被临床应用。

现代药理学大约从 20 世纪 20 年代开始。化学药物、化学合成药物、抗生素等在人们的研究中不断被发现并应用于临床，在动物疾病防治中发挥着十分重要的作用。20 世纪 60 年代后，生物化学、生物物理学和生理学的飞跃发展，新技术如同位素、电子显微镜、精密分析仪器等的应用，对药物作用原理的探讨由原来的器官水平，进入细胞、亚细胞以及分子水平。

动物药理（兽医药理学）作为独立学科建立的准确年代无从考查。欧洲 18 世纪开始成立兽医学院，20 世纪初期已有多种兽医药物学及治疗学的教科书，但多记述植物药、矿物药和处方，没有叙述药物对机体组织的作用或作用机制。我国于 20 世纪 50 年代初开设兽医药理学，1959 年出版了全国试用教材《兽医药理学》，之后出版了《兽医临床药理学》《兽医药物代谢动力学》《动物毒理学》等著作。我国兽医药理学得到较好发展是在改革开放以后，科学研究蓬勃开展，各高等农业院校为兽医药理学培养了大量人才，兽医药理学工作者的队伍逐渐壮大，并取得一批重要研究成果。为动物生产提供了保障，并极大地丰富了兽医药理学的内容。

## 单元二　药物的一般知识

### 一、基本概念

1. **药物**　指用于预防、治疗、诊断疾病，或者有目的地调节机体生理机能的物质。应用于动物的药物统称为兽药。主要包括：化学药品、抗生素、生化药品、血清制品、疫苗、微生态制品、诊断制品、中药材、中成药、放射性药品、外用杀虫剂、消毒剂及药物饲料添加剂等。兽药的使用对象为家畜、家禽、宠物、野生动物、水产动物、蜂及蚕等。

2. **毒物**　是指能对动物机体产生损害作用的物质。药物超过一定剂量或用法不当，对动物也能产生毒害作用，所以在药物与毒物之间并没有绝对的界限，它们的区别仅在于剂量的差别。药物长期使用或剂量过大有可能成为毒物。

3. **兽用处方药**　指凭兽医处方才能购买和使用的兽药。兽用处方药目录由

药物、毒物
的关系

辩证思维　科学用药——
兽药法规知多少？
药物、毒物间没有绝对
界限。用量变化，药物
和毒物之间会相互转化。
兽医工作者应遵守《兽
药典》和《兽药管理
条例》等法规文件，科
学规范使用兽药，以防
药物对动物或人体产生
损伤，成为毒物。

农业部制定并公布。未经兽医开具处方，任何人不得销售、购买和使用处方兽药。

4. **兽用非处方药** 指由国务院兽医行政管理部门公布的、不需要凭兽医处方就可以自行购买并按照说明书使用的兽药，是兽用处方药目录以外的兽药。

我国实行《兽用处方药和非处方药管理办法》，可以防止滥用兽药（特别是抗生素和合成抗菌药），避免或减少动物性食品中的兽药残留问题，达到保障动物用药规范、安全有效的目的。

5. **方剂** 指按兽医师临时处方，专门为患病动物配制的并明确指出用法和用量的药剂。

## 二、药物的来源

药物的种类很多，但从其来源来说，大体可分为两大类：

1. **天然药物** 是利用自然界的物质，经过加工而做药用者。包括植物药，如黄连、龙胆；动物药，如牛黄、地龙；矿物药，如硫酸钠、硫酸镁；抗生素及生物制品，如青霉素、疫苗、抗毒素等。

2. **人工合成和半合成药物** 人工合成药物指用化学方法合成的药物（如磺胺类、喹诺酮类等）或根据天然药物的化学结构，用化学方法制备的药物（如肾上腺素、麻黄碱等）；半合成药物指在原有天然药物的化学结构基础上引入不同的化学基团，制得的药物，如半合成抗生素。人工合成和半合成药物的应用非常广泛，是药物生产和开拓新药的主要途径。

## 三、药物制剂与剂型

药物的原料一般不能直接用于动物疾病的治疗或预防，必须进行加工制成安全、稳定和便于应用的形式。根据《中华人民共和国兽药典》及《中华人民共和国兽药规范》将药物加工，制成便于保存、运输、使用，并能更好地发挥疗效的药物应用形式的具体品种，称为制剂。经加工后的药物呈现的各种物理形态称剂型，根据物理形状不同可分为固体剂型、半固体剂型、液体剂型和气体剂型。剂型是集体名词，其中任何一个具体的品种，如注射用青霉素钠、恩诺沙星片即为制剂。

### （一）固体剂型

1. **散剂** 是将一种或多种药物经粉碎、过筛、均匀混合而制成的干燥粉末状制剂。根据水溶性和用法不同，有水溶性粉（如盐酸环丙沙星可溶性粉，可用作混饮）和一般散剂（难溶于水）。

2. **片剂** 将一种或多种药物混合压制而成的圆片状的固体剂型。以内服的普通片为主，如土霉素片，也有泡腾片、缓释片、控释片、肠溶片等。

3. **丸剂** 由一种或多种药物细粉或药物提取物加适宜的黏合剂或辅料制成的圆球形固体制剂，专供内服用，如牛黄解毒丸、用于草食动物的缓释驱虫大丸剂等。

4. **胶囊剂** 是指将药物盛于空心胶囊中制成的一种制剂。供内服，如氨苄西林胶囊。根据胶囊材料和用药目的不同分为硬胶囊（通称为胶囊）、软胶囊、缓释胶囊、控释胶囊、肠溶胶囊、微型胶囊。

5. 预混剂　指药物与适宜的基质均匀混合制成的粉末状或颗粒状制剂。生产上预混剂常以一定的浓度通过混饲给药。

6. 栓剂　是药物与适宜基质制成供腔道给药的固体制剂。其种类主要有直肠栓、尿道栓、耳道栓、肛门栓、阴道栓等。栓剂多半经腔道给药，既能避免药物首过效应，同时也避免消化液对药物的破坏作用，使栓剂中的药物能发挥预定疗效。一些对胃肠道黏膜有刺激性或易受消化液破坏或对肝有损害作用的药物，均适宜制成栓剂。

7. 微囊剂　利用天然或合成的高分子材料包裹而成的微型胶囊。囊材多为高分子物质，如明胶、阿拉伯胶等，具有通透性和半通透性的特点，借助于用药部位的压力、pH、酶、温度等环境条件，可完全释放药物，发挥药效。药物通过微囊化，可制成肠溶微囊剂或缓释长效制剂。

**（二）半固体剂型**

1. 软膏剂　指药物与油脂性或水溶性基质混合制成的均匀的半固体外用制剂。如醋酸可的松眼膏、红霉素软膏。

2. 糊剂　指大量的固体粉末（一般 25% 以上）均匀地分散在适宜的基质中所制成的半固体制剂，可内服也可外用。

3. 舔剂　指由一种或多种药物与赋形药混合，制成糊状或粥状制剂。供病畜自由舔食或涂抹在病畜舌根部任其吞食。多为诊疗后现用现配，且无刺激性及不良气味。常用的辅料有甘草粉、淀粉、米粥、糖浆等。

4. 浸膏剂　是将中草药浸出液经浓缩后的膏状半固体或粉末状固体剂型。除特别规定外，1g 浸膏相当于原药物 2～5g，如甘草浸膏、颠茄浸膏等。

**（三）液体剂型**

1. 溶液剂　一般指非挥发性药物的澄明液体。主要供内服或外用，如硫酸镁溶液、地克珠利溶液等。

2. 合剂　指两种以上药物的澄明溶液或均匀混悬液。主要供内服，如复方甘草合剂。

3. 乳剂　指两种或两种以上不相溶的液体经乳化后，形成的乳状悬浊液，其中一种液体往往是水溶液称为水相，另一种液体则是与水不相溶的有机液体称为油相。通常有"水包油型"和"油包水型"乳剂。可供内服、外用，有的也可注射，如鱼肝油乳剂。

4. 擦剂　指由刺激性药物制成的油性或醇性液体制剂，有溶液型、混悬型及乳化型。专供外用，如松节油擦剂、四三一擦剂。

5. 酊剂　指用不同浓度的乙醇浸泡药材或溶解化学药物所得的液体制剂。供内服或外用，如龙胆酊、碘酊等。

6. 醑剂　指挥发性药物溶于醇的溶液。可供内服或外用，如芳香氨醑、樟脑醑。

7. 流浸膏剂　指将药材的醇或水的浸出液，蒸去部分溶媒浓缩而得的液体制剂，通常每 1mL 相当于原药材 1g。供内服，如益母草流浸膏。

8. 煎剂和浸剂　是将中草药放入陶瓷容器内加水煎或浸一定时间，去渣使用的液体剂型，如槟榔煎剂、鱼藤浸剂。

**（四）气雾状制剂**

1. 烟雾剂　是通过化学反应或加热而形成的药物过饱和蒸气，又称凝聚气雾剂。如甲醛溶液遇高锰酸钾产生高温，前者即形成蒸气，常供犬舍、猫舍消毒等。

2. 喷雾剂　是借助机械（喷雾器或雾化器）作用，将药物喷成雾状的制剂。药物喷出时，成雾状微粒或微滴，直径 $0.5\sim5.0\mu m$，供吸入给药，也可用于环境消毒。

3. 气雾剂　是将药物和适宜的抛射剂，共同封装于具有特制阀门系统的耐压容器中。使用时，掀按阀门，借助抛射剂的压力，将药物抛射成雾。供吸入进行全身治疗、外用局部治疗及环境消毒等。

**（五）注射剂**

又称针剂，指灌封于特制容器中灭菌的药物制剂。注射剂必须注射给药，是一种通过直接注入动物体内而快速发挥药效的制剂，具有吸收快、药效迅速、剂量准确、作用可靠等优点。根据使用方法不同，注射剂可分为溶液型、混悬型和粉针型三种类型。

1. **溶液型安瓿剂**　安瓿是盛装注射用药物的玻璃密封小瓶，在安瓿中装有药物的溶液剂，可直接用注射器抽取应用。

2. **混悬型注射液**　有些在水中溶解度较小的药物制成混悬型注射液，例如普鲁卡因青霉素、醋酸可的松等。此剂型仅作肌内注射，由于吸收缓慢，有延长药效的意义。

3. **粉针型安瓿剂**（俗称粉针）　在灭菌安瓿中填放灭菌药粉，一般采用无菌操作生产。此剂型适用于在水溶液中不稳定，易分解失效的药物。应用时，用注射用水溶解后方可注射，如青霉素 G 钠、盐酸土霉素等。根据药物要求作皮下、肌内和静脉注射。

**（六）其他制剂**

1. 透皮剂　是一种透皮吸收的剂型，一般是在药液中加入透皮剂，将该制剂涂擦、浇泼或泼洒在动物皮肤上，能透过皮肤屏障，达到治疗目的。如左旋咪唑透皮吸收剂、恩诺沙星透皮吸收剂等。最常用的透皮剂如二甲基亚砜、月桂氮卓酮等。临床上根据用法不同称为透皮剂、浇泼剂、泼洒剂等。

2. 项圈　项圈是一种用于犬、猫的缓释剂型，一般由杀虫药与树脂通过一定工艺制成，可以套在宠物颈部，主要用于驱虫。

## 单元三　药物对动物机体的作用——药效学

药物接触或进入机体后，使机体的生理机能或生化反应过程发生改变，或抑制入侵的病原微生物，提高机体的抗病能力，达到防治疾病的效果，称药物对机体作用或效应，简称药效学，是药物防治疾病的依据。

## 一、药物作用的基本表现

药物对机体的作用是在机体原有生理机能和生化过程的基础上产生的，使其加强或减弱。凡能使机体机能活动加强的药物作用称为兴奋，引起机体兴奋的药物称为兴奋药。如肾上腺素的强心作用，使心肌收缩力加强，心率加快。凡能使机体机能活动减弱的药物作用称为抑制，引起抑制的药物称为抑制药。如全身麻醉药对中枢神经系统的抑制作用，使动物疼痛消失、肌肉松弛、心率减慢。药物的作用是多方面的，同一种药物对机体不同器官可产生不同的作用。如咖啡因对心脏呈兴奋作用，使心率加快、收缩力加强，而对血管则呈抑制作用，使血管扩张、松弛。此外，同一种药物的不同剂量，对机体的作用也不同。如中枢兴奋药使用过量时，则引起中枢神经系统由兴奋转为抑制。

## 二、药物作用的方式

1. **局部作用和吸收作用** 药物在用药局部产生的作用称为局部作用，如普鲁卡因在局部浸润产生的麻醉作用、用松节油涂擦皮肤等。药物吸收进入血液循环分布到全身而发挥作用称为吸收作用或全身作用，如水合氯醛产生的全身麻醉作用。

2. **直接作用和间接作用** 药物吸收后，直接到达某一组织、器官产生的作用称为直接作用或原发作用，如洋地黄吸收后，直接兴奋心脏，使心肌收缩力加强，血液循环加快，此强心作用为直接作用。由于药物的直接作用而引起其他组织、器官产生的作用称为间接作用或继发作用，如洋地黄的强心作用，使全身血液循环得到改善，增加肾的有效滤过率，使尿量增多，此利尿作用为间接作用。

## 三、药物作用的选择性

多数药物在使用适当剂量时，只对机体某些器官组织产生比较明显的作用，而对其他器官组织作用较弱或无作用，这种现象称为药物作用的选择性。如治疗量的洋地黄对心脏有高度的选择性，使心脏收缩加强；缩宫素对子宫平滑肌具有高度选择性，可用于催产。

有些药物能损害各种组织细胞或病原体的原生质，没有选择性，这种现象称为普遍细胞毒作用或原生质毒作用。如消毒药可破坏一切活组织中的原生质，此类药物主要用于体表或环境、器具的消毒。

多数药物都具有选择作用，选择性高的药物针对性强，能产生很好的治疗效果，很少或没有副作用；反之，选择性低，针对性不强，副作用也较多。

## 四、药物治疗作用与不良反应

药物作用于机体后，一方面产生治疗作用，另一方面产生不良反应。临床用药时，应充分发挥药物的治疗作用，尽量减少药物的不良反应。

## （一）治疗作用

治疗作用指药物改变患病动物的生理、生化功能或病理过程，使患病动物恢复正常，分为对因治疗和对症治疗。对因治疗是指针对病因用药，目的在于消除原发致病因子，亦称治本，如化疗药杀灭病原微生物以控制感染。对症治疗是指针对症状用药，亦称治标，如解热镇痛药可解除动物发热症状，但不能解除发热的原因，常用于病因未明、暂时无法根治的疾病。对因治疗与对症治疗是相辅相成的，临床应视病情的轻重缓急灵活运用，遵循"急则治其标，缓则治其本，标本兼顾"的治疗原则。

药物作用的
两重性

## （二）不良反应

不良反应是指与用药目的无关，甚至对机体有害的作用。严重的不良反应较难恢复，称为药源性疾病，如庆大霉素引起的神经性耳聋。不良反应可分为：

1. **药物副作用** 指使用药物治疗剂量时，出现的与治疗目的无关的作用。药物的副作用是由于药物的选择性低、药效广引起的。如阿托品具有松弛平滑肌和抑制腺体分泌等作用。当用其解除平滑肌痉挛，缓解或消除腹痛时，抑制腺体分泌作用即为副作用；当用作麻醉前给药，抑制腺体分泌时，松弛胃肠平滑肌的作用便成了副作用。药物的副作用可因用药目的不同而转化。副作用是可预见的，往往很难避免，临床用药时应根据情况设法纠正。

2. **毒性反应** 指用药剂量过大或用药时间过长，超过了机体的耐受能力，而对机体产生的损害作用。用药后立即发生的毒性反应称急性毒性，多由用药剂量过大所引起，常表现为心血管、呼吸功能的损害，如敌百虫驱虫时，剂量过大，易发生急性中毒；用药时间较长逐渐蓄积后产生的毒性反应称为慢性毒性，多数表现肝、肾、骨髓的损害，如磺胺类药长时间使用，白细胞下降、损害泌尿系统；少数药物还能产生特殊毒性，即致癌、致畸、致突变反应（简称"三致"作用）。毒性反应一般是可预知的，因此，用药时要注意用药的剂量和疗程，避免毒性反应产生。

3. **继发性反应** 是药物治疗作用引起的不良反应，也称治疗矛盾。如成年草食动物以微生物消化为主，胃肠道内的菌群之间维持平衡的共生状态，如果长期应用广谱抗生素时，对药物敏感的菌株受到抑制，而不敏感的，甚至是有害的微生物如真菌、大肠杆菌、葡萄球菌、沙门氏菌等大量繁殖，菌群之间的相对平衡受到破坏，造成中毒性胃肠炎和全身感染。这种继发性感染也称为二重感染。

4. **过敏反应** 亦称变态反应。其本质是药物产生的病理性免疫反应。药物多为外来异物，虽不是全抗原，但许多可作为半抗原，如抗生素、磺胺类、碘等，进入机体后与体内血浆蛋白或组织蛋白结合成完全抗原，便可引起机体免疫反应。致敏原可能是药物本身，或其在体内的代谢产物，也可能是药物制剂中的杂质。过敏反应与剂量无关，与药物原有效应无关，用药理性拮抗药解救无效，很难预知。不同的药物可能出现相似的反应，轻者表现为发热、皮疹、支气管哮喘、血管性神经水肿，重者可引起过敏性休克甚至死亡。临床用药后若出现过敏症状时，根据情况可用抗组胺药、糖皮质激素类药、肾上腺素和葡萄糖酸钙等解救。有效的防御措施是用药前先进行药物过敏试验。

5. **后遗效应**　指动物停药后，血药浓度降至阈值以下时的残存药理效应。可能由于药物与受体牢固结合，靶器官药物尚未消除，或者由于药物造成不可逆的组织损害所致。后遗效应可能对机体产生不良反应，如长期应用皮质激素，由于负反馈作用，垂体前叶和/或下丘脑受到抑制，使肾上腺皮质功能低下，可持续数月，这也称为药源性疾病；有些药物也能对机体产生有利的后遗效应，如抗生素的后遗效应，可提高吞噬细胞的吞噬能力，以致能够延长给药的间隔时间。

6. **特异质反应**　少数特异质病畜对某些药物特别敏感，导致产生不同的损害性反应。其反应与药物的固有药理作用基本一致，严重程度与剂量成正比。特异质反应多由先天遗传异常所致。

## 五、药物的相互作用

两种及两种以上的药物同时使用，药物之间可产生相互作用。

1. **药效学相互作用**　对动物同时使用两种以上药物，由于药物效应或作用机理的不同，可使总效应发生改变，称为药效学的相互作用。两药合用的总效应大于单药效应的代数和，称协同作用，如磺胺药与增效剂合用；两药合用的总效应等于它们分别单用的代数和，称相加作用，如三溴合剂（含溴化钠、溴化钾、溴化钙）；两药合用的总效应小于它们单用效应的代数和，称拮抗作用，如青霉素类药物与大环内酯类和四环素类合用，青霉素无法发挥杀菌作用，从而降低药效。除了药物的治疗作用存在相互作用外，药物的毒性作用也可出现上述三种改变。

2. **药动学相互作用**　同时使用两种以上药物治疗动物疾病，在药物的吸收、分布、转化和排泄过程中可能相互影响，使药动学参数发生变化，称为药动学的相互作用。例如青霉素与丙磺舒同用时，青霉素的主动排泄减慢，血浆浓度升高，半衰期延长。

3. **配伍禁忌**　两种或两种以上的药物混合后，出现物理、化学反应或药物性质发生变化而不宜使用，称为配伍禁忌。如出现分离、潮解、沉淀、变色等，药物配伍禁忌可分为物理性、化学性和药理性三类。如葡萄糖注射液（酸性）与磺胺嘧啶钠注射液混合时，磺胺嘧啶钠在 pH 降低时可析出结晶。

## 六、药物的构效关系与量效关系

### （一）药物的构效关系

药物的构效关系指特异性药物的化学结构与药物效应间的密切关系，结构类似的化合物能与同一受体结合，产生相似（拟似药）或相反（拮抗药）的作用。如去甲肾上腺素、肾上腺素、异丙肾上腺素为苯乙胺类化合物，与肾上腺素受体结合，兴奋受体，产生拟似肾上腺素样作用，而结构类似的普萘洛尔竞争肾上腺素受体，产生拮抗肾上腺素样作用。它们的结构式如下：

去甲肾上腺素　　　　　　　　　　肾上腺素

异丙肾上腺素　　　　　　　　　　普萘洛尔

　　另外，许多化学结构完全相同的药物由于光学异构体不同，具有不同的药理作用，多数药物的左旋体有药理活性，而右旋体无作用或较弱，如左旋咪唑有抗线虫活性，其右旋体无此作用。

**（二）药物的量效关系**

1. **量效关系**　指在一定范围内，药物的效应随着剂量或浓度的增加而增强，它定量地分析和阐明药物剂量与效应之间的规律。药物剂量的大小一般与进入体内靶部位的浓度高低有关，直接影响药物的效应。药物剂量过小，不产生任何效应，称无效量。能产生药物效应的最小剂量，称最小有效量或阈剂量。随着剂量增加，效应也逐渐增强，其中对 50% 个体有效的剂量称半数有效量，用 $ED_{50}$ 表示。达到最大药物效应时的剂量，称为极量。若再增加剂量，机体会出现毒性反应，出现毒性反应的最低剂量称为最小中毒量。能引起动物死亡的剂量，称致死量。引起半数动物死亡的量称半数致死量，用 $LD_{50}$ 表示。药物的最小有效量和最小中毒量之间的范围称安全范围（图 1-1）。给药剂量若小于最小中毒量是安全的。药物临床的常用量或治疗量应大于最小有效量，小于极量。《中华人民共和国兽药典　兽药使用指南：化学药品卷》（2005 版）对兽药的常用量、剧药的极量都有规定。临床用药一定要按规定剂量用药，不能随意增加或减少用药剂量。

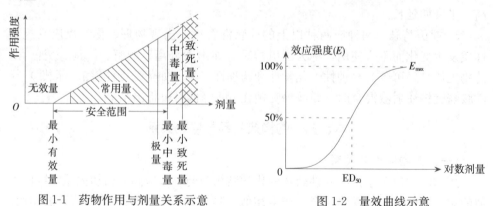

图 1-1　药物作用与剂量关系示意　　　　　　　图 1-2　量效曲线示意

2. **量效曲线**　在药理学研究中，常需要分析药物的剂量同它所产生的某种效应之间的关系，称量效关系，这种关系用曲线来表示，称为量效曲线。如以剂量对数为横坐标，效应强度为纵坐标作图，可得到一条对称的 S 形曲线（图 1-2）。

量效曲线说明：①药物必须达到一定的剂量才能产生效应；②在一定范围内，剂量增加，效应也增强；③效应的增加是有极限的，这个极限称为最大效应或效能；④量效曲线的对称点在 50％ 处，此处曲线斜率最大，即剂量稍有变化，效应就产生明显差别。所以，在进行急性毒性试验时，以半数致死量（LD₅₀ 下同）衡量药物毒性大小，而在治疗试验时，以半数有效量（ED₅₀）衡量药物的疗效。

3. **治疗指数（TI）**　指药物半数致死量和药物半数有效量的比值。比值愈大，药物愈安全。一般认为 TI＞3 时，有临床试用意义；TI＞7 时，为最小安全值。如青霉素 TI 值大于 1 000。但临床上仅用 TI 值说明药物的安全性不够完善，因为药物的有效剂量与其致死量之间可能会有重叠。如图 1-3 所示，A、B 两种药的 $ED_{50}$ 和 $LD_{50}$ 相同，因而两种药的 TI 值也应相同。但两种药的量效曲线斜率不同，A 药斜率大，曲线陡，在整个群体没有死亡的情况下可有效地应用；而 B 药斜率小，曲线较为平坦，在治疗剂量范围内已可引起最敏感的动物死亡，所以 B 药是不安全的。

执业兽医资格考试模拟题1
治疗指数是指（D）
A. LD95/ED50
B. LD10/ED90
C. LD95/ED5
D. LD50/ED50
E. LD50/ED95

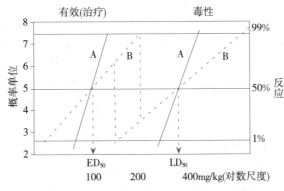

图 1-3　药物 A 和药物 B 的效应和毒性量效曲线

而 A 药 $ED_{95}$～$LD_5$ 的距离（或 $LD_5/ED_{95}$ 的值）比 B 药宽（或高）（图 1-4），表明 A 药比 B 药安全。所以通常用 $ED_{95}$～$LD_5$ 在量效曲线图上的距离或 $LD_5/ED_{95}$ 的比值作为药物安全性评价，它比 TI 值更科学。

4. **药物的效价和效能**　效价也称强度，是指产生一定效应所需的药物剂量大小，剂量越小，表示效价越高。随着剂量或

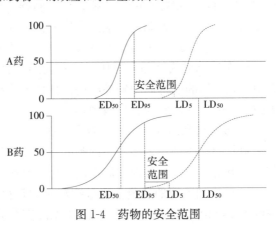

图 1-4　药物的安全范围

浓度的增加，效应也随之增加，当效应达到最大程度后，再增加剂量或浓度，效应也不再增强，此时的最大效应称为效能。如图 1-5 所示，a、c 两种药在产生同样效应时，c 药所需剂量较 a 药少，说明 c 药的效价高于 a 药。如氢氯噻嗪 100mg 与氯

噻嗪 1g 所产生的利尿作用大致相同，则氢氯噻嗪的效价比氯噻嗪高 10 倍。a、b 两种药在剂量相同时，b 药产生的效能比 a 药高。如吗啡能止剧痛，而阿司匹林能用于一般的疼痛，故吗啡的镇痛效能高于阿司匹林。从临床角度看，药物效能高比效价高更有价值。

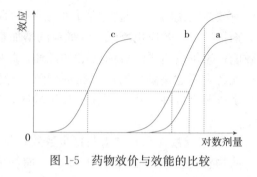

图 1-5　药物效价与效能的比较

## 七、药物作用的机理

药物作用的机理是指药物为什么起作用和如何发挥作用的道理。由于药物的种类繁多、性质各异，且机体的生化过程和生理机能十分复杂，虽然人们的认识已从细胞水平、亚细胞水平深入到分子水平，但其学说也不完全相同。目前公认的药物作用机理有以下几种：

1. **通过受体产生作用**　特异性药物大多数都经过受体机制而产生特定的生理、生化功能的变化，从而发挥药物的作用，称为受体学说。受体是存在于细胞膜或细胞内的一种特殊蛋白质，可特异地与某些药物或内源性的神经递质、激素或生物活性物质等结合，产生特定的生物效应，具有特异性、高亲和力、饱和性、可逆性等特性。与受体结合并产生药理效应的药物称激动剂，如乙酰胆碱为胆碱受体的激动剂。与受体结合，但不产生药理效应的药物称拮抗剂，如阿托品为 M-胆碱受体的拮抗剂。

2. **改变组织细胞的生活环境及理化特性而发挥作用**　药物通过改变组织细胞的生活环境及理化特性，如渗透压、酸碱度、解离度、溶解度等而发挥药效。如内服 6% 硫酸钠溶液改变肠腔内渗透压，而产生泻下作用；内服碳酸氢钠可中和过多的胃酸，治疗胃酸过多症；全身麻醉药因其脂溶性较高，对神经细胞膜有高度亲和力，通过抑制膜功能产生中枢抑制作用；金属解毒剂——二巯基丙醇能与汞、砷等螯合形成无毒的环状螯合物，发挥解毒作用。

3. **影响酶的活性而发挥作用**　药物通过抑制或激活体内某些酶的活性而起作用。如新斯的明抑制胆碱酯酶的活性而产生拟胆碱作用；碘解磷定能恢复体内胆碱酯酶的活性而解除有机磷中毒。

4. **影响细胞的物质代谢过程而发挥作用**　如某些维生素或微量元素作为酶的辅酶或辅基成分，直接参与细胞的正常代谢过程，使其缺乏症得到纠正；磺胺药由于阻断细菌的叶酸合成而抑制其生长繁殖。

5. **改变细胞膜的通透性或影响离子通道而发挥作用**　如表面活性剂苯扎溴铵可改变细菌细胞膜的通透性而发挥抗菌作用；局麻药普鲁卡因等通过抑制 $Na^+$ 通道，阻断神经冲动的传导，产生局麻作用。

6. **影响神经递质释放或体内活性物质产生而发挥作用**　如麻黄碱能促进肾上腺素能神经末梢释放去甲肾上腺素而发挥拟肾上腺素作用；阿司匹林抑制前列腺素的合成而发挥解热作用。

## 单元四 机体对药物的作用——药动学

### 一、药物的转运方式

药物自用药部位进入血液循环，分布到各器官、组织，经生物转化后排出体外要经过一系列的生物膜，这一过程称为跨膜转运。

药物的转运方式有：

1. **简单扩散** 又称被动扩散。大部分药物均通过这种方式转运，其特点是顺浓度差，不耗能，没有饱和现象。扩散速率主要取决于膜两侧的浓度梯度和药物的性质，小分子、脂溶性大、极性小、非解离型（分子态）的药物易通过生物膜。弱酸性药物在酸性环境中解离少，非解离型多，易通过生物膜；弱碱性药物则在碱性环境中，易通过生物膜。因此，弱酸性药物（如水杨酸盐、青霉素、磺胺类等）在碱性较高的体液中有较高的浓度，弱碱性药物（如吩噻嗪类、赛拉嗪、红霉素、土霉素等）则在酸性较高的体液中有较高的浓度。根据上述规律在选择抗菌药物治疗乳腺炎时，应选择碱性药物，因为乳汁的 pH（3.5~6.8）比血浆的（pH 为 7.4）低。

简单扩散
（动画）

2. **易化扩散** 是顺浓度差转运，不消耗能量，但有载体介导转运。

3. **主动转运** 药物转运不受膜两侧浓度差的影响，可由低浓度一侧转运到高浓度一侧。此转运方式需要膜上的特异性载体蛋白（如 $Na^+$-$K^+$-ATP 酶）参与，并要消耗能量。因载体蛋白有饱和性，故这种转运能力有一定限度；当两种药物需同一载体转运时，两者之间可发生竞争。

易化扩散
（动画）

4. **膜动转运** 是指伴有膜运动的大分子物质的转运。

（1）入胞作用。又称胞饮，是生物膜内陷将大分子药物或蛋白质吞饮进入细胞内的一种转运方式，如脑垂体后叶素粉剂可经鼻黏膜给药吸收（图 1-6）。

（2）出胞作用。又称胞吐，是大分子药物从细胞内转运到细胞外的过程。如腺体分泌物及递质的释放等（图 1-7）。

主动转运
（动画）

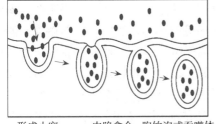

形成小窝　　内陷愈合　胞饮泡或吞噬体

图 1-6　入胞（或胞饮）作用

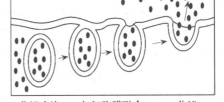

分泌小泡　　与细胞膜融合　　分泌

图 1-7　出胞（或胞吐）作用

5. **离子对转运** 有些高度解离的化合物，如磺胺类和某些季铵盐化合物能从胃肠道吸收，现认为这些高度亲水性的药物，在胃肠道内可与某些内源性化合物，如与有机阴离子黏蛋白结合，形成中性离子对复合物，既有亲脂性，又具水溶性，可通过被动扩散穿过脂质膜。这种方式称为离子对转运。

## 二、药物的体内过程

药物作用于动物机体发挥药效功能的同时，动物组织器官也不断地作用于药物，使药物发生变化。药物从进入机体到排出体外的过程称为药物的体内过程，又称药动学。这一过程包括吸收、分布、转化和排泄（图1-8）。

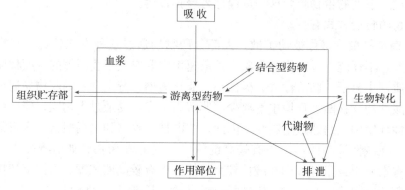

图1-8　药物的体内过程示意

### （一）药物的吸收

药物的吸收是指药物从用药部位进入血液循环的过程。除静脉注射药物直接进入血液循环外，其他给药方法均有吸收过程。给药途径、剂型、药物的理化性质对药物吸收过程有明显的影响，不同种属的动物对同一药物的吸收也有差异。不同给药途径，药物吸收速率为呼吸道吸入＞肌内注射＞皮下注射＞内服给药＞皮肤黏膜。

1. 内服给药　吸收部位主要在小肠，不管是弱酸、弱碱或中性化合物均可在小肠吸收。弱酸性药物在犬、猫胃中成非解离状态，脂溶性高，也能通过胃黏膜吸收。

影响药物内服吸收的因素，主要有：①pH。不同动物胃液的pH有较大差别，是影响吸收的重要因素。如马为5.5；猪、犬为3～4；牛前胃为5.5～6.5，真胃约为3；鸡嗉囊为3.17。一般酸性药物在胃液中多不解离、容易吸收；碱性药物在胃液中解离，不易吸收，主要在碱性环境的小肠内吸收。②溶解度与脂溶性。溶解度大的水溶性小分子和脂溶性药物易于吸收，油与脂肪等食物可促进脂溶性药物的吸收。③排空、肠蠕动与内容物的充盈度。胃排空迟缓、肠蠕动过快或胃肠内容物多等均不利于药物的吸收。据报道，猪饲喂后对土霉素的吸收少且慢，饥饿猪的生物利用度可达23％，饲喂后猪的血药峰浓度只及饥饿猪的10％。④药物的相互作用。有些金属或矿物质元素（如钙、镁、铁、锌等离子），可与四环素、恩诺沙星等在胃肠道发生螯合作用，而阻碍药物吸收或使药物失活。⑤首过效应。内服药物从胃肠道吸收入门静脉系统，在肝药酶和胃肠道上皮酶的联合作用下进行首次代谢，而使进入全身循环的药量减少的现象称首过效应，又称首过消除或首过代谢。不同药物的首过效应强度不同，药物的首过效应越强，生物利用度越低，机体可利用的有效药物量越少。故首过效应强的药物，治疗全身性疾病时，则不宜选用内服给药。有的药物吸收进入肠壁细胞后可被部分代谢也属首过效应（图1-9）。

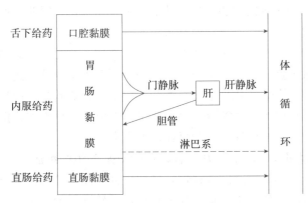

舌下给药
（动画）

直肠给药
（动画）

图1-9　药物经消化道给药进入体循环示意

2. **注射给药**　主要有静脉、肌内和皮下注射，其他还包括腹腔注射、关节内注射、硬膜下腔和硬膜外腔注射等。静脉注射药物直接入血，无吸收过程。药物从肌内、皮下注射部位吸收一般经0.5～2h达峰值，吸收速率取决于注射部位的血管分布状态。其他因素也会影响，如水溶液吸收迅速；混悬剂或油脂剂由于在注射部位的滞留而吸收较慢；缓释剂型能减缓吸收速率；使用影响局部血管通透性的药物（如肾上腺素）可影响药物吸收，延长药效时间。

3. **呼吸道给药**　气体或挥发性液体麻醉药和其他气雾剂型药物可通过呼吸道吸收。肺有很大表面积（如马$500m^2$、猪$50～80m^2$），血流量大，经肺的血流量为全身的$10\%～12\%$，肺泡细胞结构较薄，故药物极易吸收。气雾剂中的颗粒很小，可以悬浮于空气中，其颗粒可以沉着在支气管树或肺泡内发挥作用，也可从肺泡吸收入血。药物经呼吸道吸入的优点是吸收快、无首过效应，特别是对呼吸道感染，可直接局部给药使药物达到感染部位发挥作用，主要缺点是难以掌握剂量，给药方法比较复杂。

4. **皮肤黏膜给药**　完整的皮肤吸收能力差，多发挥局部作用。黏膜的吸收能力较皮肤强，但治疗意义不大。一般药物在完整皮肤均很难吸收，目前主要通过浇淋剂作用促进药物吸收，但其最好的生物利用度也不足$20\%$。所以，用抗菌药或抗真菌药治疗皮肤较深层的感染时，全身治疗常比局部用药效果更好。少数脂溶性高、毒性大的药物，可通过皮肤吸收而引起机体中毒。

**（二）药物的分布**

药物的分布是指药物通过血液循环转运到各组织器官的过程。药物在动物体内的分布多呈不均匀性，而且经常处于动态平衡，各器官、组织的药物浓度一般与血浆浓度呈平行关系。

药物的分布

影响药物分布的因素主要有以下几点：

1. **药物的理化性质**　脂溶性高、非解离型、小分子药物的分布范围较广。如脂溶性高的硫喷妥钠易为富含类脂质的神经组织所摄取。

2. **药物与血浆蛋白结合率**　药物在血浆中能不同程度地与血浆清蛋白可逆

性结合，当血液中游离型药物被分布、代谢而浓度降低时，结合型药物可释出游离型，两者处于动态平衡之中。结合型药物不能跨膜转运，也不能被代谢和排泄，故延缓了药物从血浆中的消除，使消除半衰期延长。因此，血浆蛋白实际上是药物在体内的贮存库。药物与血浆蛋白的结合具有饱和性和竞争性，若药物剂量过大超过饱和剂量时，会使游离型药物大量增加，有时可引起中毒。另外，若同时使用两个血浆蛋白结合率都很高的药物，可发生竞争性置换。例如，动物使用抗凝血药双香豆素后，几乎全部与血浆蛋白结合，如同时合用高蛋白结合率药物保泰松，则可与双香豆素竞争结合血浆蛋白，使双香豆素被置换出来，导致其血浆中的游离浓度急剧增加，引起机体发生中毒。

3. **药物与组织细胞的亲和力** 有的药物对某些组织细胞成分有特殊的亲和力，使药物的分布具有一定的选择性。这种结合常使药物在该组织的浓度高于血浆游离药物的浓度。如碘主要集中在甲状腺；钙易沉积于骨骼中；汞、砷、锑等重金属和类金属多分布在肝、肾中，而损伤这些器官；四环素可与钙离子络合贮存于骨组织中。药物与某些组织具有高亲和力是造成药物对作用部位具有选择性的重要原因。但也有例外，如强心苷选择性分布于肝和骨骼肌，却表现强心作用。

4. **局部组织器官的血流量** 药物分布到组织器官的速度主要与组织器官的血流量和膜的通透性有关，单位时间器官血液流量大，药物分布在该器官的浓度也较大，如肝、肾、肺等。

5. **体液的 pH 和药物的解离度** 在正常生理情况下，细胞内液 pH（约为7.0）略低于细胞外液（pH 约 7.4）。由于弱酸性药物在较碱性的细胞外液中解离较多，因而细胞外液浓度高于细胞内液，碱化血液可使弱酸性药物由细胞内向细胞外转运，酸化血液可使弱酸性药物向细胞内转运。根据这一原理，巴比妥类弱酸性药物中毒时，用碳酸氢钠碱化血液可使药物由脑细胞向血浆转运；同时碱化尿液，可减少巴比妥类药物在肾小管的重吸收，促进药物从尿中排出。

6. **体内屏障** 血脑屏障是由毛细血管壁与神经胶质细胞形成的血浆与脑细胞之间的屏障和由脉络丛形成的血浆与脑脊液之间的屏障组成。这些血管由于比一般的毛细血管壁多一层神经胶质细胞，而阻止许多大分子的水溶性或解离型药物进入，维持中枢神经系统内环境的相对稳定。初生幼畜的血脑屏障发育不全或脑膜炎患畜，血脑屏障的通透性增加，药物进入脑脊液增多，如头孢西丁在实验性脑膜炎犬的脑内，浓度可达 $5\sim10\mu g/mL$，比健康犬高出 5 倍。

胎盘屏障是指胎盘绒毛血流与子宫血窦间的屏障，其通透性与一般毛细血管没有明显差别。大多母体所用药物均可进入胎儿，但因胎盘和母体交换的血液量少，使进入胎儿的药物需要较长时间才能和母体达到平衡，即使脂溶性很大的硫喷妥钠也需要 15min，这样便限制了进入胎儿的药物浓度。

**（三）药物的转化**

药物的转化是指药物在机体内所发生的化学结构的变化，又称药物的代谢。其转化方式主要有氧化、还原、水解、结合四种。其中，氧化、还原和水解反应为Ⅰ相反应，结合反应为Ⅱ相反应。

1. Ⅰ相反应 药物经Ⅰ相反应后转化为无药理活性的代谢物，称灭活；转化后活性增强或由无活性药物变为有活性药物，称为活化。药物经转化后作用一般降低或完全消失，但也有经代谢后药理作用或毒性反而增强者。因此，药物的体内生物转化是药物在体内消除的重要途径，对保护机体避免蓄积中毒有重要意义。肝是药物体内代谢的主要器官，但血浆、肾、肺、脑、胎盘、肠黏膜、肠道微生物、皮肤亦能进行部分药物的代谢。参与药物代谢的酶主要为肝的微粒体酶系，为混合功能氧化酶。

2. Ⅱ相反应 是原形药物或Ⅰ相反应产物与体内某些内源性物质（如葡萄糖醛酸、硫酸、乙酸、甲基等）结合，形成极性增大、水溶性增加、药理活性减弱或消失、易于排泄的代谢物的过程。

各种药物转化的方式不同，有的只需经Ⅰ相反应或Ⅱ相反应，但多数药物要经两步反应。

（1）氧化。苯巴比妥的侧链氧化为对羟苯巴比妥。

苯巴比妥           对羟苯巴比妥

（2）还原。水合氯醛还原为三氯乙醇。

$$CCl_3CHO \cdot H_2O \xrightarrow{2H} CCl_3CH_2OH + H_2O$$

水合氯醛     三氯乙醇

（3）水解。普鲁卡因水解生成对氨基苯甲酸和二乙氨基乙醇。

普鲁卡因        对氨基苯甲酸        二乙氨基乙醇

（4）结合。苯酚与葡萄糖醛酸结合，生成苯酚葡萄糖醛酸，水溶性增高，药理活性减弱，利于排出体外。

苯酚     葡萄糖醛酸           苯酚葡萄糖醛酸

肝中存在着许多与药物代谢有关的微粒体酶系，简称肝药酶。有些药物可增强肝药酶活性或加速其合成，使其他一些药物的转化加快，这些药物称药酶诱导剂，如苯巴比妥、水合氯醛等；相反，有些药物能降低药酶的活性或减少其合成，而使其他一些药物的转化减慢，称为药酶抑制剂，如氯霉素等。酶的诱导可使药物本身或其他药物的代谢速率提高，使药理效应减弱，是某些药物产生耐受性的重要原因。因此，在临床同时使用两种以上的药物时，应该注意药物对药酶的影响。由于药酶主要存在于肝细胞中，当肝发生病理变化时，常影响药酶的合成或活性，容易引起药物中毒，在临床合并用药时应特别注意。

### （四）药物的排泄

药物的排泄是指药物原形和其代谢产物通过排泄器官或分泌器官排出体外的过程。药物排泄的主要途径是随尿液排泄，其次是通过胆汁、粪便排出，此外，乳腺、肺、唾液、汗腺也可排泄少部分药物。

1. **肾排泄**　是极性高（离子化）的代谢产物或原形药的主要排泄途径。血浆中的游离型药物，可通过肾小球滤过，药物滤过的数量取决于血浆中药物的浓度和肾小球的滤过率。

肾小球滤过率降低或药物的血浆蛋白结合程度高可使滤过药量减少。经肾小球滤过后，有的可被肾小管重吸收，剩余部分则随尿液排出。其重吸收的多少与药物的脂溶性和肾小管液的 pH 有关。一般脂溶性大的药物易被肾小管重吸收，排泄慢，水溶性药物重吸收少，排泄快；弱酸性药物在碱性尿液中，解离多，重吸收少，排泄快，相反，弱碱性药物在酸性尿液中排泄加快。临床上可通过调节尿液的 pH 来加速或延缓药物的排泄，用于解毒急救或增强药效。

肾小管也能主动地分泌（转运）药物。如果同时给予两种利用同一载体转运的药物时，则出现竞争性抑制，亲和力较强的药物就会抑制另一药物的排泄。临床上可利用这种特性延长某些药物的作用，例如青霉素和丙磺舒合用时，丙磺舒可抑制青霉素的排泄，使其血中浓度升高约 1 倍，消除半衰期延长约 1 倍。

2. **胆汁排泄**　某些原型药物、Ⅰ相反应产物和某些内源性物质与葡萄糖醛酸结合，经肝细胞主动分泌进入胆汁，然后进入十二指肠。不同种属动物胆汁排泄药物的能力存在差异，较强的是犬、鸡，中等的是猫、绵羊，较差的是兔和恒河猴。

肝肠循环（动画）

药物随胆汁排泄进入小肠后，再次被小肠上皮细胞重吸收，经肝进入血液循环，这种肝、胆汁、小肠间的循环称肝肠循环（图 1-10）。当药物进入肝肠循环时，便会延缓药物的消除，延长消除半衰期。如吲哚美锌（消炎痛）、红霉素、吗啡等能形成肝肠循环故半衰期较长。

3. **乳腺排泄**　大部分药物可从乳汁排泄，一般为被动扩散机制。由于乳汁的 pH（6.5～6.8）较血浆低，故碱性药物在乳中的浓度高于血浆，酸性药物则相反。在犬和羊的研究发现，静脉注射碱性药物易从乳汁排泄，如红霉素、甲氧苄啶（TMP）的乳汁浓度高于血浆浓度；酸性药物如青霉素 G、磺胺二甲嘧啶（SM2）等则较难从乳汁排泄，乳汁中浓度均低于血浆浓度。药物从乳汁排泄易造成药物残留，与消费者的健康密切相关，尤其对抗菌药物、抗寄生虫药物和毒性作用强的药物，要规定乳废弃期。

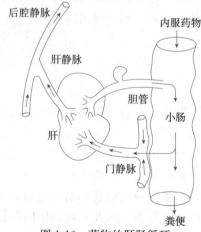

图 1-10　药物的肝肠循环

### 三、药物动力学的基本概念

#### （一）血药浓度-时间曲线

一种药物要产生特征性的效应，必须在它的作用部位（靶组织或靶受体）达到有效的浓度。血药浓度一般指血浆中的药物浓度，虽然它不等于作用部位的浓度，但两者均与药理效应呈正相关。由于血液的采集比较容易，对机体损伤小，故常用血药浓度来研究药物在体内的变化规律。

临床药理学研究中，某种药物以相同的剂量给予不同的家畜时，药效的强度和维持时间有较大差异，对大多数治疗药物来说，药物效应的种属差异是由药物处置动力学的不同引起的。因此，血药浓度与药物效应的关系比剂量与效应的关系更为密切。有的药物不同种属间的剂量差异很大，但出现药效的血浆浓度的差异很小，如一种促性腺激素制剂（ICI-83828），其有效剂量的种属间差异达 250 倍，但有效血药浓度却相似，约为 $3\mu g/mL$。

药物动力学
的基本概念

在药动学研究中，静脉注射或血管外途径给药后不同时间采集血样，测定其药物浓度，以时间做横坐标，以血药浓度（或其对数）做纵坐标，绘出曲线称为血药浓度-时间曲线，简称药时曲线，反映了药物在体内动态变化的规律性和特征。

一般把非静脉注射给药的药时曲线分为三个期：潜伏期、持续期和残留期。潜伏期指给药后到开始出现药效的一段时间，快速静脉注射给药一般无潜伏期；持续期是指药物维持有效浓度的时间；残留期是指体内药物已降到有效浓度以下，但尚未完全从体内消除的一段时间。持续期和残留期的长短均与消除速率有关。残留期长反映药物在体内有较多的贮存，因此，一方面要注意多次反复用药会引起蓄积作用，甚至中毒，另一方面在食品动物要确保较长的休药期。

药时曲线的最高点称峰浓度，达到峰浓度的时间称峰时间。曲线升段反映药物吸收和分布过程；曲线的峰值反映给药后达到的最高血药浓度；曲线的降段反映药物的消除。当然，药物吸收时消除过程已经开始，达峰浓度时吸收也未完全停止，只是升段时吸收大于消除，降段时消除大于吸收，达峰浓度时，吸收等于消除（图 1-11）。

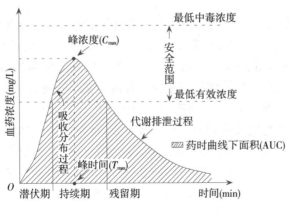

图 1-11　药时曲线示意

### （二）药物动力学主要参数及其意义

药动学是研究药物在体内过程中，其浓度随时间发生变化的动态规律的一门学科。血药浓度一般指血浆中的药物浓度，反映药物在作用部位的浓度和效应强度。人们通过对药物在体内动态变化规律的研究，为制订给药方案提供合适剂量和间隔时间，以达到预期的治疗效果。下面重点介绍几个药动学的基本参数及其意义。

1. **消除半衰期**（$t_{1/2}$）　是指体内血浆药物总量或浓度消除一半所需的时间。又称生物半衰期，简称半衰期，常用 $t_{1/2}$ 表示（图1-12）。表示药物在体内的消除速度，是决定药物有效维持时间的主要参数。按一级动力学消除的药物，其消除半衰期为常数，不受药物初始浓度和给药剂量的影响，仅取决于 $Ke$（消除速率常数）的大小，$t_{1/2}=\dfrac{0.693}{Ke}$。给药间隔时间可根据 $t_{1/2}$ 确定时间，约为1个 $t_{1/2}$。磺胺异噁唑血浆半衰期为6h，可每6h给药1次。一般来说，$t_{1/2}$ 长，给药间隔时间长，反之亦然。按一级动力学消除的药物经过5~6个 $t_{1/2}$ 后可从体内

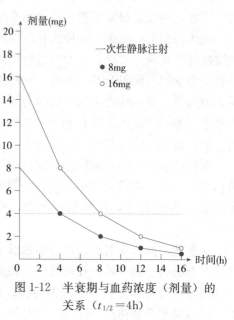

图1-12　半衰期与血药浓度（剂量）的关系（$t_{1/2}=4h$）

基本（96.88%~98.44%）消除。同样，若按固定剂量及给药间隔时间给药，经4~5个 $t_{1/2}$ 后，血浆中药物吸收速率与消除速率相等，此浓度称稳态浓度（$C_{ss}$），又称坪值。故根据 $t_{1/2}$ 可以预测连续给药后达到稳态浓度的时间和停药后药物从体内消除所需要的时间。

按零级动力学消除的药物，其 $t_{1/2}=0.5C_0/K_0$，式中 $K_0$ 是零级消除速率常数，$C_0$ 为初始浓度。表明，$t_{1/2}$ 与初始浓度有关，即剂量越大，消除半衰期越长。

2. **体清除率**（$Cl_B$）　又称消除率。指机体消除器官在单位时间内清除药物的血浆容积，单位以 mL/min 或 L/h 表示。体清除率是体内各种消除率的总和，包括肾消除率、肝消除率和肺、乳汁、皮肤等消除率。因为药物的消除主要靠肾排泄和肝的生物转化，故体清除率主要为肾清除率与肝清除率之和。

3. **表观分布容积**（$V_d$）　药物进入机体后，设想是均匀地分布于各种组织与体液，且其浓度与血液中相同，$V_d$ 是药物总量按血浆药物浓度在体内分布时所需的总容积。$V_d$ 是体内药物总量与血浆药物浓度相互关系的一个比例常数。

即 $V_d$（分布容积，L）＝体内药物总量（mg）/血浆药物浓度（mg/L）

$V_d$ 并不代表真正的生理容积，是一个数学概念，故称表观分布容积。$V_d$ 可能比实际容积大或小，但一般其值越大，表明药物进入组织越多，分布越广泛，

血中药物浓度越低；反之，则血中浓度越高。

4. **曲线下面积（AUC）** 药时曲线下所覆盖的面积称曲线下面积（AUC），其大小反映进入血液循环的总药量。曲线下面积大，则利用程度高，常用作计算生物利用度。同种药物不同途径给药，其药时曲线不同。

5. **生物利用度（F）** 指药物以一定的剂量从给药部位吸收进入全身循环的程度和速度。这个参数反映了血管外给药时药物被利用程度，是决定药物量效关系的首要因素。

绝对生物利用度的计算方法，是在相同的动物、相等的剂量条件下，内服或其他非血管给药途径所得的 $AUC$ 与静脉注射的 $AUC$ 的比值，即 $F=$（$AUC$ 血管外给药/$AUC$ 静脉注射）$\times 100\%$。如果药物的制剂不能进行静脉注射给药，则采用内服参照标准的 $AUC$ 做比较，这时所得的生物利用度称为相对生物利用度，此时 $F=$（$AUC$ 受试制剂/$AUC$ 标准制剂）$\times 100\%$。

影响生物利用度的因素很多，同一种药物，因剂型、原料的晶形、赋形剂甚至批号等不同，其生物利用度都可能有很大差别。因此，对新制剂的研制一定要测定生物利用度。内服剂型的生物利用度在不同种属间存在相当大的差异，如单胃动物与反刍动物。

## 单元五 影响药物作用的因素与合理用药

药物作用的强弱取决于靶组织效应部位游离药物的浓度大小。效应部位的药物浓度与药物理化性质及化学结构、药物剂量、给药途径和动物的种类、生理、病理等有关，同时还受其他许多因素影响。在制定药物的用药方案时，应全面考虑各种因素。

### 一、影响药物作用的因素

药物的作用是药物与机体之间作用过程的综合表现，其影响因素很多，主要有药物方面、动物方面和环境方面的因素。

**（一）药物方面**

1. **理化性质与化学结构** 药物的脂溶性、pH、溶解度、旋光性及化学结构均能影响药物作用。

2. **剂量** 药物的剂量是决定动物体内的血药浓度及药物作用强度的主要因素。在一定剂量范围内，药物的作用随着剂量的增加而增强，但超过一定范围，剂量的增加，则会引起毒性反应，甚至中毒死亡。如巴比妥类药，小剂量能产生催眠作用，剂量再大则会引起中毒。但也有少数药物，会因用药剂量或浓度的不同发生作用性质的变化，如人工盐小剂量是健胃作用，大剂量则表现下泻作用。因此，兽医临床用药时，一方面应根据《中华人民共和国兽药典 兽药使用指南（化学药品卷）》要求选择用药剂量，另一方面要根据兽药的理化性质、毒副作用和病情发展的需要适当调整剂量，以更好地发挥药效。

3. **剂型** 药物的剂型不同，其吸收的速度和程度不同，则生物利用度不同。

药物方面

如注射剂比内服的剂型吸收快；注射剂中溶液剂比油剂和混悬剂吸收快；片剂在胃肠液中有一个崩解过程，内服片剂比溶液剂吸收的速率慢。临床上，剂型的选择需根据畜禽的疾病种类、病情、治疗方案或用药目的而定。

4. 给药途径　一般情况，给药途径取决于药物的剂型，如注射剂必须作注射，片剂作内服。不同的给药途径其药效出现的快慢和强度不同，有的甚至产生质的差异，如硫酸镁内服时可致泻，静脉注射时则产生中枢抑制作用。因此，临床上应根据药物性质和病情需要，选择适当的给药途径，如肾上腺素内服无效，必须注射给药；氨基糖苷类抗生素内服很难吸收，全身治疗时应注射给药。

不同给药途径
药物体内循环

在各种给药途径中，药物吸收速度依次是：吸入给药＞肌内注射＞皮下注射＞直肠给药＞内服给药＞皮肤、黏膜给药。

(1) 内服给药：包括口服、混饲和混饮。内服给药方法简便，适合于大多数药物，特别是适合于胃肠道疾病的治疗。但胃肠内容物较多，药物吸收不完全；胃肠道内酸碱度和消化酶等的影响，往往导致药效出现较慢；有的药物内服时，有很强的首过效应，生物利用度很低，全身用药时应选择肠外给药途径。畜禽集约化饲养时，群体给药多采用混饮或混饲的给药方式，生产上应根据气候、疾病发生过程及动物摄入饲料或饮水量的不同，适当调整药物的浓度。

(2) 注射给药：皮下注射因皮下组织血管较少，吸收较慢；刺激性较强的药物不宜使用。肌内注射因肌肉组织含丰富的血管，吸收较快而完全；油溶液、混悬液、乳浊液均可选用，但刺激性较强的药物应做深层分点肌内注射。静脉注射是将药液直接注入静脉血管，无吸收过程，药效最快，适于急救或大量输液的情况。但一般的油溶液、混悬液、乳浊液不可静脉注射，以免发生栓塞；刺激性大的药物宜静脉注射，但不可漏出血管。此外，还有乳房灌注、腹腔注射等。

(3) 直肠给药：将药物灌注至直肠深部的给药方法。直肠给药能发挥局部作用（如治疗便秘）和吸收作用（如补充营养、麻醉等）。药物吸收较慢，但没有首过效应。

(4) 吸入给药：将某些挥发性或气雾剂型的药物给病畜吸入的给药方法。主用于治疗呼吸道疾病及吸入麻醉等。刺激性大的药物不宜应用。

(5) 皮肤、黏膜给药：将药物涂敷于皮肤、黏膜局部，主要用于治疗外寄生虫、真菌感染及其他皮肤、黏膜疾病。刺激性强的药物不宜用于黏膜；脂溶性大的药物皮肤易吸收，如脂溶性的杀虫药可被皮肤吸收，应防中毒。

5. 重复给药　指在一段时间内，反复使用同一药物以维持其在体内的有效浓度，使其持续发挥作用。临床治疗疾病时，药物按一定的剂量和间隔时间重复使用药物的持续时间，称为疗程。重复用药必须达到一定的疗程方可停药，但重复用药时间过长，可使机体产生耐受性或蓄积中毒。抗菌药物必需要求有充足的疗程才能保证稳定的疗效，并避免产生耐药性，决不可给药1～2次出现药效后就立即停药。例如，抗生素一般要求2～3d为一疗程，磺胺药则要求3～5d为一疗程。重复给药的时间间隔主要依据药物的半衰期和最低有效浓度确定。

6. 联合用药　对动物同时使用两种或两种以上的药物治疗疾病，称联合用药。其目的是为了提高疗效，消除或减轻不良反应，治疗不同症状或并发症。抗病原体药物联合使用还可减少耐药性的产生。药物联用时应注意配伍禁忌。

### （二）动物方面

1. **种属差异** 不同种属动物对同一药物的反应有很大差异。多数情况下表现为量的差异，即作用的强弱和维持时间的长短不同。如家禽对敌百虫很敏感，而猪则比较能耐受；牛对赛拉嗪敏感，其达到化学保定作用的剂量仅为马、犬、猫的 1/10，而猪最不敏感，其使用剂量是牛的 20～30 倍；磺胺间甲氧嘧啶（SMM）在猪的半衰期为 8.87h，在奶山羊则为 1.45h。此外，少数药物还可表现质的差异，如吗啡对人、犬、大鼠、小鼠表现为抑制，但对猫、马和虎则表现兴奋。

动物方面

2. **生理差异** 动物的年龄、性别和生理状态不同对药物的反应往往也不同。如幼龄动物各种生理机能尚未完善，老龄动物肝、肾功能减退，所以对药物的敏感性较成年动物高；怀孕动物对拟胆碱药、泻药比较敏感，可引起流产，临床应慎重；对哺乳期动物，大多数药物可从乳汁排泄，使乳汁中残留药物，废弃期内的乳不得供人食用；成年草食动物长期使用广谱抗生素易导致二重感染。

3. **病理因素** 病理因素能改变药物在机体的正常转运与转化，影响血药浓度，从而影响药物效应。如肾功能损害时，药物经肾排出受阻而引起积蓄；肝功能不全时，代谢减少，可引起血药浓度升高或药物半衰期延长，使其作用增强。炎症过程使动物的生物膜通透性增加，影响药物的转运。例如，头孢西丁在实验性脑膜炎犬脑内的药物浓度比健康犬增加 5 倍。严重的寄生虫病、失血性疾病或营养不良患畜，由于血浆蛋白质减少，可使高血浆蛋白结合率药物的血浆游离药物浓度增加，一方面使药物作用增强，另一方面也使药物的生物转化和排泄增加，半衰期缩短。

动物处于不同的机能状态时，对药物的反应性存在一定程度的差异。如解热镇痛药能使发热动物降温，而对正常体温无影响；洋地黄对充血性心力衰竭有很好的强心作用，而对正常功能的心脏则无明显作用。

4. **个体差异** 在基本条件相同的情况下，同种动物的不同个体对同一药物的反应不同称为个体差异。主要表现为某些个体对某种药物特别敏感，应用小剂量即可产生强烈反应甚至中毒，称为高敏性，相反，有的个体则敏感性特别低，应用中毒量也不引起反应，称为耐受性。此外，个别动物应用某些药物时甚至出现过敏反应。

产生个体差异的主要原因是动物机体对药物的处置有差异，其中生物转化是最主要的因素。不同个体之间的酶活性（尤其细胞色素 $P_{450}$）有很大的差异，从而造成药物代谢速率的差异。

### （三）饲养管理与环境因素

1. **饲养管理** 饲养管理条件的好坏、日粮配合是否合理均可影响药物的作用，许多药物的治疗作用都是在动物具有抵抗力的条件下得以发挥的。如磺胺类药治疗感染性疾病时，病原体的最后消除必须依靠机体的防御系统；病畜用水合氯醛麻醉进行手术后，苏醒期长、体温下降，术后应注意保温，康复期应给予易消化的饲料。因此，患病动物在用药治疗时，同时应加强病畜饲养管理，提高机体的抵抗力。

2. 环境因素 环境生态条件对药物作用也能产生直接或间接的影响，如环境温度和湿度可影响消毒药、抗寄生虫药的疗效；环境有机物的存在可大大减弱消毒药的作用；动物群体过大、密度过高，房舍通风不良，空气中氨浓度过高时，畜禽呼吸道疾病则难以治愈。

## 二、合理用药

用药目的是使机体的病理学过程恢复到正常状态或把病原体清除，以保护机体的正常功能。合理用药是指运用医药知识，在充分了解动物、疾病及药物的基础上，安全、有效、适时、简便、经济地使用药物，以达到最大疗效和最小的不良反应。做到合理用药不是一件容易的事情，必须理论联系实际，不断总结临床用药的实际经验，在充分考虑影响药物作用的各种因素的基础上，正确选择药物，制订出对动物和病理过程都合适的给药方案。合理用药应考虑如下基本原则。

1. 正确的诊断和明确用药指征 合理用药的先决条件是正确的诊断，对动物发病的原因、病理学过程要有充分的了解才能对因、对症用药，否则会耽误疾病的治疗。每种疾病都有其特定的病理学过程和临床症状，用药时必须对症下药。例如，动物腹泻可由多种原因引起，细菌、病毒、原虫等均可引起腹泻，有些腹泻还可能由于饲养管理不当引起，所以不能凡是腹泻都使用抗菌药。正确诊断后，再针对患畜的具体疾病指征，选用药效可靠、安全、给药方便、价廉易得的药物。反对滥用药物，尤其不能滥用抗菌药物。

2. 熟悉药物在靶动物的药动学特征 药物的作用或效应取决于作用靶位的浓度。只有熟悉药物在靶动物的药动学特征及其影响因素，才能做到正确选药并制订合理的给药方案，达到预期的治疗效果。例如，阿莫西林与氨苄西林的体外抗菌活性很相似，但前者在犬体内的口服生物利用度比后者约高 1 倍，血清浓度高 1.5～3 倍，所以在治疗犬全身性感染时，阿莫西林的疗效比氨苄西林好；如果胃肠道感染时则宜选择后者，因其吸收不良，在胃肠道有较高的药物浓度。

3. 预期药物的治疗作用与不良反应 临床使用药物防治疾病时，可能产生多种药理效应，大多数药物在发挥治疗作用的同时，都存在程度不同的不良反应，这就是药物作用的两重性。一般情况，药物的疗效和不良反应（如副作用和毒性反应）是可以预期的。临床用药时，应该把不良反应尽量减少或消除。例如，反刍动物用赛拉嗪后可分泌大量的唾液。此时，应考虑使用阿托品抑制唾液分泌。当然，有些不良反应如变态反应、特异质反应等是不可预期的，可根据患畜反应的情况采取必要的防治措施。

4. 制订合理的给药方案 对动物疾病进行治疗时，要针对疾病的临床症状和病原诊断制订给药方案。给药方案包括给药剂量、途径、频率（间隔时）和疗程。在确定治疗药物后，首先应按《中华人民共和国兽药典 兽药使用指南》规定确定用药剂量，兽医师也可根据病畜情况在规定范围内做必要的调整。给药途径主要决定于制剂。但是，还应考虑疾病类型和用药目的，如利多卡因在非静脉注射给药时，对控制室性心律不齐是无效的。给药的频率是由药物的药动学、药效学和经证实的药物维持有效作用的时间决定的。每种药物或制剂有其特定的作用时间，如地塞米松比氢化可的松有较长时间的抗炎作用，所以前者的给药间隔较长。多数疾病必须反复多次给药，才能达到治疗效果。临床上，不能在动物体温下降或病情好转时就停止给药，这样往往会引起疾病复发，造成后续治疗困难，危害十分严重。

5. **合理的联合用药** 确诊后，兽医师的任务就是选择最有效、安全的药物进行治疗，一般情况下应避免同时使用多种药物（尤其抗菌药物），因为多种药物治疗会极大地增加药物间相互作用的概率，但在某些情况，特别是在病重时，建议采用合理的联合用药，以达到确实的协同作用，也可从对因治疗与对症治疗多方面着手选择联合用药以提高治疗效果。当然，绝不应采用"大包围"的方法盲目联合用药。除了确实有协同作用的联合用药外，要慎重使用固定剂量的联合用药（如某些复方制剂），否则会使兽医师失去了根据动物病情需要去调整药物剂量的机会。

6. **正确处理对因治疗与对症治疗的关系** 一般用药首先要考虑对因治疗，但也要重视对症治疗，两者巧妙地结合将能取得更好的疗效。我国传统中医理论对此有精辟的论述："治病必求其本，急则治其标，缓则治其本。"

7. **避免动物性产品中的兽药残留** 食品动物用药后，药物的原形或其代谢产物和有关杂质可能蓄积、残存在动物的组织、器官或食用产品（如蛋、乳）中，这样便造成了兽药在动物性食品中的残留（简称兽药残留）。兽药残留对人类有潜在危害作用，为避免兽药残留，保证动物性食品的安全，兽医师用药时应严格遵循：执行兽药使用的登记制度；遵守休药期规定；避免标签外用药；严禁非法使用违禁药物。

## 单元六 兽医处方

兽医处方是指执业兽医师在动物诊疗活动中开具的，作为动物用药凭证的文书。处方开写正确与否，直接影响治疗效果和病畜安全，兽医师及药剂人员必须有高度的责任感，若产生医疗事故将要负法律责任。同时处方也是药房管理中药物消耗的原始凭证。兽医处方笺一般分为两种规格，小规格：长 210 mm、宽 148 mm；大规格：长 296 mm、宽 210 mm。

兽医处方一式三联，可以使用同一种颜色纸张，也可以使用三种不同颜色纸张。开具后，第一联由从事动物诊疗活动的单位留存，第二联由药房或者兽药经营企业留存，第三联由动物主人或者饲养单位留存。兽医处方由处方开具、兽药核发单位妥善保存二年以上。保存期满后，经所在单位主要负责人批准、登记备案，方可销毁。

### 一、处方格式与开写方法

一张完整的兽医处方笺内容应包括前记、正文、后记三部分。

执业兽医资格考试模拟题2
《兽用处方药和非处方药管理办法》规定，兽药经营者应当单独建立兽用处方药的购销记录，该记录的保存期至少为（E）
A. 九个月　　B. 三个月
C. 六个月　　D. 一年
E. 二年

1. **前记** 对个体动物进行诊疗的，至少包括动物主人姓名或者动物饲养单位名称、档案号、开具日期和动物的种类、性别、体重、年（日）龄等。对群体动物进行诊疗的，至少包括饲养单位名称、档案号、开具日期和动物的种类、数量、年（日）龄等。

2. **正文** 包括初步诊断情况和 Rp（拉丁文 Recipe "请取"的缩写）。Rp 之后或下一行，应当分列兽药名称、规格、数量、用法、用量等内容；对于食品动物还应当注明休药期。

书写要准确规范。每药一行，将药物或制剂的名称写在左边，药物的剂量写在右边。兽药名称应当以兽药国家标准载明的名称为准。兽药名称简写或者缩写应当符合国内通用写法，不得自行编制兽药缩写名或者使用代号。兽药剂量与数量用阿拉伯数字书写。剂量应当使用法定计量单位：质量以千克（kg）、克（g）、毫克（mg）、微克（μg）、纳克（ng）为单位；容量以升（L）、毫升（mL）为单位；有效量单位以国际单位（IU）、单位（U）为单位。片剂、丸剂、胶囊剂以及单剂量包装的散剂、颗粒剂分别以片、丸、粒、袋为单位；多剂量包装的散剂、颗粒剂以克或千克为单位；单剂量包装的溶液剂以支、瓶为单位，多剂量包装的溶液剂以毫升或升为单位；软膏及乳膏剂以支、盒为单位；单剂量包装的注射剂以支、瓶为单位，多剂量包装的注射剂以毫升或升、克或千克为单位，应当注明含量；兽用中药自拟方应当以剂为单位。

3. **后记** 至少包括执业兽医师签名或盖章和注册号、发药人签名或盖章。

## 二、处方笺样式

1. **普通处方** 处方中开的药物均为《中华人民共和国兽药典》（以下简称《兽药典》）或《中华人民共和国兽药规范》（以下简称《兽药规范》）上所规定的制剂，其成分、含量及配制方法都有明确规定，开写时，只需写出制剂的名称、用量及用法即可，兽医处方笺如图 1-13 所示。

| ×××××处方笺 | | |
|---|---|---|
| 动物主人/饲养单位＿＿＿＿＿＿＿＿＿＿＿＿＿＿＿ | | 档案号＿＿＿＿＿＿ |
| 动物种类＿＿＿＿＿＿ | 动物性别＿＿＿＿＿＿ | 体重/数量＿＿＿＿＿＿ |
| 年（日）龄＿＿＿＿＿＿ | 开具日期＿＿＿＿＿＿ | |
| 诊断： | Rp：<br>①硫酸链霉素　100万U×6支<br>　注射用水　　5.0 mL×6支<br>　用法：肌内注射，每次100万U，每天2次，连用3d<br>②大黄苏打片　0.3 g×60片<br>　用法：内服，每次10片，每天2次 | |
| 执业兽医师＿＿＿＿ | 注册号＿＿＿＿ | 发药人＿＿＿＿ |

图 1-13　兽医处方笺（普通处方）

2. 临时调配处方 是执业兽医师根据病情开写《兽药典》或《兽药规范》上没有规定的处方，兽医师将所需药物开在一张处方上，由药房临时配制，兽医处方笺如图 1-14 所示。

| ××××× 处方笺 | | |
|---|---|---|
| 动物主人/饲养单位＿＿＿＿＿＿＿＿＿＿＿＿＿＿＿＿＿ | | 档案号＿＿＿＿＿＿＿＿＿ |
| 动物种类＿＿＿＿＿＿ 动物性别＿＿＿＿＿＿＿＿＿ | | 体重/数量＿＿＿＿＿＿＿ |
| 年（日）龄＿＿＿＿＿＿ 开具日期＿＿＿＿＿＿＿＿＿＿＿＿＿ | | |

诊断：　　　　　　　　　　　　Rp：

　　　　　　　　　　　　　　　磺胺嘧啶片　　　0.5g×4 片
　　　　　　　　　　　　　　　碳酸氢钠片　　　0.5g×8 片
　　　　　　　　　　　　　　　甘草粉　　　　　6.0g
　　　　　　　　　　　　　　　常水　　　　　　适量
　　　　　　　　　　　　　　　配制：研碎，混匀，调制成糊状
　　　　　　　　　　　　　　　用法：一次灌服

执业兽医师＿＿＿＿＿＿＿　注册号＿＿＿＿＿＿＿　发药人＿＿＿＿＿＿＿

图 1-14　兽医处方笺（临时调配处方）

### 三、开写处方注意事项

（1）执业兽医师应根据动物诊疗活动的需要，按照兽药使用规范，遵循安全、有效、经济的原则开具兽医处方。

（2）执业兽医师在注册单位签名留样或者专用签章备案后，方可开具处方。兽医处方经执业兽医师签名或者盖章后有效。执业兽医师注册号可采用印刷或盖章方式填写。

（3）执业兽医师利用计算机开具、传递兽医处方时，应当同时打印出纸质处方，其格式与手写处方一致；打印的纸质处方经执业兽医师签名或盖章后有效。

（4）兽医处方限于当次诊疗结果用药，开具当日有效。特殊情况下需延长有效期的，由开具兽医处方的执业兽医师注明有效期限，但有效期最长不得超过 3d。

（5）动物基本信息、临床诊断情况应当填写清晰、完整，并与病历记载一致。

（6）字迹清楚，原则上不得涂改；如需修改，应当在修改处签名或盖章，并注明修改日期。

（7）如在同一张处方中开有几个处方时，每个处方的处方部分均应分别完整填写，并在每个处方第一个药名的左上方写出次序号，如①、②等。

（8）开具处方后的空白处应当画一斜线，以示处方完毕。

1. 调查学院动物医院和市区兽医站动物药房管理情况（药物保管与贮存），

并写一份调查报告。

2. 处方格式纠错

三月龄牧羊犬，前天不吃，昨天发现频频呕吐，吐出白色带泡沫黏液，大便稀，呈灰黄色，夹有黏液。今日测量体温达 41℃，精神萎靡，眼球陷落，呕吐物黄色水样，大便稀，有大量番茄汁样血液，混有黏液和伪膜，气味恶臭。初诊：细小病毒感染。

处方：Rp

犬细小病毒高免血清 10mL，一次肌内注射（后海穴注射），每天 1 次，连用 2～3d。

5％葡萄糖生理盐水 1 000.0、庆大霉素 0.08、三磷酸腺苷二钠 0.01、辅酶 A 25.0、氢化可的松 0.02、盐酸山莨菪碱 0.01、维生素 C 0.25

用法：一次静脉注射

胃复安 10mg　肌内注射

止血敏 1mL　肌内注射

3. 录像观察。

①剂量对药物作用的影响。

②动物（猪、牛、羊、犬、禽等）给药方法。

4. 动物（猪、牛、羊、犬、禽等）给药方法训练。（见第八篇实训四　动物给药技术）

**拓 与 展**

## 兽药管理一般知识

1. **兽药管理机构**　国务院兽医行政管理部门（农业部兽医局）负责全国的兽药监督管理工作。县级以上地方人民政府兽医行政管理部门负责本行政区域内的兽药监督管理工作。各级兽药监察所负责质量监督。

2. **兽药管理法律、法规文件**　《兽药管理条例》是我国兽药管理大法。新修订的《兽药管理条例》由国务院第 404 号文发布，于 2004 年 11 月 1 日起施行。凡从事兽药研制、生产、经营、进出口、使用和监督管理者，必须遵守本条例的规定。为保证兽药生产、经营和使用的质量，并确保安全有效，农业部根据《兽药管理条例》的规定，制定和发布了《兽药管理条例实施细则》，并发布了相应的管理办法，如《兽药生产质量管理规范》（简称《兽药 GMP》）、《新兽药研制管理办法》《兽药产品批准文号管理办法》《兽药标签和说明书管理办法》等。

3. **兽药标准**　兽药标准是兽药生产、检验、临床应用的法定依据，由国家政府部门制定。目前我国的兽药标准有：

(1)《中华人民共和国兽药典》（简称《兽药典》）是我国兽药的最高法典，由农业部主持的国家兽药典委员会编纂。1990 年版分一部和二部，一部收载化学药品、抗生素、生化制品和各类制剂，二部收载中药材和成方制剂。

2000 年版也分一、二部，一部收载的品种新增 132 种，二部收载的品种新增 179 种。从 2005 年版开始，《兽药典》分为一、二、三部，一部收载化学药品、抗生素、生化药品及药用辅料，二部收载中药材、中药成方制剂，三部收载生物制品，每部分别有各自的凡例、附录、目录及索引等。2005 年版，一部收载共 448 种，新增 27 种；二部收载共 685 种，新增 31 种；三部收载生物制品 115 种，新增 72 种。2010 年版收载品种总计 1 829 种，一部收载共计 592 种，二部收载共 1 114 种，三部收载 123 种。2015 年版共收载正文品种 1 640 个，附录 284 个。

(2)《中华人民共和国兽药规范》（简称《兽药规范》）和《兽药质量标准》。二者俗称为"部颁标准"，《兽药质量标准》是《兽药规范》的延续。根据兽药的发展和需要，针对农业部已批准使用的药品，在尚未载入《中国兽药典》的情况下，由农业部颁发质量标准，经兽药典委员会编出。1978 年和 1992 年农业部分别颁发过两次《兽药规范》，其中大多数品种都已收载到《中国兽药典》。2003 年农业部颁布了《兽药质量标准》，为适应兽药快速发展的需要，2006 年又颁发了《兽药质量标准》的增补版。

(3)《进口兽药质量标准》。是针对进口兽药及动物保健品制定的标准。农业部于 1999 年颁发。

以上均称为国家标准。2004 年农业部第 426 号文公告，清理整顿地方标准，对部分质量较好的地方标准经严格审核提升为国家标准，其余一概废除。对已升为国家标准，但尚未载入《兽药典》和《兽药质量标准》的产品，暂按农业部的《兽药地方标准升国家标准》汇编执行，待后视验证情况逐步转入国家标准。

**4. 新兽药分类** 新兽药共分五类：第一类，我国研制的国外没有批准生产、仅有文献报道的原料药品及其制剂；第二类，我国研制的国外已批准生产，但未列入国家药典、兽药典或国家法定药品标准的原料药品及其制剂；第三类，我国研制的国外已批准生产，并已列入国家药典、兽药典或国家法定药品标准的原料药品及其制剂，包括化学药物复方制剂，中西兽药复方制剂；第四类，改变剂型或改变给药途径的药品；第五类，增加适应证的兽药制剂。

## 思 与 议

**复习题**

1. 名词解释：药物、毒物、药动学、药效学、制剂、剂型、极量、首过效应、治疗指数、消除半衰期、体清除率、表观分布容积、生物利用度、重复给药、疗程、副作用、毒性反应、过敏反应、二重感染、配伍禁忌、构效关系、量效关系、兽用处方药、兽用非处方药。

2. 药物作用的基本表现是什么？药物作用的方式有哪些？请举例说明。

3. 什么叫药物作用的选择性？在临床上有何意义？

4. 药物的不良反应有哪些？临床上如何避免？

5. 什么是联合用药？联合用药的目的是什么？

6. 什么是量效曲线？并说明药物的作用有哪些特性。

7. 什么是药时曲线、峰浓度、峰时间、药时曲线下面积？并说明其临床意义。

8. 剂量对药物作用有何影响？

9. 影响药物作用的因素包括哪些？并简述其临床意义。

10. 什么叫兽医处方？临床开写处方时，应注意哪些事项？

## 讨论题

1. 当动物疾病确诊后，要制定一份合理的用药方案，你认为应该考虑哪些因素？为什么？

2. 坚持绿色发展，促进人与自然和谐共生是我国高质量发展之国策。然而，在畜禽生产、销售环节中，从业人员由于科学用药知识缺乏和经济利益的驱使，滥用兽药的现象时有发生。其后果，一方面导致动物性食品中的兽药残留摄入人体后，影响人类健康；另一方面兽药随养殖场排泄物（包括粪、尿等）进入周围环境，成为环境污染物，给生态环境带来不利影响。针对这种现象，作为一名未来的兽医工作者，你认为该如何处理？

# 第二篇　抗病原体药物

**内容提要**

　　本篇主要介绍兽医临床常用药物的作用机理、临床应用、不良反应、注意事项及制剂、用法和用量，重点介绍动物多发病、群发病所用药物，以及它们的临床合理选用。通过社会实践了解当地动物的常发病和群发病及所用药物和药物的使用效果。

## 模块一　抗微生物药物

**学习目标**

　　1. 理解防腐消毒药的概念、作用机理，掌握影响防腐消毒药作用的因素及防腐消毒药的临床合理选用。

　　2. 理解抗生素的概念、作用机理及其分类，掌握各类抗生素的作用特点、临床应用及不良反应。

　　3. 掌握磺胺类药物的抗菌机理、分类，常用药物的临床应用及注意事项；掌握喹诺酮类药物的临床应用；了解呋喃类、喹噁啉类等药物的种类、应用及注意事项。

　　4. 了解抗病毒药物的临床应用和注意事项。

　　5. 掌握抗微生物药物的临床合理应用。

**学 与 导**

　　抗微生物药物是指对细菌、支原体、衣原体、真菌、病毒等微生物具有选择性抑制或杀灭作用的药物，主要用于防治病原微生物所致的感染性疾病。抗微生物药物对感染性疾病的治疗以及对由寄生虫、恶性肿瘤所致疾病的药物治疗统称为化学治疗（简称化疗）。凡是对侵袭性的病原体具有选择性抑制或杀灭作用，而对机体（宿主）没有或只有轻度毒性作用的化学物质，称为化学治疗药，简称化疗药。应用各类抗微生物药物治疗疾病时，应注意机体、微生物和药物三者之间在防治疾

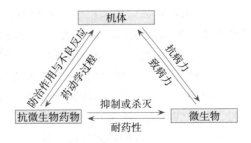

图 2-1　机体-抗微生物药-微生物之间的关系

病中的相互关系（图2-1）。

微生物进入机体可引起疾病，但是微生物不能决定疾病的全过程，机体的抗病力即免疫状态和反应性对疾病的发生和发展也有重要作用。当机体的抗病能力强时，就能战胜微生物的致病作用，达到疾病的康复或免于致病，因此在使用抗微生物药物同时，也要重视动物机体的防御机能。与此同时，在某些条件下，原来对药物敏感的微生物可以变为不敏感，表现为耐药性，使抗微生物药物不能发挥作用。另外，药物在作用于微生物的同时，对机体也会带来不良作用。因此，要充分掌握抗微生物药物的药效学、药动学及毒理学，有针对性地选药，根据药物的药动学特征，给予充足的剂量和疗程，防止耐药性和不良反应的产生，同时依靠和发挥动物机体的防御机能。

1. **抗菌药**　指对细菌有抑制或杀灭作用的药物，包括抗生素和人工合成药物（磺胺类、喹诺酮类等）。

2. **抗生素**　旧称抗菌素，是各种微生物（包括细菌、真菌、放线菌属）在生长繁殖过程中产生的代谢产物，在很低的浓度下即能抑制或杀灭其他微生物的化学物质。

3. **抗菌谱**　指药物抑制或杀灭病原微生物的范围。仅作用于单一菌种或单一菌属的药物称窄谱抗菌药，如多黏菌素类药物仅对革兰氏阴性菌有作用。能杀灭或抑制多种不同种类细菌的药物称广谱抗菌药，如四环素类、酰胺醇类、第三代头孢菌素、氟喹诺酮类、磺胺类等。抗菌谱是兽医临床选药的基础。

4. **抗菌活性**　指抗菌药抑制或杀灭病原微生物的能力。临床实践中常用最低抑菌浓度与最低杀菌浓度两个指标进行评定。能够抑制培养基内细菌生长的最低药物浓度称为最小抑菌浓度（MIC）。能够杀灭培养基内细菌或使细菌数减少99.9%的最低药物浓度称为最小杀菌浓度（MBC）。抗菌药的抑菌作用和杀菌作用是相对的，有些抗菌药在低浓度时呈抑菌作用，而高浓度呈杀菌作用。

5. **抗生素效价**　指抗生素的作用强度，是评价抗生素效能的标准，也是衡量抗生素活性成分含量的尺度。通常以质量、国际单位（IU）或单位（U）来表示。常采用化学法或生物效价测定法。由于大多数抗生素药物不纯，不能用质量法衡量抗生素的作用强度，所以规定了以特定单位作为评定抗生素效能和活性成分含量的尺度，并确定每种抗生素的效价与质量之间有特定转换关系。如标准青霉素钠，1mg等于1 667IU或1IU等于0.6$\mu$g；标准青霉素钾，1mg等于1 559IU或1IU等于0.625$\mu$g。

6. **抗菌后效应（PAE）**　指停药后，抗生素在机体内的浓度低于最低抑菌浓度或者被机体完全清除，细菌在一段时间内仍处于持续受抑制状态。

7. **细菌耐药性**　细菌耐药性是细菌产生对抗微生物药物不敏感的现象。分为天然耐药性和获得耐药性两种。前者属细菌的遗传特征，是由细菌染色体基因决定的，不可改变，如肠道革兰氏阴性杆菌对青霉素G的耐药；后者即一般所指的耐药性，是指病原菌与抗菌药多次接触后对药物的敏感性逐渐降低甚至消失，致使抗菌药对耐药病原菌的作用降低或无效，如金黄色葡萄球菌对青霉素G的耐药。

某种病原菌对一种药物产生耐药性后，往往对同一类的其他药物也具有耐药

细菌耐药性

性，这种现象称为交叉耐药性。交叉耐药性包括完全交叉耐药性及部分交叉耐药性。完全交叉耐药性是双向的，如多杀性巴氏杆菌对磺胺嘧啶产生耐药后，对其他磺胺类药均产生耐药；部分交叉耐药性是单向的，如对链霉素耐药的细菌，对庆大霉素、卡拉霉素、新霉素仍然敏感，而对庆大霉素、卡拉霉素、新霉素耐药的细菌，对链霉素也耐药。

细菌产生耐药性的机理有以下几种方式：

（1）产生酶使药物失活。主要有水解酶和钝化酶两类：水解酶，如 β-内酰胺酶类，它们能使青霉素或头孢菌素的 β-内酰胺环裂解而使药物失效；钝化酶，如乙酰转移酶、磷酸转移酶及核苷转移酶等，可以将乙酰基、磷酰基和腺苷酰基连接到氨基糖苷类的氨基或羟基上而失效。

产生灭活酶
（动画）

（2）改变膜的通透性。很多广谱抗菌药都对铜绿假单胞菌无效或作用很弱，主要是抗菌药物不能进入铜绿假单胞菌体内，故产生天然耐药。另外，细菌接触抗菌药后，可以通过改变通道蛋白的性质和数量来降低细菌膜的通透性而产生耐药性。如一些革兰氏阴性菌对四环素类及氨基糖苷类产生耐药性，即由于耐药菌所带的质粒诱导产生三种新的膜孔蛋白，阻塞了外膜亲水性通道，药物不能进入而形成。

改变膜的通透性
（动画）

（3）作用靶位结构的改变。细菌细胞内膜上与抗菌药结合部位的靶蛋白结构、位置或数量发生变化，使药物与细菌靶蛋白不能结合或者即使药物与靶蛋白结合，仍有足够量的靶蛋白维持细菌的正常形态和功能，而丧失抗菌效能。如 β-内酰胺类抗生素的作用靶位是青霉素结合蛋白（PBPs），β-内酰胺类抗生素耐药菌株体内的 PBPs 质和量发生改变，导致与药物的结合能力下降；链霉素耐药菌株，主要是细菌核蛋白体 30S 亚基上的链霉素受体（$P_{10}$ 蛋白）发生构型改变，使药物不能与菌体结合而失效；红霉素耐药菌株的形成可能与 50S 亚基蛋白质的突变有关。

改变作用靶位
结构（动画）

（4）改变代谢途径。磺胺药是与对氨基苯甲酸（PABA）竞争二氢叶酸合成酶而产生抑菌作用。如金黄色葡萄球菌多次接触磺胺药后，其自身的 PABA 产量增加，可高达原敏感菌产量的 20～100 倍。后者与磺胺药竞争二氢叶酸合成酶，使磺胺药药效下降甚至消失。

（5）主动外排作用。某些细菌能将进入菌体的药物泵出体外，这种泵因需能量，故称为主动外排系统。对四环素类耐药的细菌胞浆膜可产生"四环素泵"，把菌体内的药物泵出细胞外；对喹诺酮类耐药的细菌细胞膜上亦存在外排系统。

主动外排作用
结构（动画）

# 单元一　防腐消毒药

## 一、概　述

### （一）基本概念

防腐消毒药是具有抑制病原微生物生长繁殖或杀灭病原微生物的一类药物。防腐药是指能抑制病原微生物生长繁殖的药物，主要用于抑制局部皮肤、黏膜和创伤等生物体表的微生物感染，也用于食品及生物制品等的防腐。消毒药是指能

防腐消毒药

迅速杀灭病原微生物的药物，主要用于环境、厩舍、动物排泄物、用具和器械等非生物表面的消毒。两者之间并无严格的界限，主要依赖于药物作用的浓度和时间，低浓度的消毒药仅能抑菌，高浓度的防腐药也能杀菌。因此，一般总称为防腐消毒药。由于有些防腐药用于非生物体表面时不起作用，而有些消毒药会损害活体组织，因此两者不应替换使用。

（二）分类

防腐消毒药根据临床应用对象不同可分为：

1. **主要用于环境、用具、器械的防腐消毒药**　如甲酚、甲醛溶液、氢氧化钠、氧化钙、过氧己酸等。

2. **主要用于皮肤黏膜的防腐消毒药**　如乙醇、碘、硼酸等。

3. **主要用于创伤的防腐消毒药**　如苯扎溴铵、高锰酸钾、过氧化氢溶液等。

此外，还可以按照药物的化学结构与理化性质来分类，可分为酚类、醛类、酸类、碱类、卤素类、过氧化物类、表面活性剂类等防腐消毒药。

（三）**防腐消毒药的作用机理**

1. **使病原体蛋白变性、沉淀**　蛋白质是生命的物质基础，是构成细胞的基本有机物，是生命活动的主要承担者，蛋白质变性后即失去作用。大部分防腐消毒药会引起蛋白质变性或沉淀，该作用无选择性，可损害一切生物机体，故称为"原浆毒"。此类药物不仅能杀菌，也能破坏动物组织，因此只适用于环境消毒。如酚类、醇类、醛类、酸类和重金属盐类等。

2. **改变菌体胞浆膜的通透性**　某些防腐消毒药能改变细胞膜表面张力，增加其通透性，引起胞内重要的酶和营养物质漏失，水向菌体内渗入，使菌体破裂或溶解。如新洁尔灭、洗必泰等。

3. **干扰病原体的酶系统**　某些防腐消毒药通过氧化还原反应损害酶的活性基团，或因其化学结构与菌体内代谢物相似，竞争或非竞争性地与酶结合，抑制酶的活性，引起菌体的生长抑制或死亡。如重金属盐类、氧化剂类和卤素类。

一种防腐消毒药不只是通过一种途径而起作用的，如苯酚在高浓度时是蛋白变性剂，但在低于蛋白变性浓度时，也可通过抑制酶或损害细胞膜而呈现杀菌作用。

（四）**影响防腐消毒药作用的因素**

防腐消毒作用不仅取决于防腐消毒药的理化性质，而且受许多有关因素的影响，主要有以下几方面：

1. **药物浓度**　一般来讲，当其他条件一致时，药物溶液浓度越高其作用越强，但浓度过高刺激性大，既不安全又浪费药物，因此药物溶液浓度要符合规定。但并非所有消毒防腐药的作用与浓度呈正相关，如95％的乙醇消毒效果不如75％的乙醇，这主要由于95％的乙醇可使菌体表层蛋白质变性凝固而形成一层致密的蛋白膜，使得乙醇不能进入菌体内部起到完全杀菌作用。

2. **作用时间**　防腐消毒药与病原微生物的接触必须达到一定时间才能发挥其抑菌或杀菌作用。当其他条件一致时，普遍表现为作用时间越长，效果越好。使用时应针对不同的消毒对象选择不同的消毒时间。

3. **温度** 消毒效果与环境温度一般呈正相关，即在一定范围，药液温度越高，杀菌力越强。一般规律是温度每升高 10℃，抗菌活性可增加 1～1.5 倍，对热稳定的药物常用其热溶液消毒。

4. **有机物** 环境中的粪、尿等或创伤上的脓血、体液等有机物可与防腐消毒药吸附或发生化学反应形成不溶性杀菌力弱的化合物，或在微生物表面起机械性保护作用。因此，在使用防腐消毒药前必须将消毒场所彻底打扫干净，创伤应清除脓、血、坏死组织和污物，以取得更好的消毒效果。

5. **微生物的特点** 不同种（型）的微生物及微生物的不同发育时期，对药物的敏感性不同，如病毒对碱类敏感，而对酚类的抵抗力很强；生长繁殖旺盛期的细菌对药物敏感，具有芽孢的细菌则对药物有强大抵抗力。

6. **联合应用** 两种药物合用时，可出现增强或减弱的效果。如氯己定（洗必泰）和季铵盐类消毒剂用 70% 乙醇配制比用水配制穿透力强，杀菌效果也更好。而阳离子表面活性剂新洁尔灭和阴离子表面活性剂肥皂共用时，会发生置换作用，可使消毒作用减弱甚至消失。

7. **pH** 有些防腐消毒药易受环境或组织 pH 的影响，从而使其在不同 pH 环境里表现出来不同的消毒效果。如戊二醛在酸性环境中较稳定，但杀菌力较弱，在碱性环境中可形成碱性戊二醛，易与菌体蛋白的氨基结合使之变性，杀菌活性显著增强。

8. **其他因素** 环境的湿度、药物的剂型、水质硬度以及在溶液中的解离度等都能影响药效，在使用防腐消毒药时，必须加以考虑。

## 二、常用药物

### （一）主要用于周围环境、用具、器械的消毒药

用于周围环境、用具、器械的消毒药有：酚类，如苯酚、甲酚；醛类，如甲醛、聚甲醛、戊二醛；碱类，如氢氧化钠、氧化钙；卤素类，如含氯石灰、复合亚氯酸钠、二氧化氯、二氯异氰酸钠、溴氯海因，聚维酮碘等；过氧化物类，如过氧乙酸；酸类，如盐酸、硫酸；季铵盐类，如癸甲溴铵、辛安乙甘酸等。

1. **酚类** 酚类是一种表面活性物质，可损害菌体细胞膜，较高浓度时也是蛋白质变性剂，故有杀菌作用。目前销售的酚类消毒剂大多数含两种或两种以上具有协同作用的化合物，以扩大其抗菌作用范围。由于酚类消毒剂对环境有污染，目前有些国家限制使用酚类消毒剂，在我国酚类消毒剂的应用也趋向逐步减少。

**苯酚**（**Phenol**）

【理化性质】又名石炭酸，无色针状晶体。有特臭和引湿性。常温下可溶于水，易溶于有机溶剂。水溶液显弱酸性，遇光、接触空气或贮存过久，色渐变红。

【作用与应用】苯酚可凝固蛋白。具有较强的杀菌作用：0.1%～1% 溶液具有抑菌作用；1%～2% 溶液有杀菌和杀真菌作用；5% 溶液可在 48h 内杀死炭疽

芽孢；2％～5％的苯酚溶液可用于厩舍、器具、排泄物的消毒处理。加大浓度、提高温度或延长作用时间均可增强杀菌效果。溶液 pH 越低，消毒效果越好。碱性环境、过氧化物类、皂类等能减弱其杀菌作用。

在生产上，现已不单独使用苯酚，而常用的是复合酚（含苯酚 41％～49％，醋酸 22％～26％），为深红褐色黏稠液体，特臭。对细菌、霉菌、病毒、寄生虫卵等都具有较强的杀灭作用。主要用于厩舍、器具、排泄物和车辆的消毒，通常用药后药效维持 1 周。在环境污染较严重时，可适当增加药物浓度和用药次数。

【用法与用量】将复合酚用 100～200 倍水稀释后对畜禽舍、笼具、饲养场地、运输工具及排泄物等喷洒消毒。

【不良反应】浓度大于 0.5％时有局部麻醉作用；5％溶液对组织产生强烈刺激和腐蚀作用；苯酚可能有致癌作用。对意外吞服苯酚的动物可用植物油（忌用液体石蜡）洗胃，内服硫酸镁导泻，给予中枢兴奋剂和强心剂等。皮肤、黏膜接触部位可用 50％乙醇或水、甘油、植物油清洗。眼可先用温水冲洗，再用 3％硼酸液冲洗。

【制剂】复合酚（Compound Phenol）。

### 甲酚（Cresol）

【理化性质】又名煤酚，为无色或淡黄色澄明液体，有类似苯酚的臭味。

【作用与应用】本品通过损害菌体细胞膜而产生杀菌作用。能杀灭一般繁殖型病原菌，对芽孢无效，对病毒的作用不可靠。甲酚有特殊酚臭，不宜用于屠宰场或奶牛场消毒。有色泽污染，不宜用于棉、毛纤维品的消毒。对皮肤有刺激性。生产上多应用其含煤酚 50％的肥皂溶液，即煤酚皂溶液。

【用法与用量】用具、器械及厩舍、场地、病畜排泄物的消毒，可用 5％～10％的煤酚皂溶液；皮肤及手的消毒，可用 1％～2％的煤酚皂溶液；冲洗口腔或直肠黏膜，可用 0.5％～1％的煤酚皂溶液。

【制剂】煤酚皂溶液，又名来苏儿（Lysol），是由植物油、氢氧化钾、煤酚配制的含煤酚 50％的肥皂溶液。

2. 醛类　醛类消毒药的化学活性很强，在常温常压下很易挥发，又称挥发性烷化剂。杀菌机制是通过烷基化反应，使菌体蛋白质变性，酶和核酸等的功能发生改变而呈现强大的杀菌作用。常用的有甲醛、聚甲醛、戊二醛等。

### 甲醛溶液（Formaldehyde Solution）

【理化性质】室温下为无色气体，具有特殊刺激性气味，易溶于水和乙醇。常用 40％甲醛溶液，即福尔马林，为无色液体，久置能生成三聚甲醛沉淀而发生混浊。常加入 10％～15％甲醇，以防止聚合。

【作用与应用】本品有较强的杀菌作用，对细菌繁殖体、芽孢、结核杆菌、真菌和病毒均有效，对细菌内毒素亦有破坏作用。多用于畜舍、仓库、孵化室、皮毛、衣物、器械等的熏蒸消毒。熏蒸消毒时易受温度、湿度、时间的影响，一般消毒时的室温应不低于 15℃，相对湿度为 60％～80％，消毒时间为 8～10h。

甲醛对皮肤和黏膜的刺激性强，用时应注意。另外，本品内服也可用于胃肠道制酵，治疗瘤胃臌气。

【用法与用量】内服，一次量，牛 8～25mL，羊 1～3mL，服时用水稀释20～30 倍；熏蒸消毒，每立方米 15mL；器械消毒，2% 溶液（浸泡 1～2h）；标本、尸体防腐，可用 5%～10% 溶液。

3. 碱类　碱类杀菌作用的强度取决于解离的氢氧根离子浓度，其解离度越大，杀菌作用越强。碱对病毒和细菌的杀灭作用均较强，高浓度溶液可杀灭芽孢。高浓度碱的氢氧根离子能水解菌体蛋白和核酸，使酶和细胞结构受损，并能抑制代谢机能，分解菌体中的糖类，使细菌死亡。遇有机物可使碱类消毒药的杀菌力稍有降低。碱类无臭、无味，除可消毒厩舍外，可用于肉联厂、食品厂、牛乳场等的地面、饲槽、车船等消毒。碱溶液能损坏铝制品、油漆漆面和纤维织物。

### 氢氧化钠（Sodium Hydroxide）

【理化性质】又名苛性钠，消毒用氢氧化钠又称为烧碱、火碱。为白色、干燥、不透明固体；易溶于水和醇，水溶液呈碱性；吸湿性强，易从空气中吸收二氧化碳形成碳酸盐，应密封保存。

【作用与应用】本品属原浆毒，杀菌力强。对细菌繁殖体、芽孢、病毒均有强大的杀灭力，对寄生虫卵也有杀灭作用。习惯上应用其热溶液。氢氧化钠为一种强碱，对组织有腐蚀性，消毒厩舍前应先驱出畜禽，隔半天以水冲洗饲槽、地面后方可让畜禽进入，且消毒人员应佩戴橡皮手套，穿胶鞋操作。

【用法与用量】细菌（如巴氏杆菌、沙门氏菌等）或病毒（如口蹄疫病毒、猪瘟病毒、鸡新城疫病毒等）污染的畜禽舍、场地、车辆等消毒，可用 2% 的热溶液；炭疽芽孢污染场所的消毒，可用 5% 的热溶液。

### 氧化钙（Calcium Oxide）

【理化性质】又名生石灰，为白色无定形块状物。

【作用与应用】本品主要成分为氧化钙，氧化钙本身并无杀菌作用，但能与水混合后变成熟石灰（即氢氧化钙），释放出氢氧根离子而起杀菌作用。对繁殖型细菌有良好的消毒作用，但对芽孢、结核杆菌无效。常用 20% 的混悬液（石灰乳）进行畜禽舍、墙壁、畜栏、地面、病畜禽排泄物及人行通道的消毒。防疫期间畜禽场门口可放置浸透 20% 石灰乳的垫草进行鞋底消毒。也可直接将生石灰撒在粪池周围及污水沟等处，但不能直接撒布于栏舍地面，因畜禽活动时其粉末飞扬，可造成呼吸道、眼睛发炎或直接腐蚀畜禽蹄爪。由于生石灰可从空气中吸收二氧化碳，形成碳酸钙而失效，故不宜久贮。熟石灰也宜现用现配。

【用法与用量】涂刷或喷洒，可用 10%～20% 混悬液；撒布，将其粉末撒在排泄物、粪便等处。

4. 过氧化物类　过氧化物类消毒药多依靠其强大的氧化能力杀灭微生物，又称为氧化剂。通过氧化反应，可直接与菌体或酶蛋白的氨基、羧基、巯基发生

执业兽医资格考试模拟题3
圈舍地面和用具消毒时，氢氧化钠的常用浓度是（D）
A. 0.1%～0.2%
B. 15%～20%
C. 0.5%～10%
D. 1%～2%
E. 25%～30%

反应而损伤细胞结构或抑制代谢机能，导致细菌死亡；或通过氧化还原反应，加速细菌的代谢，损害生长过程而致死。杀菌能力强，各种微生物对其十分敏感，可将所有微生物杀灭，多作为灭菌剂。这类消毒剂包括过氧化氢、过氧乙酸、二氧化氯和臭氧等。它们的特点是易分解成无毒物质，消毒后在物品上不留残余毒性，但具有漂白和辐射作用。

## 过氧乙酸（Peracetie Acid）

【理化性质】又名过醋酸。纯品为无色透明液体，呈弱酸性，有刺激性酸味。易挥发，易溶于水、酒精和醋酸。性质不稳定，遇热或有机物、重金属离子、强碱等易分解。45%浓度以上时剧烈碰撞或遇热易爆炸，浓度低于20%的溶液无此危险。市售为20%过氧乙酸溶液。

【作用与应用】过氧乙酸兼具有酸和氧化剂的特性，具有高效、快速和广谱杀菌作用，其气体和溶液具有较强的杀菌作用，并较一般的酸和氧化剂作用强，对细菌、病毒、真菌和芽孢均有效。其作用不受温度的影响，低温下仍具有杀菌和抗芽孢能力。主要用于厩舍、器具的消毒。本品腐蚀性强，有漂白作用。

【用法与用量】畜舍、饲槽、车辆等消毒，0.5%的溶液喷洒；耐酸塑料、玻璃搪瓷和橡胶制品的短时间浸泡消毒，0.04%～0.2%的溶液；空间加热熏蒸消毒，3%～5%的溶液；黏膜或皮肤消毒，0.02%或0.2%溶液；密封的实验室、无菌室、仓库等消毒，5%的溶液 2.5mL/$m^3$喷雾。

【注意事项】稀释液不能久贮，应现用现配。本品能腐蚀多种金属，并对有色棉织品有漂白作用。因蒸气有刺激性，消毒畜舍时，家畜不宜留在室内。

5. **卤素类** 卤素包括氯、溴、碘等，常用于环境消毒的为氯。氯易渗入细菌细胞内对蛋白质产生卤化和氧化作用，因而有强大的杀菌能力。但氯为气体，直接应用很不方便，因此，一般都用能释放游离氯的化合物作为环境消毒药。其化合物分为有机氯消毒剂和无机氯消毒剂。前者以次氯酸盐类为主，作用较快，但不稳定；后者以氯胺类为主，性质稳定，但作用较慢。含氯消毒剂杀菌谱广，能有效杀死细菌、真菌、病毒、阿米巴包囊和藻类。其作用迅速，合成工艺简单，且能大量生产和供应，价格低廉，便于推广使用。但也存在一定缺点，如易受有机物和酸碱度的影响，能漂白、腐蚀物品，有难闻的氯味，有的种类不够稳定，有机氯易丧失等。

## 含氯石灰（Chlorinated Lime）

【理化性质】又名漂白粉，是次氯酸钙、氯化钙和氢氧化钙的混合物，为灰白色粉末。微溶于水，有氯臭。在空气中吸收水分和二氧化碳而缓慢分解，丧失有效氯，常制成含有效氯为25%～30%的粉剂，并且应现用现配。不可与易燃易爆物品放在一起。

【作用与应用】含氯石灰是由于次氯酸钙水解生成次氯酸，次氯酸进一步分解成新生态氧和活性氯而呈现杀菌作用，其杀菌作用快而强，但不持久。对细菌繁殖体、细菌芽孢、病毒及真菌都有杀灭作用，并可破坏肉毒杆菌毒素。对结核杆菌和鼻疽杆菌效果较差。杀菌作用易受有机物影响。此外，漂白粉中的氯可与氨和硫化氢发生反应，故有除臭作用。

本品为廉价有效的消毒药，广泛应用于饮水、厩舍、场地、车辆、排泄物等的消毒；也可用于玻璃器皿、非金属器具、鱼池等的消毒；不能用于金属制品及有色棉织物的消毒。

【用法与用量】饮水消毒，每50L水1g；厩舍、场地、墙壁、运输车辆等消毒，临用前配成5%～20%的混悬液；鱼池消毒，每立方米水1g。

【注意事项】含氯石灰使用时可释放出氯气，对皮肤和黏膜有刺激作用，消毒人员应注意防护。

### 二氯异氰尿酸钠（Sodium Dichloroisocyanurate）

【理化性质】又名优氯净，为白色或微黄色粉末。有浓厚的氯臭，含有效氯60%～64%。易溶于水，在水溶液中水解为次氯酸。但水溶液稳定性差，宜现用现配。

【作用与应用】杀菌谱广，杀菌力较大多数氯胺类消毒药强。对细菌繁殖体、芽孢、病毒、真菌均有较强的杀灭作用，溶液的pH愈低，杀菌作用愈强，加热可加强杀菌效力。有机物对杀菌作用影响较小。广泛用于鱼塘、饮水、食品加工厂、车辆、厩舍、蚕室、用具的消毒。有腐蚀和漂白作用。

【用法与用量】消毒浓度以有效氯计算，鱼塘消毒，每立方米水0.3g；饮水消毒，每升水0.5mg；食品、牛奶加工厂、厩舍等消毒，每升水50～100mg。

【注意事项】注意事项同漂白粉。

6. 季铵盐类　季铵盐类消毒剂为表面活性剂，可改变细菌胞浆膜的通透性，使菌体物质外渗，阻碍其代谢而使细菌死亡。本类消毒剂包括单链季铵盐和双链季铵盐两类，前者只能杀灭某些细菌繁殖体和亲脂病毒，属低效消毒剂，例如新洁尔灭；后者可杀灭多种微生物，包括细菌繁殖体，某些真菌和病毒，例如癸甲溴铵。季铵盐类消毒剂的特点是对皮肤黏膜无刺激，毒性小，稳定性好，对消毒物品无损害等。

### 癸甲溴铵（Deciquam）

【理化性质】又名百毒杀，是一种双链季铵盐类阳离子表面活性剂，无色或微黄色液体，振摇时有泡沫产生。溶于水，性质稳定，不受环境酸碱度、有机物及光、热的影响，可长期保存。

【作用与应用】本品在溶液状态时，能解离出季铵盐阳离子，通过改变细胞膜的通透性而具有较强的杀菌作用。能杀灭有囊膜的病毒、真菌和部分虫卵。有除臭和清洁作用。常用于厩舍、孵化室、用具、饮水槽和饮水的消毒。

【用法与用量】厩舍、孵化室、用具、环境等消毒，0.015%～0.05%癸甲溴铵溶液；饮水消毒，0.0025%～0.005%癸甲溴铵溶液。

【注意事项】本品忌与碘、碘化钾、过氧化物、普通肥皂等配伍应用。

### （二）主要用于皮肤、黏膜的消毒药

#### 乙醇（Alcohol）

【理化性质】又名酒精，为无色挥发性液体。易燃烧，能与水、挥发油等以任意比例混合。

【作用与应用】乙醇作用迅速，并且无腐蚀性、无残留，是目前临床上使用最广泛，也是较好的一种皮肤消毒药。能杀死繁殖型细菌，对结核分枝杆菌、囊膜病毒也有杀灭作用，但对细菌芽孢无效。乙醇可使细菌胞浆脱水，并进入蛋白肽链的空隙破坏构型，使菌体蛋白变性和沉淀。

乙醇还能扩张局部血管，改善局部血液循环，用稀醇涂擦卧病日久宠物的局部皮肤，可预防褥疮的形成；浓乙醇涂擦可促进炎性产物吸收，减轻疼痛，用于治疗急性关节炎、腱鞘炎和肌炎等。无水乙醇纱布压迫手术出血创面 5min，可立即止血。

本品主要用于皮肤、手术部位、手指、体温计、注射针头或小件医疗器械的消毒；急性关节炎、腱鞘炎等也可用浓乙醇涂擦和热敷。乙醇对黏膜的刺激性大，不能用于黏膜和创面抗感染。临床常用 75％乙醇消毒皮肤以及浸泡器械，亦可用作溶媒。70％乙醇杀菌力最强，可杀死一般繁殖型的细菌，对芽孢无效。当乙醇的浓度低于 20％时，杀菌作用微弱。高于 95％浓度的乙醇可使组织表面形成一层蛋白凝固膜，妨碍渗透，影响杀菌作用。

【用法与用量】皮肤消毒，75％溶液；器械浸泡、小件医疗器械消毒，70％～75％溶液；胃肠鼓胀型消化不良，40％以下溶液，内服。

#### 苯扎溴铵（Benzalkonium Bromide）

【理化性质】又名新洁尔灭。常温下为黄色胶状体，低温时可能逐渐形成蜡状固体。臭芳香，味极苦。易溶于水或乙醇，水溶液呈碱性，振摇时产生大量泡沫。遇低温可发生混浊或沉淀。

【作用与应用】单链季铵盐类阳离子表面活性剂，能与细菌生物膜蛋白质相互作用使蛋白质变性或生物膜失去功能，有杀菌和去垢效力，但只能杀灭一般细菌繁殖体，而不能杀灭细菌芽孢和分枝杆菌，对化脓性病原菌、肠道菌有杀灭作用，对多数革兰氏阴性菌和阳性菌，接触数分钟即能杀死。对病毒效力差，对真菌效果弱。主要用于创面、皮肤和手术器械的消毒。

【用法与用量】外科手术前洗手，0.05％～0.1％的溶液（浸泡 5min）；器械消毒，0.1％的溶液（煮沸 15min，再浸泡 30min）；创面消毒，0.01％溶液。

【注意事项】禁与肥皂及其他阴离子活性剂、盐类消毒剂、碘化物和过氧化物等配伍，不宜用于眼科器械和合成橡胶制品的消毒。

#### 碘（Iodine）

【理化性质】碘具有金属光泽，性脆，易升华。有毒性和腐蚀性。易溶于乙醚、乙醇、氯仿和其他有机溶剂，也溶于氢碘酸和碘化钾溶液而呈深褐色。

【作用与应用】碘是一种活动性很强的元素，具有一般消毒剂所没有的良好渗透性，所以是一种优良的杀灭微生物药剂，该药不仅具有强大的杀菌作用，也可杀灭细菌芽孢、真菌、病毒、原虫。碘类消毒剂中起杀菌作用的主要成分是游离碘和次碘酸，可以碘化或氧化菌体蛋白的活性基团，并与蛋白的氨基结合而导致蛋白变性和抑制菌体的代谢酶系统。

碘酊是最常用的皮肤消毒药。一般皮肤消毒用2%碘酊，大家畜皮肤和术野消毒用5%碘酊。由于碘对组织有较强的刺激性，其强度与浓度成正比，故碘酊涂抹皮肤待稍干后，宜用75%乙醇擦去，以免引起发泡、脱皮和皮炎。10%浓碘酊具有很强的刺激作用，可用于局部皮肤慢性炎症的治疗。碘甘油刺激性较小，用于黏膜表面消毒，治疗口腔、舌、齿龈、阴道等黏膜炎症与溃疡。2%碘（水）溶液不含酒精，适用于皮肤浅表破损和创面，以防止细菌感染。在紧急条件下，每升水中加入2%碘酊5~6滴，15min后水可供饮用。

【注意事项】碘酊必须涂于干的皮肤上，如涂于湿皮肤上不仅杀菌效力降低，且易引起发泡和皮炎。配制的碘液应存放在密闭容器内。

【制剂】碘酊、浓碘酊、碘溶液、碘甘油。

### 聚维酮碘 （Povidone Iodine）

【理化性质】又称碘络酮（即聚乙烯吡咯烷酮-碘，简称PVP-I），为黄棕色至红棕色无定形粉末，易溶于水，常制成溶液，其溶液为红棕色液体。

【作用与应用】PVP是一种亲水性聚合物，本身无抗菌作用，但是PVP可形成微小包腔载体，能将碘离子络合在微囊腔体内，形成PVP-I。在水溶液状态下，其对细胞膜有较高的亲和作用，将碘直接引到病原体细胞表面，故能提高碘的抗微生物活性。本品对金属腐蚀性和黏膜刺激性均较小，克服了碘酊强刺激性和易挥发性的缺点。

本品对细菌、病毒和真菌均有良好的杀灭作用，但杀灭芽孢需要较高的浓度和较长的时间。临床主要用于手术部位、皮肤、黏膜、创口的消毒和治疗，也用于手术器械、医疗用品、器具、蔬菜、环境的消毒等。

【注意事项】本品不得与碱、生物碱、水合氯醛、酚、硫代硫酸钠、淀粉、鞣酸同用或接触。

【不良反应】偶见过敏反应和皮炎。

【制剂、用法与用量】以聚维酮碘计：皮肤消毒及治疗皮肤病，5%溶液；奶牛乳头浸泡，0.5%~1.0%；黏膜及创面冲洗，0.1%溶液；水产动物疾病防治，1%溶液。

### 硼酸 （Boric Acid）

【理化性质】为白色粉末或微带光泽的鳞片。溶于冷水，易溶于沸水、醇及甘油中。

【作用与应用】本品是通过释放氢离子而发挥抑菌作用。对细菌和真菌有微弱的抑制作用，无杀菌作用，但刺激性较小。硼酸磺胺粉（1:1）可用于擦伤、

执业兽医资格考试模拟题4
一奶牛，瘤胃积食，拟进行瘤胃切开术，需对术野消毒，首选的药物是（A）
A. 碘酊　　B. 溴氯海因
C. 氢氧化钠
D. 含氯石灰
E. 戊二醛

执业兽医资格考试模拟题5
对奶牛乳头浸泡消毒时，聚维酮碘适宜浓度是（B）
A. 0.1%　　B. 1%
C. 2%　　D. 3%
E. 5%

褥疮、烧伤等的治疗。

【用法与用量】外用，冲洗各种黏膜、创面、眼睛，2％～4％的溶液；用于涂抹口腔及鼻黏膜的炎症等，30％的硼酸甘油。

【制剂】硼酸软膏。

### 高锰酸钾 （Potassium Permanganate）

【理化性质】黑紫色、细长的棱形结晶或颗粒，带蓝色的金属光泽。无臭，易溶于水，水溶液呈深紫色，常做成粉剂。

【作用与应用】本品为强氧化剂，遇有机物或加热、加酸或碱等均可释出新生态氧（非游离态氧不产生气泡）而呈现杀菌、除臭、氧化作用。在发生氧化反应时，其本身还原为棕色的二氧化锰，后者可与蛋白质结合成蛋白盐类复合物，因此，高锰酸钾在低浓度时对组织有收敛作用，但高浓度时有刺激和腐蚀作用。高锰酸钾的抗菌作用较过氧化氢强，但它极易被有机物分解而使作用减弱，而在酸性环境中杀菌作用增强。常用于冲洗皮肤创伤及腔道炎症。

【用法与用量】腔道冲洗、洗胃及有机磷中毒时的解救，0.05％～0.1％的溶液；冲洗创伤，0.1％～0.2％的溶液。

【注意事项】使用时严格控制浓度，不同适应证采用不同浓度的溶液。高浓度的高锰酸钾对组织有刺激和腐蚀作用，不宜反复用于洗胃。本品遇福尔马林、甘油等易产生剧烈燃烧，与活性炭或碘等还原形物质共同研合时可发生爆炸，遇氨水及其制剂可产生沉淀。水溶液现配现用，避光保存，久置还原失效。

### 过氧化氢溶液 （Hydrogen Peroxide Solution）

【理化性质】又名双氧水。含过氧化氢 2.5％～3.5％，为无色无臭的澄明液体。遇氧化物或还原物即迅速分解并发生泡沫，遇光、热或久置均易失效。市售的尚有浓过氧化氢溶液含过氧化氢应为 26.0％～28.0％。

【作用与应用】过氧化氢有较强的氧化性，与组织有机物接触后，能放出新生态氧而呈现杀菌、防腐、除臭作用。由于杀菌力弱，一般不用作消毒药。在接触创面时，由于分解迅速，会产生气泡，有利于机械清除小脓块、血块、坏死组织，防止厌氧菌感染。但不宜用于清洁创伤。临床常用于皮肤、黏膜、创面、瘘管的清洗。

【用法与用量】冲洗口腔，0.3％～1％溶液；清洗化脓创面、痂皮，1％～3％溶液。

【注意事项】注意避免用手直接接触高浓度过氧化氢溶液，防止发生灼伤。禁与强氧化剂配伍。

## 单元二 ◇ 抗生素

### 一、概 述

抗生素旧称抗菌素，是细菌、真菌、放线菌等微生物在生长繁殖过程中产生的代谢产物，在很低的浓度下即能抑制或杀灭其他微生物的化学物质。抗生素主要采用微生物发酵的方法进行生产，如青霉素 G、四环素、土霉素等；现在有不少抗生素是由天然抗生素进行结构改造或以微生物发酵产物为前体生产的半合成抗生素，如阿莫西林、头孢菌素等。

**（一）分类**

**1. 根据抗生素的化学结构分类** 可将其分为以下几类：

（1）β-内酰胺类：青霉素类和头孢菌素类的分子结构中含有 β-内酰胺环。前者包括青霉素、氨苄西林、阿莫西林、苯唑西林、羧苄西林等；后者有头孢唑林、头孢氨苄、头孢拉啶、头孢噻呋等。此外还有非典型的 β-内酰胺类，如 β-内酰酶抑制剂、碳青霉烯类、单环 β-内酰胺类等。

（2）氨基糖苷类：链霉素、庆大霉素、卡那霉素、妥布霉素、阿米卡星、新霉素、小诺米星等。

（3）大环内酯类：红霉素、泰乐菌素、替米考星、吉他霉素、螺旋霉素等。

（4）林可胺类：林可霉素、克林霉素等。

（5）四环素类：四环素、土霉素、金霉素、多西环素、美他环素和米诺环素等。

（6）酰胺醇类：甲砜霉素、氟苯尼考等。

（7）多肽类：黏菌素、硫肽菌素等。

（8）多烯类：制霉菌素、两性霉素 B 等。

（9）截短侧耳素类：泰妙菌素、沃尼妙林等。

（10）含磷多糖类：黄霉素、大碳霉素、喹北霉素等，主要用作饲料添加剂。

**2. 根据抗生素的抗菌谱分类** 可分为：

（1）主要作用于革兰氏阳性菌的抗生素：青霉素类、头孢菌素类、大环内酯类、林可胺类、新生霉素、杆菌肽等。

（2）主要作用于革兰氏阴性菌的抗生素：氨基糖苷类、多肽类等。

（3）广谱抗生素：即对革兰氏阳性菌和革兰氏阴性菌等均有作用的抗生素，包括四环素类及酰胺醇类等。

（4）抗真菌抗生素：灰黄霉素、制霉菌素及两性霉素 B 等。

**（二）作用机制**

随着近代生物化学、分子生物学、电子显微镜、同位素示踪技术和精确的化学定量方法等飞跃发展，抗生素作用机理的研究已进入分子水平，目前阐明的作用机理有下列四种类型（图 2-2）。

**1. 干扰细菌细胞壁的合成** 大多数细菌细胞（如革兰氏阳性菌）的胞浆膜外有一层坚韧的细胞壁，主要由黏肽组成，具有维持菌体形状及保持菌体内渗透压的功能。青霉素类、头孢菌素类及杆菌肽等药物可干扰细胞壁黏肽生物合成的三个阶段，即细胞质内黏肽的前体物质合成、细胞膜上黏肽的直链单体合成和细胞膜外的黏肽单体交叉连接，致使细胞壁缺损，维持细胞形态和细胞内渗透压的功能丧失。由于菌体内的高渗透压使细胞外的水分不断地渗入菌体内，引起菌体膨胀变形，或者激发细胞自溶酶的活性，使细菌裂解而死亡。抑制细菌细胞壁合

抗微生物药物
的作用机制

干扰细菌细胞壁
的合成（动画）

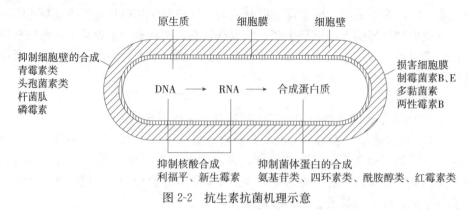

图 2-2　抗生素抗菌机理示意

成的抗生素对革兰氏阳性菌的作用强，而对革兰氏阴性菌的作用弱。其原因主要是革兰氏阳性菌的细胞壁主要由黏肽组成，黏肽层厚而致密，占细胞壁质量的65%～95%，且菌体胞浆内的渗透压高；而革兰氏阴性菌细胞壁的主要成分为磷脂，黏肽层薄而疏松，仅占细胞壁质量 1%～10%，且菌体胞浆内的渗透压低。

2. **增加细菌细胞膜的通透性**　细菌细胞膜具有选择性输送营养物质及催化重要生化代谢过程的作用。当细胞膜损伤时，通透性增加，导致菌体内细胞质中的重要营养物质（如核酸、氨基酸、酶、磷酸、电解质等）外漏而死亡，产生杀菌作用。属于这种作用方式而呈现抗菌作用的抗生素有多肽类（如多黏菌素 B 和黏菌素）及多烯类（如两性霉素 B、制霉菌素等）。多肽类如多黏菌素类的化学结构中含有带正电的游离氨基，与革兰氏阴性菌胞浆膜蛋白质及膜内磷脂带负电的磷酸根结合，使细胞膜受损。两性霉素 B 及制霉菌素等可与真菌细胞膜上的类固醇结合，使细胞膜的通透性增加，而细菌细胞膜不含类固醇，故对细菌无效。动物细胞的细胞膜上含有少量类固醇，故长期或大剂量使用两性霉素 B 可出现溶血性贫血。

3. **抑制细菌蛋白质的合成**　某些抗生素能够作用于细菌内蛋白质生物合成的起始、肽链延长、肽链终止三个不同阶段而发挥抗菌作用，有的可作用于三个阶段，如氨基糖苷类，有的仅作用于某一个阶段，如林可胺类仅作用于延长阶段。细菌细胞与哺乳动物细胞合成蛋白质的过程基本相同，两者最大的区别在于核糖体的结构及蛋白质、RNA 的组成不同。细菌核糖体的沉降系数为 70S，由 50S 及 30S 亚基组成；哺乳动物细胞核糖体的沉降系数为 80S，由 60S 及 40S 亚基组成，因此使得药物对细菌的核蛋白体具有高度选择性。许多抗生素均可影响细菌蛋白质的合成，但作用部位及作用阶段不完全相同。氨基糖苷类及四环素类主要作用于 30S 亚基；酰胺醇类、大环内酯类、林可胺类则主要作用于 50S 亚基，由于这些药物在核糖体 50S 亚基上的结合点相同或相连，故合用时可能发生拮抗作用。

4. **抑制细菌核酸的合成**　核酸具有调控蛋白质合成的功能。新生霉素、灰黄霉素、利福平和抗肿瘤的抗生素等可抑制或阻碍细菌细胞 DNA 或 RNA 的合成。如新生霉素主要影响 DNA 聚合酶的作用，从而影响 DNA 合成；灰黄霉素

抗生素抑制
蛋白质合成

抑制细菌核酸
的合成（动画）

可阻止鸟嘌呤进入 DNA 分子中而阻碍 DNA 的合成；利福平可与 DNA 依赖的 RNA 聚合酶（转录酶）的 β 亚单位结合，从而抑制 mRNA 的转录。由于抑制了细菌细胞的核酸合成，从而引起细菌死亡。

## 二、临床常用药物

### （一）β-内酰胺类抗生素

β-内酰胺类抗生素（β-lactam antibiotics）是指化学结构中含有 β-内酰胺环的一类抗生素，该类抗生素抗菌活性强、毒性低、品种多、适应证广，兽医临床常用药物包括青霉素类和头孢菌素类。β-内酰胺类抗生素可作用于细菌的青霉素结合蛋白（PBPs），抑制细菌细胞壁合成，菌体失去渗透屏障而膨胀、裂解，同时借助细菌的自溶酶溶解而产生抗菌作用。PBPs 是存在于细菌细胞膜上的蛋白，相对分子质量为 4 万～14 万，占膜蛋白的 1%，其数目、种类、分子大小及与 β-内酰胺类抗生素的亲和力均因细菌菌种不同而有很大差异。该类抗生素对处于繁殖期正大量合成细胞壁的细菌作用强，而对已合成细胞壁、处于静止期者作用弱，故称繁殖期杀菌剂。

β-内酰胺类抗生素的作用机理（动画）

1. **青霉素类** 青霉素类包括天然青霉素和半合成青霉素。基本化学结构是由母核 6-氨基青霉烷酸（6-APA）和侧链组成。天然青霉素是从青霉素的培养液中获得，包括青霉素 F、青霉素 G、青霉素 X、青霉素 K 和双氢 F 5 种成分。其中以青霉素 G 作用最强，性质较稳定，产量亦较高，所以临床常用的为青霉素 G，其优点是杀菌力强、毒性低、价廉，但存在抗菌谱较窄、易被胃酸和 β-内酰胺酶（青霉素酶）水解破坏、金黄色葡萄球菌易产生耐药等缺点。半合成青霉素临床常用的有苯唑西林、邻氯西林、氨苄西林、阿莫西林、羧苄西林等，具有耐酸、耐酶或广谱等特点。兽医临床最常用的是青霉素 G。

青霉素类药物

#### 青霉素 G（Penicillin G）

善于发现 勇于创新——弗莱明发现青霉素

青霉素由细菌学家弗莱明"偶然"发现，之后由生物化学家钱恩、病理学家弗洛里共同探究发明了青霉素，并因此获得了诺贝尔奖。由此可见善于发现、勇于创新、团队协作在我们的学习工作中发挥着重要作用。

【理化性质】又名苄青霉素，是一种有机酸，性质稳定，难溶于水。其钾盐或钠盐为白色结晶性粉末，易溶于水，无臭或微有特异性臭。其干燥粉末在室温中保存数年仍有抗菌活性，但其溶于水后极不稳定，易被酸、碱或氧化剂破坏失效，水溶液在 30℃放置 24h，效价下降 56%，故临床应用时要现用现配。常制成粉针。

【药动学】内服易被胃酸和消化酶破坏，仅少量吸收，故不宜内服。肌内或皮下注射后吸收较快而完全，吸收后在体内分布广泛，能分布到全身各组织，以肾、肝、肺、肌肉、小肠和脾等的浓度较高；骨骼、唾液和乳汁含量较低。当中枢神经系统或其他组织有炎症时，青霉素则较易透入，如患脑膜炎时，血脑屏障的通透性增加，青霉素进入量增加，可达到有效血药浓度。青霉素的体内消除半衰期较短，种属间的差异较小。青霉素吸收进入血液循环不被代谢，几乎全部以原形迅速从尿中排出。约 80% 的青霉素由肾小管分泌排出，20% 左右通过肾小球滤过。此外，青霉素也可在乳中排泄，因此，给药后奶牛的乳汁应禁止给人食用，以免在易感人中引起过敏反应。

【作用与应用】青霉素属窄谱杀菌性抗生素，抗菌活性强，本品对大多数革兰氏阳性菌、革兰氏阴性球菌、少数革兰氏阴性杆菌、放线菌和螺旋体等高度敏感，常作为首选药。对青霉素敏感的病原菌主要有链球菌、葡萄球菌、肺炎球菌、脑膜炎球菌、丹毒杆菌、化脓棒状杆菌、炭疽杆菌、破伤风梭菌、李氏杆菌、产气荚膜梭菌、牛放线杆菌和钩端螺旋体等。大多数革兰氏阴性杆菌对青霉素不敏感，对结核杆菌、病毒、立克次体及真菌则无效。

青霉素应用于敏感菌所致的各种疾患，如猪丹毒、炭疽、气肿疽、恶性水肿、放线菌病、马腺疫、关节炎、坏死杆菌病、肾盂肾炎、钩端螺旋体病、乳腺炎、皮肤软组织感染、子宫炎、肺炎、败血症、破伤风等。此外，大剂量应用可治疗禽巴氏杆菌病及鸡球虫病并发的肠道梭菌感染。治疗破伤风时宜与破伤风抗毒素合用。

【耐药性】除金黄色葡萄球菌外，一般细菌不易产生耐药性。耐药的金黄色葡萄球菌能产生大量的β-内酰胺酶，使青霉素的β-内酰胺环水解为青霉噻唑酸，失去抗菌活性。对耐药金黄色葡萄球菌感染的治疗，可采用半合成青霉素类、头孢菌素类、红霉素及氟喹诺酮类药物等进行治疗。

【不良反应】青霉素毒性较小。其不良反应除局部刺激外，主要是过敏反应，人较严重。兽医临床上，马、牛、猪、犬等已有报道，但症状较轻。主要表现为流汗、肌肉震颤、呼吸困难、心率加快、站立不稳，有时可见荨麻疹、眼睑和头面部水肿，阴门、直肠肿胀和无菌性蜂窝织炎等，严重者可休克，抢救不及时可引起死亡。因此，用药后应注意观察，若出现过敏反应，要立即进行对症治疗，严重者可静脉或肌内注射肾上腺素，必要时可加用糖皮质激素和抗组胺药，增强或稳定疗效。

【注意事项】青霉素与氨基糖苷类合用呈现协同作用；与红霉素、四环素类和酰胺醇类等快效抑菌剂合用，可降低青霉素的抗菌活性；与重金属离子（尤其是铜、锌、汞）、醇类、酸、碘、氧化剂、还原剂、羟基化合物、呈酸性的葡萄糖注射液或盐酸四环素注射液等合用可破坏青霉素的活性。

【制剂、用法与用量】注射用青霉素钠（钾）。40万、80万、160万IU。肌内注射，一次量，每千克体重，马、牛1万～2万IU，羊、猪、驹、犊2万～3万IU，犬、猫3万～4万IU，禽5万IU。2～3次/d，连用2～3d。乳管内注入，一次量，每一乳室，奶牛10万IU，1～2次/d，连用2～3d，弃乳期3d。

## 苯唑西林（Oxacillin）

【理化性质】又名苯唑青霉素、新青霉素Ⅱ。常用其钠盐，为白色粉末或结晶性粉末。无臭或微臭。在水中易溶，常制成粉针。

【药动学】肌内注射吸收迅速，在体内广泛分布，可进入肺、肾、骨、胆汁、胸水、关节液和腹水，可部分代谢为活性和无活性的代谢物，主要从肾经尿液迅速排泄。

【作用与应用】本品为半合成的耐酸、耐酶青霉素。对青霉素耐药的金黄色葡萄球菌有效，但对青霉素敏感菌株的杀菌作用不如青霉素。肠球菌对本品耐药。兽医临床主要用于耐青霉素的葡萄球菌感染。

【制剂、用法与用量】注射用苯唑西林钠。0.5g、1g。肌内注射，一次量，每千克体重，马、牛、猪、羊 10～15mg，犬、猫 15～20mg。2～3 次/d，连用 2～3d。休药期，牛、羊 14d，猪 5d；弃乳期 3d。

## 氨苄西林（Ampicillin）

【理化性质】又名氨苄青霉素。本品为白色结晶性粉末；味微苦。在水中微溶，在稀酸、稀碱溶液中溶解。其钠盐易溶，常制成可溶性粉、注射液、粉针、片剂、乳房注入剂。

【药动学】本品耐酸、不耐酶，内服或肌内注射均易吸收。肌内注射吸收生物利用度大于 80%。吸收后分布到各组织，其中以胆汁、肾、子宫等浓度较高。其血清蛋白结合率较青霉素低，主要经肾小管分泌消除，部分被水解代谢为无活性的青霉噻唑酸经尿排出。

【作用与应用】本品具有广谱抗菌作用。对大多数革兰氏阳性菌的抗菌活性不及青霉素，对革兰氏阴性菌如大肠杆菌、变形杆菌、沙门氏菌、嗜血杆菌、布鲁氏菌和巴氏杆菌等有较强的作用，对耐青霉素的金黄色葡萄球菌、铜绿假单胞菌无效。

本品除用于青霉素 G 的适应证外，还用于犊牛和仔猪的白痢、胸膜肺炎、巴氏杆菌病及敏感菌所致的呼吸道、消化道、胆道、泌尿道的感染。严重感染时，可与氨基糖苷类抗生素合用以增强疗效。不良反应同青霉素。

【制剂、用法与用量】注射用氨苄西林钠。0.5g、1g、2g。肌内、静脉注射，一次量，每千克体重，家畜、禽 10～20mg，2～3 次/d，连用 2～3d。乳管内注入，一次量，每一乳室，奶牛 200mg，1 次/d，连用 2～3d。休药期，猪 15d，牛 6d；弃乳期 48h。

氨苄西林可溶性粉。以氨苄西林计，混饮，每 1L 水，家禽 60mg，连用 3～5d。休药期，鸡 7d，蛋鸡产蛋期禁用。

## 阿莫西林（Amoxicillin）

【理化性质】又名羟氨苄青霉素，为白色或类白色结晶性粉末，味微苦，在水中微溶，乙醇中几乎不溶。耐酸性较氨苄西林强。常制成可溶性粉、注射剂。

【药动学】本品在胃酸中较稳定，单胃动物吸收良好，胃肠道内容物会影响吸收速度，但不影响吸收程度，可与饲料同服。内服相同剂量后，阿莫西林的血清浓度一般比氨苄西林高 1.5～3 倍。本品可进入脑脊液，脑膜炎时的浓度为血清浓度的 10%～60%。犬的血浆蛋白结合率约 13%，乳中的药物浓度很低。

【作用与应用】抗菌谱及抗菌活性与氨苄西林基本相同，由于其在单胃动物的吸收比氨苄西林好，血药浓度较高，故对全身性感染的疗效较好。适用于敏感菌所致的呼吸系统、泌尿系统、皮肤及软组织等全身性感染。临床上多用于呼吸道、泌尿道、皮肤、软组织及肝胆系统等感染。

【制剂、用法与用量】阿莫西林拉维酸钾片。50mg、250mg、500mg。内服，一次量，每千克体重，犬、猫 12.5～25mg，2 次/d，连用 5～7d。

注射用阿莫西林钠。0.5g。肌内注射，每千克体重，家畜 4～7mg，2 次/d；乳管内注入，一次量，每一乳室，奶牛 200mg，1 次/d，连用 2～3d。

阿莫西林可溶性粉。以阿莫西林计，混饮，每 1L 水，鸡 60mg，连用 3～5d。

2. **头孢菌素类** 又名先锋霉素类，系从头孢菌（Cephalosporinum acremonium）培养液中提取的头孢菌素 C 经水解生成头孢菌素母核——7-氨基头孢烷酸（7-ACA），经对其侧链进行改造而合成的一系列化合物。其化学结构中含 β-内酰胺环，与青霉素类共称为 β-内酰胺类抗生素。其抗菌谱与广谱青霉素相似，对革兰氏阳性菌、阴性菌及螺旋体有效，为半合成广谱抗生素。本类抗生素的特点是抗菌谱广，杀菌力强，对胃酸和 β-内酰胺酶较稳定，过敏反应少。抗菌作用机制与青霉素相似。对多数耐青霉素的细菌仍然敏感，但与青霉素之间存在部分交叉耐药现象。头孢菌素与青霉素类、氨基糖苷类合用有协同作用。

目前医用头孢菌素有 30 多种。动物专用的有头孢噻呋、头孢喹肟等。由于价格昂贵，兽医临床应用不多，现多用于贵重动物疾病、宠物疾病和局部感染的治疗（如乳腺炎等）。

根据发现的时间先后、抗菌谱和对 β-内酰胺酶的稳定性及对肾毒性，可将头孢菌素类分为四代。

第一代头孢菌素的抗菌谱与广谱青霉素相似，对革兰氏阳性菌作用强于第二、三代，但对革兰氏阴性菌作用弱。可被青霉素酶破坏，主要用于革兰氏阳性菌感染，大剂量使用后可损害近曲小管细胞，而出现肾毒性。常用的有头孢噻吩（先锋霉素Ⅰ）、头孢氨苄（先锋霉素Ⅳ）、头孢唑啉（先锋霉素Ⅴ）、头孢拉定（先锋霉素Ⅵ）、头孢羟氨苄等。

第二代头孢菌素对革兰氏阳性菌作用与第一代相近或稍弱，对革兰氏阴性菌有明显作用，部分药物对厌氧菌有一定作用，但对铜绿假单胞菌无效，多数品种能耐受 β-内酰胺酶，肾毒性较第一代减轻。常用的有头孢呋辛、头孢孟多、头孢替安等。

第三代头孢菌素对革兰氏阳性菌作用不及第一、二代。对革兰氏阴性菌包括肠杆菌类、铜绿假单胞菌及厌氧菌有较强的作用。对 β-内酰胺酶有较高的稳定性，对肾基本无毒。对血脑屏障穿透能力强，但对金黄色葡萄球菌的活性不如第一代和第二代头孢菌素，如头孢噻肟、头孢曲松、头孢噻呋、头孢喹诺等。头孢噻呋与头孢喹诺为动物专用。

第四代头孢菌素的抗菌谱比第三代更广，对 β-内酰胺酶高度稳定，对金黄色葡萄球菌等革兰氏阳性菌的作用有所增强，多数品种对铜绿假单胞菌有较强的作用，几乎无肾毒性。

### 头孢氨苄（Cephalexin）

【理化性质】又称先锋霉素Ⅳ。本品为白色或微黄色结晶性粉末，微臭。在水中微溶，常制成乳剂、片剂、胶囊。

【药动学】内服后吸收迅速而完全，犬、猫内服生物利用度为75%，以原形从尿中排出，犬、猫的半衰期为1～2h。

【作用与应用】具有广谱抗菌作用。对革兰氏阳性菌抗菌活性较强，但肠球菌除外。对大肠杆菌、奇异变形杆菌、克雷伯氏菌、沙门氏菌和志贺氏菌等革兰氏阴性菌也有抗菌作用，铜绿假单胞菌耐药。主要用于治疗大肠杆菌、链球菌、葡萄球菌等敏感菌引起的泌尿道、呼吸道感染和奶牛乳腺炎等。

【不良反应】本品有潜在的肾毒性，并有胃肠道反应和过敏反应。

【制剂、用法与用量】头孢氨苄注射液。10mL：1g，深部肌内注射，一次量，每千克体重，猪0.1mL，1次/d。

头孢氨苄片。0.125g。头孢氨苄胶囊。0.125g、0.25g、0.5g，内服，一次量，每千克体重，马20mg，犬、猫10～30mg，1～2次/d，连用3～5d。

头孢氨苄乳。100：2g。乳管内注入，一次量，奶牛，每一乳室200mg，2次/d，连用2d。

### 头孢噻呋（Ceftiofur）

【理化性质】本品为类白色至淡黄色粉末。在水中不溶，其钠盐易溶于水，常制成粉针、混悬型注射液。

【药动学】内服不吸收，肌内和皮下注射吸收迅速。分布广泛，但不能透过血脑屏障。血中和组织中药物浓度高，有效血药浓度维持时间较长。在体内能生成具有活性的代谢物脱氧呋喃甲酰头孢噻呋，并进一步代谢为无活性的产物从尿和粪中排泄。

【作用与应用】本品为1988年美国研制成功的，是专门用于动物的第三代头孢菌素。具有广谱杀菌作用，抗菌活性比氨苄西林强，对革兰氏阳性菌、革兰氏阴性菌均有效。对多杀性巴氏杆菌、溶血性巴氏杆菌、胸膜肺炎放线杆菌等敏感，对链球菌的活性比喹诺酮类强。兽医临床常用于治疗牛的急性呼吸系统感染（如巴氏杆菌引起的支气管肺炎）、牛乳腺炎、猪放线杆菌性胸膜肺炎等。

【不良反应】本品有一定的肾毒性，可引起胃肠道菌群紊乱或二重感染，在牛可引起特征性脱毛和瘙痒。

【制剂、用法与用量】盐酸头孢噻呋注射液。肌内注射，一次量，每千克体重（以头孢噻呋计算），猪3～5mg，1次/d，连用3d。休药期，牛3d、猪2d。

注射用头孢噻呋钠。1g、4g。肌内注射，一次量，每千克体重，牛1.1mg，猪3～5mg，犬2.2mg，1次/d，连用3d。休药期，牛3d、猪2d。

### 头孢喹肟（Cefquinome）

【理化性质】又称头孢喹诺。为白色、类白色至淡黄色粉末。在水中易溶，常用硫酸盐。

【药动学】内服吸收很少，肌内和皮下注射时吸收迅速，达峰时间0.5～2h，生物利用度高（>93%）。体内分布并不广泛，表观分布容积约0.2L/kg。奶牛泌乳期乳房灌注给药后，可迅速分布于整个乳房组织，并维持较高的组织浓度。

在动物体内主要以原形经肾随尿排出体外。

【作用与应用】本品为动物专用的第四代头孢菌素，具有广谱抗菌作用。对革兰氏阳性菌、革兰氏阴性菌（包括产β-内酰胺酶菌）的抗菌活性较强。敏感菌主要有金黄色葡萄球菌、链球菌、肠球菌、大肠杆菌、沙门氏菌、多杀性巴氏杆菌、溶血性巴氏杆菌、胸膜肺炎放线杆菌、铜绿假单胞菌等。本品的抗菌活性比头孢噻呋、恩诺沙星强。主要用于治疗敏感菌引起的牛、猪呼吸系统感染及奶牛乳腺炎。

【制剂、用法与用量】硫酸头孢喹诺注射液。肌内注射，一次量，每千克体重，牛 1mg，猪 1～2mg，1 次/d，连用 3d。乳管注入，奶牛每一乳室 75mg，2 次/d，连用 2d。

3.β-内酰胺酶抑制剂　β-内酰胺酶抑制剂是一类能与革兰氏阳性菌、阴性菌所产生的 β-内酰胺酶结合而抑制 β-内酰胺酶活性的药物。目前临床上常用的有克拉维酸、舒巴坦和三唑巴坦。

## 克拉维酸（Clavulanic Acid）

【理化性质】又名棒酸，系由棒状链霉菌产生的抗生素。其钾盐为无色针状结晶。易溶于水，水溶液极不稳定，微溶于乙醇，不溶于乙醚。易吸湿失效，应密闭低温干燥处保存。

【药动学】本品内服吸收好，也可注射给药。可通过血脑屏障和胎盘屏障，尤其当有炎症时可促进本品的扩散，在体内主要以原形从肾排出，部分也通过粪及呼吸道排出。

【作用与应用】本品仅有微弱的抗菌活性，是一种革兰氏阳性菌和阴性细菌所产生的 β-内酰胺酶的"自杀"抑制剂（不可逆结合），临床上一般不单独用于抗菌治疗，常与 β-内酰胺类抗生素（如阿莫西林、氨苄西林）以 1∶2 或 1∶4 比例合用，以扩大不耐酶抗生素的抗菌谱，增强抗菌活性及克服细菌的耐药性。实践证明，对两药合用敏感的细菌有葡萄球菌、链球菌、化脓棒状杆菌、大肠杆菌、变形杆菌、沙门氏菌、巴氏杆菌及丹毒杆菌等。

【制剂、用法与用量】阿莫西林-克拉维酸钾片。0.125g，其中阿莫西林 0.1g，克拉维酸 0.025g。内服，一次量，每千克体重，家畜 10～15mg（以阿莫西林计），2 次/d。

阿莫西林-克拉维酸钾注射液。肌内或皮下注射，一次量（以阿莫西林计），每千克体重，牛、猪、犬、猫 7mg，1 次/d，连用 3～5d。

## 舒巴坦（Sulbactam）

【理化性质】又名青霉烷砜。本品的钠盐为白色或类白色结晶性粉末，溶于水，在水溶液中有一定的稳定性。

【作用与应用】为不可逆性竞争型 β-内酰胺酶抑制药，抗菌作用略强于克拉维酸。可抑制 β-内酰胺酶对青霉素、头孢菌素的破坏。可供静脉注射给药。与氨苄西林联合应用可使葡萄球菌、嗜血杆菌、巴氏杆菌、大肠杆菌、克雷伯菌等对氨苄西林的最低抑菌浓度下降，并可使产酶菌株对氨苄西林恢复敏感，在兽医临床用于上述菌株所致的呼吸道、消化道及泌尿道感染。

【制剂、用法与用量】氨苄西林钠-舒巴坦钠。肌内注射，一次量（以氨苄西林计），每千克体重，家畜 10～15mg，2 次/d，连用 3～5d。

氨苄西林-舒巴坦苯甲磺酸盐。内服，一次量（以氨苄西林计），每千克体重，家畜 20～30mg，2 次/d，连用 3～5d。

### （二）氨基糖苷类

氨基糖苷类抗生素，化学结构含有氨基糖分子和非糖部分的糖原结合而成的苷。是由链霉菌或小单胞菌产生或经半合成制得的一类水溶性的抗生素，属于静止期杀菌药。兽医常用品种有链霉素、卡那霉素、庆大霉素、新霉素、阿米卡星、大观霉素及安普霉素等。本类药物的主要共同特征：①均为有机碱，能与酸形成盐。常用制剂为硫酸盐，易溶于水，性质比青霉素稳定，在碱性环境中作用增强。②属杀菌性抗生素，抗菌谱较广，对需氧革兰氏阴性杆菌作用强，对厌氧菌无效，对革兰氏阳性菌作用较弱，但金黄色葡萄球菌（包括耐药菌株）较敏感。③内服吸收很少，几乎完全从粪便排出，可作为肠道感染用药。注射给药后吸收迅速，大部分以原形从尿中排出，适用于泌尿道感染。肾功能下降时，消除半衰期明显延长。④主要不良反应是耳毒性、肾毒性、神经肌肉阻滞、二重感染等。⑤细菌对本类药物易产生耐药性，且各药间有部分或完全交叉耐药性。

### 庆大霉素（Gentamicin）

【理化性质】本品是从放线菌科小单孢子属的培养液中提取获得的 C1、C1a 和 C2 三种成分的复合物，三种成分的抗菌活性和毒性基本一致。常用其硫酸盐为白色或类白色结晶性粉末，无臭，有吸湿性，在水中易溶，乙醇中不溶。

执业兽医资格考试模拟题7
长久注射可引发听力下降药品是（C）
A. 林可霉素
B. 头孢噻呋
C. 庆大霉素
D. 甲砜霉素
E. 金霉素

【药动学】本品内服或子宫内灌注很少吸收。肌内注射后吸收迅速而完全，主要分布于细胞外液，可渗入胸腹腔、心包、胆汁及滑膜液中，亦可进入淋巴结及肌肉组织。不易透过正常血脑屏障，但可透过胎盘屏障，大部分以原形通过肾小球滤过排泄。

【作用与应用】本品在氨基糖苷类中抗菌谱较广，抗菌活性强，是氨基糖苷类药物中抗菌作用较强的一种。对革兰氏阴性菌和阳性菌均有效。特别对铜绿假单胞菌、大肠杆菌、变形杆菌及耐药金黄色葡萄球菌等有较强的作用。此外，对支原体、结核杆菌亦有作用。

临床主要用于敏感菌引起的败血症、泌尿生殖道感染、呼吸道感染、胃肠道感染（包括腹膜炎）、胆道感染、乳腺炎及皮肤和软组织感染等。本品的耐药菌株已逐渐出现，但不如链霉素、卡那霉素耐药菌株普遍，且耐药性维持时间较短，停药一段时间后可恢复其敏感性。

【不良反应】与链霉素相似。对肾有较严重的损害作用，临床应用要严格掌握剂量与疗程。

【制剂、用法与用量】硫酸庆大霉素注射液。2mL：0.08g、5mL：0.2g、10mL：0.2、10mL：0.4g。肌内注射，一次量，每千克体重，家畜 2～4mg，犬、猫 3～5mg，家禽 5～7.5mg。2 次/d，连用 2～3d。休药期，猪 40d。静脉滴注（严重感染），用量同肌内注射。

硫酸庆大霉素片。20mg。内服，一次量，每千克体重，驹、犊、羔羊、仔猪 5～10mg，2 次/d。

链霉素（Streptomycin）

【理化性质】本品为白色或类白色粉末。作为药用的为其硫酸盐，为白色或类白色粉末，有吸湿性，易溶于水，常制成粉针。

【药动学】本品内服难吸收，大部分以原形从粪便中排出。肌内注射吸收迅速而完全，约 1h 血药浓度达高峰，有效药物浓度可维持 6～12h。主要分布于细胞外液，易透入胸腔、腹腔中，有炎症时渗入增多。亦可透过胎盘进入胎血循环，胎血浓度约为母畜血浓度的一半，因此孕畜注射链霉素，应警惕对胎儿的毒性。本品不易进入脑脊液。本品在体内绝大部分以原形经肾小球滤过排出，尿中浓度高，少量从胆汁排出。

【作用与应用】本品抗菌谱较广，对结核杆菌的作用在氨基糖苷类中最强，对大多数革兰氏阴性杆菌和革兰氏阳性球菌有效。对大肠杆菌、沙门氏菌、布鲁氏菌、变形杆菌、痢疾杆菌、鼻疽杆菌和巴氏杆菌等有较强的抗菌作用，但对铜绿假单胞菌作用弱。对金黄色葡萄球菌、钩端螺旋体、放线菌、败血支原体也有效。对梭菌、真菌、立克次体、病毒无效。

本品主要用于治疗各种敏感菌引起的急性感染，如家畜的呼吸道感染（肺炎、咽喉炎、支气管炎）、泌尿道感染、牛流感、放线菌病、钩端螺旋体病、细菌性胃肠炎、乳腺炎及家禽的呼吸系统病（传染性鼻炎等）和细菌性肠炎等。

细菌接触本品后极易产生耐药性，短期内即可达到很高水平。且一旦产生，停药后不易恢复。因此，临床上常采用联合用药，以减少或延缓耐药性的产生，与青霉素合用治疗各种细菌性感染。链霉素耐药菌株对其他氨基糖苷类仍敏感。

【不良反应】

（1）耳毒性。链霉素最常引起前庭损害，这种损害可随连续给药的药物蓄积而加重，并呈剂量依赖性。

（2）肾毒性。长期应用可引起肾损害。

（3）神经肌肉的阻断作用。用量过大可阻滞神经肌肉接头部位冲动的传导，出现呼吸抑制、肢体瘫痪和骨骼肌松弛等症状。此时立即停药，肌内注射新斯的明或静脉注射 10％葡萄糖酸钙可缓解。

【制剂、用法与用量】注射用硫酸链霉素。0.75g、1g、2g、5g。肌内注射，每千克体重，家畜 10～15mg，家禽 20～30mg。2 次/d，连用 2～3d，休药期，牛、羊、猪为 18d；弃乳期，72h。

卡那霉素（Kanamycin）

【理化性质】本品是从卡那链霉菌的培养液中提取的，有 A、B、C 三种成分。临床应用以卡那霉素 A 为主，约占 95％。常用其硫酸盐，为白色或类白色结晶性粉末，无臭，易溶于水，水溶液稳定。

【药动学】内服很少吸收，肌内注射吸收迅速且完全。主要分布于各组织和体液中，以胸、腹腔中的药物浓度较高，唾液、支气管分泌物和正常脑脊液中浓度很低。本品主要通过肾排泄，尿中浓度很高，可用于治疗尿道感染。

【作用与应用】抗菌谱与链霉素相似，但抗菌活性稍强。对多数革兰氏阴性菌如大肠杆菌、变形杆菌、沙门氏菌和巴氏杆菌等有效，但对铜绿假单胞菌无效，对立克次体不敏感；对结核杆菌和耐青霉素的金黄色葡萄球菌亦有效。

本品主要用于敏感菌所致的各种严重感染，如败血症、泌尿生殖道感染、呼吸道感染、皮肤和软组织感染等。也用于缓解猪气喘病症状。

【不良反应】与链霉素相似。

【制剂、用法与用量】注射用硫酸卡那霉素。0.5g、1g、2g。肌内注射，一次量，每千克体重，家畜 10～15mg，2 次/d，连用 3～5d。

## 阿米卡星（Amikacin）

【理化性质】又名丁胺卡那霉素。其硫酸盐为白色或类白色结晶粉末，几乎无臭，无味。有引湿性，极易溶于水，在甲醇中几乎不溶。

【药动学】内服吸收不良，肌内注射吸收迅速且完全。主要通过肾排泄，尿中浓度很高。

【作用与应用】本品是抗菌谱最广的氨基糖苷类抗生素。特点是对耐庆大霉素、卡那霉素的铜绿假单胞菌、大肠杆菌、变形杆菌、肺炎杆菌亦有效。

本品主要用于治疗敏感菌引起的菌血症、败血症，呼吸道、泌尿道、消化道感染，腹膜炎、关节炎及脑膜炎等。不良反应与链霉素相似。

【制剂、用法与用量】硫酸阿米卡星注射液。1mL：0.1g、2mL：0.2g。肌内注射，一次量，每千克体重，马、牛、猪、羊、犬、猫、家禽 5～7.5mg，2 次/d，连用 2～3d。

注射用硫酸阿米卡星。0.2g。用法、用量同硫酸阿米卡星注射液。

## 新霉素（Neomycin）

【理化性质】临床常用硫酸盐，为白色或类白色粉末，无臭，极易引湿。在水中极易溶解。

【药动学】本品内服与局部应用很少被吸收，内服后只有总量的 3% 从尿液排出，大部分以原形从粪便排出。

【作用与应用】抗菌谱与卡那霉素相近，对铜绿假单胞菌作用最强。内服用于肠道感染，局部用药对葡萄球菌和革兰氏阴性杆菌引起的皮肤、眼和耳感染及子宫内膜炎等有良好疗效。

【不良反应】在氨基糖苷类中的毒性最大，易引起肾毒性及耳毒性，一般禁用于注射给药。

【制剂、用法与用量】硫酸新霉素片。0.1g、0.25g。内服，一次量，每千克体重，犬、猫 10～20mg。2 次/d，连用 3～5d。

硫酸新霉素可溶性粉。100g：3.25g、100g：6.5g。混饮，每 1L 水，禽

50～75mg（以新霉素计），连用 3～5d。休药期，鸡 5d。

硫酸新霉素预混剂。混饲，每 1 000kg 饲料，禽 77～154g（以新霉素计），连用 3～5d。休药期，肉鸡 5d，火鸡 14d，蛋鸡产蛋期禁用。

## 安普霉素（Apramycin）

【理化性质】又名安普拉霉素，其盐酸盐为微黄色或黄褐色粉末，有引湿性，易溶于水。

【药动学】本品内服后吸收差，新生仔畜可部分吸收，肌内注射后吸收迅速，1～2h 可达血药峰浓度，生物利用度高。只能分布于细胞外液，药物以原形通过肾排泄。

【作用与应用】本品对多种革兰氏阴性菌（大肠杆菌、假单胞菌、沙门氏菌等）、葡萄球菌和支原体均具杀菌活性。此外本品还有抗钝化酶的灭活作用，细菌不易对其产生耐药。

主要用于治疗猪大肠杆菌和其他敏感菌感染。也用于治疗犊牛肠杆菌和沙门氏菌引起的腹泻。对鸡的大肠杆菌、沙门氏菌及支原体感染也有效。猫对本品较敏感，易产生毒性。

【制剂、用法与用量】硫酸安普霉素注射液。10mL：1.0g。肌内注射，一次量，每千克体重，家畜 20mg。2 次/d。连用 3d。

硫酸安普霉素可溶性粉。100g：40g（4 000万 U）。混饮，每 1L 水，禽 250～500mg（效价）。连用 5d，宰前 7d 停止给药。内服，一次量，每千克体重，家畜 20～40mg。1 次/d，连用 5d。

## 大观霉素（Spectinomycin）

【理化性质】又名壮观霉素。其盐酸盐或硫酸盐为白色或类白色结晶性粉末，易溶于水，水溶液在酸性溶液中稳定。常制成可溶性粉、预混剂。

【药动学】本品内服吸收较少，皮下或肌内注射吸收良好，药物的组织浓度低于血清浓度。不易进入脑脊液或眼内，与血浆蛋白结合率不高。药物大多以原形经肾小球滤过排出。

【作用与应用】对某些革兰氏阴性菌（布鲁氏杆菌、变形杆菌、沙门氏菌、巴氏杆菌等）有较强的作用，对革兰氏阳性菌（链球菌、葡萄球菌）作用较弱，对支原体亦有一定作用。对铜绿假单胞菌、密螺旋体不敏感。

在兽医临床，本品常与林可霉素配伍，用于治疗仔猪腹泻、猪的支原体性肺炎和败血支原体引起的鸡慢性呼吸道病。

【注意事项】本品内服吸收较差，仅限于肠道感染。对急性严重感染宜注射给药；产蛋鸡禁用，鸡宰前 5d 停止给药。

【制剂、用法与用量】盐酸大观霉素可溶性粉。5g：2.5g、50g：25g、100g：50g。混饮，每 1L 水，鸡 1～2g，连用 3～5d，蛋鸡产蛋期禁用，休药期 5d；内服，一次量，每千克体重，猪 20～40mg，2 次/d，连用 3～5d。

盐酸大观霉素、盐酸林可霉素可溶性粉。5g：大观霉素 2g 与林可霉素 1g、

执业兽医资格考试模拟题8

和大观霉素适用能产生协同作用药品是（A）
A. 林可霉素
B. 头孢噻呋
C. 庆大霉素
D. 甲砜霉素
E. 金霉素

100g：大观霉素 40g 与林可霉素 20g。混饮，每 1L 水，禽 0.5～0.8g，连用 3～5d。仅用于 5～7 日龄雏鸡。

### （三）大环内酯类

大环内酯类（Macrolides）是由链霉菌产生或半合成的一类弱碱性速效抑菌剂，具有 14～16 元内酯环结构。其疗效肯定，无严重不良反应，主要对多数革兰氏阳性菌、革兰氏阴性球菌、厌氧菌及军团菌、支原体、衣原体有良好作用。兽医临床常用的有红霉素、泰乐菌素、替米考星、吉他霉素（北里霉素）、螺旋霉素、泰万菌素（乙酰异戊酰泰乐菌素）、泰拉霉素、格米霉素等，其中泰乐菌素、替米考星、泰拉霉素、格米霉素为动物专用品种。

大环内酯类抗生素的抗菌机理相同，能与敏感菌的核蛋白体 50S 亚基结合，通过转肽作用和/或 mRNA 位移的阻断，而抑制肽链的合成和延长，影响细菌蛋白质的合成。

### 红霉素（Erythromycin）

【理化性质】本品为白色或类白色的结晶或粉末，难溶于水，其乳糖酸盐或硫氰酸盐较易溶于水。无臭，味苦。

【药动学】本品内服易被胃酸破坏，常采用耐酸制剂如红霉素肠溶片或红霉素琥珀酸乙酯（琥乙红霉素）。内服吸收良好。肌内注射后吸收迅速，分布广泛，肝、胆中含量最高，可通过胎盘屏障及进入关节腔。患脑膜炎时脊液中可达较高浓度。本品大部分在肝内代谢灭活，主要经胆汁排泄，部分在肠道重吸收，仅有 5% 由肾排出。肌内注射后吸收迅速，但注射部位会发生疼痛和肿胀。

【作用与应用】本品对革兰氏阳性菌的作用与青霉素相似，但其抗菌谱较青霉素广。一般起抑菌作用，高浓度对敏感菌有杀菌作用，在碱性溶液中的抗菌效能增强。对革兰氏阳性菌如金黄色葡萄球菌（包括耐青霉素的金黄色葡萄球菌）、链球菌、猪丹毒杆菌、梭状芽孢杆菌、炭疽杆菌、棒状杆菌等有较强的抗菌作用；对某些革兰氏阴性菌如布鲁氏菌、巴氏杆菌等作用较弱。此外，对某些支原体、立克次体和螺旋体亦有效。与链霉素、氯霉素合用可获得协同作用。本品与其他类抗生素之间无交叉耐药性，但大环内酯类抗生素之间有部分或完全的交叉耐药。

常作为青霉素过敏动物的替代药物，主要用于耐青霉素金黄色葡萄球菌及其他敏感菌所致的各种感染，如肺炎、子宫炎、乳腺炎、败血症等。也可配制成眼膏或软膏用于眼部或皮肤感染。但红霉素虽有强大的抗革兰氏阳性菌的作用，但其疗效不如青霉素，因此若病原菌对青霉素敏感者，仍应首选青霉素。

【不良反应】毒性低，但刺激性强。肌内注射可发生局部炎症，宜采用深部肌内注射。静脉注射速度要缓慢，同时应避免漏出血管外。另有胃肠道反应现象，犬、猫内服可引起呕吐、腹痛、腹泻等症状，应慎用。

【注意事项】欧盟从 2000 年开始禁用本品作促生长剂，中国从 2002 年开始禁用本品作促生长剂。

【制剂、用法与用量】注射用乳糖酸红霉素。0.25g、0.3g。肌内、静脉注射，一次量，每千克体重，牛、马、猪、羊 3～5mg，犬、猫 5～10mg。2 次/d，连用 3d。临用前，先用灭菌注射用水溶解，然后用 5‰葡萄糖注射液稀释，不可用氯化钠注射液溶解。

红霉素肠溶片。0.18g，0.25g。内服，一次量，每千克体重，犬、猫 10～20mg。2 次/d，连用 3～5d。

红霉素硫氰酸盐可溶性粉。100g：5g，以本品计。混饮，每 1L 水，鸡 2.5g，连用 3～5d。蛋鸡产蛋期禁用，休药期，鸡 3d。

## 泰乐菌素 （Tylosin）

【理化性质】本品为白色至浅黄色粉末；微溶于水，与酸制成盐后则易溶于水。兽医临床上常用其酒石酸盐和磷酸盐。常制成可溶性粉、预混剂、注射剂。

【药动学】本品内服可吸收，但血中有效药物浓度维持时间较注射给药短。肌内注射能迅速吸收，组织中药物浓度比内服高 2～3 倍，有效浓度维持时间亦较长。不易透入脑脊液，泰乐菌素以原形在尿和胆汁中排出。

【作用与应用】本品为畜禽专用抗生素。抗菌谱与红霉素相似。对细菌的作用较弱，对支原体属作用强，是大环内酯类中对支原体作用最强的药物之一。敏感菌对本品可产生耐药性，金黄色葡萄球菌对本品和红霉素有部分交叉耐药现象。

本品主要用于防治猪、禽支原体病，如鸡的慢性呼吸道病和传染性窦腔炎及猪的支原体肺炎和支原体关节炎等。对牛、猪、鸡还有促生长作用。欧盟从 2000 年开始禁用本品作促生长剂，中国从 2002 年开始禁用。

【不良反应】本品毒性小，几乎无残留。肌内注射时可导致局部刺激。注意本品不能与聚醚类抗生素合用，可导致后者的毒性增强。此外，泰乐菌素还可引起兽医接触性皮炎。

【制剂、用法与用量】酒石酸泰乐菌素可溶性粉。100g：10g（1 000 万 U）、100g：20g（2 000 万 U）、100g：50g（5 000 万 U）。混饮：每 1L 水，禽 500mg，猪 200～500mg（治疗弧菌性痢疾），连用 3～5d。内服：一次量，每千克体重，猪 7～10mg，3 次/d，连用 5～7d。蛋鸡产蛋期禁用，休药期，鸡 1d。

酒石酸泰乐菌素注射液。1mL：50mg、1mL：100mg、1mL：200mg。肌内注射，一次量，每千克体重，牛 10～20mg，猪 5～13mg，猫 10mg。1～2 次/d，连用 5～7d。

## 替米考星 （Tilmicosin）

【理化性质】本品为白色粉末。在甲醇、乙腈、丙酮中易溶，在乙醇、丙二醇中溶解，在水不溶。药用其磷酸盐，常制成溶液、预混剂、注射剂。

【药动学】本品内服和皮下注射吸收快，但不完全，组织穿透力强，表观分布容积大，肺和乳中浓度高，有效血浓度维持时间长。

【作用与应用】本品是泰乐菌素的一种水解产物半合成的畜禽专用抗生素。抗菌作用与泰乐菌素相似，对革兰氏阳性菌、少数革兰氏阴性菌、支原体、螺旋体有效。对胸膜肺炎放线杆菌、巴氏杆菌及畜禽支原体的活性比泰乐菌素强。

本品主要用于防治家畜肺炎（由胸膜肺炎放线杆菌、巴氏杆菌、支原体等感染引起）、禽支原体病及泌乳动物的乳腺炎。

【不良反应】本品肌内注射可产生局部刺激。对动物的毒性作用主要是心血管系统，可引起心动过速和收缩力减弱。本品仅供内服和皮下注射。

【制剂、用法与用量】替米考星可溶性粉。100g：20g。混饮，每1L水，鸡100～200mg，连用5d。用于鸡支原体病的治疗（蛋鸡除外）。

替米考星预混剂。混饲，每1 000kg饲料，猪200～400g，连用15d。用于防治胸膜肺炎放线杆菌及巴氏杆菌引起的肺炎。

替米考星注射液。100mL：20g。皮下注射，一次量，每千克体重，牛，猪10～20mg，1次/d，仅注射1d。乳管内注入，一次量，每一乳室，奶牛300mg，用于治疗急性乳腺炎。

### 吉他霉素（Kitasamycin）

【理化性质】又名北里霉素、柱晶白霉素。为淡黄色粉末，其酒石酸盐为白色至淡黄色粉末、易溶于水。常制成可溶性粉、预混剂、注射剂。

【药动学】本品内服吸收良好，广泛分布于主要脏器，其中以肝、肺、肾、肌肉中浓度较高，常超过血药浓度。主要经肝胆系统排泄，在胆汁和粪中浓度高，少量经肾排泄。

【作用与应用】抗菌谱类似于红霉素。对大多数革兰氏阳性菌有较强的抗菌作用，但略逊于红霉素，对支原体的抗菌作用近似泰乐菌素，对某些革兰氏阴性菌、立克次体、螺旋体也有效，葡萄球菌对本品产生耐药性的速度比红霉素慢，对大多数耐青霉素和红霉素的金黄色葡萄球菌有效是本品的特点。

本品主要用于防治猪、鸡支原体病及革兰氏阳性菌（包括耐药金黄色葡萄球菌）等感染，也可用于防治猪的弧菌性痢疾。亦可作猪、鸡的饲料添加剂，促进生长，提高饲料转化率。

【制剂、用法与用量】吉他霉素片。5mg、50mg、100mg。内服，一次量，每千克体重，猪20～30mg，禽20～50mg。2次/d，连用3～5d。

酒石酸吉他霉素可溶性粉。10g：5g。混饮，每1L水，猪100～200mg，鸡250～500mg（以吉他霉素计），连用3～5d。蛋鸡产蛋期禁用，休药期7d。

### （四）林可胺类

林可胺类抗生素是从链霉菌发酵液中提取的一类抗生素。本类抗生素均是具有高脂溶性的碱性化合物，能够从肠道很好吸收，在动物体内分布广泛，对细胞屏障穿透力强。作用机理与大环内酯类很相似，主要作用于细菌核糖体50S亚基，通过抑制肽链的延长而抑制细菌蛋白质的合成，本类药物与大环内酯类药物合用可产生拮抗作用。对革兰氏阳性菌和支原体有较强抗菌活性，对厌氧菌也有一定作用，但对大多数需氧革兰氏阴性菌耐药。

### 林可霉素（Lincomycin）

【理化性质】又名洁霉素，其盐酸盐为白色结晶性粉末，味苦，有微臭或特殊臭。在水或甲醇中易溶，乙醇中略溶。常制成可溶性粉、预混剂、片剂、注射液。

【药动学】内服吸收迅速但不完全。肌内注射吸收良好，0.5～2h可达血药峰浓度。广泛分布于各种体液和组织中，包括骨骼，可扩散进入胎盘。肝、肾中药物浓度最高，但脑脊液即使在炎症时也达不到有效浓度。内服给药，约50%的林可霉素在肝中代谢，代谢产物仍具有活性。原药及代谢物经胆汁、尿及乳汁排出，在粪中可继续排出数日，以致对肠道敏感微生物有抑制作用。

【作用与应用】抗菌谱与大环内酯类相似，对支原体的作用与红霉素相似而比其他大环内酯类稍弱。对革兰氏阳性菌如葡萄球菌、溶血性链球菌和肺炎球菌等有较强的抗菌作用；对革兰氏阴性菌无效。

本品主要用于治疗敏感的革兰氏阳性菌引起的各种感染，特别适用于耐青霉素、红霉素菌株的感染及对青霉素过敏的患畜。用作饲料添加剂时，可促进肉鸡和育肥猪生长，提高饲料利用率。与大观霉素合用，可起协同作用。

【不良反应】本品能引起马、兔和其他草食动物严重的腹泻，甚至致死，马还会出现出血性结膜炎。对神经-肌肉接头有阻断作用，肌内注射有疼痛刺激，或吸收不良。

【制剂、用法与用量】盐酸林可霉素片。0.25g、0.5g。内服，一次量，每千克体重，猪10～15mg，犬、猫15～25mg，1～2次/d，连用3～5d。蛋鸡产蛋期禁用，休药期，猪6d。

盐酸林可霉素可溶性粉。混饮，每1L水，猪100～200mg，鸡200～300mg。连用3～5d。

盐酸林可霉素注射液。2mL∶0.6g、10mL∶3g。肌内注射，一次量，每千克体重，猪10mg，1次/d；猫、犬10mg，2次/d。连用3～5d。休药期，猪2d。

## 克林霉素（Clindamycin）

【理化性质】又名氯林可霉素、氯洁霉素，其盐酸盐为白色或类白色结晶粉末，易溶于水。本品的盐酸盐、棕榈酸酯盐酸盐供内服用，磷酸酯供注射用。

【药动学】本品内服吸收比林可霉素好，达峰时间比林可霉素快。分布、代谢特征与林可霉素相似，但血浆蛋白结合率高，可达90%。

【作用与应用】抗菌作用、应用与林可霉素相同。抗菌效力比林可霉素强4～8倍。

【制剂、用法与用量】盐酸克林霉素胶囊。75mg、150mg。内服，一次量，每千克体重，犬、猫10mg。2次/d。

磷酸克林霉素注射液。2mL∶150mg。肌内注射，用量同盐酸克林霉素胶囊。

### （五）多肽类抗生素

多肽类抗生素是一类具有多肽结构的化学物质。兽医及动物生产中常用的药物包括杆菌肽、多黏菌素、维吉尼霉素、恩拉霉素和那西肽。

## 硫酸黏菌素（Colistin Sulfate）

【理化性质】又名黏杆菌素、多黏菌素E、抗敌素。本品为白色或类白色粉末，无臭，在水中易溶。常制成可溶性粉、预混剂。

【药动学】内服不吸收，用于肠道感染。注射后在体内分布广，不易进入脑脊液、胸腔、关节腔和感染灶。吸收后的药物主要以原形经肾小球滤过排泄。

【作用与应用】本品为窄谱杀菌剂，对革兰氏阴性杆菌的抗菌活性强，主要敏感菌还有大肠杆菌、沙门氏菌、巴氏杆菌、布鲁氏菌、铜绿假单胞菌等，尤其对铜绿假单胞菌有强大的杀菌作用。细菌对本品不易产生耐药性，但与多黏菌素B之间有交叉耐药性。

临床主要用于治疗革兰氏阴性杆菌引起的肠道感染，外用治疗烧伤和外伤引起的铜绿假单胞菌感染和眼、耳、鼻等部位敏感菌的感染。

【不良反应】本品易引起对肾和神经系统的毒性反应。现多作局部应用，一般不作注射给药。

【制剂、用法与用量】硫酸黏菌素可溶性粉。混饮，每 1L 水，猪 40～100mg，鸡 20～60mg，连用 5d。宰前 7d 停止给药。

### （六）四环素类

四环素类（Tetracyclines）化学结构中均具有菲烷的基本骨架，为酸、碱两性物质，在酸性溶液中较稳定，在碱性溶液中易破坏，临床一般用其盐酸盐。本类抗生素是由链霉菌产生或经半合成制得，对革兰氏阳性菌和阴性菌、螺旋体、立克次体、支原体、衣原体、原虫（球虫、阿米巴虫）等均可产生抑制作用，故属于广谱抗生素。金霉素、土霉素和四环素最早使用，后经结构改造，获得了甲烯土霉素、多西环素（强力霉素）等半合成品。兽医临床上常用的有四环素、土霉素、金霉素和多西环素等。四环素类抗生素属快效抑菌剂。抗菌活性由强到弱依次为多西环素＞金霉素＞四环素＞土霉素。本类药物的抗菌机理是干扰细菌蛋白质的合成。

## 土霉素（Oxytetracycline）

【理化性质】又名氧四环素。为淡黄色至暗黄色的结晶性或无定形粉末。在日光下颜色变暗，在碱溶液中易破坏失效。在水中极微溶解。常用其盐酸盐，易溶于水，水溶液不稳定，宜现用现配。常制成粉针、片剂、注射液。

【药动学】内服吸收不规则、不完全，主要在小肠的上段吸收。胃肠道内的镁、钙、铝、铁、锌、锰等多价金属离子，能与本品形成难溶的螯合物，使药物吸收减少，故不宜与含多价金属离子的药品或饲料、乳制品共服。内服后 2～4h 血药浓度达峰值，在体内分布广泛，易渗入胸、腹腔和乳汁，也可通过胎盘屏障进入胎儿循环，但在脑脊液的浓度低。体内储存于胆、脾，尤其易沉积于骨骼和牙齿。有相当一部分可由胆汁排入肠道，再被吸收利用，形成"肝肠循环"，从而延长药物在体内的持续时间。主要以原形由肾小球滤过排泄，肾功能障碍时，排泄减慢，半衰期延长，增强对肝的毒性。

【作用与应用】本品为广谱抗生素。除对革兰氏阳性菌和阴性菌有作用外，对立克次体、衣原体、支原体、螺旋体、放线菌和某些原虫亦有抑制作用，但对革兰氏阳性菌的作用不如 β-内酰胺类；对革兰氏阴性菌作用不如氨基糖苷类和氯霉素。细菌对本品能产生耐药性，但产生较慢，与金霉素及四环素之间有交叉耐药性。

执业兽医资格考试模拟题9
四环素类药物的抗菌作用机制是抑制（B）
A. 细菌叶酸的合成
B. 细菌蛋白质的合成
C. 细菌细胞壁的合成
D. 细菌细胞膜的通透性
E. 细菌DNA回旋酶的合成

执业兽医资格考试模拟题10
能抑制细菌、螺旋体、支原体和衣原体的抗菌药物是（A）
A. 土霉素
B. 庆大霉素
C. 沃尼妙林
D. 头孢噻呋
E. 乙酰甲喹

本品主要用于治疗敏感菌（包括对青霉素、链霉素耐药菌株）所致的各种感染。如猪肺疫、禽霍乱、布鲁氏菌病及犊牛、仔猪和禽的白痢等。此外，对防治畜禽支原体病、放线菌病、球虫病、钩端螺旋体病等也有一定疗效。局部用于坏死杆菌所致的坏死、子宫蓄脓、子宫内膜炎等。

【不良反应】①局部刺激：其盐酸盐水溶液属强酸性，刺激性大，不宜肌内注射，静脉注射时药液漏出血管外可致静脉炎；②二重感染：成年草食动物内服后，易引起肠道菌群紊乱，消化机能失调，造成肠炎和腹泻，故成年草食动物不宜内服；③肝毒性：长期应用可导致肝脂肪变性，甚至坏死，应注意肝功能检查。

【注意事项】成年反刍动物、马属动物和兔不宜内服给药；避免与乳制品和含钙较高的饲料同时服用。

【制剂、用法与用量】土霉素片。0.05g、0.125g、0.25g。内服，一次量，每千克体重，猪、驹、犊、羔 10～25mg，犬 15～50mg，禽 25～50mg。2～3次/d，连用 3～5d。

注射用盐酸土霉素。0.2g、1g。肌内、静脉注射，一次量，每千克体重，家畜 5～10mg。2 次/d，连用 2～3d。

长效盐酸土霉素注射液。肌内注射，一次量，每千克体重，家畜10～20mg。

盐酸土霉素可溶性粉。混饮，每 1L 水，猪 100～200mg，禽 150～250mg，连用 5d。

## 四环素 （Tetracycline）

【理化性质】本品为淡黄色结晶粉末，无臭。在碱溶液中易破坏失效，在水中极微溶。其盐酸盐溶于水，水溶液放置后不断降解，效价降低，并变为混浊。常制成粉针、片剂。

【药动学】本品内服吸收较快，内服后血药浓度较土霉素或金霉素高。组织渗透性较高，易透入胸腹腔、胎畜循环及乳汁中。

【作用与应用】与土霉素相似，但对革兰氏阴性杆菌的作用较好，对革兰氏阳性球菌如葡萄球菌的效力则不如金霉素。临床用于治疗某些革兰氏阳性和阴性菌、支原体、立克次体、螺旋体、衣原体等感染。

【不良反应】同土霉素。

【制剂、用法与用量】四环素片。内服，一次量，每千克体重，家畜 10～20mg。2～3 次/d，连用 3～5d。

注射用盐酸四环素。静脉注射，一次量，每千克体重，家畜 5～10mg。2 次/d，连用 2～3d。

## 金霉素 （Chlortetracycline）

【理化性质】又名氯四环素。常用其盐酸盐，为金黄色或黄色结晶，无臭、味苦。遇光色渐变深。在水或乙醇中微溶，水溶液不稳定。常制成片剂、粉针。

【药动学】与土霉素相似，但在消化道中的吸收较土霉素少，半衰期较短，主要经肾排泄。

【作用与应用】本品抗菌谱与土霉素相似，但对耐青霉素的金黄色葡萄球菌的抗菌作用较四环素、土霉素强。低剂量常用作饲料添加剂以预防疾病，促进生长或提高饲料报酬等。中、高剂量可预防或治疗鸡慢性呼吸道病、大肠杆菌病、火鸡传染性鼻窦炎等。

【不良反应】同土霉素，但肝毒性较大。

【制剂、用法与用量】盐酸金霉素片。0.125g、0.25g。内服，一次量，每千克体重，猪、驹、犊、羔 10～25mg，2 次/d。混饲，每 1 000 kg 饲料，猪 300～500g，家禽 200～600g，一般不超过 5d。

注射用盐酸金霉素。静脉注射，一次量每千克体重，家畜 5～10mg。

### 多西环素（Doxycycline）

【理化性质】又名强力霉素、脱氧土霉素，其盐酸盐为淡黄色或黄色结晶性粉末。易溶于水，微溶于乙醇。常制成片剂。

【药动学】本品内服后吸收迅速，受食物影响较小，生物利用度高，维持有效血药浓度时间长，对组织渗透力强，分布广泛，易进入细胞内。原形药物大部分经胆汁排入肠道又再吸收，而有显著的肝肠循环。本品在肝内大部分以结合或络合的方式灭活，再经胆汁分泌入肠道，随粪便排出，因而对肠道菌群及动物的消化机能无明显影响，不引起二重感染。肾排出时，由于本品具有较强的脂溶性，易被肾小管重吸收，因而有效药物浓度维持时间较长。

【作用与应用】抗菌谱与其他四环素类相似，体内、体外抗菌活性较土霉素、四环素强。本品对土霉素、四环素等有密切的交叉耐药性。临床用于治疗畜禽的支原体病、大肠杆菌病、沙门氏菌病、巴氏杆菌病和鹦鹉热等。

【制剂、用法与用量】盐酸多西环素片。0.1g。内服，一次量，每千克体重，猪、驹、犊、羔 3～5mg，犬、猫 5～10mg，禽 15～25mg，1 次/d，连用 3～5d。混饲，每 1 000 kg 饲料，猪 150～250g，禽 100～200mg，连用 3～5d。

盐酸多西环素可溶性粉。混饮，每 1L 水，猪 100～150mg，禽 50～100mg，连用 3～5d。

#### （七）酰胺醇类

酰胺醇类抗生素属广谱抗生素，包括氯霉素、甲砜霉素及其衍生物氟苯尼考（氟甲砜霉素）等。其中氯霉素因能严重干扰动物造血功能，引起粒细胞及血小板生成减少，导致不可逆性再生障碍性贫血等，目前许多国家包括我国已禁用于所有食品动物，但可用于宠物。甲砜霉素、氟苯尼考等由于苯环结构上的对位硝基被甲磺酸基取代，这种毒副作用几近消失，但存在剂量相关的可逆性骨髓造血功能抑制作用。氯霉素、甲砜霉素、氟苯尼考之间存在完全交叉耐药。

### 甲砜霉素（Thiamphenicol）

【理化性质】又名甲砜氯霉素、硫霉素。为白色结晶性粉末。无臭。微溶于水，溶于甲醇，几乎不溶于乙醚或氯仿。常制成片剂、粉剂。

【药动学】本品内服、肌内注射吸收迅速而完全，吸收后在体内广泛分布各种组织。其血中游离型药物浓度较高，故有较强的体内抗菌作用。主要通过肾排泄，且大多数药物（70%～90%）以原形从尿中排出，故可用于治疗泌尿道的感染。

【作用与应用】属广谱抗生素，对大多数革兰氏阳性菌和阴性菌均有抑制作用，但对阴性菌的作用较阳性菌强。尤其对大肠杆菌、巴氏杆菌及沙门氏菌高度敏感。对革兰氏阳性菌的作用不及青霉素和四环素。对结核杆菌、铜绿假单胞菌不敏感，对钩端螺旋体、衣原体和立克次体有一定的作用。

临床上主要用于治疗沙门氏菌、大肠杆菌及巴氏杆菌等引起的肠道、呼吸道及泌尿道感染，如幼畜副伤寒、犊牛和羔羊大肠杆菌病、鸡白痢、鸡伤寒、犬（猫）沙门氏菌性肠炎、慢性鼻窦炎、肺炎、禽霍乱等，也用于厌氧菌引起的犬（猫）脑脓肿、革兰氏阴性菌引起的犬（猫）前列腺炎等。

【注意事项】本品毒性较氯霉素低，通常不引起再生障碍性贫血，但能可逆性的抑制红细胞生成；肾功能不全患畜要减量或延长给药间隔；有较强的免疫抑制作用，可抑制抗体的生成，禁用于疫菌接种期的动物和免疫功能严重缺损的动物；长期内服可引起消化机能紊乱，出现维生素缺乏或二重感染；有胚胎毒性，妊娠期及哺乳期家畜慎用。

【制剂、用法与用量】甲砜霉素片。25mg、100mg、125mg、250mg。内服，一次量，每千克体重，家畜 10～20mg，家禽 20～30mg。2 次/d，连用 2～3d。

甲砜霉素粉。以甲砜霉素计，内服，一次量，每千克体重，畜禽5～10mg。

## 氟苯尼考（Florfenicol）

【理化性质】又名氟甲砜霉素。为白色或类白色结晶性粉末。无臭。在甲醇中溶解，在水极微溶解。常制成粉剂、溶液、预混剂、注射液。

【药动学】本品内服和肌内注射吸收迅速，血药浓度高，分布广泛，半衰期长，有效浓度维持时间长。主要经肾排泄，大多数药物（50%～65%）以原形从尿中排出。

【作用与应用】本品为动物专用广谱抗生素。抗菌谱与甲砜霉素相似，但抗菌活性优于甲砜霉素。对溶血性巴氏杆菌、多杀巴氏杆菌、猪胸膜肺炎放线杆菌高度敏感。对耐甲砜霉素的大肠杆菌、沙门氏菌、克雷伯氏杆菌亦有效。细菌对氟苯尼考可产生获得性耐药，并与甲砜霉素表现交叉耐药。

本品主要用于鱼、牛、猪、鸡的细菌性疾病，如牛的呼吸道感染、乳腺炎；猪的胸膜肺炎、黄痢、白痢；鸡的大肠杆菌病、巴氏杆菌病；还可用于治疗各种病原菌引起的奶牛乳腺炎。

【不良反应】不引起骨髓抑制或再生障碍性贫血，但有胚胎毒性，故妊娠动物禁用。

【制剂、用法与用量】氟苯尼考粉。以氟苯尼考计，内服，每千克体重，猪、鸡 20～30mg，2 次/d，连用 3～5d。

氟苯尼考预混剂。以氟苯尼考计，混饲，每1 000kg饲料，猪1 000～2 000g，连用7d。

氟苯尼考注射液。2mL：0.6g。肌内注射，一次量，每千克体重，猪、鸡20mg，1次/2d，连用2次。鱼0.5～1g，1次/d，连用3～5d。

**（八）其他抗生素**

这些抗生素都有不同的化学结构，主要包括泰妙菌素、沃尼妙林、黄霉素、赛地卡霉素等。

### 泰妙菌素（Tiamulin）

【理化性质】又名泰妙灵、支原净。属截短侧耳素的衍生物。本品的延胡索酸盐为白色或类白色结晶性粉末，无臭，无味。在水中易溶，常制成可溶性粉、预混剂。

【药动学】单胃动物内服吸收良好，反刍动物内服可被胃肠道菌群灭活。吸收后在体内广泛分布，组织中和乳中的药物浓度高出血清浓度几倍。肺中浓度最高。其代谢物主要经胆汁从粪中排泄。

【作用与应用】本品是动物专用抗生素，抗菌作用机制是与病原微生物核糖体上的50S亚基结合，抑制蛋白质的合成。其抗菌谱与大环内酯类抗生素相似，主要抗革兰氏阳性菌，对支原体的作用强于大环内酯类。对革兰氏阴性菌尤其是肠道菌作用较弱。

本品主要用于防治鸡的慢性呼吸道病、猪支原体肺炎、放线菌性胸膜肺炎和密螺旋体性痢疾等。低剂量还可促进生长、提高饲料利用率。

【不良反应】本品禁用于马，易干扰肠道菌群导致结肠炎。禁与莫能菌素、盐霉素等聚醚类抗生素配伍合使用，易导致中毒，甚至死亡。

【制剂、用法与用量】延胡索酸泰妙菌素可溶性粉100g：45g，以泰妙菌素计。混饮，每1L水，猪45～60mg，连用5d；鸡125～250mg，连用3d。

延胡索酸泰妙菌素预混剂。100g：10g、100g：80g，以泰妙菌素计。混饲，每1 000kg饲料，猪40～100g，连用5～10d。

### 沃尼妙林（Valnemulin）

沃尼妙林是新一代截短侧耳素类半合成抗生素，属二萜烯类，与泰妙菌素属同一类药物，是动物专用抗生素。沃尼妙林的抗菌机理与泰妙菌素相似，即与病原微生物核糖体上的50S亚基结合，抑制蛋白质的合成。主要用于防治猪、牛、羊及家禽的支原体病和革兰氏阳性菌感染，特别是畜禽呼吸道感染。沃尼妙林作用略强于泰妙菌素。

## 单元三 化学合成抗菌药

目前使用的抗菌药物除了上述抗生素之外，还有很多人工合成的抗菌药，如磺胺类、喹诺酮类、硝基咪唑类、喹噁啉类等。

# 一、磺胺类

自从 1935 年发现第一个磺胺类药物——百浪多息以来，磺胺类药物的应用已有 70 多年的历史，先后合成的这类药有成千上万种，而临床上常用的约二三十种。虽然随着抗生素的不断发现和发展，在临床上逐渐取代磺胺类药物，但磺胺类药有其独特的优点，如抗菌谱较广、性质稳定、价格低廉等，特别是甲氧苄啶和二甲氧苄啶等抗菌增效剂的发现，使磺胺药与抗菌增效剂联合使用后，抗菌谱扩大、疗效显著提高。因此，磺胺类药至今仍为畜禽抗感染治疗的重要药物之一。

磺胺类药物

## （一）概述

1. 构效关系　磺胺类药物的基本化学结构是对氨基苯磺酰胺（简称磺胺），即

$$R_1 — HN \underset{}{—\!\!\boxed{\phantom{X}}\!\!—} SO_2NH — R_2$$

R 代表不同的基团，由于所引入的基团不同，因此就合成了一系列的磺胺类药物。抑菌作用与化学结构之间的关系是：①磺酰胺基对位的游离氨基是抗菌活性的必需基团，若氨基上的一个氢原子（$R_1$）被乙酰化，则失去抗菌活性；②磺酰胺基上的一个氢原子（$R_2$）若被杂环取代所得的衍生物抗菌活性更强，可获得一系列内服易吸收的用于防治全身性感染的磺胺药，如磺胺嘧啶等；③对位上的氨基一个氢原子（$R_1$）被其他基团取代，则成为内服难吸收的用于肠道感染的磺胺类，此化合物必须在肠道内被水解为游离氨基才能起作用，如酞磺胺噻唑等。

2. 分类　磺胺类药物根据内服后的吸收情况可分为肠道易吸收、肠道难吸收及外用三类（表 2-1）。

表 2-1　常用磺胺类药的分类与简名

| 类型 | 药　名 | 英文缩写 |
|---|---|---|
| 肠道易吸收的磺胺药 | 氨苯磺胺（Sulfanilamide） | SN |
| | 磺胺噻唑（Sulfathiazole） | ST |
| | 磺胺嘧啶（Sulfadiazine） | SD |
| | 磺胺二甲嘧啶（Sulfadimerazine） | $SM_2$ |
| | 磺胺甲噁唑（新诺明，新明磺，Sulfamethoxazole） | SMZ |
| | 磺胺对甲氧嘧啶（磺胺-5-甲氧嘧啶，消炎磺，Sulfamethoxydiazine） | SMD |
| | 磺胺间甲氧嘧啶（磺胺-6-甲氧嘧啶，制菌磺，Sulfamonomethoxine） | SMM；DS-36 |
| | 磺胺地索辛（磺胺-2，6-二甲氧嘧啶，Sulfadimethoxine） | SDM |
| | 磺胺多辛（磺胺-5，6-二甲氧嘧啶，周效磺胺，Sulfadoxine，Sulfadimoxine） | $SDM'$ |
| | 磺胺喹噁啉（Sulfaquinoxaline） | SQ |
| | 磺胺氯吡嗪（Sulfachloropyrazine） | ESB |
| 肠道难吸收的磺胺药 | 磺胺脒（Sulfaguanidine） | SG |
| | 琥珀酰磺胺噻唑（琥磺胺噻唑，琥磺噻唑，Sulfasuxidine，Succinylsulfa-thiazole） | SST |
| | 酞磺胺噻唑（酞酰磺胺噻唑，Phthalylsulfathiazole） | PST |
| | 酞磺醋胺（Phthalylsulfacetamide） | PSA |
| | 柳氮磺胺吡啶（水杨酰偶氮磺胺吡啶，Salicylazosulfapyridine） | SASP |

（续）

| 类型 | 药　　名 | 英文缩写 |
|------|---------|---------|
| 外用磺胺药 | 磺胺醋酰钠（Sulfacetamide Sodium） | SA-Na |
| | 醋酸磺胺米隆（甲磺灭脓，Mafenide Acetate，Sulfamylon） | SML |
| | 磺胺嘧啶银（烧伤宁，Sulfadiazine Silver） | SD-Ag |

3. 药动学

（1）吸收。内服易吸收的磺胺类药物，其生物利用度大小因药物和动物种类不同而有差异。其顺序分别为：$SM_2 > SDM' > SN > SD$；禽＞犬＞猪＞马＞羊＞牛。一般而言，肉食动物内服后 3~4h，血药达峰浓度；草食动物为 4~6h；反刍动物为 12~24h。尚无反刍机能的犊牛和羔羊，其生物利用度与肉食、杂食动物相似。磺胺类的钠盐可经肌内注射、腹腔注射或由子宫、乳管内注入而迅速吸收。难吸收的磺胺类如 SG、SST、PST 等，在肠内保持相当高的浓度，故适用于肠道感染。

（2）分布。吸收后分布于全身各组织和体液中，以血液、肝、肾含量较高，神经、肌肉及脂肪中的含量较低，可进入乳腺、胎盘、胸膜、腹膜及滑膜腔。吸收后，大部分与血浆蛋白结合，但结合疏松，可逐渐释出游离型药物。磺胺类药物中 SD 与血浆蛋白的结合率较低，因而进入脑脊液的浓度较高（为血药的 50%~80%），可作治疗脑部细菌感染的首选药。血浆蛋白结合率高的磺胺类药物排泄较缓慢，血中有效药物浓度维持时间也较长。

（3）代谢。主要在肝代谢，引起多种结构上的变化。最常见的方式是对位氨基的乙酰化，其次是羟基化作用。磺胺乙酰化后失去抗菌活性，但保持原有磺胺的毒性。除 SD 等 $R_1$ 位有嘧啶环的磺胺药外，其他乙酰化磺胺的溶解度普遍下降，增加了对肾的毒副作用。肉食及杂食动物，由于尿中酸度比草食动物高，较易引起磺胺及乙酰化磺胺的沉淀，导致结晶尿的产生，损害肾功能。若同时内服碳酸氢钠碱化尿液，则可提高其溶解度，促进从尿中排出。

（4）排泄。内服难吸收的磺胺药主要随粪便排出，肠道易吸收的磺胺药主要通过肾排出，少量由乳汁、消化液及其他分泌液排出。经肾排出的药物，以原形药、乙酰化代谢产物、葡萄糖醛酸结合物三种形式排泄。排泄的快慢主要决定于肾小管对其重吸收程度。重吸收少者，排泄快，消除半衰期短，有效血药浓度维持时间短（如 SN、SD）；而重吸收多者，排泄慢，消除半衰期长，有效血药浓度维持时间较长（如 $SM_2$、SMM、SDM 等）。当肾功能损害时，药物的消除半衰期明显延长，毒性可能增加，临床使用时应注意。治疗泌尿道感染时，应选用乙酰化率低、以原形排出多的磺胺药，如 SMD 等。

4. 抗菌谱　磺胺类药物属广谱慢效抑菌剂。对大多数革兰氏阳性菌和部分革兰氏阴性菌有效，甚至对衣原体和某些原虫也有效。多数病原体对磺胺类药物表现出不同的敏感性，链球菌、肺炎球菌、沙门氏菌、化脓棒状杆菌等高度敏感；大肠杆菌、葡萄球菌、变形杆菌、巴氏杆菌、产气荚膜梭菌、炭疽杆菌、铜绿假单胞菌等一般敏感。此外，某些磺胺药还对球虫、卡氏白细胞原虫、疟原虫、弓形虫等有效，但对螺旋体、立克次体、结核杆菌等无效。与甲氧苄啶和二甲氧苄啶等抗菌增效剂联合使用可增强抗菌活性。

**5. 作用机理**　磺胺类药物主要通过干扰敏感菌的叶酸代谢而抑制其繁殖（图 2-3）。对磺胺药敏感的细菌在繁殖过程中，不能直接利用外源叶酸，而是利用对氨基苯甲酸（PABA）、二氢蝶啶，在二氢叶酸合成酶的催化下合成二氢叶酸，再经二氢叶酸还原酶还原为四氢叶酸，四氢叶酸是一碳基团转移酶的辅酶，参与嘌呤、嘧啶、氨基酸的合成。磺胺类药物的化学结构与 PABA 的结构极为相似，能与 PABA 竞争二氢叶酸合成酶，抑制二氢叶酸的合成，进而影响了核酸合成，阻止细菌的生长繁殖。

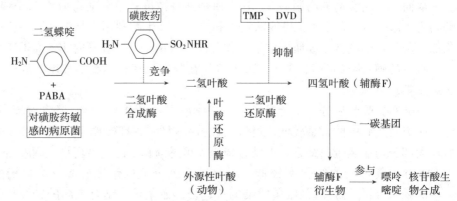

图 2-3　磺胺类药物和抗菌增效剂的作用机理示意

根据上述作用机理，应用时需注意：①PABA 对二氢叶酸合成酶的亲和力较磺胺类大 5000～15 000 倍，因此应用磺胺类药物时，必须要有足够的剂量和疗程，首次常用加倍量（负荷量），使血药浓度迅速达到有效抑菌浓度；②在脓液和坏死组织中含有大量的 PABA，可减弱磺胺类药物的作用，故局部应用时要清创排脓；③局部应用普鲁卡因时，因其在体内水解生成 PABA，可减弱磺胺类的疗效；④能利用外源性叶酸的细菌对磺胺类不敏感。

**6. 不良反应及预防措施**

（1）急性中毒。多见于静脉注射速度过快或剂量过大。表现为神经症状，如共济失调、痉挛性麻痹、呕吐、昏迷、食欲降低和腹泻等，严重者迅速死亡。牛、山羊还可见目盲、散瞳。雏鸡中毒时出现大批死亡。

（2）慢性中毒。常见于剂量较大或连续用药超过 1 周以上。主要症状为：损害泌尿系统，出现结晶尿、血尿和蛋白尿等；消化系统障碍和草食动物的多发性肠炎，出现食欲不振、呕吐、便秘、腹泻等。此外，还可以引起白细胞减少或溶血性贫血；家禽则表现增重减慢，蛋鸡产蛋率下降，蛋破损率和软蛋率增加。

为了防止磺胺类药的不良反应，除严格掌握剂量与疗程外，可采取下列措施：①充分饮水，以增加尿量，促进排出；②选用疗效高、作用强、溶解度大、乙酰化率低的磺胺类药；③幼畜、杂食或肉食动物使用磺胺类药物时，宜与碳酸氢钠同服，以碱化尿液，减少对泌尿道毒性；④蛋鸡产蛋期禁用磺胺药。

（二）临床常用药物

1. 全身感染用磺胺药

### 磺胺嘧啶（Sulfadiazine，SD）

【理化性质】本品为白色结晶粉末，无臭，无味，难溶于水，其钠盐易溶于水，常制成片剂、注射剂、预混剂。

【药动学】本品内服易吸收，以血液、肝、肾含量较高，在血中的溶解度比其他体液高，且药物与血浆蛋白结合率低，易通过血脑屏障易进入脑脊液中。磺胺嘧啶的代谢部位主要在肝，体内代谢产生的乙酰化物在尿中溶解度较低，易引起血尿、结晶尿等，半衰期较长。

【作用与应用】本品抗菌作用强，对大多数革兰氏阳性菌和部分革兰氏阴性菌作用强，对衣原体和某些原虫有效，对金黄色葡萄球菌作用较差。主要用于各种动物敏感病原体所致的全身感染，如马腺疫、链球菌病、副伤寒、鸡传染性鼻炎等病。磺胺嘧啶在脑脊液的浓度较高，因此常作为治疗脑部细菌感染的首选药物。

【制剂、用法与用量】磺胺嘧啶片。内服，一次量，每千克体重，家畜首次量 0.14～0.2g。维持量 0.07～0.1g。2 次/d，连用 3～5d。

磺胺嘧啶钠注射液。5mL∶1g、10mL∶1g、50mL∶5g。静脉注射，一次量，每千克体重，家畜 0.05～0.1g。1～2 次/d，连用 2～3d。

### 磺胺二甲嘧啶（Sulfadimerazine，SM₂）

【理化性质】本品为白色或微黄色的结晶或粉末，无臭，味微苦；遇光色渐变深。在水或乙醚中几乎不溶，在稀酸或稀碱溶液中易溶，其钠盐溶于水，常制成片剂、注射剂。

【药动学】本品吸收迅速而完全，血浆蛋白结合率高，排泄较 SD 慢。其乙酰化率低，在肾小管内沉淀的发生率较低，不易引起结晶尿或血尿。

【作用与应用】本品抗菌作用较磺胺嘧啶稍弱，但对球虫和弓形虫有抑制作用。主要用于巴氏杆菌病、乳腺炎、子宫内膜炎、呼吸道及消化道敏感菌感染，亦用以防治兔、禽球虫病和猪弓形虫病。

【制剂、用法与用量】磺胺二甲嘧啶片。内服，一次量，每千克体重，家畜，首次量 0.14～0.2g，维持量 0.07～0.1g。1～2 次/d，连用 3～5d。

磺胺二甲嘧啶钠注射液。5mL∶0.5g、10mL∶1g、100mL∶10g。静脉注射，一次量，每千克体重，家畜 50～100mg。1～2 次/d，连用 2～3d。

### 磺胺间甲氧嘧啶（Sulfamonomethoxine，SMM）

【理化性质】又称为制菌磺、长效磺胺 C。本品为白色或类白色结晶性粉末，无臭、无味。本品不易溶于水，其钠盐溶于水，常制成片剂、注射剂。

【药动学】内服后吸收良好，血中浓度高，乙酰化率低，且乙酰化物在尿中溶解度大，不易发生结晶尿。

【作用与应用】本品对金黄色葡萄球菌、肺炎链球菌等大多数革兰氏阳性菌和大肠杆菌、沙门氏菌、流感嗜血杆菌等革兰氏阴性菌均有较强的抑制作用，且比同类的磺胺药物抗菌作用强。常用于敏感病原体引起的呼吸道、消化道、泌尿道等感染。此外，本品对弓形虫、球虫作用显著，常用于治疗球虫病、猪弓形虫病等。

【制剂、用法与用量】磺胺间甲氧嘧啶片。内服，一次量，每千克体重，家畜首次量 50～100mg，维持量 25～50mg。1～2 次/d，连 3～5d。

磺胺间甲氧嘧啶钠注射液。10mL：1g、20mL：2g、50mL：5g。静脉注射，一次量，每千克体重，家畜 50mg。1～2 次/d，连用 2～3d。

### 磺胺甲噁唑 （Sulfamethoxazole，SMZ）

【理化性质】本品为白色结晶性粉末，无臭，味微苦，不易溶于水，在稀盐酸、氢氧化钠试液或氨试液中易溶。常制成片剂。

【药动学】本品内服易吸收，但吸收较慢，在胃肠道和尿中的排泄较慢。血浆蛋白结合率较低，乙酰化率高，且溶解度低，较易出现结晶尿和血尿等。

【作用与应用】本品抗菌作用和应用与磺胺嘧啶相似，但抗菌活性较磺胺嘧啶强。临床常与甲氧苄啶联合用于治疗敏感菌引起的呼吸道和泌尿道感染。

【制剂、用法与用量】磺胺甲噁唑片。内服，一次量，每千克体重，家畜首次量 50～100mg，维持量 25～50mg。2 次/d，连用 3～5d。

复方磺胺甲噁唑片。以磺胺甲噁唑计，内服，一次量，每千克体重，家畜 20～25mg。2 次/d，连用 3～5d。

### 磺胺二甲氧嘧啶 （Sulfadimethoxine，SDM）

【理化性质】又称磺胺地托辛，白色结晶性粉末。易溶于稀盐酸或碳酸钠溶液，微溶于水。

【药动学】抗菌力与 SD 相似，乙酰化率低，血浆蛋白结合率高。

【作用与应用】本品属于长效磺胺药。主要用于呼吸道、泌尿道、消化道及局部感染。对犊牛和禽球虫病、禽霍乱、禽传染性鼻炎有较好疗效。对鸡球虫病优于呋喃类和其他磺胺药。

### 磺胺对甲氧嘧啶 （Sulfamethoxydiazine，SMD）

【理化性质】本品为白色或微黄色的结晶或粉末；无臭，味微苦。在乙醇中微溶，在水或乙醚中几乎不溶；在氢氧化钠试液中易溶，在稀盐酸中微溶。常制成片剂、预混剂、注射剂。

【药动学】本品内服吸收迅速，乙酰化率较低，且乙酰化物的溶解度较高，不易出现结晶尿和血尿等。主要从尿中排出，排泄缓慢。

【作用与应用】本品对革兰氏阳性菌和阴性菌如化脓性链球菌、沙门氏菌和肺炎杆菌等均有良好的抗菌作用。抗菌作用比磺胺间甲氧嘧啶弱。临床用于尿道感染，疗效显著，对生殖、呼吸系统及皮肤感染也有效；与二甲氧苄啶合用可防治畜禽肠道感染和球虫病。

【制剂、用法与用量】磺胺对甲氧嘧啶片。内服，一次量，每千克体重，家畜首次量 50～100mg，维持量 25～50mg。1～2 次/d，连用 3～5d。

复方磺胺对甲氧嘧啶片。以磺胺对甲氧嘧啶计，内服，一次量，每千克体重，家畜 20～25mg。2～3 次/d，连用 3～5d。

磺胺对甲氧嘧啶、二甲氧苄啶片。本品是磺胺对甲氧嘧啶和二甲氧苄啶 5：1 的复方片剂。以磺胺对甲氧嘧啶计，内服，一次量，每千克体重，家畜 20～25mg。2 次/d，连用 3～5d。

磺胺对甲氧嘧啶、二甲氧苄啶预混剂。混饲，每 1000kg 饲料，猪、禽 1000g。

复方磺胺对甲氧嘧啶钠注射液。肌内注射，一次量，每千克体重，家畜15～20mg（以磺胺对甲氧嘧啶钠计）。1～2 次/d，连用 2～3d。

2. **肠道感染用磺胺药**

### 磺胺脒（**Sulfaguanidine，SG**）

【理化性质】本品为白色针状结晶性粉末；无臭、无味；遇光渐变色。在沸水中溶解，在水、乙醇或丙酮中微溶；在稀盐酸中易溶。常制成片剂。

【药动学】内服不易吸收，但新生仔畜的肠内吸收率高于幼畜。

【作用与应用】抗菌机理及耐药性等同其他磺胺类药物，适用于肠炎腹泻等肠道细菌性感染。

【制剂、用法与用量】磺胺脒片。内服，一次量，每千克体重，家畜 0.1～0.2g。2 次/d，连用 3～5d。

3. **外用磺胺药**

### 磺胺嘧啶银（**Sulfadiazine Silver，SD-Ag**）

【理化性质】本品为白色或类白色的结晶性粉末；遇光或遇热易变质。在水、乙醇、乙醚中均不溶。常制成粉剂。

【作用与应用】具有磺胺嘧啶的抗菌作用和银盐的收敛作用。抗菌谱广，对多数革兰氏阳性菌和阴性菌有良好的抗菌活性，抗菌作用不受脓液中 PABA 影响；对铜绿假单胞菌具有强大的抗菌作用，对致病细菌和真菌等都有抑菌效果。临床用于预防烧伤后感染，治疗烧伤，促进创面干燥和加速愈合等功效。

【用法与用量】外用，撒布于创面或配成 2% 混悬液湿敷。

## 二、抗菌增效剂

### （一）概述

抗菌增效剂为人工合成抗菌药，因能增强磺胺药和多种抗生素的抗菌作用，故称为抗菌增效剂。国内临床常用的有甲氧苄啶（Trimethoprim，TMP）和二甲氧苄啶（Diaveridine，DVD）两种，后者为动物专用品种。国外应用的还有阿地普林（Aditoprim，ADP）、奥美普林（Ormetoprim，OMP）、巴喹普林

（Baquiloprim，BQP）等。

## （二）临床常用药物

### 甲氧苄啶（Trimethoprim，TMP）

【理化性质】为白色或类白色结晶性粉末；无臭，味苦。在水中几乎不溶，在冰醋酸中易溶。常制成粉剂、预混剂、片剂、注射剂。

【药动学】内服、肌内注射，吸收迅速而完全，脂溶性较高，广泛分布于各种组织和体液中，在肺、肾和肝中浓度较高。脑脊液中药物浓度较高，炎症时接近血药浓度。主要从尿中排出，半衰期较短，24h内排出内服量的$40\%\sim60\%$，也可从粪、乳汁、胆汁排泄。

【作用与应用】抗菌谱与磺胺类相似而活性较强。对多种革兰氏阳性菌及阴性菌均有抗菌作用。本品主要通过抑制二氢叶酸还原酶，使二氢叶酸不能还原成四氢叶酸，因而阻碍了敏感菌的叶酸代谢和利用，妨碍菌体核酸合成而产生抗菌作用。与磺胺类药物合用时，可从两个不同环节同时阻断叶酸代谢而起双重阻断作用，使抗菌作用增强数倍至近百倍，甚至使抑菌作用变为杀菌作用，而且可减少耐药菌株的产生。单用易产生耐药性，一般不单独作抗菌药使用。

TMP常以1∶5的比例与SMD、SMM、SMZ、SD、$SM_2$等磺胺药合用，以1∶4的比例与四环素类合用。主要用于敏感菌引起的呼吸道、泌尿道感染及蜂窝织炎、腹膜炎、乳腺炎、创伤感染等。亦用于幼畜肠道感染、猪萎缩性鼻炎、猪传染性胸膜肺炎。对家禽大肠杆菌病、鸡白痢、鸡传染性鼻炎、禽伤寒及霍乱等均有良好的疗效。

【制剂、用法与用量】按组成的具体复方制剂计算使用剂量。

### 二甲氧苄啶（Diaveridine，DVD）

【理化性质】又称敌菌净。为白色或微黄色结晶性粉末；几乎无臭。在三氯甲烷中极微溶解，在水、乙醇或乙醚中不溶；在盐酸中溶解，在稀盐酸中微溶。常制成片剂、预混剂。

【药动学】内服吸收很少，其最高血药浓度约为TMP的1/5，但在胃肠道内的浓度较高，主要从粪便中排出，故用作肠道抗菌增效剂比TMP优越。

【作用与应用】本品抗菌机理同TMP，抗菌作用较弱，为畜禽专用药。对磺胺药和抗生素有增效作用。与抗球虫的磺胺药合用对球虫的抑制作用比TMP强。常以1∶5比例与SQ等合用，DVD的复方制剂主要用于防治禽、兔球虫病及畜禽肠道感染等。DVD单独应用可防治球虫病。

【用法与用量】按组成的具体复方制剂计算使用剂量。

## 三、喹诺酮类

### （一）概述

喹诺酮类药物（quinolones）是人工合成的具有4-喹诺酮（或称吡酮酸）基本结构的杀菌性抗菌药物。按问世先后及抗菌性能喹诺酮类药物分为四代。第一代的抗菌活性弱，抗菌谱窄，仅对革兰氏阴性菌有效，内服吸收差，易产生耐药性，毒副作用较大，代表性品种为萘啶酸、噁喹酸。第二代的抗菌谱扩大，对大部分革兰氏阴性菌包括铜绿假单胞菌和部分革兰氏阳性菌具有较强的抗菌活性，对支原体也有一定作用，代表性品种为吡哌酸和动物专用的氟甲喹。第三代是在4-喹诺酮环的6-位引入氟原子，在7-位连以哌嗪基、甲基哌嗪基或乙基哌嗪基，通常称为氟喹诺酮类药物（fluoroquinolones）。其抗菌谱进一步扩大，抗菌活性也进一步提高，提高了全身的抗菌效果。第四代以格帕沙星、莫西沙星等为代表，明显增加了对革兰氏阳性菌的活性，尤其对耐药肺炎球菌有很好效果，目前兽医临床尚未用到。我国兽医临床使用的氟喹诺酮类药物主要是动物专用品种如恩诺沙星、沙拉沙星、达氟沙星、二氟沙星，在国外上市的奥比沙星（Orbifloxacin）、马波（保）沙星（Marbofloxacin）、依巴沙星（Ibafloxacin）等也相继在国内上市。近些年来，本类药物发展迅速，已成为兽医临床最常用的一类抗菌药物，在感染性疾病的治疗中发挥了非常重要的作用。

喹诺酮类药物

1. **抗菌谱** 喹诺酮类为静止期杀菌药。抗菌谱广，抗菌活性强。对大肠杆菌、沙门氏菌、巴氏杆菌、克雷伯氏杆菌、变形杆菌、铜绿假单胞菌、嗜血杆菌、支气管败血波氏杆菌、丹毒杆菌、金黄色葡萄球菌、链球菌、化脓棒状杆菌等均敏感，对革兰氏阳性球菌效果差。对耐甲氧苯青霉素的金黄色葡萄球菌、耐磺胺类＋TMP的细菌、耐庆大霉素的铜绿假单胞菌、耐泰乐菌素或泰妙菌素的支原体也有效。

2. **作用机理** 作用于细菌DNA回旋酶，使细菌DNA不能形成负超螺旋，干扰DNA复制，从而产生杀菌作用，同时也一直拓扑异构酶Ⅱ，并干扰复制的DNA分配到子代细胞中去，使细菌死亡。大肠杆菌的DNA回旋酶由2个A亚单位及2个B亚单位组成，A亚单位参与酶反应中DNA链的断裂和重接，B亚单位参与该酶反应中能量的转换和ATP的水解，它们共同作用能将DNA正超螺旋的一条单链切开、移位、封闭，形成负超螺旋结构（图2-4）。有关喹诺酮类的抗菌作用可能还存在其他机制，如抑制细菌RNA及蛋白质合成，诱导菌体DNA错误复制以及抗菌后效应等。

喹诺酮类药物的作用机理（动画）

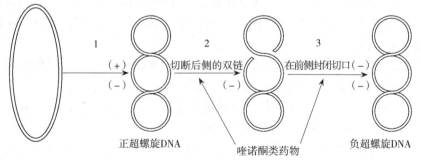

图2-4 喹诺酮类药物的作用机制示意
1. 酶与DNA两个片段结合，形成正超螺旋结
2. 酶在DNA中切开一双链切口，通过切口移过前面片段
3. 封住切口，形成负超螺旋

3. **不良反应**　本类药物毒副作用小，安全范围较大。不良反应主要有：①胃肠道反应，剂量过大，可产生腹胀、腹痛、腹泻等不良反应；②中枢神经反应，能引起动物惊厥、不安等反应；③对幼龄动物关节软骨有一定的损害作用。

## （二）临床常用药物

### 恩诺沙星（Enrofloxacin）

【理化性质】又称乙基环丙沙星、恩氟沙星。微黄色或淡橙黄色结晶性粉末，无臭，味微苦；遇光色渐变为橙红色。在水或乙醇中极微溶解，在醋酸、盐酸或氢氧化钠溶液中易溶。其盐酸盐及乳酸盐均易溶于水。常制成片剂、注射剂、可溶性粉等。

【药动学】内服、肌内注射吸收迅速，且较完全。在动物体内广泛分布，能很好地进入组织、体液（包括骨骼和前列腺），除了脑脊液的浓度只有血清浓度的 6%～10%外，几乎所有组织的药物浓度均高于血浆，这有利于全身感染和深部组织感染的治疗。肝代谢主要是脱去 7-哌嗪环的乙基生成环丙沙星，其次为氧化及葡萄糖醛酸结合。主要通过肾（以肾小管分泌和肾小球滤过）排泄，15%～50%以原形从尿中排泄。

【作用与应用】恩诺沙星是 1987 年德国拜耳研制的动物专用抗菌药，是我国 1994 年注册并被批准的二类新兽药。本品为广谱杀菌药，对大肠杆菌、沙门氏菌、克雷伯氏杆菌、布鲁氏菌、巴氏杆菌、胸膜肺炎放线杆菌、丹毒杆菌、变形杆菌、黏质沙雷氏杆菌、化脓性棒状杆菌、败血波特氏菌、金黄色葡萄球菌、支原体、衣原体等均有良好作用，对铜绿假单胞菌、链球菌作用较弱，对厌氧菌作用微弱。本品对大多数菌株的 MIC 均低于 $1\mu g/mL$，并有明显的抗菌后效应。抗支原体的效力比泰乐菌素和泰妙菌素强，对耐泰乐菌素、泰妙菌素的支原体，本品亦有效。

本品广泛用于牛、猪、禽、犬、猫和水生动物的敏感细菌及支原体所致的消化系统、呼吸系统、泌尿系统及皮肤软组织的各种感染性疾病。主要用于治疗支原体病、巴氏杆菌病、大肠杆菌病、沙门氏菌病、链球菌病等。

【制剂、用法与用量】恩诺沙星注射液。10mL：50mg、10mL：250mL。肌内注射，一次量，每千克体重，牛、羊、猪 2.5mg，犬、猫、兔 2.5～5mg。1～2 次/d，连用 2～3d。

恩诺沙星溶液。100mL：2.5g、100mL：5g、100mL：10g。以恩诺沙星计，混饮，每 1L 水，禽 50～75mg。连用 3～5d。

恩诺沙星片。内服，一次量，以恩诺沙星计，每千克体重，犬、猫，2.5～5mg，禽 5～7.5mg。2 次/d，连用 3～5d。

恩诺沙星可溶性粉。以恩诺沙星计，混饮，每 1L 水，鸡 50～75mg。连用 3～5d。

### 达氟沙星（Danofloxacin）

【理化性质】又名单诺沙星、达诺沙星，常用其甲磺酸盐，为白色至淡黄色结晶性粉末，无臭，味微苦。易溶于水，常制成粉剂、注射剂等。

【药动学】本品内服、肌内注射和皮下注射的吸收较迅速和完全，体内分布广泛，特别是肺组织中药物浓度较高，可达血药浓度的 5～7 倍。半衰期较长，主要通过肾排泄。

【作用与应用】达氟沙星是 1988 年美国辉瑞公司（Pfizer）研制的动物专用抗菌药，1998 年我国开始使用。本品为广谱高效杀菌药物，抗菌谱与恩诺沙星相似，而抗菌作用强约 2 倍，尤其对畜禽的呼吸道致病菌有很好的抗菌活性。适用于牛、猪、禽类的敏感细菌及支原体所致各种感染性疾病，如牛的巴氏杆菌病、支原体病，猪的传染性胸膜肺炎、支原体病，鸡的巴氏杆菌病、大肠杆菌病、败血支原体病等。

【制剂、用法与用量】甲磺酸达氟沙星可溶性粉。混饮，每 1L 水，鸡 25～50mg，连用 3～5d。内服，一次量，每千克体重，鸡 2.5～5mg。1 次/d，连用 3d。

甲磺酸达氟沙星注射液。5mL∶50mg、10mL∶250mg。肌内注射，一次量，每千克体重，牛、猪 1.25～2.5mg。1 次/d，连用 3d。

### 二氟沙星（Difloxacin）

【理化性质】又称双氟沙星，常用其盐酸盐，为白色或浅黄色结晶性粉末。无臭，味微苦；遇光色渐变深，有引湿性。微溶于水，其盐酸盐能溶于水。常制成粉剂、片剂、注射剂等。

【药动学】本品内服、肌内注射吸收良好，生物利用度高，体内分布广泛，主要经肾排泄，尿中浓度高。

【作用与应用】二氟沙星是 1984 年美国雅倍公司（Abbott）研制的动物专用抗菌药，1999 年我国批准为二类新兽药。抗菌谱与恩诺沙星相似，抗菌活性略低于恩诺沙星。对畜禽呼吸道致病菌有良好的抗菌活性，尤其对葡萄球菌有较强的抗菌活性。本品用于治疗猪和禽类的敏感细菌及支原体所致的各种感染性疾病，如猪放线杆菌性胸膜肺炎、猪巴氏杆菌病，鸡的慢性呼吸道病等。

【制剂、用法与用量】盐酸二氟沙星片。以二氟沙星计，内服，一次量，每千克体重，鸡 5～10mg。2 次/d，连用 3～5d。

盐酸二氟沙星水溶性粉。混饮，每 1L 水，畜禽 25mg。连用 3～5d，病重可加倍。

盐酸二氟沙星注射液。以二氟沙星计，肌内注射，一次量，每千克体重，猪 5mg。1 次/d，连用 3d。

### 沙拉沙星（Sarafloxacin）

【理化性质】本品为类白色至淡黄色结晶性粉末；无臭，味微苦。在水中或乙醇中几乎不溶或不溶，在氢氧化钠试液中溶解。常制成可溶性粉、片剂、注射剂。

【药动学】本品内服和肌内注射吸收均迅速，且生物利用度较高。体内分布广泛，组织中药物浓度常超过血药浓度，主要以原形从肾排泄。

【作用与应用】沙拉沙星是美国雅倍公司（Abbott）研制的动物专用抗菌药，2000年我国批准为二类新兽药。抗菌谱与作用机制与二氟沙星基本相似，对支原体的效果略差于二氟沙星。本品主要用于猪、鸡的敏感细菌及支原体所致的各种感染性疾病。常用于猪、鸡的大肠杆菌病、沙门氏菌病、支原体病和葡萄球菌感染等。也用于鱼敏感菌感染性疾病。

【制剂、用法与用量】盐酸沙拉沙星片。以沙拉沙星计，内服，一次量，每千克体重，鸡5～10mg。1～2次/d，连用3～5d。

盐酸沙拉沙星可溶性粉。以沙拉沙星计，混饮，每1L水，鸡50～100mg。连用3～5d。

盐酸沙拉沙星注射液。肌内注射，一次量，每千克体重，猪、鸡2.5～5mg。1～2次/d，连用3～5d。

### 马波沙星（Marbofloxacin）

【理化性质】又称马保沙星。

【药动学】本品内服与注射后吸收迅速而完全，血浆蛋白结合率低，组织分布广，在肾、肝、肺及皮肤中分布良好，其在血浆和组织中浓度高于对多数病原菌的MIC。部分在肝中被代谢转化为无活性的代谢物（N-脱甲基MBF和N-氧MBF）。主要排泄途径为肾，半衰期较长。

【作用与应用】本品为动物专用的新型广谱杀菌药物，抗菌谱、抗菌活性与恩诺沙星相似。对耐红霉素、林可霉素、氯霉素、多西环素、磺胺药的病原菌仍然有效。用于敏感菌所致的牛、猪、犬、猫的呼吸道、消化道、泌尿道及皮肤等感染。

【制剂、用法与用量】马波沙星注射液。2mL：0.2g、100mL：10g。肌内注射，一次量，每千克体重，牛、猪2mg，鸡2.5mg。1次/d。

马波沙星片。20mg、80mg。内服，一次量，每千克体重，畜2mg。1次/d。

### 环丙沙星（Ciprofloxacin）

【理化性质】又名环丙氟哌酸，其盐酸盐和乳酸盐为淡黄色结晶性粉末，易溶于水。常制成可溶性粉、预混剂、注射剂。

【药动学】本品内服吸收迅速但不完全，生物利用度不如恩诺沙星，肌内注射及其他药动学特征与恩诺沙星基本相似。主要以原药形式从尿液中排泄。

【作用与应用】本品抗菌谱、抗菌活性、抗菌机制和耐药性等与恩诺沙星基本相似，对某些细菌的体外抗菌作用略强于恩诺沙星。临床主要用于鸡的慢性呼吸道病、大肠杆菌病、传染性鼻炎、禽巴氏杆菌病、禽伤寒、葡萄球菌病、仔猪黄痢、仔猪白痢等。

【制剂、用法与用量】盐酸环丙沙星注射液。10mL：0.2g。肌内注射，一次量，每千克体重，家畜2.5mg，家禽5mg。2次/d。

盐酸环丙沙星可溶性粉。50g：1g。混饮，每1L水，家禽15～25mg（以环丙沙星计）。2次/d，连用3～5d。

### 氟甲喹 （Flumequine）

【理化性质】本品为白色粉末，无臭、无味、不溶于水，能在有机溶剂中互溶。

【作用与应用】氟甲喹为高效、广谱抗菌药。本品通过抑制细菌核酸的合成，阻止细菌DNA复制达到杀菌的效果。主要用于治疗畜禽细菌性呼吸道病、大肠杆菌、白痢、沙门氏菌病、伤寒、禽霍乱、葡萄球菌病传染性鼻炎等。对水产动物的大肠杆菌病、单胞菌属和弧球菌属病、嗜水气单胞菌有强烈的抑制作用。

【制剂、用法与用量】混饮，100g加水200～300kg；混饲，100g拌饲料100～200kg。

## 四、喹噁啉类

### （一）概述
本类药物为合成抗菌药，均属喹噁啉-N-1，4-二氧化物的衍生物，应用于畜禽的主要有乙酰甲喹和喹烯酮。

### （二）临床常用药物

#### 乙酰甲喹 （Maquindox）

【理化性质】又名痢菌净。本品为鲜黄色结晶或黄色粉末；无臭，味微苦。在丙酮、三氯甲烷、苯中溶解，在水、甲醇中微溶。常制成片剂。

【药动学】本品内服、肌内注射吸收均良好，可分布于全身组织，体内消除快，消除半衰期约2h，给药后8h血液中已测不到药物。在体内破坏少，约75%以原形从尿中排出，故尿中浓度高。

【作用与应用】本品是动物专用抗菌药，由我国自主研发。具有广谱抗菌作用，对革兰氏阴性菌的作用强于革兰氏阳性菌，对密螺旋体的作用尤为突出。主要用于密螺旋体所致猪痢疾，也用于细菌性肠炎。不能用作生长促进剂。

【不良反应】本品的毒性较小，治疗剂量对鸡、猪无不良影响。如用药剂量高于治疗量的3～5倍时，或长时间应用，可致中毒或死亡。家禽尤为敏感。

【制剂、用法与用量】痢菌净片。0.1g、0.5g。内服，一次量，每千克体重，牛、猪、鸡5～10mg。2次/d，连用3d。

痢菌净注射液。10mL：50mg。肌内注射，一次量，每千克体重，牛、猪2.5～5mg，鸡2.5mg。2次/d，连用3d。

#### 喹烯酮 （Quinocetone）

【理化性质】本品为淡黄色或黄绿色粉末，不溶于水，略溶于部分有机溶剂，对光敏感，较易发生光化学反应。

【药动学】喹烯酮口服后机体内吸收很少且代谢较快，大部分从消化道以原形排出，生物利用率较低。

【作用与应用】本品对多种肠道致病菌（特别是革兰氏阴性菌）有抑制作用，可明显降低畜禽腹泻发生率。能够显著提高鱼等水产动物的成活率，可有效地防治鱼虾等水生动物胃肠道疾病如胃胀、肠炎、厌食等，对幼畜、幼禽的防病也有一定的作用。

【制剂、用法与用量】5%喹烯酮预混剂。混饲：猪、禽、仔猪、雏鸡、水产动物每1 000kg饲料添加1 000g。

## 五、硝基咪唑类

### （一）概述

硝基咪唑类是一组具有抗原虫和抗菌活性的药物，同时具有很强的抗厌氧菌作用。包括甲硝唑、地美硝唑、氯甲硝唑、硝唑吗啉、氟硝唑。兽医临床常用的有甲硝唑、地美硝唑等，仅用于治疗，禁用于食品动物促生长。

### （二）临床常用药物

执业兽医资格考试模拟题12
甲硝唑适用于治疗
（ C ）
A. 鸡球虫病
B. 皮肤真菌病
C. 厌氧菌感染
D. 猪支体性炎
E. 猪放线杆菌性胸膜肺炎

#### 甲硝唑 （Metronidazole）

【理化性质】又名灭滴灵、甲硝咪唑。为白色或微黄色的结晶或结晶性粉末。在乙醇中略溶，在水中微溶。

【药动学】内服吸收迅速，但程度不一致。广泛分布于全身组织，能进入血脑屏障，血浆结合率低。在体内生物转化后，其代谢物及原形药自肾与胆汁排出。

【作用与应用】本品对大多数专性厌氧菌具有较强的作用，包括拟杆菌属、梭状芽孢杆菌属、厌氧链球菌等，此外还有抗滴虫和阿米巴原虫的作用。但对需氧菌或兼性厌氧菌则无效。主要用于治疗阿米巴痢疾、牛毛滴虫病、贾第鞭毛虫病、小袋虫病等原虫感染，手术后感染，肠道和全身的厌氧菌感染。

【注意事项】剂量过大，可出现以震颤、抽搐、共济失调、惊厥等为特征的神经系统紊乱症状。对细胞有致突变作用，不宜用于孕畜。

【制剂、用法与用量】甲硝唑片。0.2g。内服，一次量，每千克体重，牛60mg，犬25mg。1~2次/d。

外用，5%甲硝唑软膏涂敷，1%溶液冲洗尿道。

#### 地美硝唑 （Dimetridazole）

【理化性质】又名二甲硝咪唑、二甲硝唑。为类白色或微黄色粉末。在乙醇中溶解，在水中微溶。

【作用与应用】本品具有广谱抗菌和抗原虫作用。不仅能抗厌氧菌、大肠杆菌、链球菌、葡萄球菌和短螺旋体，且能抗组织滴虫、纤毛虫、阿米巴原虫等。主要用于猪短螺旋体性痢疾、禽组织滴虫病、肠道和全身的厌氧菌感染。

【注意事项】禽对本品较为敏感，大剂量使用可引起平衡失调和肝、肾功能损害。产蛋鸡禁用。

【制剂、用法与用量】地美硝唑预混剂。500g：100g。混饲，每1 000kg 饲料，猪1 000～2 500g，禽 400～2 500g。蛋鸡产蛋期禁用，连续用药鸡不得超过10d。休药期 3d。

## 单元四　抗真菌药

真菌的种类很多，根据真菌感染部位不同分两类：一是浅表真菌感染，主要侵害皮肤、毛发、趾甲、鸡冠、肉髯等，引起多种癣病，有的人畜之间可以互相传染；二是深部真菌感染，主要侵害机体的深部组织及内脏器官，如念珠菌病、犊牛真菌性胃肠炎、牛真菌性子宫炎和雏鸡曲霉菌性肺炎等。兽医临床常用的抗真菌药有两性霉素 B、灰黄霉素、酮康唑、制霉菌素、克霉唑、水杨酸等。

### 两性霉素 B（Amphotericin B）

【理化性质】为黄色或橙黄色粉末，不溶于水，溶于醇。常制成注射液。

【药动学】内服及肌内注射均不易吸收，肌内注射刺激性大，一般以缓慢静脉注射治疗全身性真菌感染，可维持较长的血中药物有效浓度。体内分布较广，但不易进入脑脊液。大部分经肾缓慢排出，胆汁排泄 20%～30%。

【作用与应用】为广谱抗深部真菌药。对隐球菌、球孢子菌、白色念珠菌、芽生菌等都有抑制作用，是治疗深部真菌感染的首选药。

本品主要用于犬组织胞浆菌病、芽生菌病、球孢子菌病，也可预防白色念珠菌感染及各种真菌的局部炎症，如趾甲或爪的真菌感染、雏鸡嗉囊真菌感染等。内服不吸收，故毒性较小，是消化道系统真菌感染的有效药物。

【不良反应】本品毒性较大，不良反应较多。静脉注射过程中，可出现寒战、高热和呕吐等；治疗过程中可引起肝、肾损害，贫血和白细胞减少等。

【制剂、用法与用量】注射用两性霉素 B。50mg。静脉注射，一次量，每千克体重，家畜 0.1～0.5mg，隔日 1 次或 1 周 3 次，总量 4～11mg。每千克体重，马开始用 0.38mg，1 次/d，连用 4～10d，以后可增加到 1mg，再用 4～8d。用注射用水溶解，再用 5%葡萄糖注射液稀释成 0.1%的注射液，缓缓静脉注射。

外用，0.5%溶液，涂敷或注入局部皮下，或用其 3%软膏。

### 制霉菌素（Nystatin）

【理化性质】为淡黄色或浅褐色粉末。有吸湿性，不溶于水，性质不稳定，可被热、光、氧等迅速破坏。常制成片剂。

【药动学】内服不易吸收，多数经粪便排出。

【作用与应用】抗真菌作用与两性霉素 B 基本相同，注射给药毒副作用较大，故不宜用于全身感染。临床主要用其内服治疗胃肠道真菌感染，如犊牛真菌性胃炎、禽曲霉菌病、禽念珠菌病；局部应用治疗皮肤、黏膜的真菌感染，如念珠菌病和曲霉菌所致的乳腺炎、子宫炎等。

【制剂、用法与用量】制霉菌素片。10万、25万、50万U。内服，一次量，马、牛250万～500万U，猪、羊50万～100万U，犬5万～15万U。2～3次/d。家禽鹅口疮（白色念珠菌病），每1kg饲料，50万～100万U，混饲连喂1～3周；雏鸡曲霉菌病，内服，每100羽50万U，2次/d，连用2～4d。

制霉菌素混悬液。乳管内注入，每一乳室，牛10万U；子宫内灌注，马、牛150万～200万U。

## 克霉唑（Clotrimazole）

【理化性质】本品为白色结晶性粉末，难溶于水。常制成片剂、软膏。

【药动学】内服易吸收，单胃动物约4h可达血药峰浓度，广泛分布于体内各组织和体液中。主要在肝代谢失活，代谢物大部分由胆汁排出，小部分经尿排泄。

【作用与应用】对各种皮肤真菌如小孢子菌、表皮癣菌和毛发癣菌有强大的抑菌作用，治疗深部真菌感染效果较差。临床主要用于体表真菌病，如耳真菌感染、毛癣、鸡冠癣等各种癣病。长时间应用可引起肝不良反应，但停药后可恢复。

【制剂、用法与用量】克霉唑片。0.25g、0.5g。内服，一次量，牛、马5～10g，驹、犊、猪、羊1～1.5g。2次/d。混饲，雏鸡每100羽为1g。

克霉唑软膏。1%或3%软膏。外用。

## 酮康唑（Ketoconazole）

【理化性质】本品为类白色结晶粉末，在水中几乎不溶，溶于酸性溶液。常制成片剂、软膏。

【药动学】内服易吸收，但个体间差异较大，犬内服的生物利用度为4%～89%。吸收后分布于胆汁、唾液、尿、滑液囊和脑脊液，胆汁排泄超过80%，有约20%的代谢产物从尿中排出。

【作用与应用】属广谱抗真菌药，对深部及浅表真菌均有抗菌活性。一般浓度对真菌有抑制作用，高浓度时对敏感真菌有杀灭作用。对芽生菌、球孢子菌、曲霉菌及皮肤真菌均有抑制作用，疗效优于灰黄霉素和两性霉素B，对曲霉菌、孢子丝菌作用弱。适用于消化道、呼吸道及全身性真菌感染；外用治疗鸡冠癣和皮肤黏膜等浅表真菌感染。

【制剂、用法与用量】酮康唑片。0.2g。内服，一次量，每千克体重，家畜5～10mg，1～2次/d；犬5～20mg，2次/d。

酮康唑软膏。2%软膏。外用。

## 水杨酸（Salicylic Acid）

【理化性质】本品为白色细微的针状结晶或白色结晶性粉末，无臭或几乎无臭，水溶液显酸性反应。在沸水中溶解，在水中微溶。

【作用与应用】本品有中等程度的抗真菌作用。1%～2%时有角质增生作用，能促进表皮的生长，10％～20％时可溶解角质，对局部有刺激性。在体表真菌感染时，可以软化皮肤角质层，角质层脱落的同时也将菌丝随之脱出，而起一定程度的治疗作用。

【注意事项】本品内服对胃黏膜刺激性强，仅外用。重复涂敷可引起刺激，皮肤破损处禁用。不可大面积涂敷，以免吸收中毒。

【制剂、用法与用量】外用，配成1％的醇溶液或软膏，涂敷患处。

## 单元五　抗微生物药的合理应用

抗微生物药是目前兽医临床使用最广泛和最重要的药物。但目前不合理使用尤其是药物滥用较为严重。这样不仅造成药品的浪费，也给临床治疗带来了许多问题，如药物的毒性反应、二重感染、细菌耐药性的产生、兽药残留等，给兽医工作、公共卫生及人民健康带来不良的后果。因此，为了充分发挥抗菌药的疗效，降低药物对畜禽的毒副反应，减少耐药性的产生，必须切实合理使用抗微生物药物。

1. **正确诊断、准确选药**　正确诊断是选择药物的前提。只有明确致病菌，掌握不同抗菌药物的抗菌谱，才能选择对病原菌敏感的药物。一旦确定致病菌，尽量选用窄谱、特效、低毒的抗菌药，例如革兰氏阳性菌感染可选择青霉素类、大环内酯类或第一代头孢菌素等；革兰氏阴性菌感染则应选择氨基糖苷类、氟喹诺酮类等。病原不明或已有合并感染时，可选用广谱抗菌药。尽量避免对无指征或指征不强而使用抗菌药。如有条件可做药敏试验或细菌的分离鉴定。细菌的分离鉴定和药敏试验是合理选择抗菌药的重要手段。畜禽活菌（疫）菌接种期间（1周内）停用抗菌药。

2. **制订合适的给药方案**　抗菌药在患病动物体内至少应达到有效的血药浓度，一般要求血药浓度大于抗菌药的最小抑制浓度（MIC），并能维持一定的时间，才能达到杀灭或抑制病原菌的作用。因此，必须有合适的剂量、间隔时间及疗程。同时，血中有效浓度维持时间受药物在体内的吸收、分布、代谢和排泄的影响。因此，应在考虑各药的药物动力学、药效学特征的基础上，结合畜禽的病情、体况，制订合适的给药方案，包括药物品种、给药途径、剂量、间隔时间及疗程等。一般初次用药、急性传染病和严重感染时剂量宜稍大，而肝、肾功能不良时，应酌情减少用药量。杀菌药一般疗程要有2～3d，抑菌药则要3～5d。严重感染时多采用注射给药，一般感染以内服为宜。疾病症状消除后宜再用1～2次，但不宜长期使用抗菌药物。

3. **防止产生耐药性**　随着抗菌药物的广泛应用，细菌耐药性的问题也日益严重，其中以金黄色葡萄球菌、大肠杆菌、铜绿假单胞菌、痢疾杆菌及结核杆菌最易产生耐药性。为了防止耐药菌株的产生，应注意以下几点：严格掌握适应证，不滥用抗菌药物，禁止将兽医临床用或人畜共用的抗菌药作为动物促生长剂，单一抗菌药物有效的就不采用联合用药；严格掌握剂量与疗程，做到剂量要够、疗程要恰当；尽可能避免局部用药，并杜绝不必要的预防应用；病因不明

抗微生物药物
的合理应用

**小兽医　大责任**
临床上抗生素种类很多，若兽医没有扎实的药物知识，不负责任的滥用抗生素，不仅会损害养殖户利益，还可能导致细菌耐药性产生，甚至培养出危害人类的"超级细菌"，给人类带来灾难。虽然我们是一名小兽医，但却肩负着动物健康及食品安全的社会大责任。

者，不要轻易使用抗菌药；发现耐药菌株感染，应改用对病原菌敏感的药物或采取联合用药；尽量减少长期用药。

**4. 正确的联合用药**　在严重混合感染或病原未明的危急病例，用一种抗菌药无法控制病情时，可以适当联合用药。联合应用抗菌药物的目的是扩大抗菌谱、增强疗效、减少用量、降低或避免毒副作用，减少或延缓耐药菌株的产生。临床上根据抗菌药物的抗菌机理和性质，将其分为四大类：Ⅰ类为繁殖期或速效杀菌剂，如青霉素类、头孢菌素类；Ⅱ类为静止期或慢效杀菌剂，如氨基糖苷类、多黏菌素类等；Ⅲ类为速效抑菌剂，如四环素类、酰胺醇类、大环内酯类等；Ⅳ类为慢效抑菌剂，如磺胺类等。Ⅰ类与Ⅱ类合用一般可获得协同作用，如青霉素和链霉素合用，前者使细菌细胞壁的完整性破坏，使后者更易进入菌体内发挥作用。Ⅰ类与Ⅲ类合用出现拮抗作用，如青霉素与四环素合用，由于后者使细菌蛋白质合成受抑制，细菌进入静止状态，青霉素便不能发挥抑制细胞壁合成的作用。Ⅰ类与Ⅳ类合用，可能无明显影响，但在治疗脑膜炎时，合用可提高疗效，如青霉素 G 与 SD 合用。Ⅱ类与Ⅲ类合用常表现为相加或协同作用。还应注意，作用机理相同的同一类药物合用的疗效并不增强，而可能相互增加毒性，如氨基糖苷类之间合用能增加对第八对脑神经的毒性，氯霉素、大环内酯类、林可霉素类因作用机理相似，均可竞争细菌同一靶位，表现拮抗作用。此外，联合用药时还应注意药物之间的理化性质、药物动力学和药效学之间的相互作用与配伍禁忌，不同菌种和菌株、药物的剂量和给药顺序等因素均可影响联合用药的结果。

**5. 采取综合治疗措施**　机体的免疫力是协同抗菌药的重要因素，外因通过内因而起作用，在治疗中过分强调抗菌药的功效而忽视机体内在因素，往往是导致治疗失败的重要原因之一。因此，在使用抗菌药物的同时，应根据病畜的种属、年龄、生理、病理状况，采取综合治疗措施，增强抗病能力，如必要的对症治疗、纠正机体酸碱平衡失调、补充能量、扩充血容量等辅助治疗，促进疾病康复。

**练 与 做**

1. 调查学院所在地区动物医院、养殖场、动物药厂，了解当地动物主要使用的抗微生物药品有哪些？并查阅相关的图书杂志和专业网站，了解国内动物抗微生物药物的使用情况，填写下表：

_____地区动物用抗微生物药品使用情况调查表

药店或养殖场名称：_____　　　日期　　　年　　月　　日

| 药物种类 | 药物商品名 | 主要成分 | 生产厂家 | 销售对象 | 销售数量 | 适用动物 | 备注 |
|---|---|---|---|---|---|---|---|
| 抗生素 |  |  |  |  |  |  |  |
|  | …… |  |  |  |  |  |  |

（续）

| 药物种类 | 药物商品名 | 主要成分 | 生产厂家 | 销售对象 | 销售数量 | 适用动物 | 备注 |
|---|---|---|---|---|---|---|---|
| 磺胺类 | | | | | | | |
| | ······ | | | | | | |
| 喹诺酮类 | | | | | | | |
| | ······ | | | | | | |
| ······ | | | | | | | |

2. 实训：消毒药的配制与使用（见第八篇实训七）。

3. 实训：抗菌药物的药敏试验（见第八篇实训八）。

4. 处方练习

病例一：一青年肉牛，昨天发现精神倦怠，吃食减少，今早不吃，腹泻。临床检查：患牛精神沉郁，体温41℃、心跳120次/min、呼吸数50次/min，腹泻呈水样，并带有血性黏液、腥臭难闻。肌肉震颤，肚腹蜷缩，有腹部疼痛表现。口干想喝水，眼球下陷，结膜暗红。请开写治疗处方。

病例二：经产乳牛，因感冒治疗两天后，病情好转，于是停止用药。两天后，发现病情再次加重，临床检查：体温为40.8℃，心跳为84次/min，呼吸数为50次/min；精神沉郁，食欲减退，反刍减少，鼻镜干燥，瘤胃蠕动音减弱，排粪较干，产乳量下降；呼吸浅表快速，阵发性咳嗽，听诊肺区见有局限性的湿性啰音和捻发音。请开写治疗处方。

病例三：王某的一头50kg肉猪，发病三日，吃食减少以至停食，频频咳嗽。临床检查：病猪体温41.2℃，呼吸高度困难，鼻流黏脓性鼻液并附少量血液，结膜潮红有脓性分泌物。体表散布红色出血斑点，大便干硬附带血黏脓分泌物。胸部触诊敏感。请开写治疗处方。

拓　与　展

1. **如何做好鸡舍的带鸡消毒**　带鸡消毒就是对鸡舍内的一切物品及鸡体、空间用一定浓度的消毒药液进行喷洒消毒。它是当代集约化养鸡综合防疫的重要组成部分，是控制鸡舍内环境污染和疫病传播的有效手段之一。尤其对那些隔离条件差，不同批次的鸡在同一鸡场饲养及各种疫病经常发生的老鸡场更为有效。消毒时应选用对鸡只刺激性小的消毒药进行合理配比后，利用一定压力将其均匀喷洒在舍内空间之中，起到消毒降尘、预防疾病的目的。方法如下：

①清扫污物。尽可能彻底地扫除鸡笼、地面、墙壁等上面的鸡粪，从而能更好地发挥消毒效果。②合理选药。选用广谱、高效、强力，对金属、塑料制品的腐蚀性小，对人和鸡的吸入毒性、刺激性、皮肤吸收性小，不会侵入残留

在肉和蛋中的消毒药。可用于鸡消毒的消毒剂有过氧乙酸、新洁尔灭、次氯酸钠、菌毒敌、百毒杀、复合酚等。③科学配液。配制消毒药液用自来水较好，消毒液配制要均匀。配制消毒药液时要用热水稀释，但水温不能太热，一般应控制在40℃以下。配制好的消毒药液稳定性变差，不宜久存，应现用现配，一次用完。④正确消毒。消毒顺序一般按照从上至下，由里向外的顺序，如果采用纵向机械通风，应从进风口向排风口顺着空气流动的方向消毒。消毒时间最好选在每天中午的11：00～14：00进行，此时气温较高，比较适合消毒。消毒时，消毒枪应在鸡只的上方约50cm处均匀喷洒，消毒液呈雾状均匀落在笼具、鸡的体表和地面，使鸡的羽毛微湿。不可以直接对鸡体喷射。消毒后应增加通风，以降低湿度，特别在闷热的夏季更有必要。消毒频率，雏鸡舍每天消毒1次；蛋鸡舍根据舍内环境污染程度，每天或隔天消毒一次。

2. **发生了非洲猪瘟的猪场消毒方法**  自非洲猪瘟进入我国以后，在没有有效的疫苗和药物的情况下，全方位做好消毒工作尤为重要。

(1) 消毒剂种类。最有效的消毒产品是10%的苯及苯酚、次氯酸、强碱类及戊二醛、强碱类（氢氧化钠、氢氧化钾等）、氯化物和酚化合物，适用于建筑物、木质结构、水泥表面、车辆和相关设施设备的消毒。酒精和碘化物适用于人员消毒。

(2) 场地及设施设备消毒。

①消毒前准备。消毒前必须清除有机物、污物、粪便、饲料、垫料等。选择合适的消毒剂。配备喷雾器、火焰喷射枪、消毒车辆、消毒防护用具（如口罩、手套、防护靴等）以及消毒容器等。

②消毒方法。对金属设施设备，可采用火焰、熏蒸和冲洗等方式消毒。对圈舍、车辆、屠宰加工与贮藏等场所，可采用消毒液清洗、喷洒等方式消毒。对养殖场的饲料、垫料，可采用堆积发酵或焚烧等方式处理。对粪便等污物做化学处理后采用深埋、堆积发酵或焚烧等方式处理。对疫区范围的内办公、饲养人员的宿舍及公共食堂等场所，可采用喷洒方式消毒。对消毒产生的污水应当进行无害化处理。

③人员及物品消毒。饲养管理人员可采取淋浴消毒。对衣、帽、鞋等可能被污染的物品，可采取消毒液浸泡、高压灭菌方式等方式消毒。

④消毒频率。疫点每天消毒3～5次，连续7 d；之后每天消毒1次，持续消毒15 d。疫区临时消毒站做好出入车辆和人员消毒工作，直至解除封锁。

3. **化疗指数**  化疗指数（CI）是评价化疗药物安全性的指标。一般以动物半数致死量（$LD_{50}$）和治疗感染动物的半数有效量（$ED_{50}$）的比值表示，即 $CI = LD_{50}/ED_{50}$。化疗指数越大，表明药物毒性越小，相对较安全，但也并非绝对安全，如化疗指数高的青霉素可致过敏性休克。

4. **抗病毒药**  病毒感染的发病率和传播速度均超过其他病原体所引起的疾病，严重地危害畜禽的健康和生命，影响畜牧业生产。病毒病主要靠疫苗预防，目前尚未有对病毒作用可靠、疗效确实的药物，故兽医临床，尤其对食品动物不主张使用抗病毒药。其主要原因是食品动物大量使用抗病毒药可能导致病毒产生耐药性，使人类的病毒治疗失去药物资源。

目前宠物临床在用的抗病毒药物有吗啉胍（Moroxydine）、利巴韦林（Ribavirin）和金刚烷胺（Amantadine）。其中吗啉胍（又名病毒灵）和利巴韦林（又名病毒唑）为广谱抗病毒药，对 DNA 和 RNA 病毒均有抑制作用，可用于犬、猫病毒性传染病的预防和治疗。金刚烷胺为窄谱抗病毒药。对亚洲甲型流感病毒选择性高，可阻止病毒进入犬、猫细胞内，并能抑制病毒复制，与抗生素合用能提高疗效。目前这三类药物均禁用于食品动物。

兽医临床也在试用中草药或中草药的提取成分如黄芪多糖等，对某些病毒感染性疾病进行治疗。常用的抗病毒中药有金银花、连翘、板蓝根等。金银花与连翘配合应用，对某些流感病毒有灭活作用，还能延缓呼吸道病毒对细胞的致病作用；板蓝根对流感病毒、乙脑病毒、传染性肝炎病毒等均有抑制作用，主要用于流感、乙脑、传染性肝炎等病毒性疾病的防治。

此外还有一些生物制剂也具有一定的抗病毒活性，如干扰素。干扰素是细胞和机体受到病毒感染或者受核酸、细菌内毒素、促细胞分裂素等作用后，由受体细胞分泌的一种广谱抗病毒糖蛋白物质，具有种属特异性、作用广谱性等生物学性质。它不仅有免疫活性，而且还是体内一种递质和激素样物质，具有抗病毒繁殖、抗细胞分裂增殖及调节机体免疫三大基本功能。

5. 抗菌中草药　抗菌中草药多属清热药，如清热泻火药：知母、栀子、淡竹叶、芦根；清热凉血药：丹皮、地骨皮、玄参、紫草、白茅根，清热燥湿药：黄连、黄芪、黄柏、胆草、苦参、胡黄连、三棵针、秦皮；清热解毒药：二花、连翘、紫花地丁、蒲公英、板蓝根、白芍、穿心莲等，均在不同程度上具有抑菌和杀菌功效，临床上常用于治疗微生物引起的感染症。

中草药的抗菌作用主要表现在两方面：一是其对细菌、病毒、真菌等微生物的抑制和杀灭作用，又称为中药的抗微生物作用；二是许多抗菌中草药能直接或间接地影响机体免疫功能，通过提高机体的正气即"扶正"来达到消灭病原体的作用。

### 常用中草药的主要抗菌作用
（沈建忠 . 2003. 兽医药物临床应用）

| 药物 | 金黄色葡萄球菌 | 溶血链球菌 | 肺炎球菌 | 脑膜炎球菌 | 大肠杆菌 | 绿脓杆菌 | 肺炎杆菌 | 猪霍乱杆菌 | 猪伤寒杆菌 | 霍乱弧菌 | 钩端螺旋体 | 变形杆菌 | 单纯疱疹病毒 | 炭疽杆菌 | 牛型结核杆菌 | 肠炎杆菌 |
|---|---|---|---|---|---|---|---|---|---|---|---|---|---|---|---|---|
| 黄连 | +++ | +++ | +++ | +++ | +++ | ++ | ++ | + | ++ | ++ | +++ | + | | ++ | | ++ |
| 黄芩 | +++ | ++ | +++ | ++ | ++ | +++ | | ++ | +++ | ++ | ++ | − | | +++ | ++ | +++ |
| 黄柏 | ++ | | + | | +++ | +++ | | | | | | | | | ++ | |
| 金银花 | +++ | ++ | ++ | + | ++ | ++ | | + | ++ | ++ | ± | +++ | | ++ | ++ | ++ |

（续）

| 药物 | 金黄色葡萄球菌 | 溶血链球菌 | 肺炎球菌 | 脑膜炎球菌 | 大肠杆菌 | 绿脓杆菌 | 肺炎杆菌 | 猪霍乱杆菌 | 猪伤寒杆菌 | 霍乱弧菌 | 钩端螺旋体 | 变形杆菌 | 单纯疱疹病毒 | 炭疽杆菌 | 牛型结核杆菌 | 肠炎杆菌 |
|---|---|---|---|---|---|---|---|---|---|---|---|---|---|---|---|---|
| 连翘 | +++ | +++ | ++ | + | ++ | +++ |  | +++ | ++ | ++ | ++ | + |  | +++ |  | ++ |
| 栀子 | ++ | ++ |  | + | + | + |  |  |  | + | ++ |  |  | ++ |  |  |
| 板蓝根 | ++ | +++ |  | ++ |  |  |  |  |  | ++ |  |  |  | ++ |  |  |
| 知母 | + | + | ++ |  |  |  |  | +++ | ++ |  |  | ++ |  |  |  | +++ |
| 苦参 | ++ |  |  |  |  | + |  |  |  | + | + |  |  |  |  |  |
| 大青叶 | +++ |  |  |  | +++ | +++ |  |  | ++ |  | ++ |  |  | +++ |  | ++ |
| 龙胆草 | ++ | + |  | + |  |  |  |  |  |  | ++ |  |  |  |  |  |
| 蒲公英 | +++ | + |  |  |  | + | ++ | ++ |  |  |  |  |  | ++ |  | + |
| 山豆根 | +++ |  |  |  |  |  |  | ++ |  |  |  |  |  | +++ | ++ |  |
| 大蒜 | +++ | +++ | +++ | ++ | +++ | +++ | ++ |  |  | +++ |  |  |  |  |  |  |
| 射干 | ++ | ++ |  |  |  |  |  |  |  | + |  |  |  | +++ |  |  |
| 青蒿 | ++ | + |  |  | ++ |  |  |  |  |  | ++ |  |  | +++ | ++ | ++ |
| 荆芥 | +++ |  |  |  | + |  |  | ++ |  |  | ++ |  |  | ++ |  | ++ |
| 厚朴 | +++ | ++ | ++ |  |  |  |  | + |  | + |  | + |  |  |  |  |
| 大黄 | + |  | ++ | ++ |  |  | +++ |  |  | + |  | +++ |  | +++ | ++ | +++ |

注：抑菌圈直径≥27mm，＋＋＋，高敏；17～26mm，＋＋，中敏；≤16mm，＋，低敏；—，无抗菌作用。

**复习题**

1. 影响防腐消毒药作用的因素有哪些？

2. 什么叫耐药性？简述细菌产生耐药性的机理。

3. 抗菌药物按照杀菌和抑菌作用如何分类？联合用药可能出现什么后果？

4. 为什么磺胺药和抗菌增效剂合用可以大大增强抗菌作用？

5. 为了减轻磺胺类药物对肾的毒性常采用联合用药，常合用何种药物，为什么可降低毒性？

6. 临床如何合理应用抗微生物药物？

**讨论题**

近些年来，动物药品的临床滥用药现象较多，尤其是抗微生物药物滥用现象严重。根据课外社会实践调查，你认为目前临床不合理用药的情况有哪些？说明其危害性并提出相应解决措施。

# 模块二 抗寄生虫药物

**学习目标**

理解抗寄生虫药物的基本概念、作用机理；掌握抗寄生虫药物的分类、常用药物的临床作用和应用及注意事项等；做到合理选用药物防控寄生虫感染。

**学 与 导**

凡能驱除或杀灭动物体内、外寄生虫的药物称为抗寄生虫药。寄生虫病是目前危害动物最严重的疾病之一，其中很多属于人畜共患病。尽管抗寄生虫药物都有驱虫作用，但也有一定的毒性，所以合理选用抗寄生虫药是防治动物寄生虫病综合措施中的一个重要环节，广大牧区和大型饲养场可根据流行病学规律和病原生物学特点，合理安排，定期驱虫，对发展畜牧业和保护人类健康具有重要意义。

抗寄生虫
药物概述

1. **分类** 抗寄生虫药根据其主要作用对象，可分为抗蠕虫药、抗原虫药和杀虫药。

2. **作用机理** 由于抗寄生虫药的种类繁多，化学结构和作用不同，因此作用机理亦各不相同。此外，迄今对某些寄生虫的生理生化活动尚未完全了解，故对药物的作用机理也不完全清楚。目前公认的抗寄生虫药的作用机理主要有以下几种：

抑制虫体的酶
（动画）

（1）抑制虫体内的某些酶。不少抗寄生虫药能抑制虫体内酶的活性，导致虫体的代谢障碍。如左旋咪唑、硝硫氰胺等能抑制虫体内延胡索酸还原酶的活性，减少能量的产生；有机磷酸酯类能与胆碱酯酶结合，阻碍乙酰胆碱的降解，使虫体内乙酰胆碱蓄积增多，引起虫体兴奋痉挛，最后麻痹死亡。

（2）干扰虫体的代谢。某些抗寄生虫药能直接干扰虫体内的物质代谢过程，如三氮脒能抑制 DNA 的合成，抑制原虫的生长繁殖；氯硝柳胺能干扰虫体氧化磷酸化过程，影响 ATP 的合成，使绦虫虫体头节脱离肠壁而排出体外；氨丙啉化学结构和硫胺相似，在球虫的代谢过程中取代硫胺而使虫体的代谢不能正常进行。

干扰虫体代谢
（动画）

（3）作用于虫体的神经肌肉系统。某些抗寄生虫药直接作用于虫体的神经肌肉系统，影响其运动功能或导致虫体麻痹死亡。例如哌嗪类药物有箭毒样作用，使虫体肌肉细胞膜超极化，导致虫体肌肉弛缓性麻痹。

作用虫体的神经
肌肉系统（动画）

（4）干扰虫体内离子的平衡或转运。如拟除虫菊酯类药物作用于昆虫神经系统，通过特异性受体或溶解于膜上，选择性作用于昆虫神经细胞膜上的钠离子通道，引起昆虫过度兴奋，最终麻痹而死亡。聚醚类抗球虫药能与钠离子、钾离子、钙离子等离子结合形成亲脂性复合物，该复合物能自由穿过细胞膜，破坏细胞内离子平衡，引起细胞膜破裂，导致虫体死亡。

干扰虫体内离子
的平衡（动画）

3. **药物、宿主和寄生虫三者之间的相互关系** 抗寄生虫药除具有抗虫作用外，还对机体产生不同程度的毒副作用。为了保证抗寄生虫药在使用过程中安全有效，应正确认识药物、寄生虫和宿主三者之间的相互关系，遵守抗寄生虫药的使用原则。

（1）宿主：畜禽种属、体质和年龄不同，宿主对药物的敏感性存在差异，如禽对敌百虫最敏感，马对噻咪唑较敏感等。同一种动物的个体、性别差异也会影响抗寄生虫药的药效或不良反应的产生。体质强弱，遭受寄生虫侵袭程度与用药反应亦有关。同时，地区不同，寄生虫病种类不一，流行病学季节动态规律也不一致。根据这些特点综合断后再选药，才能收到良好的效果。

（2）寄生虫：虫种很多，对不同宿主危害程度各异，且对药物的敏感性反应亦有差异。因此，在驱虫时应该针对不同的虫种选择有效的药物进行驱虫。同一种寄生虫，不同发育阶段对药物的敏感性有差异，有些抗蠕虫药仅对成虫有效，而对幼虫和童虫或卵无效。为了达到阻断传播、彻底驱虫的目的，必须间隔一定时间进行二次或多次驱虫。另外，轮换使用抗寄生虫药是避免产生耐药性的有效措施之一。寄生部位、感染强度与范围和耐药性的产生也影响药物的作用。

（3）药物：药物的理化性质、剂型、给药途径、剂量等不同，其抗虫作用也不一样。另外，剂量大小、用药时间长短，与寄生虫产生耐药性也有关。抗寄生虫药不仅对虫体有作用，而且对宿主也有影响，所以要注意药物的安全范围。

综上所述，宿主、寄生虫和药物之间的关系相互影响，相互制约，所以在选用药物时，不仅要了解药物的驱杀虫作用、范围与效果、药物在宿主体内的代谢过程、毒性、有效量等，还要掌握药物的性状、合理的给药途径等，正确认识和处理好三者之间的关系，才能达到最好的防治效果。

4. **注意事项** 抗寄生虫药不仅有驱除、杀死寄生虫的作用，还对机体产生毒性作用，所以在临床使用时要注意以下问题：①准确选药，尽量选择安全、广谱、高效、使用方便、价格便宜、无残留或低残留、不易产生耐药性的药物；②必要时联合用药，如遇到混合感染，为了扩大驱虫范围，除选用广谱驱虫药外，根据感染范围，合用几种药物是必要的；③准确地掌握剂量和给药时间，有时要间隔给药；④混饮投药前应禁饮，混饲前应禁食，药浴前应多饮水等；⑤大规模用药时必须作安全试验，以确保安全；⑥严防药物残留，应用抗寄生虫药后，可在动物性食品中造成残留，威胁人体的健康和影响公共卫生，所以，应熟悉掌握抗寄生虫药物在食品动物体内的分布情况，遵守有关药物在动物组织中的最高残留限量和休药期的规定。

## 单元一　抗蠕虫药

抗蠕虫药是指能驱除、杀灭或抑制动物体内寄生蠕虫的药物。根据寄生于动物体内蠕虫的种类不同，将抗蠕虫药相应的分为驱线虫药、驱绦虫药、驱吸虫药和抗血吸虫药。但这种分类是相对的，有些药物兼有多种作用，如吡喹酮同时具有驱绦虫和驱吸虫的作用。

## 一、驱线虫药

根据抗线虫药的化学结构特点，可将这些药物分为：①苯骈咪唑类，如阿苯达唑、甲苯达唑、芬苯达唑、奥芬达唑、氧阿苯达唑、氟苯达唑、氧苯达唑、康苯达唑；②咪唑骈噻唑类，如左旋咪唑、噻咪唑；③四氢嘧啶类，如噻嘧啶、甲噻嘧啶和羟嘧啶；④哌嗪类，如哌嗪、乙胺嗪；⑤大环内酯类，如阿维菌素、伊维菌素、多拉菌素和依立菌素；⑥有机磷化合物，如敌百虫、敌敌畏、哈罗松和蝇毒磷。其中苯骈咪唑类和大环内酯类是当前应用最多最广的药物。

### 1. 苯骈咪唑类

#### 阿苯达唑（Albendazole）

【理化性质】又名丙硫苯咪唑、抗蠕敏，为白色或类白色粉末，无臭，无味，不溶于水。

【作用与应用】本品为广谱、高效、低毒的抗蠕虫药。对动物肠道线虫最敏感，如反刍动物的肠道多种线虫、猪食道口线虫、猪蛔虫、鸡蛔虫、异刺线虫等均有很强的驱虫作用；对绦虫、多数吸虫也有较强的杀灭、驱除作用；特别对猪、牛囊尾蚴更有明显效果；对血吸虫无效。

本品临床主要用于动物线虫病、绦虫病和吸虫病，如驱除马的马副蛔虫、马圆线虫等；驱除牛的奥斯特线虫、毛圆线虫、食道口线虫等；驱除犬和猫的毛细线虫、犬的丝虫等；特别对猪、牛囊尾蚴有明显的效果；对猪后圆线虫、羊肝片吸虫还有很好的预防作用。并可同时驱除混合感染的多种寄生虫。

【注意事项】本品对哺乳动物的毒性相当小，治疗量无任何不良反应，但因马较敏感，不能大剂量连续应用。本品有胚胎毒，可致畸胎，所以不宜用于产乳牛和妊娠前的动物。

【制剂、用法与用量】阿苯达唑片。25mg、50mg、200mg、500mg。内服，一次量，每千克体重，马 5～10mg，牛、羊 10～15mg，猪 5～10mg，犬、猫 25～50mg，禽 10～20mg。休药期，牛 14d，羊 4d，猪 7d，禽 4d；弃乳期，60h。

#### 芬苯达唑（Fenbendazole）

【理化性质】又名苯硫苯咪唑或硫苯咪唑。白色或类白色粉末，无臭，无味。不溶于水，溶于二甲基亚砜和冰醋酸。

【作用与应用】本品的抗虫谱与阿苯达唑相似，作用略强，用于畜禽线虫病和绦虫病。用于怀孕动物认为是安全的。芬苯达唑内服给药后，只有少量被吸收。反刍动物吸收缓慢，单胃动物稍快。

【注意事项】①高剂量时可继发产生过敏性反应；②犬或猫内服时偶见呕吐。

执业兽医资格考试模拟题13

对犬线虫、绦虫和吸虫均有效的药物是（A）
A. 阿苯达唑
B. 左旋咪唑
C. 吡喹酮
D. 伊维菌素
E. 环丙氨嗪

【制剂、用法与用量】芬苯达唑片。100mg。内服，一次量，每千克体重，马、牛、羊、猪5～7.5mg，犬、猫25～50mg，禽10～50mg。休药期，牛、羊21d，猪3d；弃乳期，7d。

芬苯达唑粉。100g：5g。内服，以芬苯达唑计，一次量，每千克体重，马、牛、羊、猪5～7.5mg，犬、猫25～50mg，禽10～50mg。休药期，牛、羊14d，猪3d；弃乳期，5d。

2. 咪唑骈噻唑类

### 左旋咪唑 (Levamisole)

【理化性质】又名左咪唑、左噻咪唑，常用其盐酸盐或磷酸盐，均为白色或微黄色结晶，无臭，味苦，易溶于水，在酸性溶液中稳定。

【作用与应用】本品属广谱驱线虫药，具有用量小、疗效高、毒性低、副作用小、驱线虫范围广等优点。其作用机理为抑制虫体内延胡索酸还原酶的活性，干扰虫体代谢，阻断体内能量物质的形成，干扰细胞的正常活动，导致虫体麻痹而被排出体外。

左旋咪唑可驱除各种动物体内寄生的线虫，对成虫和某些线虫的幼虫均有效。对反刍动物皱胃中的血矛线虫、奥斯特线虫，小肠中的古柏线虫、毛圆线虫、仰口线虫、细颈线虫，大肠中的食道口线虫、夏柏特线虫和肺中的胎生网尾线虫的成虫均有良好驱虫效果，对猪、鸡、猫、犬的蛔虫及其他肠道线虫成虫效果好，但对消化道寄生的幼虫驱虫效果较差，对毛首线虫效果不稳定。对马副蛔虫、尖尾线虫（马蛲虫）成虫效果好，对马的副蛔虫移行期幼虫亦有效，对圆形线虫效果不稳定。本品有免疫增强作用，能使受抑制的巨噬细胞和T细胞功能恢复到正常水平，并能调节抗体的产生。用于调节免疫的剂量约为治疗量的1/3。

本品主要用于各种动物的胃肠道线虫、肺线虫、犬心丝虫、猪肾虫感染的治疗；也用于免疫功能低下动物的辅助治疗和提高疫苗的免疫效果。

【注意事项】①注射给药，时有发生中毒事故，因此单胃动物除肺线虫宜选用注射给药外，一般宜内服给药；②本品对牛、羊、猪、禽、犬、猫等安全范围较大，口服剂量均无不良反应，马较敏感，慎用，骆驼十分敏感，绝对禁止使用；③左旋咪唑中毒时，表现胆碱酯酶抑制剂过量而产生的M样症状与N样症状，可用阿托品解救；④目前耐药问题日趋严重；⑤泌乳期禁用。

【制剂、用法与用量】盐酸左咪唑片。25mg，50mg。内服，一次量，每千克体重，牛、羊、猪7.5mg，犬、猫10mg，禽25mg。休药期，牛2d，猪、羊3d，禽28d。

盐酸左咪唑注射液。2mL：0.1g、5mL：0.25g、10mL：0.5g。皮下、肌内注射，用量同左咪唑片。休药期，牛14d，猪、羊28d。

3. 四氢嘧啶类

### 噻嘧啶 (Pyrantel)

【理化性质】又名噻吩嘧啶，其盐为黄色结晶，水溶液性质不稳定。

【作用与应用】本品为广谱驱线虫药，对马、猪、牛、羊、骆驼、鸡和犬等多种消化道线虫都有良好的驱虫作用。临床主要用于牛、羊的捻转血矛线虫、毛圆线虫、食道口线虫等引起的线虫病；也用于对猪、鸡、犬的蛔虫病；同时还可以用作预防用药。

【注意事项】噻嘧啶毒性较小，在特大剂量时，牛、猪可出现运动失调。

【制剂、用法与用量】双羟萘酸噻嘧啶。内服，一次量，每千克体重，马7.5～15mg（2～8月龄，每4周一次；8月龄以上每6周一次），犬、猫2.2kg以上每千克体重5mg，2.2kg以下每千克体重10～15mg。

4. 哌嗪类

## 哌嗪（Piperazine）

【理化性质】为白色结晶或粉末，略溶于水，性质不稳定。

【作用与应用】本品对畜禽体内的蛔虫有很好的活性，对成熟的虫体较敏感，未成熟的虫体可部分被驱除，幼虫则不敏感。

临床主要用于畜禽的蛔虫病；也用于马的蛲虫病和毛首线虫病。

磷酸哌嗪的作用机理（动画）

【注意事项】①本品毒性较低，在推荐剂量时仅见犬、猫出现呕吐、腹泻的不良反应。②与氯丙嗪合用，可引起抽搐，故应避免合用；与噻嘧啶或甲噻嘧啶合用，出现拮抗作用；与泻药合用，可加速排出而达不到最大的药效。③慎用于慢性肝、肾疾病和胃肠蠕动减慢的患畜。

【制剂、用法与用量】磷酸哌嗪片。0.2g、0.5g。内服，一次量，每千克体重，马、猪0.2～0.5g，犬、猫0.07～0.1g，禽0.2～0.5g。马隔3～4周，猪隔2个月，犬、猫隔2～3周，禽隔10～14周应再次给药。休药期，牛、羊28d，猪21d，禽14d。

5. 大环内酯类　是由阿维链霉菌产生的一组新型大环内酯类抗生素，是目前应用最广泛的广谱、高效、安全和用量小的理想抗体内、体表寄生虫药。

## 伊维菌素（Ivermectin）

【理化性质】又名灭虫丁，为白色或淡黄色结晶性粉末，无臭、无味，难溶于水，易溶于多种有机溶剂，性质稳定，但易受光线的影响而降解。

【作用与应用】本品具有广谱、高效、低毒等优点，为新型大环内酯类驱虫药。本品内服、皮下注射，均能吸收完全。进入体内的伊维菌素能分布大多数组织，包括皮肤。所以，给药后可驱除体内线虫和体表寄生虫。驱虫机理是伊维菌素作为无脊椎动物的氯离子通道激动剂，引起神经-肌肉突触后膜由谷氨酸控制的氯离子通道开放，阻断运动神经末梢的冲动传导，使虫体出现麻痹直至死亡。同时，伊维菌素可增加外周神经抑制性神经递质 $\gamma$-氨基丁酸（$\gamma$-GABA）的释放，$\gamma$-GABA 能作用于突触前神经末梢，减少兴奋性递质释放，而引起抑制、虫体麻痹死亡。由于吸虫、绦虫缺少由谷氨酸控制的氯离子通道和 $\gamma$-GABA 神经递质，伊维菌素对其不产生驱虫作用。

本品对马、牛、羊、猪、犬胃肠道主要线虫（包括蛔虫）和肺丝虫成虫及其

执业兽医资格考试模拟题14
对猪蛔虫和疥螨均有效的药物是（D）
A. 阿苯达唑
B. 左旋咪唑
C. 吡喹酮
D. 伊维菌素
E. 环丙氨嗪

幼虫有效；对马胃蝇和牛皮蝇蚴以及疥螨、痒螨、毛虱、血虱等外寄生虫亦有良效。对左旋咪唑和甲苯达唑等耐药虫株也有良好的效果。本品主要用于防治动物的胃肠道线虫病、马胃蝇和牛皮蝇蛆以及疥螨、痒螨、毛虱、血虱等外寄生虫病。

【注意事项】①本品注射液仅供皮下注射，不宜作肌内或静脉注射，每个注射点不宜超过 10mL；用于犬、马时易引起严重反应，柯利犬慎用。②伊维菌素注射给药时，通常一次即可，对患有严重螨病的动物每隔 7～9d，再用药 2～3 次。③伊维菌素粉驱除动物体内外寄生虫作用特别强，不能和其他驱虫药同用。

【制剂、用法与用量】伊维菌素注射液。1mL：10mg、5mL：50mg。皮下注射，一次量，每千克体重，牛、羊 0.2mg，猪 0.3mg，犬 0.16mg。休药期，牛、羊 21d，猪 20d；弃乳期，20d。

伊维菌素口服剂。含 0.6% 伊维菌素。混饲，每日每千克体重，猪 0.1mg，一次喂完，连用 7d。休药期，猪 5d。

### 阿维菌素（Avermectin）

【理化性质】又名爱比菌素，是阿维链霉菌发酵的天然产物，主要成分为阿维菌素 $B_1$，几乎不溶于水。

【作用与应用】本品的作用与应用同伊维菌素相同，但毒性比伊维菌素稍大。

【注意事项】本品对光敏感，贮存不当亦灭活，其他同依维菌素。

【制剂、用法与用量】阿维菌素注射液、阿维菌素片和阿维菌素浇淋剂。用法用量与伊维菌素相同。

### 多拉菌素（Doramectin）

【理化性质】本品为白色或类白色结晶性粉末，有吸湿性。在三氯甲烷、甲醇中溶解，在水中极微溶解。

【作用与应用】本品作用机制、主要作用和抗虫谱与伊维菌素相似，但抗虫活性稍强，毒性较小。其应用与伊维菌毒素基本相同，对动物胃肠道线虫、肺线虫、虱、蜱、螨和伤口蛆有高效。

用于治疗动物的线虫病和螨病等体外寄生虫病。

【注意事项】①犬有严重的不良反应，如死亡等；②其他同伊维菌素。

【制剂、用法与用量】多拉菌素注射液。50mL：0.5g、100mL：1.0g。肌内注射，一次量，每千克体重，猪 0.3mg。休药期，猪 56d。

6. 有机磷酸酯类

### 敌百虫（Dipterex）

【理化性质】为白色结晶粉或小粒，易溶于水。水溶液呈酸性反应，性质不稳定，宜现配现用，遇碱性可转化成毒性更强的敌敌畏。

【作用与应用】敌百虫驱虫范围广泛，既可驱除体内寄生虫，也可杀灭动物体外寄生虫。敌百虫驱虫的机理是其与虫体内胆碱酯酶相结合，使酶失去活性，不能水解乙酰胆碱，从而导致乙酰胆碱在虫体内蓄积，引起虫体肌肉兴奋、痉挛，麻痹而死亡。

内服或肌内注射对消化道内的大多数线虫及少数吸虫有良好的效果。对猪、牛、羊的毛圆线虫、食道口线虫，牛、羊的血矛线虫，犬的弓首蛔虫、钩口线虫，鸡的蛔虫和猪的姜片吸虫等都有驱虫作用，也可用于马胃蝇蛆、羊鼻蝇蛆等；外用可杀死疥螨，对蚊、蝇、蚤、虱等昆虫有胃毒和接触毒，对钉螺、血吸虫卵和尾蚴也有显著的杀灭效果。

敌百虫的作用
机理（动画）

【注意事项】敌百虫在有机磷酸酯制剂中虽然属于毒性较低的一种，如用药剂量过大，也会发生中毒，这与动物种属、个体体质、给药途径等有关。各种动物对敌百虫的敏感性不同，猪、马较能耐受，羊次之，牛较敏感，家禽最敏感，所以牛应慎用，家禽不宜使用。动物敌百虫中毒呈现的症状及解毒原则见解毒药。

【制剂、用法与用量】敌百虫片。0.3g、0.5g。内服，一次量，每千克体重，牛 20～40mg，极量 15g/头；马 30～50mg，极量 20g/匹；绵羊、猪 80～100mg，极量 5g/只（头）；山羊 50～70mg，极量 5g/只；犬 75mg。各种动物的休药期为 7d。

## 二、驱绦虫药

驱绦虫药通常是干扰绦虫的头节吸附于胃肠黏膜，并干扰虫体的蠕动，使其不能保持在胃肠道中。绦虫发育过程中各有其中间宿主，要彻底消灭畜禽绦虫病，不仅需要使用驱绦虫药，还要控制绦虫的中间宿主，采取有效的综合防治措施，以阻断其传播。

### 氯硝柳胺（Niclosamide）

【理化性质】又名灭绦灵，为黄白色结晶性粉末，无臭，无味，难溶于水。

【作用与应用】本品内服后在宿主消化道内极少吸收，毒性小，在肠道内保持较高浓度。其作用机理是抑制绦虫对葡萄糖的吸收，并抑制虫体细胞内氧化磷酸化反应，使三羧酸循环受阻，导致乳酸蓄积而产生杀虫作用。通常虫体与药物接触 1h，虫体便萎缩，继而杀灭绦虫的头节及其近段，使绦虫从肠壁脱落而随粪便排出体外。由于虫体常被肠道蛋白酶分解，难以检出完整的虫体。

本品对多种绦虫均有杀灭作用，如对牛、羊莫尼茨绦虫、无卵黄腺绦虫、曲子宫绦虫及隧状绦虫；马的裸头绦虫，鸡的赖利绦虫；犬和猫的多头绦虫、带属绦虫等均有良效，但对犬棘球绦虫、复孔绦虫不稳定；对牛、羊的前后盘吸虫也有效，还可杀灭血吸虫的中间宿主钉螺。临床上主要用于动物绦虫病的防治和反刍动物前后盘吸虫的感染。

【注意事项】对牛、羊毒性极小，但对犬、猫的毒性较大，两倍治疗量即出现暂时性下痢，但能耐过，所以应用时应注意；动物给药前要禁食 12h。

【制剂、用法与用量】氯硝柳胺片。0.5g。内服，一次量，每千克体重，牛40～60mg，羊60～70mg，犬、猫80～100mg，禽50～60mg。休药期，牛、羊为28d。

### 氢溴酸槟榔碱（Arecoline Hydrobromide）

【理化性质】本品为白色或淡黄色结晶性粉末，无臭，味苦。在水和乙醇中易溶，在三氯甲烷和乙醚中微溶。

【作用与应用】本品抗绦虫作用机理是对绦虫肌肉有较强的麻痹作用，使虫体失去攀附于肠壁的能力，同时使肠蠕动加强，有利于麻痹虫体的迅速排除。但是在用药后约2h之内没有充分下泻，虫体很容易复活并再攀附于肠壁。本品对犬的细粒棘球绦虫、豆状带绦虫、泡状带绦虫、绵羊带绦虫和多头绦虫有效。对鸡的赖利绦虫、鸭、鹅剑带绦虫具有较好的驱除效果。

用于驱除犬细粒棘球绦虫。

【注意事项】与拟胆碱药物并用时能使毒性增加。马属动物较敏感，猫最敏感，不宜使用。严重中毒病例，可用阿托品解救。用药前最好禁食12h。

【制剂、用法与用量】氢溴酸槟榔碱片。5mg，10mg。内服，一次量，每千克体重，犬2mg。

## 三、驱吸虫药

片形吸虫病是动物最常见和最重要的吸虫病之一。吸虫发育的不同阶段对驱吸虫药的敏感性有很大差异，通常性成熟的虫体对抗吸虫药最敏感。理想的抗吸虫药应能杀死处于发育各个阶段的虫体。

### 硝氯酚（Niclofolan）

【理化性质】又名拜耳-9015，为黄色结晶性粉末，无臭，无味，不溶于水，其钠盐易溶于水，应遮光密封保存。

【作用与应用】本品的作用机理是抑制琥珀酸脱氢酶的活性，使虫体内的能量供应枯竭，虫体麻痹死亡。

本品对牛、羊、猪的肝片形吸虫成虫有很好的驱杀作用，具有高效、低毒、用量小的特点，是反刍动物肝片形吸虫较理想的驱虫药。对肝片形吸虫的幼虫虽然有效，但需要较高剂量，安全性下降，无临床实际意义。临床主要用于治疗牛、羊的片形吸虫病。

【注意事项】本品治疗量时无显著毒性，剂量过大达到治疗量的3～4倍可出现中毒症状，如体温升高、心率和呼吸加快、精神沉郁、食欲减退、步态不稳、口流白沫，严重时呼吸困难而死亡等。中毒可用强心药、葡萄糖及其他保肝药物解救，禁用钙剂，以免增加心脏负担。牦牛对本品最耐受，绵羊则较敏感。

【制剂、用法与用量】硝氯酚片。0.1g。内服，一次量，每千克体重，黄牛3～7mg，水牛1～3mg，奶牛5～8mg，牦牛3～5mg，羊3～4mg，猪3～6mg。

休药期 28d。

### 三氯苯达唑（Triclabendazole）

【理化性质】白色或类白色粉末，微有臭味。在水中不溶。

【作用与应用】本品为苯并咪唑类中专用于抗片形吸虫的药物，对各种日龄的肝片形吸虫均有明显驱杀效果。对牛、绵羊、山羊等反刍动物肝片吸虫，对牛大片形吸虫、鹿肝片吸虫、鹿大片形吸虫、马肝片吸虫等均有效。

【注意事项】本品对鱼类毒性较大，残留药物容器切勿污染水源。治疗急性肝片吸虫病，5周后应重复用药一次。泌乳期禁用。

【制剂、用法与用量】三氯苯达唑片。内服，一次量，每千克体重，牛12mg，羊 10mg。休药期 56d。

三氯苯达唑混悬液。内服，一次量，每千克体重，牛 6～12mg，羊 5～10mg。休药期 56d。

### 碘醚柳胺（Rafoxanide）

【理化性质】为灰白色或棕色粉末，不溶于水。

【作用与应用】本品对未成熟虫体和胆管内成虫有很强的驱杀作用，对牛、羊的片形吸虫、血矛线虫、仰口线虫和羊的鼻蝇蛆有很好的驱杀作用。临床主要用于治疗牛、羊肝片吸虫病。

【注意事项】本品内服后半衰期长，为彻底消除未成熟虫体，用药3周后重复用药一次。泌乳期禁用。

【制剂、用法与用量】碘醚柳胺混悬液。20mL：0.4g。内服，一次量，每千克体重，牛、羊 7～12mg。休药期，牛、羊为 60d。

## 四、抗血吸虫药

我国流行的日本分体血吸虫病是人畜共患的寄生虫病，也是威胁人体健康最严重的寄生虫病。动物中耕牛易患，所以防治耕牛血吸虫病是消灭人血吸虫病的重要措施。过去的抗血吸虫病药如酒石酸锑钾等，由于毒性较大，疗程较长，已逐渐被非锑制剂如吡喹酮、硝硫氰胺、碘醚柳胺等代替。吡喹酮具有高效、低毒、疗程短、口服有效等特点，是血吸虫病防治的首选药物。

### 吡喹酮（Praziquantel）

【理化性质】又名环吡异喹酮，为白色或类白色结晶性粉末，难溶于水，易溶于乙酸、氯仿及聚二乙醇等有机溶剂，应遮光密闭保存。

【作用与应用】本品具有广谱的驱血吸虫、驱吸虫和驱绦虫作用，该药直接作用于虫体，使虫体收缩和失活而被杀灭。

吡喹酮能驱杀宿主体内的曼氏血吸虫、埃及血吸虫和日本血吸虫的成虫和童虫，对虫卵无作用；对华枝睾吸虫、扁体吸虫和并殖吸虫，水禽的棘口吸虫等有效；同时对人、畜和禽的多种绦虫有驱除作用，如牛、猪绦虫，犬的泡状

执业兽医资格考试模拟题15
治疗耕牛血吸虫病有特效的药物是（C）
A. 阿苯达唑
B. 左旋咪唑
C. 吡喹酮
D. 伊维菌素
E. 环丙氨嗪

带绦虫、多头绦虫等。临床主要用于动物的血吸虫病、吸虫病、绦虫病和囊尾蚴病。

【注意事项】本品是抗血吸虫病的首选药物。治疗过程中个别牛会出现体温升高、肌肉震颤等反应；大剂量注射可引起局部炎症甚至坏死；犬可引起呕吐、下痢、无力、昏睡等不良反应，但能耐过；静脉注射碳酸氢钠注射液、高渗葡萄糖溶液以减轻反应；本品不宜用于 4 周龄以内的犬和 6 周龄以内的猫，但与非班太尔配伍后，可用于任何日龄的犬、猫。

【制剂、用法与用量】吡喹酮片。0.2g、0.5g。内服，一次量，每千克体重，牛、羊、猪 10～35mg（细颈囊尾蚴 75mg），犬、猫 2.5～5mg，禽 10～20mg。休药期 28d，弃乳期为 7d。

## 硝硫氰胺（Nithiocyamine）

【理化性质】为黄色结晶粉末，无味，无臭，极难溶于水，易溶于酯类化合物。

【作用与应用】本品为合成的广谱驱虫药，内服易吸收，全身分布广，血药浓度低，胆汁中含量较高，持效时间长。本药杀虫作用迅速而彻底，主要是抑制虫体琥珀酸脱氢酶，影响三羧酸循环，能量供应不足，使虫体麻痹而死亡。一般给药后 2 周虫体开始死亡，1 个月以后几乎全部死亡。主要用于牛、羊血吸虫病；对猪姜片吸虫病和钩虫病也有很好的疗效。

【不良反应】大部分动物静脉注射给药后，可出现不同程度的呼吸加深加快、咳嗽、步态不稳、失明、身体向一侧倾斜以及消化机能障碍等不良反应。以上反应多能自行耐过，一般经 6～20h 恢复正常。

【制剂、用法与用量】硝硫氰胺粉，硝硫氰胺胶囊。50mg。内服，一次量，每千克体重，牛 60mg。

## 五、抗蠕虫药的合理选用

本类药物很多，根据蠕虫对药物的敏感性、药物对虫体的作用特点、地区性情况，提出首选和次选药物。表 2-2 列举了一些常见抗蠕虫药的选用方法，可供临床选用药物者参考。

表 2-2　抗蠕虫药的合理选用

| 药物类别 | 畜别 | 虫　名 | 首选药 | 次选药 |
|---|---|---|---|---|
| 抗线虫药 | 马 | 副蛔虫 | 枸橼酸哌嗪、双羟萘酸噻嘧啶 | 敌百虫、甲噻嘧啶、阿苯达唑 |
| | | 大圆形线虫 | 噻苯达唑 | |
| | | 小圆形线虫 | 阿苯达唑、枸橼酸哌嗪 | 双羟萘酸噻嘧啶、甲噻暗啶 |
| | | 尖尾线虫 | 阿苯达唑 | 敌百虫、甲噻嘧啶 |

（续）

| 药物类别 | 畜别 | 虫 名 | 首选药 | 次选药 |
|---|---|---|---|---|
| 抗线虫药 | 牛、羊 | 胃肠道主要线虫 | 伊维菌素、左旋咪唑、阿苯达唑 | 敌百虫等 |
| | | 毛首线虫 | 盐酸羟嘧啶 | 敌百虫等 |
| | | 网尾线虫 | 左旋咪唑、阿苯达唑 | 敌百虫等 |
| | 猪 | 蛔虫 | 左旋咪唑、阿苯达唑 | 枸橼酸哌嗪、敌百虫 |
| | | 食道口线虫 | 噻苯达唑 | 枸橼酸哌嗪、敌百虫 |
| | | 毛首线虫 | 敌百虫、左旋咪唑、阿苯达唑 | 枸橼酸哌嗪 |
| | | 后圆线虫 | 左旋咪唑 | 阿苯达唑 |
| | | 冠尾线虫 | 左旋咪唑、阿苯达唑 | 敌百虫 |
| | 鸡 | 蛔虫 异刺线虫 | 左旋咪唑 | 阿苯达唑、枸橼酸哌嗪 |
| 抗吸虫药 | 牛、羊 | 肝片形吸虫 | 硝氯酚（治疗） 双酰胺氧醚（预防） | 阿苯达唑 |
| | | 矛形歧腔吸虫 | 阿苯达唑 | 吡喹酮 |
| | | 前后盘吸虫 | 氯硝柳胺 | |
| | 猪 | 姜片吸虫 | 敌百虫 | 吡喹酮 |
| | 马 | 裸头科绦虫 | 氯硝柳胺 | |
| 抗绦虫药 | 牛 | 莫尼茨绦虫 曲子宫绦虫无卵 | 氯硝柳胺 氯硝柳胺 | 阿苯达唑 |
| | 羊 | 黄腺绦虫 | 氯硝柳胺 | 阿苯达唑 |
| | 犬 | 细粒棘球绦虫 复孔绦虫 | 氢溴酸槟榔碱 氯硝柳胺 | |
| | 鸡 | 赖利绦虫 | 氯硝柳胺、阿苯达唑 | |
| | 鸭鹅 | 剑带绦虫 | 氢溴酸槟榔碱 | |

## 单元二 抗原虫药

　　动物原虫病是由单细胞原生动物如球虫、锥虫、血孢子虫、滴虫、梨形虫、弓形虫、利什曼原虫和阿米巴原虫等引起的一类寄生虫病。其中以鸡、兔、牛和羊的球虫病危害最大，尤其是鸡、兔球虫病，在集约化生产中更易发生，不仅流行广，而且死亡率高。临床上多表现急性和亚急性过程，并呈现季节性和地方流行性或散在发生，对动物的危害较严重，有时会造成动物大批死亡，直接危害畜牧业的发展。目前球虫病主要还是依靠药物预防，这在极大程度上减少了球虫病造成的损失。抗原虫药分抗球虫药、抗锥虫药和抗梨形虫药。

# 一、抗球虫药

球虫病是由艾美耳属球虫等孢子属球虫等寄生于动物的肠道引起的原虫病，本病以侵害幼畜为主，对雏鸡、幼兔、犊牛和羔羊的危害较大，常造成巨大的经济损失。抗球虫药的种类很多，而其作用峰期（指药物对球虫发育起作用的主要阶段）因药物而异。作用于第一代无性增殖的药物，预防性强，但不利于动物对球虫免疫力的形成；作用于第二代裂殖体，既有治疗作用，又对动物抗球虫免疫力的形成影响不大。不论使用何种抗球虫药，经长期反复使用，均可产生明显的耐药性。为了避免或减少耐药性的产生，通常是采用轮换用药、穿梭用药或联合用药。

## （一）几个常用术语

几种抗球虫药
作用峰期

作用峰期：是指药物主要作用于球虫发育的某一生活周期或对药物最敏感的球虫生活史阶段。

轮换用药法：指在防治球虫病时，季节性地或定期地合理变换用药，一般一种抗球虫药连用数月或者在一个肉鸡饲养期结束后，换用另一种作用机理不同的抗球虫药的用药方法。

穿梭用药：指在同一饲养期内，换用两种或两种以上不同性质的抗球虫药，即开始使用一种药物，到生长期时使用另外一种药物。例如，开始使用聚醚类抗球虫药，到生长期时则使用地克珠利等化学合成药。

联合用药：指防治寄生虫病时，在同一个饲养期内使用两种或两种以上的抗寄生虫药，通过药物间的协同作用既可延缓耐药虫株的产生，又可增加药效和减少用量。

聚醚类抗生素的
作用机理（动画）

## （二）常用药物

### 1. 聚醚类抗生素

#### 莫能菌素（Monensin）

【理化性质】又名瘤胃素、莫能霉素、莫能星，其钠盐为白色结晶性粉末，性质稳定，难溶于水。

【作用与应用】本品抗虫谱广，作用峰期为球虫生活周期的最初两日，对子孢子和第一代裂殖体都有抑制作用，在球虫感染后第2天用药效果最好。对6种鸡常见艾美耳球虫（柔嫩、毒害、堆型、巨型、布氏、变位）均有高效杀灭作用；对羔羊雅氏、阿撒地艾美耳球虫也很有效；对革兰氏阳性菌和猪痢疾蛇形螺旋体有抑制作用；能改善瘤胃消化过程，促进肉牛、羔羊的生长发育，增加体重，提高饲料利用率。临床上主要用于防治鸡的球虫病，也可用于犊牛、羔羊和兔的球虫病。

【注意事项】本品对马属动物毒性较大，禁用。超过16周龄产蛋鸡禁用，10周龄以上的火鸡、珍珠鸡和鸟类对本品敏感，不宜使用。不宜与其他抗球虫药合用，否则会大大增加毒性；泰乐菌素、泰妙菌素、竹桃霉素等可影响本品的代谢，所以以上药物用后7d内不能使用莫能菌素。对饲喂富含硝酸盐饲料的牛、羊不宜用本品，以免发生中毒。产蛋期禁用。

执业兽医资格考试模拟题16
具有抗球虫作用的
药物是（C）
A.伊维菌素
B.多西环素
C.莫能菌素
D.大观霉素
E.泰乐菌素

【制剂、用法与用量】莫能菌素预混剂。20％。以莫能菌素计，混饲，每1 000kg饲料，禽 90～110g，兔 20～40g，羔羊 10～30g，犊牛 17～30g。休药期，鸡为 3d。

### 盐霉素（Salinomycin）

【理化性质】其钠盐为白色或淡黄色结晶，微有臭味，不溶于水。

【作用与应用】为动物专用聚醚类抗球虫药。其抗球虫效应与莫能菌素相似，对鸡多种艾美耳球虫均有明显效果。临床上主要用于防治畜禽的球虫病。

【注意事项】本品安全范围较窄、毒性较大，应严格控制用药浓度，浓度过大或使用时间过长会引起摄食量减少、体重减轻、共济失调等。其他注意事项同莫能菌素。

【制剂、用法与用量】盐霉素钠预混剂。以本品计，混饲，每1 000kg饲料，鸡 60g。休药期，鸡 5d。

### 甲基盐霉素（Narasin）

【理化性质】又称那拉菌素，白色或浅黄色结晶性粉末，溶于乙醇，不溶于水。

【作用与应用】其抗球虫效应大致与盐霉素相同。

【注意事项】本品对鱼类毒性较大，用药后的鸡粪及残留药物的用具，不可污染水源。其他参见盐霉素。产蛋期禁用。

【制剂、用法与用量】甲基盐霉素预混剂。以本品计，混饲，每1 000kg饲料，鸡 60～80g，猪（体重20kg以上）15～30g。休药期，鸡 5d，猪 3d。

### 拉沙洛西钠（Lasalocid Sodium）

【理化性质】为白色或淡黄色粉末，不溶于水。

【作用与应用】为高效广谱抗球虫药，对球虫子孢子以及第一、二代无性周期的子孢子和裂殖体均有抑杀作用。除对堆型艾美耳球虫作用不可靠外，对其他艾美耳球虫的效果比莫能菌素和盐霉素强。临床上主要用于预防鸡球虫病。

【注意事项】本品安全范围较宽，但马属动物和产蛋鸡禁用；突然停药易暴发更严重的球虫病。本品是美国FAD准许用于绵羊球虫病的两种药物之一（另外一种是磺胺喹沙啉）。本品可与泰妙菌素合用。产蛋期禁用。

【制剂、用法与用量】拉沙洛西钠预混剂。以拉沙洛西钠计，混饲，每1000kg饲料，鸡 75g～125g。休药期，鸡 3d。

### 马杜霉素（Maduramicin）

【理化性质】又名马度米星，其铵盐为白色结晶性粉末，有特臭，不溶于水。

【作用与应用】本品为动物专用聚醚类抗球虫药，能有效地控制和杀灭鸡多种艾美耳球虫，是目前聚醚类抗生素中用药浓度最低的一种，其抗球虫效力优于莫能菌素、盐霉素、尼卡巴嗪和氯羟吡啶等药物。抗球虫活性峰期在子孢子和第一代裂殖体（即感染后第1～2天）。对其他聚醚类离子载体抗生素已产生耐药性的球虫仍有效。此外，本品对大多数革兰氏阳性菌和部分真菌有杀灭作用，并有促进生长和提高饲料利用率的作用。

【注意事项】本品毒性大，只用于鸡，蛋鸡产蛋期禁用。本品对肉鸡的安全范围较窄，为保证药效和防止中毒，药料应准确计量并充分混匀。

【制剂、用法与用量】马杜霉素铵预混剂。以马杜霉素计，混饲，每1 000 kg饲料，鸡500 g。休药期，肉鸡7 d。

2. 均三嗪类

### 地克珠利（Diclazuril）

【理化性质】又名二氯三嗪苯乙腈，为类白色或淡黄色粉末。不溶于水，性质较稳定。

【作用与应用】本品是新型广谱、高效、低毒的抗球虫药，有效用药浓度低。对鸡、鸭、犬和猫的球虫病防治效果明显，优于莫能菌素、氨丙啉、尼卡巴嗪、氯羟吡啶等，可有效防止感染。其作用峰期可能在子孢子和第一代裂殖体早期阶段。

【注意事项】本品药效维持时间短，必须连续用药以防球虫病再次暴发。由于用药浓度极低，药料必须充分拌匀。口服给药时，溶液需用适量的水稀释，宜现用现配，不超过4 h。

【制剂、用法与用量】地克珠利预混剂。100 g：0.5 g。混饲，每1 000 kg饲料，禽1 g（以地克珠利计）。休药期，鸡5 d。

地克珠利溶液。100 mL：0.5 g。混饮，每1 L水，鸡0.5～1 mg；犬、猫用适量的水稀释后口服或混饮，犬、猫每千克体重0.5～1 mg，每日1次，连用3～5 d（以地克珠利计）。休药期，鸡5 d。

### 托曲珠利（Toltrazuril）

【理化性质】又名甲苯三嗪酮，为无色或浅黄色澄明黏稠液体。

【作用与应用】本品对家禽的多种球虫有杀灭作用，作用峰期是球虫裂殖生殖和配子生殖阶段，安全范围大，用药动物可耐受10倍以上的推荐剂量，不影响鸡对球虫免疫力的产生。对鹅、鸽球虫及对其他抗球虫药耐药的虫株有效；对哺乳动物球虫、住肉孢子虫和弓形虫也有效。主要用于防治鸡球虫病。

【注意事项】药液污染工作人员眼或皮肤时，应及时冲洗；药液稀释后，超过48 h，不宜饮用；药液稀释时应防止析出结晶，降低药效。

【制剂、用法与用量】托曲珠利溶液。100 mL：2.5 g、1 000 mL：25 g、5 000 mL：125 g。混饮，每1 L水，鸡25 mg，连用2 d。休药期，鸡8 d。

3. 二硝基类

### 二硝托胺（Dinitolmide）

【理化性质】又名球痢灵，为白色结晶。无味，性质稳定，不溶于水，能溶

执业兽医资格考试模拟题17
　聚醚类抗球虫药不包含（C）
A. 莫能菌素
B. 马度米星
C. 地克珠利
D. 甲基盐霉素
E. 海南霉素

于乙醇、丙酮，性质稳定。

【作用与应用】本品为广谱、高效、安全、无残留的抗球虫药，用于饲料中能促进鸡生长。本品兼有预防和治疗的作用，对鸡的多种艾美耳球虫和火鸡、家兔的球虫有效，特别是对柔嫩艾美耳球虫和毒害艾美耳球虫效果好。其作用峰期在球虫第二个无性周期的裂殖体增殖阶段（即感染第 3 天）。治疗量对鸡的生长、发育、产蛋的孵化率均无不良影响，适用于蛋鸡和肉用种鸡。

【注意事项】应用本品治疗量毒性小，较安全，球虫一般不易产生耐药性。产蛋期禁用。

【制剂、用法与用量】二硝托胺预混剂。100g：25g、500g：125g。混饲，每1 000kg 饲料，鸡 500g。休药期 3d。

### 尼卡巴嗪 （Nicarbazine）

【理化性质】尼卡巴嗪为 4，4′-二硝基苯脲和 2-羟基-4，6-二甲基嘧啶的复合物。黄色或黄绿色粉末，无臭，稍具异味。在水、乙醇中不溶。

【作用与应用】本品对鸡的多种艾美耳球虫，如柔嫩、脆弱、毒害、巨型、堆型、布氏艾美耳球虫均有良好的防治效果，用于防治鸡、火鸡球虫病。主要抑制第二代无性增殖期裂殖体的生长繁殖，其作用峰期是感染后第 4 天。球虫对本品不易产生耐药性，对其他抗球虫药耐药的球虫，使用尼卡巴嗪多数仍然有效。

【注意事项】尼卡巴嗪对蛋的质量和孵化率有一定影响。以推荐剂量给鸡混饲 11d，停药 2d 后，血液及可食用组织仍可检测到残留药物。

【制剂】尼卡巴嗪预混剂。100g：20g。以本品计，混饲，每1 000kg 饲料，鸡 500～625g。休药期，鸡 4d。

尼卡巴嗪、乙氧酰胺苯甲酯预混剂。100g：尼卡巴嗪 25g 与乙氧酰胺苯甲酯 1.6g。以本品计，混饲，每1 000kg 饲料，鸡 500g。休药期，鸡 9d。

4. 磺胺类

### 磺胺喹噁啉 （Sulfaquinoxaline，SQ）

【理化性质】属磺胺类药物，专供抗球虫使用。为黄色粉末，无臭，在乙醇中极微溶解，其钠盐在水中易溶。

【作用与应用】对鸡巨型、布氏和堆型艾美耳球虫作用最强，对柔嫩、毒害艾美耳球虫作用较强。其作用峰期是第二代裂殖体（感染后第 4 天），不影响宿主对球虫的免疫力，同时对巴氏杆菌、大肠杆菌有一定的抗菌作用。主要用于防治鸡、火鸡的球虫病，家兔、羔羊、犊牛球虫病和家禽的大肠杆菌等细菌感染。

【注意事项】本品对雏鸡有一定的毒性，连续喂饲不得超过 5d，否则可能会引起出血。具有抗球虫和控制细菌感染双重作用，可单独用于家兔、羔羊、犊牛球虫病，但对鸡单独使用毒性较大，因而多与氨丙啉、乙氧酰胺苯甲酯配伍使用，可起协同作用。蛋鸡产蛋期禁用。

【制剂、用法与用量】磺胺喹噁啉钠可溶性粉。100g∶10g。混饮，每1L水，鸡3～5g。休药期10d。

磺胺喹噁啉、二甲氧苄啶预混剂。100g∶SQ 20g与DVD 4g。混饲，每1 000kg饲料，鸡500g（以磺胺喹噁啉计）。休药期10d。

### 磺胺氯吡嗪钠（Sulfachlorpyrazine Sodium）

【理化性质】本品为白色或淡黄色粉末，无味。在水或甲醇中溶解，在乙醇或丙酮中微溶，在三氯甲烷中不溶。

【作用与应用】本品为磺胺类抗球虫药。其作用与磺胺喹噁啉相似，作用峰期是球虫第二代裂殖体，对第一代裂殖体也有一定作用。但其抗菌作用更强，对禽巴氏杆菌病及伤寒亦有效。

主要用于治疗禽、兔、羊球虫病。国外多在球虫病暴发时使用。

【注意事项】长期应用可发生磺胺药中毒症状，按推荐饮水浓度连续饮用不得超过5d。禁用于16周以上鸡群和蛋鸡产蛋期。不得作饲料添加长期使用。产蛋期禁用。

【制剂、用法与用量】磺胺氯吡嗪钠可溶性粉。100g∶30g。以本品计，混饮，每1L水，肉鸡、火鸡1g；混饲，每1 000kg饲料，肉鸡、火鸡2 000g，连用3d。内服，每千克体重，兔10mg，连用5～10d；羊1.2mL（配成10％水溶液），连用3～5d。休药期，火鸡4d，肉鸡1d。

5. 其他类

### 常山酮（Halofuginone）

【理化性质】为白色或灰白色结晶性粉末，性质稳定。原为中药常山中提取的一种生物碱，现为人工合成。

【作用与应用】本品用量较小，抗球虫谱较广，对鸡多种球虫有效。对刚从卵囊内释出的子孢子，以及第一、二代裂殖体均有明显的抑制作用。抗球虫的活性甚至超过聚醚类抗球虫药，与其他抗球虫药物无交叉耐药性，为鸡和火鸡良好的抗球虫药。

【注意事项】本品治疗量对鸡、兔较安全，但抑制鸭、鹅生长，应慎用。每千克饲料含常山酮3mg效果良好，6mg即影响适口性，会使部分鸡采食减少，9mg则大部分鸡拒食，因此，混料一定要均匀，并严格控制其使用剂量。12周龄以上火鸡、8周龄以上雏鸡和蛋鸡产蛋期禁用。

【制剂、用法与用量】氢溴酸常山酮预混剂（商品名速丹）。0.6％。混饲，每1000kg饲料，鸡500g。休药期5d。

### 氯羟吡啶（Clopidol）

【理化性质】为白色粉末，无臭，不溶于水，性质稳定。

【作用与应用】本品对鸡的各种球虫均有效，尤其对柔嫩艾美耳球虫作用最强。其作用峰期是子孢子期（即感染第1天），故作预防药或早期治疗药较为适合。效果比氨丙啉、球痢灵、尼卡巴嗪好，且无明显毒副作用。缺点是能抑制鸡对球虫的免疫力，突然停药会造成球虫病复发。氯羟吡啶与甲苄氧喹啉合用，可产生协同效应。本品对兔球虫亦有一定的防治效果。

【注意事项】球虫对本品易产生耐药性，必须按计划轮换使用其他抗球虫药，但不能换用喹诺啉类抗球虫药。种用鸡不宜使用，蛋鸡产蛋期间禁用。

【制剂、用法与用量】氯羟吡啶预混剂（商品名克球粉、可爱丹）。100g：25g、500g：125g。混饲，1 000 kg 饲料，鸡 500g，兔 800g。休药期，鸡、兔 5d。

### 氨丙啉（Amprolium）

【理化性质】白色结晶性粉末，无臭，易溶于水，可溶于乙醇，宜现用现配。

【作用与应用】本品结构与硫胺相似，是硫胺拮抗剂，因干扰球虫对硫胺的利用而发挥抗球虫作用。对于柔嫩艾美耳球虫和毒害艾美耳球虫抗虫作用最强，对于堆型艾美耳球虫有一般的疗效，对于巨型艾美耳球虫有较弱的效果。其作用峰期在感染后的第 3 天，即第一代裂殖体。本品具有高效、安全、球虫不易对其产生耐药性等特点，也不影响宿主对球虫产生免疫力和鸡产蛋，是产蛋鸡和母鸡养育阶段的主要抗球虫药。

【注意事项】本品抗球虫范围不广，临床常将氨丙啉与乙氧酰胺苯甲酯、磺胺喹噁啉合用，扩大抗球虫范围，提高疗效。用量过大会使雏鸡患维生素 $B_1$（硫胺素）缺乏症。在使用氨丙啉期间，每千克饲料维生素 $B_1$ 的添加量应控制在 10mg 以下。产蛋期禁用。

【制剂、用法与用量】盐酸氨丙啉可溶性粉。30g：6g。以本品计，混饮，每 1L 水，鸡 0.6g，连用 5～7d。

盐酸氨丙啉、乙氧酰胺苯甲酯预混剂。盐酸氨丙啉 25%、乙氧酰胺苯甲酯 1.6%。以本品计，混饲，每 1 000kg 饲料，鸡 500g。休药期 3d。

盐酸氨丙啉、乙氧酰胺苯甲酯、磺胺喹噁啉预混剂。盐酸氨丙啉 20%、乙氧酰胺苯甲酯 1%、磺胺喹噁啉 12%，以本品计，混饲，每 1 000kg 饲料，鸡 500g。休药期 7d。

### 氯苯胍（Robenidine）

【理化性质】常用其盐酸盐，为白色或微黄色结晶粉末，难溶于水，易溶于乙醇。

【作用与应用】本品对鸡的多种球虫和鸭、兔的大多数球虫均有良好的防治效果。作用峰期是第一代裂殖体（感染后第 2 天），对第二代裂殖体和卵囊也有作用。临床主要用于畜禽球虫病的防治。

【注意事项】大剂量长期服用本品，可使鸡肉、鸡肝和鸡蛋等带异臭味。停药过早，常导致球虫病复发。本品产蛋期禁用。

【制剂、用法与用量】盐酸氯苯胍片。10mg，内服，一次量，每千克体重，鸡、兔 10～15mg。休药期，鸡 5d，兔 7d。

盐酸氯苯胍预混剂。100g：10g、500g：50g，混饲，每1 000kg饲料，鸡300～600g，兔1 000～1 500g。休药期，鸡5d，兔7d。

### 乙氧酰胺苯甲酯（Ethopabate）

【理化性质】本品为白色或类白色粉末，无味或几乎无味。在甲醇、乙醇或三氯甲烷中溶解，在乙醚中微溶，在水中不溶。

【作用与应用】本品对氨丙啉、磺胺喹噁啉的抗球虫活性有增效作用，多配成复方制剂使用。其作用机理与磺胺药和抗菌增效剂相似，能阻断球虫四氢叶酸的合成。临床主要用于畜禽球虫病。

【制剂、用法与用量】临床多用预混剂。盐酸氨丙啉、乙氧酰胺苯甲酯预混剂和盐酸氨丙啉、乙氧酰胺苯甲酯、磺胺喹噁啉预混剂，用法用量见氨丙啉。尼卡巴嗪、乙氧酰胺苯甲酯预混剂，用法用量见尼卡巴嗪。

**（三）抗球虫药的合理应用**

合理应用抗球虫药，对于保证其防治效果和避免产生不良反应十分重要。涉及抗球虫药合理应用的问题较多，主要有如下几个方面：

1. **防止球虫产生耐药性**　为防止长期低剂量使用一种抗球虫药物而导致的耐药性或交叉耐药性，可以通过轮换或穿梭使用作用机理不同、抗球虫作用峰期不同的抗球虫药。

2. **注意抗球虫药物的合理选择**　每一种抗球虫药物均有其抗虫谱，球虫处在不同发育阶段对药物的敏感性亦有很大差异，因此，应根据球虫的种类及其发育阶段，合理地选择用药，以便更好地发挥药物的抗球虫效果。如氨丙啉对鸡主要致病的柔嫩、堆型艾美耳球虫作用最强，而对其他的球虫作用较弱，且作用峰期在感染第3天的第一代裂殖体。

3. **注意药物可抑制机体对球虫产生免疫力**　一般认为，球虫的第二代裂殖体具有刺激机体产生免疫力的作用。因而，抗球虫作用峰期在第一代裂殖体之前的药物如丁氧喹啉、氯羟吡啶、莫能菌素等抑制鸡对球虫产生免疫力。所以，这些药物适宜用作商品肉鸡球虫病的预防，而蛋鸡和种鸡应选用作用于第二代裂殖体的药物。

4. **注意药物对产蛋的影响和防止药物残留**　有些药物如磺胺类、聚醚类、氯苯胍、尼卡巴嗪、乙氧酰胺苯甲酯等使用一段时间后能降低蛋壳质量和产蛋量，或在肉、蛋中出现药物残留，危害人体健康。因此，这些药物应禁用于产蛋鸡、肉鸡、肉兔，使用时应遵守休药期规定。

5. **加强饲养管理**　畜禽舍内恶劣的饲养条件以及生病动物或带虫动物的粪便污染饲料、饮水、饲饮用具等，均可诱发球虫病。所以，在使用抗球虫药期间，应加强饲养管理，减少球虫病的传播，以提高抗球虫药物的防治效果。

## 二、抗锥虫药

家畜锥虫病是由寄生在血液和组织细胞间的锥虫引起的一类疾病。危害动物的锥虫病主要有伊氏锥虫病，如马伊氏锥虫病、牛伊氏锥虫病和骆驼伊氏锥虫病、马媾疫锥虫病（马属动物）等。防治本类疾病，除应用抗锥虫药物外，平时应重视消灭其传播媒介——吸血昆虫，才能杜绝本病的发生，同时为了提高疗效，还需用足药量，尽早用药。临床常用的药物有苏拉明、喹嘧胺和氯化氮氨菲啶盐酸盐。

### 苏拉明（Suramin）

【理化性质】又名萘磺苯酰脲、那加诺、那加宁，易溶于水，水溶液呈中性，不稳定，宜现用现配。

【作用与应用】本品对马、牛、骆驼的伊氏锥虫和马媾疫锥虫均有效。临床主要用以治疗马、牛、骆驼和犬的伊氏锥虫病，但预防性给药时效果稍差。

【注意事项】本品安全范围较小，马、驴较敏感，牛次之，骆驼耐受性较大。马使用本品后往往出现发热，跛行，唇、生殖器、乳房等处水肿，肛门周围糜烂，蹄叶炎和食欲减退等副作用。牛和骆驼的毒性反应轻微，用药后仅出现肌肉震颤，步态异常等轻微反应。为减轻以上副作用，可并用氯化钙、咖啡因等。体弱者可将一次量分为两次注射，间隔24h。用药期间应充分休息，加强饲养管理，适当牵遛。治疗时，两次用药间隔7d，在发病季节疫区预防时每2个月用一次。

【制剂、用法与用量】临用前以生理盐水配成10％灭菌水溶液。治疗时需静脉注射，一次量，每千克体重，马10～15mg，牛15～20mg，骆驼8.5～17mg。治疗伊氏锥虫病时，应于20d后再注射一次；治疗马媾疫时，于1～1.5月后重复注射。预防可采用一般治疗量，皮下或肌内注射。

执业兽医资格考试模拟题18
治疗伊氏锥虫病的药物是（B）
A.甲硝唑 B.喹嘧胺
C.三氯苯唑
D.氯硝柳胺
E.伊维菌素

### 喹嘧胺（Quinapyramine）

【理化性质】又名安锥赛，临床常用的有甲硫喹嘧胺和喹嘧氯胺。均为白色或淡黄色结晶性粉末。无臭，味苦。前者易溶于水，后者难溶于水。几乎不溶于有机溶剂。

【作用与应用】本品对伊氏锥虫、马媾疫锥虫等均有杀灭作用。其作用主要是抑制虫体代谢，影响虫体细胞分裂。当剂量不足时，锥虫可产生耐药性。临床主要用于马、牛、骆驼的伊氏锥虫病及马媾疫。

【注意事项】马属动物较敏感，严格按规定剂量应用，用药后应注意观察，避免引起中毒；本品严禁静脉注射，肌内或皮下注射时能引起注射部位肿块或结节，用量大时应分点注射。

【制剂、用法与用量】注射用喹嘧胺。喹嘧氯胺4：甲硫喹嘧胺3。临用时以注射用水配成10％水悬液，肌内、皮下注射，一次量，每千克体重，马、牛、骆驼4～5mg。

### 氯化氮氨菲啶盐酸盐（Isometamidium Chloride hydrochloride）

【理化性质】又名锥灭定、沙莫林，易溶于水，无臭。

【作用与应用】本品对伊氏锥虫、刚果锥虫、活跃锥虫和布氏锥虫等均有杀灭作用。临床主要用于牛锥虫病的防治。

【注意事项】大部分耕牛使用本品后出现的兴奋、呼吸困难继而食欲减退、精神沉郁等症状，通常可自行恢复。本品刺激性较强，应深层肌内注射。

【制剂、用法与用量】氯化氮氨菲啶盐酸盐粉针剂。0.125g、1g、10g。肌内注射，一次量，每千克体重，牛 1mg。

### 三、抗梨形虫药

梨形虫旧称焦虫。家畜梨形虫病是由蜱传播的寄生于红细胞内的原虫病，常发生于马、牛等动物。尽管梨形虫的种类很多，但病畜多以发热、黄疸和贫血为主要临床症状，往往引起病畜大批死亡，造成很大的经济损失。消灭中间宿主蜱、虻和蝇是防治本病的重要环节，但目前很难做到，所以应用有效的药物进行治疗是目前重要的手段。临床常用药物有：三氮脒、硫酸喹啉脲和双脒苯脲。

#### 三氮脒 （Diminazene Aceturate）

三氮脒的作用机理（动画）

【理化性质】又名贝尼尔、二脒那嗪、血虫净，为黄色或橙黄色结晶性粉末，味微苦，易溶于水。

【作用与应用】本品对家畜的锥虫、梨形虫及边虫（无浆体）均有作用。用药后血中浓度高，但持续时间较短，故主要用于治疗，预防效果差。对牛、马和犬的各种巴贝斯虫病和牛瑟氏泰勒虫病治疗作用较好，对牛环形泰勒虫病、边虫（无浆体）感染也有效，对马媾疫锥虫病疗效较好，严重病例可配合对症治疗，对水牛伊氏锥虫病疗效不稳定，对猫巴贝斯虫无效。剂量不足时锥虫和梨形虫都可产生耐药性。本品与同类药物相比，具有用途广、使用简便等优点，为目前治疗梨形虫病较为理想的药物。

【注意事项】①本品毒性较大，安全范围小，应用治疗剂量时马、牛会出现先兴奋继而沉郁、频繁排尿、肌肉震颤、流涎、呼吸困难等不良反应，轻度反应数小时会自行恢复，严重反应时需用阿托品和输液等对症治疗。②骆驼对三氮脒敏感，安全范围小，故不宜应用；水牛比黄牛敏感，治疗量时即可出现轻微反应，连续应用会出现毒性反应，故以一次用药为好。③肌内注射局部可出现疼痛、肿胀，经数天至数周可恢复，大剂量应分点注射。

【制剂、用法与用量】注射用三氮脒。1g。肌内注射，一次量，每千克体重，马 3～4mg，牛、羊 3～5mg，犬 3.5mg。一般用 1～2 次，连用不超过 3 次，每次间隔 24h，临用前用注射水或灭菌生理盐水配成 5%～7% 无菌溶液。休药期，牛、羊 28d；弃乳期 7d。

#### 硫酸喹啉脲 （Quinuronium Metilsulfate）

【理化性质】又名阿卡普林，为淡黄或黄色粉末，易溶于水。

【作用与应用】为传统抗梨形虫药，主要对马、牛、羊、猪、犬的巴贝斯梨形虫有特效，对泰勒虫疗效较差，对边虫（无浆体）效果较差，所以临床上主要用于动物的巴贝斯梨形虫病。

【注意事项】本品毒性较大，忌用大剂量。治疗量亦多出现胆碱能神经兴奋症状，但多数可在半小时内消失。为减轻不良反应，可将总剂量分成 2 份或 3 份，间隔几小时应用；一般用药后 6～12h 出现药效；禁止静脉注射。

【制剂、用法与用量】硫酸喹啉脲注射液。5mL：50mg，10mL：100mg。皮下注射，一次量，每千克体重，马 0.6～1mg，牛 1mg，猪、羊 2mg，犬 0.25mg。

### 双脒苯脲（Imidocarb）

【理化性质】又名咪唑苯脲，为双脒唑啉苯基脲。用其二盐酸盐或二丙酸盐，均为无色粉末，易溶于水。

【作用与应用】本品为新型抗梨形虫药，对梨形虫病有预防和治疗作用。其疗效和安全范围都优于三氮脒，且毒性较三氮脒和其他药小。临床上多用于治疗和预防牛、马、犬的巴贝斯虫病。

本品注射给药吸收较好，能分布于全身各组织，体内残留期长，一次用药后牛可维持药效达 1 个月。

【注意事项】①本品禁止静脉注射，较大剂量肌内或皮下注射时，有一定刺激性；②马属动物对本品敏感，尤其是驴、骡，高剂量使用时应慎重；③本品有一定的毒性，治疗剂量可能会导致动物咳嗽、肌肉震颤、流泪、流涎、腹痛、腹泻等症状，一般能自行恢复，症状严重者可用小剂量的阿托品解救；④本品宜首次用药间隔 2 周后，重复用药一次，以彻底根治梨形虫病。

【制剂、用法与用量】二丙酸双脒苯脲注射液。肌内、皮下注射，一次量，每千克体重，马 2.2～5mg，犬 6mg，牛 1～2mg（锥虫病 3mg）。休药期 28d。

### 青蒿琥酯（Artesunate）

【理化性质】为白色结晶，难溶于水，无臭，味苦。

【作用与应用】本品具有抗牛、羊泰勒虫及双芽巴贝斯虫的作用，并能杀灭红细胞配子体，减少细胞分裂及虫体代谢产物的致热原作用。主要用于防治牛、羊泰勒虫病。

【注意事项】本品对实验动物有明显胚胎毒作用，孕畜慎用。

【制剂、用法与用量】青蒿琥酯片。50mg。内服，一次量，每千克体重，牛 5mg，首次量加倍。一日 2 次，连用 2～4d。

## 单元三 杀虫药

由螨、蜱、虱、蚤、蝇蛆、蚊等节肢动物引起的动物外寄生虫病，不仅给动物造成危害，夺取营养，损坏皮毛，妨碍增重，而且还传播许多人畜共患病，严重地危害人体健康。杀虫药是指具有杀灭这些体外寄生虫作用的药物。

一般说来，杀虫药对动物都有一定的毒性，甚至在规定剂量内，也会出现程

中药文化 传承创新——
屠呦呦发现青蒿素

中药是国之瑰宝。屠呦呦历经十几年，从青蒿植物中提取青蒿素，并成为一线抗疟药物，挽救了全球数百万人生命，是我国中医药献给世界的礼物。她也因此成为我国第一位获得诺贝尔科学奖的本土科学家。历史证明，中华民族有着强大的文化创造力，中华文化既要坚守本根，还要与时俱进不断创造新的辉煌。

度不同的不良反应。因此,在使用杀虫药时,除严格掌握剂量与使用方法外,还需密切注意用药后的动物反应,一旦发生中毒,应立即采取解救措施。

常用的杀虫药包括有机磷类、拟菊酯类和其他杀虫药。

## 一、有机磷类化合物

### 二嗪农 (Diazinon)

【理化性质】又名螨净,为无色油状液体,有淡酯香味。难溶于水,性质不稳定,在酸碱溶液中迅速分解。二嗪农溶液为二嗪农加乳化剂制成的黄色或黄棕色澄明液体。

【作用与应用】本品是广谱有机磷杀虫剂,对蝇、蜱、虱以及各种螨均有良好杀灭效果,灭蚊、蝇的药效可维持 6~8 周,且具有触杀、胃毒、熏蒸等作用,但内服作用较弱。临床主要用于驱杀动物体表的疥螨、痒螨和蜱、虱等。二嗪农项圈用于驱杀犬和猫体表的虱和蚤。

【注意事项】本品奶牛、泌乳牛禁用,对猫、禽等较敏感,对蜜蜂剧毒;药浴时必须准确计算剂量,动物全身浸泡 1min 为宜。

【制剂、用法与用量】二嗪农溶液。药浴浓度,羊 0.02% 溶液,牛 0.06% 溶液;喷淋,猪 0.025% 溶液,牛、羊 0.06% 溶液。休药期,牛、羊、猪 14d;弃乳期 3d。

二嗪农项圈。100g:二嗪农 15g。每只犬、猫一条,使用期 4 个月。

### 蝇毒磷 (Coumaphos)

【理化性质】本品又称库马福司,为微黄色或白色结晶粉,难溶于水。

【作用与应用】本品是有机磷杀虫剂中唯一可用于泌乳奶牛的杀虫剂。奶牛吸收后,大部分经代谢或以原形由粪尿排出。残留于体内的药物主要分布在脂肪中,也可分布于其他组织,乳中分布极微。外用高于治疗量浓度 10~20 倍的药液,乳中含量仅在 0.1mg/kg 以下,3d 后即难检出。

用于防治牛皮蝇蛆、蜱、螨、虱和蝇等外寄生虫病。

【注意事项】禁止与其他有机磷化合物和胆碱酯酶抑制剂合用。

【制剂、用法与用量】蝇毒磷溶液。外用,配成 0.02%~0.05% 乳剂。休药期 28d。

### 马拉硫磷 (Malathion)

【理化性质】本品为无色或浅黄色油状液体,微溶于水,溶于酯、醇、植物油。

【作用与应用】本品具有广谱、低毒、使用安全等特点,对蚊、蝇、虱、蜱、螨、臭虫等都有杀灭作用,主要以触杀、胃毒和熏蒸杀灭害虫。

【注意事项】本品对蜜蜂有剧毒,鱼类也较敏感。1 月龄以内的动物禁用。对眼睛、皮肤有刺激性。家畜体表用马拉硫磷后数小时内应避开日光照射和风吹。必要时隔 2～3 周可再处理一次。

【制剂、用法与用量】精制马拉硫磷溶液。100mL∶45g、100mL∶70g。以马拉硫磷计，药浴或喷雾，配成 0.2％～0.3％水溶液。休药期 28d。

### 皮蝇磷（Fenchlorphos）

【理化性质】又名芬氯磷，为白色粉末，水溶性差，是专供兽用的有机磷杀虫剂。

【作用与应用】皮蝇磷为接触性、全身性杀虫剂，对双翅目昆虫有特效，内服或皮肤给药有内吸杀虫作用，主要用于牛皮蝇蛆病，对室内蝇、虱、螨等均有良好的效果。

【注意事项】对人和动物毒性较小。泌乳期奶牛禁用；母牛产犊前 10d 内禁用。

【制剂、用法与用量】皮蝇磷乳油，含皮蝇磷 24％。外用、喷淋，每 100L 水加 1L；内服，一次量，每千克体重，牛 100mg。休药期，肉牛 10d。

### 辛硫磷（Phoxim）

【理化性质】常用其浓溶液，为微黄色或无色油状液体。

【作用与应用】本品具有高效、低毒、广谱、杀虫残效期长等特点，对螨、蚤、蝇、蚊的速杀作用仅次于敌敌畏和胺菊酯，临床主要用于驱杀猪蜱、螨、虱等体外寄生虫。

【注意事项】本品室内滞留残效期一般可达 3 个月左右，室外则短。

【制剂、用法与用量】辛硫磷浇泼溶液。外用，沿脊背从两耳根浇淋到尾根，每千克体重，猪 30mg（耳根部感染严重者，可在每侧耳内另浇淋 75mg）。休药期 14d。

## 二、拟菊酯类化合物

拟菊酯类杀虫药，是根据植物除虫菊中有效成分——除虫菊酯的化学结构合成的一类杀虫药，具有杀虫谱广、高效、速效、对人畜毒性低、性质稳定、残效期短等优点。因此，广泛用于卫生和农业领域等，是一类有发展前途的新型杀虫药，但长期应用易产生耐药性。

### 氰戊菊酯（Fenvalerate）

【理化性质】又名速灭杀丁，为淡黄色黏稠液体，不溶于水。

【作用与应用】本品对多种动物体外寄生虫有很强的驱杀作用。临床主要用于驱杀动物体外寄生虫和环境中的蚊、蝇等。

【注意事项】本品对鱼、蜜蜂剧毒。碱性物质能降低本品的稳定性；配制溶液水温以 12℃为宜，超过 25℃会降低药效。

【制剂、用法与用量】氰戊菊酯溶液。喷雾，加水以 1∶（1 000～2 000）倍稀释。休药期 28d。

## 溴氰菊酯（Deltamethrin）

【理化性质】又名敌杀死、倍特，为白色结晶粉末，不溶于水。

【作用与应用】本品是使用最广泛的一种拟菊酯类杀虫药。对动物体外寄生虫有很强的驱杀作用，具有广谱、高效、残效期长、作用迅速、低毒等特点。对蚊、蝇以及牛、羊各种虱，牛皮蝇，羊痒螨，禽虱，犬、猫的螨虫、蜱和跳蚤等均有良好杀灭作用，药效时间长达 30d。本品对有机磷、有机氯耐药的虫体仍有高效。临床主要用于防治动物体外寄生虫病和杀灭环境中的昆虫。

【注意事项】本品对鱼剧毒，蜜蜂、家蚕亦敏感；对皮肤、黏膜、眼睛、呼吸道有较强的刺激性，药浴中及吹干前，严禁犬、猫等宠物舔舐到药物；对塑料制品有腐蚀性。

【制剂、用法与用量】溴氰菊酯溶液。以溴氰菊酯计，药浴，每 1L 水，牛、羊 5～15mg。休药期 28d。

## 二氯苯醚菊酯（Permethrin）

【理化性质】为淡黄色油状液体，有芳香味，不溶于水，能溶于乙醇、丙酮、二甲苯等有机溶剂。

【作用与应用】本品为高效、速效、无残留、不污染环境的广谱、低毒杀虫药。对多种畜禽体表与环境中的害虫，如螨、蜱、虱、虻、蚊、蝇、蟑螂等具有很强的触杀及胃毒作用，作用强，杀虫速度快。

临床主要用于驱杀各种禽体表寄生虫，防治由螨、蜱、虱、蝇引起的各类外寄生虫病。也广泛用于杀灭周围环境中的昆虫。

【制剂、用法与用量】二氯苯醚菊酯乳油。喷淋、喷雾，稀释成 0.125％～0.5％溶液杀灭禽螨；0.1％溶液杀灭体虱、蚊蝇；药浴，羊配成 0.02％乳液杀灭羊螨。

# 三、其他类化合物

## 双甲脒（Amitraz）

【理化性质】又名特敌克，为双甲脒加乳化剂与稳定剂配制成的微黄色澄明液体，无臭，不溶于水。

【作用与应用】本品为高效、广谱、低毒的杀虫药。对牛、羊、猪、兔的体外寄生虫，如疥螨、痒螨、蜱、虱等各阶段虫体均有极强的杀灭效果，产生作用较慢，一般在用药后 24h 使虫体解体，48h 可使螨从体表脱落。本品残效期长，一次用药可维持药效 6～8 周。对人、畜安全。

【注意事项】严重感染动物用药后 7d 再用一次，可彻底治愈。本品对人、畜安全，对鱼有剧毒，马敏感，禁用于产乳羊和水生动物。对皮肤有刺激作用，用时注意防护。用药 3d 内不要用水冲洗用药动物。

【制剂、用法与用量】双甲脒溶液。含双甲脒 12.5％。药浴、喷淋或涂擦动物体表，配成含双甲脒 0.025%～0.05% 的溶液。休药期，牛、羊 21d，猪 8d；弃乳期 2d。

## 环丙氨嗪（Cyromazine）

【理化性质】为白色结晶性粉末，无臭，微溶于水及乙醇。

【作用与应用】本品可以有效控制和杀灭所有威胁动物养殖场的蝇类，包括家蝇、厩螫蝇、光亮扁角水虻和黄腹厕蝇，其作用机理是抑制蝇蛆的蜕皮，使苍蝇繁殖受阻，而致蝇死亡。另外，还可控制跳蚤。蛋鸡、肉鸡、种鸡、鸽子、鹌鹑、猪均可使用本品。

【注意事项】使用前与饲料混合均匀；在蝇害始发期，及时使用本产品。

【制剂、用法与用量】环丙氨嗪粉。98.5%。每吨饲料中加入 5g 纯品或 5g 兑水 800kg 混合均匀使用，连用 4～6 周。

1. 处方练习

病例一：某农户家养了 2 头猪，主诉发生腹泻、呕吐、消瘦和生长发育缓慢。体重 50kg。粪便检查发现蛔虫。可诊断该猪患有蛔虫病。依据猪的体重，选代表性药物，制订治疗用药方案，并开写处方。

病例二：某犬就诊，主诉：饮食、大小便基本正常；但是皮肤患病，病犬常以爪抓挠患部，出现严重脱毛。检查，犬精神状态一般，头部、腹部多处有黏稠黄色油状渗出物、鱼鳞状痂皮、被毛脱落。刮片镜检，发现活的疥螨虫体。综合临床症状和刮片镜检，可诊断该犬患有螨虫病。为该犬制订治疗用药方案。

2. 走访学院所在地区动物医院及市乡兽医站，调查动物寄生虫病发生及用药情况。

## 鸡球虫病的基础知识

鸡球虫病是重要禽病之一，常侵袭雏鸡，往往急性暴发，可引起雏鸡下痢、便血、贫血，以致大批死亡。成年动物不发生球虫病。引起本病的主要是艾美耳球虫，其生活史如图 2-5 所示：①第一无性繁殖阶段：约 2d 时间，包括感染性孢子化卵囊、子孢子、滋养体、裂殖体。②第二无性繁殖阶段：约 2d 时间，第一无性繁殖阶段形成的裂殖体一分为二，分裂成两个裂殖子；进而发育成为第二代滋养体；第二代滋养体成熟后又一次成为第二代裂殖体。③有性繁殖阶段：2d 时间，第二代裂殖体又一分为二，分裂成两个第二代裂殖子，第二代裂殖子发育成为雄性配子和雌性配子；雌、雄配子结合形成新一代孢子化卵囊，随粪便排出体外。新形成的孢子化卵囊不具有感染性，在体外适当的温度和湿度条件下，发育成新的具有感染性的卵囊。这一过程约 7d 的时间。其中无性繁殖和有性繁殖阶段在寄生动物的肠上皮细胞内进行，孢子化过程在细胞外进行。

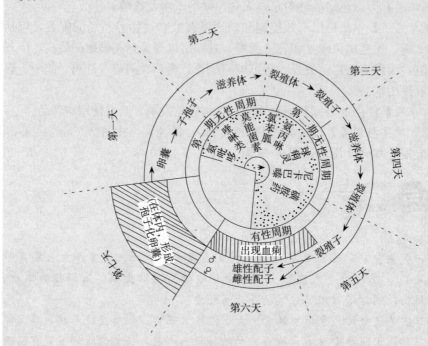

图 2-5　代表性抗球虫药对鸡脆弱艾美耳球虫的作用峰期

（周新明.2001.动物药理）

**复习题**

1. 简述抗寄生虫药物的作用机制与寄生虫抗药性产生的机制。

2. 伊维菌素的抗虫范围有哪些？其应用注意事项是什么？

3. 各举出一种抗肝片吸虫，猪蛔虫，犬蛔虫，牛、羊绦虫和牛、羊消化道线虫的首选药物。

4. 分别列出 2～3 种常用的抗线虫药、抗吸虫药、抗血吸药、抗绦虫药和抗球虫药。

5. 贝尼尔可用于哪些病的治疗？有哪些不良反应？

6. 列举 3 种作用峰期不同的抗球虫药，并试述临床应用注意事项。

**讨论题**

理想抗寄生虫药的条件是什么？在临床中如何选择？

# 第三篇　神经系统药物

**内容提要**

神经系统是动物体内起主导作用的功能调节系统，分为中枢神经系统和外周神经系统两大部分。作用于神经系统的药物亦分为作用于中枢神经系统的药物和作用于外周神经系统的药物。

## 模块一　中枢神经系统药物

**学习目标**

了解中枢兴神经系统药的相关概念、分类；掌握常用药物的作用；正确应用常用中枢神经系统药，了解中毒解救和注意事项。

**学 与 导**

中枢神经系统由脑和脊髓组成，脑又包括大脑、脑干和小脑。中枢神经系统由数以亿计的神经元组成，其活动形式表现为兴奋与抑制。作用于中枢神经系统的药物分为中枢兴奋药与中枢抑制药两大类。中枢兴奋药是指能够增强中枢神经的机能活动的药物，包括大脑皮层兴奋药、延髓兴奋药和脊髓兴奋药；中枢抑制药物是指能抑制中枢神经系统机能的药物，包括全身麻醉药、化学保定药和安定镇静抗惊厥药，可用于麻醉、化学保定、催眠、镇静、缓解痉挛等。

### 单元一　中枢兴奋药

中枢兴奋药是指能提高中枢神经系统功能活动的药物。虽然中枢兴奋药物对于不同部位具有一定的选择性，但是一般说来对整个中枢神经系统均有兴奋作用。其作用的强弱、范围与药物的剂量和中枢神经系统机能状态有关。

**（一）分类**

1. **大脑皮层兴奋药**　其主要作用是维持清醒状态，增加随意运动。大脑皮层兴奋药能提高大脑皮层神经细胞的兴奋性，促进脑细胞代谢，改善大脑机能，如咖啡因、茶碱、苯丙胺等。这类药物通常具有许多其他的药理作用。因此应有全面的了解。

2. **延髓兴奋药**　主要作用是兴奋呼吸中枢，拮抗抑制呼吸中枢的一切药物、毒物的有害作用。直接或间接作用于呼吸中枢，增加呼吸频率和呼吸深度，又称呼吸兴奋药，对血管运动中枢也有不同程度的兴奋作用，如尼可刹米、多沙普仑、二甲氟林（回苏灵）、戊四氮、樟脑等。

3. **脊髓兴奋药** 脊髓兴奋药是典型的致惊厥药物，能选择性兴奋脊髓，对脑中枢的兴奋作用尤其是呼吸中枢的兴奋作用非常弱，包括士的宁、一叶萩碱等。

**（二）应用**

1. **适应证** 中枢神经兴奋药的适应证主要是各种病因所致的缺氧，如中毒性呼吸中枢麻痹、全麻后促进苏醒和兴奋呼吸以及各种窒息等。

2. **禁忌证与注意事项** 中枢神经兴奋药的禁忌证包括中枢抑制药中毒、呼吸肌麻痹所致的呼吸抑制、循环骤停引起的呼吸衰竭。

应用中枢兴奋药时应当注意：①中枢兴奋药物的作用弱，且是非特异性的；②安全范围小；③个体差异大。

**（三）临床常用药物**

### 咖啡因（Caffeine）

【理化性质】主要含于茶叶、咖啡植物的叶子和种子，可人工合成，为质轻、白色或微带黄绿色、有丝状的针状结晶。无臭，味苦，有风化性。难溶于冷水及乙醇，在热水或氯仿中易溶。本品与佐剂苯甲酸钠混合，以增加水溶性，混合物为苯甲酸钠咖啡因，可以制成注射剂，简称安钠咖。

【药动学】本品易于从胃肠道或注射部位吸收，均匀分布于各组织。咖啡因在肝内脱去一部分甲基被氧化，以甲基尿酸或3-甲基黄嘌呤的形式由尿排出，约10%以原形从尿排出。在体内转化和排泄的速度较快，作用时间较短，约24h排完，不易产生蓄积作用。安全范围较大。

【作用与应用】

（1）咖啡因对中枢神经系统具有明显的兴奋作用。小剂量时兴奋大脑皮层，中等剂量时兴奋延脑，大剂量或中毒剂量时可兴奋包括脊髓在内的整个中枢神经系统（图3-1）。咖啡因对脊髓的兴奋作用较弱，大剂量时也可表现为强直或痉挛性惊厥。兴奋大脑皮层时，并不减弱大脑皮层的抑制过程。动物表现对刺激反应敏感，精神活泼，易消除疲劳，增强肌肉的工作能力，中枢处于抑制时则需要较大剂量。对呼吸中枢有直接兴奋作用，可提高呼吸中枢对二氧化碳气体的敏感性，使呼吸加深加快、换气量增加。对心血管运动中枢兴奋时可使血压稍升高，心率加快。迷走神经兴奋时可使心率减慢，但在整体情况下常被其对血管、心脏的直接作用所抵消。

（2）咖啡因对心血管系统具有中枢性和外周性双重作用，且两方面作用表现相反。中枢作用使心率减慢、血管收缩；外周作用使心率加快和血管扩张。一般

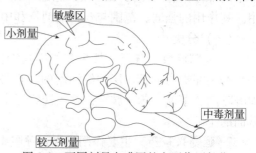

图3-1 不同剂量咖啡因的主要作用部位

情况下，外周作用占相对优势。当血药浓度低时，兴奋迷走神经，使心率减慢。随着血药浓度的升高，兴奋心血管运动中枢和直接兴奋心肌的作用占优势，使心收缩力加强，输血量增多，心率加快。由于咖啡因对整体动物迷走神经的兴奋作用可部分抵消其对心脏的直接作用，故一般治疗量时，心率变化不明显。当动物处于血量不足、心力衰竭的代偿性心率加快时，可加强心脏作用，增加输血量，使心率趋于正常，过大剂量可使心律失常。对血管的作用表现为直接作用大于中枢作用，使冠状血管、肺血管、肾血管、骨骼肌血管扩张，有助于提高肌肉的工作能力。

（3）通过增加肾小球的滤过率，抑制肾小管对钠离子和水的重吸收而呈现利尿作用。

（4）本品还可兴奋骨骼肌，加强其收缩，但作用较弱。松弛支气管平滑肌和胆管平滑肌，有轻微的止喘和利胆作用。通过影响糖和脂肪代谢，而升高血糖和血中脂肪酸。

临床上，咖啡因有以下用途：①作为强心药，治疗各种疾病所致的急性心力衰竭；②解救中枢抑制药中毒以及某些传染病所致的呼吸中枢抑制和昏迷、劳役过度所致的疲劳，或用于剧烈腹痛时保持体力等；③作为利尿药，用于治疗心、肝和肾病引起的水肿；④与溴化物配伍，调节大脑皮层活动，恢复大脑皮层抑制与兴奋过程的平衡。

【不良反应】本类药品毒性较低，常用剂量的不良反应较少。常见的副作用有胃黏膜刺激反应，如恶心、呕吐；剂量过大时，可引起烦躁不安、肌肉颤抖、惊厥。大剂量可引起呼吸加快、心跳加速、体温升高、流涎、呕吐、腹泻、尿频甚至惊厥死亡。中毒时用溴化物、水合氯醛或硫喷妥钠等解救。

【制剂、用法与用量】安钠咖注射液。10mL∶1g。皮下、肌内、静脉注射，一次量，马、牛 2～5g，猪、羊 0.5～2g，犬 0.1～0.3g。

### 尼可刹米（Nikethamide）

【理化性质】又名可拉明，为无色或淡黄色的澄明油状液体，放置冷处即成结晶。稍有芳香味或苦味，能与水、乙醇、氯仿或乙醚任意混合，应遮光、密封保存。

【药动学】本品内服或注射均易吸收，以静脉注射最有效。在体内转变为烟酰胺，再被甲基化成为 N-甲基烟酰胺由尿排出。该药作用时间短，一次静脉注射仅维持 5～10min，应根据临床表现及时补药。

【作用与应用】本品直接兴奋延髓呼吸中枢，并能刺激颈动脉体和主动脉弓的化学感受器，反射性兴奋呼吸中枢，当呼吸处于抑制状态时作用明显，可使呼吸加深加快，并提高呼吸中枢对二氧化碳气体的敏感性。对大脑、心血管运动中枢和脊髓的作用微弱，但过量时亦可使其过度兴奋，引起阵发性惊厥甚至死亡。临床上主要用于麻醉药中毒、严重疾病所致呼吸衰竭、一氧化碳中毒、溺水和新生幼畜窒息等。对呼吸肌麻痹则效果不佳。

【不良反应】剂量过大可引起多汗、呛咳、血压升高、心率加快甚至惊厥。

【制剂、用法与用量】尼可刹米注射液。2mL：0.5g。皮下、肌内、静脉注射，一次量，马、牛2.5～5g，猪、羊0.25～1g，犬0.125～0.5g。

## 回苏灵（Dimefline）

【理化性质】为白色结晶性粉末，味微苦，为人工合成的黄酮衍生物，常制成硝酸盐溶液，溶于水。

【作用与应用】本品有直接兴奋中枢系统的作用，作用比尼可刹米强100倍，但毒性较大；可增加肺换气量。临床常用于治疗各种传染病和中枢抑制药中毒引起的衰竭。

【不良反应】用于静脉注射时需用葡萄糖注射液稀释后缓慢注射，过量引起的惊厥可用短效巴比妥类解救。孕畜禁用。

【制剂、用法与用量】回苏灵注射液。2mL：8mg。肌内、静脉注射，一次量，马、牛40～80mg，猪、羊8～16mg。

## 士的宁（Strychnine）

【理化性质】系马科植物番木鳖树种子的主要生物碱。临床上多用其硝酸盐，称硝酸士的宁。为无色结晶性粉末，味极苦，硝酸盐易溶于水，对光敏感。

【药动学】内服或注射均易吸收，吸收后在体内均匀分布。主要被肝微粒体酶分解，约20%以原形经尿液排出。士的宁排泄缓慢，临床上应注意防止反复应用时产生蓄积性中毒。

【作用机理】如图3-2所示，运动神经元的轴突一部分直达骨骼肌，其返回侧支同脊髓灰质下角内闰绍细胞发生突触联系，引起闰绍细胞的轴突末梢释放抑制性递质甘氨酸，而闰绍细胞的轴突末梢又与原来的运动神经元的胞体形成突触联系，产生抑制性突触后电位，限制运动神经元的过度兴奋及其在兴奋时冲动的过度扩散。形成这一负反馈机制调节，使骨骼肌的兴奋控制在适当的程度，并使伸肌和屈肌的运动得以协调。士的宁与脊髓灰质下角闰绍细胞释放的递质甘氨酸竞争突触后抑制部位（甘氨酸受体），从而解除了闰绍细胞对与其构成触突联系的运动神经元的抑制作用，致使运动神经元兴奋性提高，而且这种兴奋在脊髓内广泛性传导。

【作用与应用】士的宁吸收后，对脊髓具有选择性兴奋作用，但对中枢神经系统的其他部位也有兴奋作用。治疗剂量时能提高脊髓的反射机能，缩短脊髓反射时间，使已降低的反射机能得以恢复，并能增强听觉、味觉、视觉和触觉的敏感性，增强骨骼肌的紧张度和改善肌无力状态。

常用于治疗脊髓性的不全麻痹，如直肠、膀胱括约肌的不全麻痹，因挫伤引起的臀部、尾部与四肢的不全麻痹以及颜面神经麻痹，猪、牛产后麻痹等。

本品对延髓的作用没有选择性，因此一般不用作兴奋呼吸的治疗。

【不良反应】士的宁为剧毒药品，安全范围小，剂量过大或反复应用易引起中毒，出现全身肌肉兴奋性提高、肌肉震颤、颈部僵硬、角弓反张等。严重时因

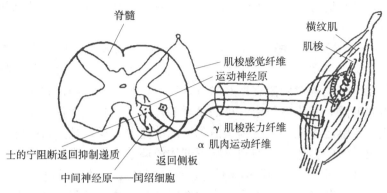

图 3-2  士的宁作用机理示意
(梁运霞.2006.动物药理与毒理)

窒息而死亡。中毒时用水合氯醛或巴比妥类解救，中毒时对声音和光敏感，故应保持周围环境安静，避免任何刺激。

【制剂、用法与用量】硝酸士的宁注射液。1mL：2mg。皮下注射，一次量，马、牛 15～30mg，猪、羊 2～4mg，犬 0.5～0.8mg。

## 单元二 镇静、催眠与抗惊厥药

镇静药是指对中枢神经系统具有轻度抑制作用，从而起到减轻或消除动物狂躁不安，恢复安静的一类药物。主要用于兴奋不安或具有攻击行为的动物或患畜，使其安静，便于工作和治疗。抗惊厥药是指能对抗或缓解中枢神经因病变而造成的过度兴奋状态，从而消除或缓解全身骨骼肌不自主的强烈收缩的一类药物。

### 氯丙嗪（Chlorpromazine）

【理化性质】又名氯普马嗪、冬眠灵，其盐酸盐为白色或微乳白色结晶性粉末，味苦而麻，易溶于水、乙醇和氯仿，水溶液呈酸性反应。与碳酸钠、巴比妥类钠盐产生沉淀，遇氧化剂或日光渐变色，应遮光、密封保存。

【药动学】本品内服、注射均易吸收。经过肠壁，部分被代谢而影响药效。呈高度亲脂性，易通过血脑屏障，吸收后分布全身，脑内浓度较血浆浓度高 4～10 倍，此外，肺、肝、脾及肾的分布也较多。能通过胎盘屏障，并能分泌到乳汁中。

氯丙嗪的吸收、降解及排泄与个体、种族差异较大。主要在肝内经羟基化、硫氧化等代谢，其产物与葡萄糖醛酸或硫酸结合，经尿或粪排出。人的半衰期为 6～9h。有的代谢产物仍有药理活性。本品排泄很慢，动物体内氯丙嗪残留时间可达数月之久。

【作用机理】其作用机制是通过阻断中脑-边缘系统和中脑-皮层系统的 $D_2$ 受体（多巴胺 $D_2$ 亚型受体）而发挥疗效的；同时还明显地抑制网状结构的外侧区（即感觉区），阻断冲动经侧支传入网状结构，对网状结构的内侧区（即效应区）

抑制轻微，对网状结构上行激活系统中的 α 受体也有阻断作用，使动物安静和嗜睡。

【作用与应用】①镇静、安定作用。对实验动物或家畜用药后，能明显减少自发性活动，易诱导入睡，减少动物的攻击行为，使之驯服和易于接近，呈现安定作用。但动物对刺激有良好的醒觉反应，与巴比妥的催眠不同，加大剂量也不引起麻醉。②止吐作用。小剂量时能抑制延髓的化学催吐感受区，大剂量能直接抑制呕吐中枢，但对刺激消化道或前庭器官反射性兴奋呕吐中枢引起的呕吐无效。③降温作用。抑制丘脑下部体温调节中枢，降低基础代谢，使体温下降 1～2℃，但与一般解热药不同，本品能使正常体温下降。④抗休克作用。氯丙嗪能阻断肾上腺素受体，可致血管扩张，血压下降，改善微循环，具有抗休克作用。氯丙嗪也可阻断 M 胆碱受体，但作用较弱。⑤有一定的镇痛作用。

本品用于有攻击行为的猫、犬和野生动物，使其安静；缓解大家畜因脑炎、破伤风引起的过度兴奋以及作为食道梗塞、痉挛疝的辅助治疗药；用于麻醉前给药；用于严重外伤、烧伤、骨折等麻醉时减少麻醉药的用量，防止休克和镇痛；还可用于减少高温季节长途运输动物时的应激反应。

【不良反应】本品治疗量时安全范围大，较少发生不良反应，但马不宜使用，会引起马表现不安，常易摔倒，发生意外。若应用过量引起心率加快、呼吸浅表、肌肉震颤、血压降低时，禁用肾上腺素解救，可选用强心药和去甲肾上腺素。对体弱年老动物应慎用。本品有刺激性，静脉注射时宜稀释且缓慢进行。

【制剂、用法与用量】盐酸氯丙嗪注射液。2mL：0.05g。肌内注射，一次量，每千克体重，牛、马 0.5～1mg，猪、羊 1～2mg，犬、猫 1～3mg，虎 4mg，熊 2.5mg，单峰骆驼 1.5～2.5mg，野牛 2.5mg；静脉注射，剂量同肌内注射，宜用 10％葡萄糖溶液稀释成 0.5％的浓度使用。休药期 28d，弃乳期 7d。

## 地西泮（Diazepam）

【理化性质】又名安定、苯甲二氮唑。为白色或类白色结晶性粉末，无臭，味微苦。在丙酮或氯仿中易溶，乙醇中溶解，水中几乎不溶。

【作用与应用】本品具有安定、镇静、催眠作用，使动物安静和易于接近和管理。较大剂量时可使骨骼肌松弛，有较强的抗惊厥、抗癫痫和增强麻醉药的作用。主要用于各种动物的镇静与保定，如治疗癫痫、狂躁等，也可用于基础麻醉及麻醉前给药。

【注意事项】静脉注射宜缓，以防造成心血管和呼吸抑制。不宜与噻吩类药物合用。中毒时可用中枢兴奋药解救。

【制剂、用法与用量】地西泮片。2.5mg、5mg。内服，一次量，犬 5～10mg，猪 2～5mg，水貂 0.5～1mg。

地西泮注射液。2mL：10mg。肌内、静脉注射，一次量，每千克体重，马 0.1～0.15mg，牛、羊、猪 0.5～1mg，犬、猫 0.6～1.2mg，水貂 0.5～1mg。

休药期 28d。

### 溴化钙（Calcium Bromide）

【理化性质】为白色颗粒，味咸而苦，极易溶于水。

【作用与应用】溴离子可抑制大脑皮层的活动，钙离子可加强其镇静作用；钙盐有抗过敏作用。

主要用于治疗中枢神经过度兴奋的病畜，如破伤风引起的惊厥、脑炎引起的兴奋、猪因食盐中毒引起的神经症状以及马、骡疝痛引起的疼痛不安等。也辅助治疗皮肤变态反应性疾病。

【不良反应】本品排泄缓慢，连续使用不可超过 1 周，否则会引起蓄积中毒，中毒时应立即停药，并给予氯化钠制剂，加速溴离子排出。本品对局部组织和胃肠道黏膜有刺激性，内服应配成 1%～3% 的水溶液，静脉注射不可漏出血管外。忌与强心苷类药物合用。

【制剂、用法与用量】溴化钙注射液。10mL：1g、50mL：2.5g。静脉注射，马、牛 2.5～5g，猪、羊 0.5～1.5g。

### 苯巴比妥（Phenobarbital）

【理化性质】为白色结晶或粉末，无臭，味苦，极易溶于水。

【作用与应用】本品具有镇静、催眠和抗惊厥的作用，对各种癫痫发作都有效，但对癫痫小发作疗效较差。本品还能增强解热镇痛药的镇痛作用。

【不良反应】犬和猪有时会出现运动失调和躁动不安；猫敏感，慎用。联合用药可增强中枢抑制药和磺胺类药物的作用，不可与酸性药物配伍使用。

【制剂、用法与用量】苯巴比妥片。15mg、30mg、100mg。内服，一次量，每千克体重，犬、猫 6～12mg，每天 2 次，用于治疗轻微癫痫。

注射用苯巴比妥钠。0.1g、0.5g。肌内注射，用于镇静、抗惊厥，一次量，每千克体重，羊、猪 0.25～1g，马、牛 10～15mg，犬、猫 6～12mg；用于治疗癫痫状态，每千克体重，犬、猫 6mg，隔 6～12h 一次。休药期 28d，弃乳期 7d。

### 硫酸镁注射液（Magnesium Sulfate Injection）

【理化性质】本品为硫酸镁灭菌水溶液，为无色的澄明液体。

【作用与应用】注射给药，吸收后的镁离子浓度过低时可致激动，随着剂量增加，可抑制中枢神经系统，产生镇静、抗惊厥与全身麻醉作用，但产生麻醉作用的剂量能麻痹呼吸中枢，故不宜单独作全身麻醉药，应与水合氯醛合用。同时镁离子对神经肌肉接头有阻断作用，使骨骼肌松弛。常用于治疗破伤风、脑炎、士的宁等中枢兴奋药中毒所致的惊厥，也用于治疗膈肌痉挛及分娩时子宫颈痉挛等。

【注意事项】本品剂量过大或静脉注射过快时，可使血压下降，呼吸中枢麻痹，心肌传导阻滞，甚至死亡，故静脉注射宜缓慢。一旦中毒，可迅速静脉注射

5％氯化钙溶液进行抢救。与多黏菌素、链霉素、葡萄糖酸钙、普鲁卡因、四环素和青霉素等药物存在配伍禁忌。

【制剂、用法与用量】硫酸镁注射液。10mL：1g、10mL：2.5g。肌内、静脉注射，一次量，牛、马10～25g，猪、羊2.5～7.5g，犬、猫1～2g。

## 单元三 麻醉性镇痛药

临床上缓解疼痛的药物，按其作用机理、缓解疼痛的强度和临床用途可分为两类：一类是能选择性地作用于中枢神经系统，缓解疼痛作用较强，用于剧痛的一类药物，称镇痛药；另一类作用部位不在中枢神经系统，缓解疼痛作用较弱，多用于钝痛，同时还具有解热消炎作用，即解热镇痛抗炎药，临床多用于肌肉痛、关节痛、神经痛等慢性疼痛。

镇痛药可选择性地消除或缓解痛觉，减轻由疼痛引起的紧张、烦躁不安等，使疼痛易于耐受，但对其他感觉无影响并保持意识清醒。由于反复应用在人易成瘾，故又称麻醉性镇痛药或成瘾性镇痛药。此类药物多数属于阿片类生物碱，如吗啡、可待因等，也有一些是人工合成代用品，如哌替啶等，属于必须依法管制的药物。

### 吗啡（Morphine）

【理化性质】盐酸盐为白色、有丝光的针状结晶或结晶性粉末，无臭，遇光易变质。溶于水，略溶于乙醇。

【作用与应用】本品具有强大的中枢性镇痛作用，镇痛范围广，对各种疼痛都有效。可抑制咳嗽中枢，产生镇咳作用，对各种原因引起的咳嗽都有效。临床主要用于剧痛和犬的麻醉前给药，以减少中枢抑制药的用量、缓减疼痛，中枢抑制类药物与本品有协同作用。治疗剂量抑制呼吸，急性中毒常因呼吸中枢麻痹、呼吸停止而窒息。不用于产科镇痛。胃扩张、肠阻塞及鼓胀禁用。注意，本品的中枢作用具有明显的种属差异。

【制剂、用法与用量】盐酸吗啡注射液。皮下或肌内注射，一次量，镇痛，每千克体重，马0.1～0.2mg，犬0.5～1mg。麻醉前给药，犬0.5～2.0mg。

### 哌替啶（Meperidine，Pethidine）

【理化性质】盐酸盐为白色结晶性粉末，无臭或几乎无臭。易溶于水或乙醇，不溶于乙醚。

【作用与应用】本品为人工合成的镇痛药。与吗啡相比，镇痛作用较弱，对呼吸的抑制强度相同，但作用时间较短，能缓解平滑肌痉挛。能兴奋催吐化学感受区，易引起恶心、呕吐。临床主要用于猫的镇静和镇痛，马痉挛性疝痛的止痛，犬和猫的麻醉前给药。本品的代谢存在明显的种属差异。

【制剂、用法与用量】盐酸哌替啶注射液。皮下或肌内注射，一次量，每千克体重，马、牛、羊、猪2～4mg，犬、猫5～10mg。

## 单元四 ◆ 全身麻醉药

### 一、概　述

#### （一）概念

全身麻醉药简称全麻药，是一类能可逆的、广泛性的抑制中枢神经系统，暂时使动物的意识、感觉、运动及反射机能减弱或消失、骨骼肌松弛，但仍保持延髓生命中枢（血管运动中枢和呼吸中枢）功能的药物。其麻醉作用是一个由浅入深的过程，主要用于外科手术的麻醉。目前使用的全麻药单独应用都不理想，临床常采用联合用药或辅以其他药物。常用的麻醉方式有麻醉前给药、诱导麻醉、基础麻醉、配合麻醉和混合麻醉等。

根据全麻药的理化性质和使用方法不同将其分为吸入性麻醉药和非吸入性麻醉药两类。吸入性麻醉药包括挥发性液体（如乙醚、氟烷、甲氧氟烷、恩氟烷等）和气体（氧化亚氮、环丙烷等）。吸入性麻醉药具有体内代谢破坏极少（由肺部吸入、呼出）、麻醉深度易于控制的优点，缺点是麻醉从始至终必须有专人控制，需要特殊的麻醉装置，药物对支气管黏膜有一定的刺激性，且这些药物易燃易爆。兽医临床上很少用于大动物麻醉。非吸入性麻醉药包括巴比妥类、水合氯醛、乙醇、氯胺酮、舒泰等，优点是麻醉诱导期短，一般不出现兴奋期，操作简便，给药途径多（如静脉注射、肌内注射、腹腔注射、口服及直肠灌注等），缺点是麻醉深度、用药剂量与麻醉维持时间不易控制，排泄慢，苏醒期也长。

#### （二）麻醉方式

为了克服全麻药的不足，减少麻醉药用量，增强麻醉效果，减少毒副反应，增加麻醉安全性，扩大麻醉药应用范围，常采用以下几种联合用药的方式进行复合麻醉。

1. **麻醉前给药**　在应用全麻药前，先用一种或几种药物以补救麻醉药的不足或增强麻醉效果，减少全麻药的毒副作用和用量。如给予阿托品或东莨菪碱以减少乙醚刺激呼吸道的分泌，防止由于迷走神经兴奋所致的心跳减慢。

2. **混合麻醉**　用两种或两种以上药物配合在一起进行麻醉，以达取长补短目的（如减少每种药物的使用剂量，降低毒性）。如氟烷与乙醚混合使用等。

3. **配合麻醉**　常用局麻药配合全麻药进行麻醉。如先用水合氯醛引起浅麻醉，再在有关部位施用局麻药，以减少水合氯醛的用量及毒性。为满足手术对肌肉松弛的要求，往往在麻醉同时应用琥珀胆碱等肌松药。

4. **基础麻醉**　先用硫喷妥钠等巴比妥类药物，使其达到浅麻醉状态，在此基础上再用其他麻醉药物来维持麻醉深度，可减轻麻醉药不良反应及增强麻醉效果。

5. **诱导麻醉**　为避免全麻药诱导期过长的缺点，一般选用诱导期短的硫喷妥钠，使之快速进入外科麻醉期，然后改用乙醚等其他药物维持麻醉。

#### （三）麻醉注意事项

1. **麻醉前检查及用药**　对动物要有全面的了解，体质、呼吸、心脏等。对于极度衰弱，患有严重呼吸器官、肝和心血管系统疾病的动物以及妊娠母畜，不宜作全身麻醉。为达到理想的麻醉效果，通常采用联合用药。

2. **麻醉过程中的观察** 在麻醉过程中，时刻注意动物的呼吸、心搏、瞳孔等变化，并经常观察角膜反射和肛门反射。如麻醉程度不足，可适当追加麻醉；如麻醉过深，应及时解救。

3. **正确选用麻醉药** 要根据动物种类和手术需要，选择合适的麻醉方式、麻醉药物、剂量等，能用局部麻醉，不用全麻，能浅不深。一般来说，马属动物和猪对全麻药比较耐受，但对巴比妥类有时可引起明显的兴奋。反刍动物在麻醉前，宜停饲12h以上，不宜单用水合氯醛作全身麻醉，多以水合氯醛与普鲁卡因作配合麻醉。

## 二、临床常用药物

### （一）非吸入麻醉药

非吸入麻醉药是指用于非吸入途径给药进行麻醉的药物。兽医临床使用的主要有巴比妥类、氯胺酮、水合氯醛等。巴比妥类药物能抑制脑干网状结构上行激活系统，具有镇静、催眠、抗惊厥和麻醉作用。根据作用时间的长短，分为长效（苯巴比妥钠）、中效（异戊巴比妥钠）、短效（戊巴比妥钠）和超短效（硫喷妥钠）四种类型。

#### 硫喷妥（Thiopental）

【理化性质】其钠盐为乳白色或淡黄色粉末；有蒜臭，味苦；有引湿性，易溶于水。

【作用与应用】本品属于超短效巴比妥类药物。静脉注射后动物通常在30s～1min进入麻醉状态；持续时间很短，如犬每千克体重静脉注射15～17mg，可持续7～10min麻醉；静脉注射18～22mg，可持续10～15min。加大剂量或重复给药，可增强麻醉强度和延长麻醉时间。常用作牛、猪、犬的全麻药或基础麻醉药以及马属动物的基础麻醉药；也用于中枢兴奋药中毒、脑炎、破伤风引起的惊厥。

【注意事项】①反刍动物在麻醉前需注射阿托品，以减少腺体分泌；②肝、肾功能不全时禁用；③静脉注射时要缓慢和不可漏到血管外；④若导致呼吸和血液循环抑制时，可用戊四氮等解救；⑤由于硫喷妥钠作用持续时间过短，临床使用时应及时补给作用时间较长的药物。

【制剂、用法与用量】注射用硫喷妥钠。0.5g、1g。静脉注射，一次量，每千克体重，马7.5～11mg，牛10～15mg，犊牛15～20mg，猪、羊10～25mg，犬、猫20～25mg（临用时用注射用水或生理盐水配成2.5%溶液）。

#### 戊巴比妥（Pentobarbital）

【理化性质】其钠盐为白色结晶性颗粒或粉末，无臭，味微苦，极易溶于水。

【作用与应用】本品作用与苯巴比妥相似，主要用作中、小动物的全身麻醉，也可用作各种动物的镇静药、基础麻醉药和抗惊厥药以及中枢神经兴奋中毒的解救。

【不良反应】大剂量可抑制呼吸中枢和心血管系统；肝、肾和肺功能不全的动物禁用。

【制剂、用法与用量】注射用戊巴比妥钠。0.1g。静脉注射（麻醉），一次量，每千克体重，马、牛 15～20mg，羊 30mg，猪 10～25mg，犬 25～30mg；肌内、静脉注射（镇静），每千克体重，马、牛、猪、羊 5～15mg。

### 异戊巴比妥（Amobarbital）

【理化性质】其钠盐为白色颗粒或粉末；无臭，味苦；极易溶于水。

【作用与应用】本品作用与苯巴比妥相似。小剂量能镇静、催眠，随剂量增加能产生抗惊厥和麻醉作用，麻醉维持时间约为 30min。临床主要用于中、小动物的镇静、抗惊厥和麻醉。

【不良反应】苏醒时有较强烈的兴奋现象。

【制剂、用法与用量】注射用异戊巴比妥钠。0.1g、0.25g。静脉注射，一次量，每千克体重，猪、犬、猫、兔 2.5～10mg（临用前用灭菌注射用水配成 3%～6% 的溶液）。

### 氯胺酮（Ketamine）

【理化性质】又称开他敏，为白色结晶性粉末，无臭；盐酸盐易溶于水。

【作用与应用】本品具有明显快速的镇痛作用。既可抑制下丘脑新皮层的冲动传导，使动物进入浅麻状态，痛觉完全消失，又能兴奋脑干与大脑边缘系统，使来自脊髓丘脑的传导并未完全停止，从而使意识模糊存在，这种麻醉状态称为分离麻醉。麻醉期间动物表现意识模糊，对环境刺激无反应，痛觉消失，眼球凝视或转动，骨骼肌张力不变或增加，呈木僵状态。

临床用于马、牛、猪、羊、野生动物的基础麻醉和化学保定，但仅能用于与肌松无关的小手术，也可与水合氯醛、二甲苯胺噻唑进行混合麻醉。多以静脉注射给药，作用快且维持时间短。如马以每千克体重 1mg 静脉注射，约 1min 奏效，药效维持 10min；牛以每千克体重 8mg 静脉注射，药效维持 10～20min。

【注意事项】由于氯胺酮会引起大量唾液分泌，故麻醉前必须应用阿托品。

【制剂、用法与用量】盐酸氯胺酮注射液。2mL：0.1g。静脉注射，一次量，每千克体重，马、牛 2～3mg，猪、羊 2～4mg；肌内注射，每千克体重，猪、羊 10～15mg，犬 10～15mg，猫 20～30mg。休药期 28d，弃乳期 7d。

### 水合氯醛（Chloral Hydrate）

【理化性质】为无色透明的结晶；有刺激性臭味，味微苦，易溶于水和乙醇。

【作用与应用】小剂量产生镇静；中等剂量产生催眠，但对呼吸中枢有一定的抑制作用；大剂量产生全身麻醉与抗惊厥。还能降低新陈代谢，抑制体温中枢，可使体温下降 1～5℃。主要用于马、猪、犬的全身麻醉和疝痛、子宫直肠脱出、脑炎、破伤风、士的宁中毒等的镇静、镇痛、解痉。

【注意事项】本品刺激性大，内服 5％以上溶液即能使胃肠黏膜发生炎症；静脉注射时不可漏出血管；内服或灌注时，宜用 10％的淀粉浆配成 5％～10％的浓度。静脉注射时，先注入 2/3 的剂量，余下 1/3 剂量应缓慢注入，待动物出现后躯摇摆、站立不稳时，即可停止注射并助其缓慢倒卧。有严重心、肝、肾疾病的病畜禁用。因能抑制体温中枢，故在寒冷季节应注意保温。过量中毒可用樟脑、尼可刹米等缓解，但不可用肾上腺素。麻醉时一般作基础麻醉，超过浅麻醉量能抑制延髓呼吸中枢、血管运动中枢及心脏活动而发生中毒甚至死亡。因此，本品不是一个理想的全麻药；牛、羊应用易导致腺体大量分泌与瘤胃膨胀，故应慎用，且在应用前注射阿托品。

【制剂、用法与用量】水合氯醛粉，内服，一次量，马、牛 10～25g，猪、羊 2～4g，犬 0.3～1g；静脉注射，一次量，每千克体重，马 0.08～0.2g，水牛、猪 0.13～0.18g。

### （二）吸入性麻醉药

吸入性麻醉药是气体或低沸点易挥发的液体的麻醉药，通过连续给药就能有效控制脑组织中麻醉药的浓度，停药后机能会很快恢复，因而较安全，但由于需要专门的设备和人员监控，所以目前临床上使用很少。该类麻醉药主要有麻醉乙醚、氟烷、异氟烷等，其中麻醉乙醚因有易燃性，且对呼吸道黏膜刺激较大，现很少应用。

### 氟烷（Halothane）

【理化性质】本品为无色透明、挥发性液体，遇光、热、和潮湿空气缓慢分解。为非易燃易爆品。

【作用与应用】本品是作用最强的吸入麻醉药，但肌肉松弛和镇痛作用较弱。该药有较强的抑制心脏的作用，且易引起呼吸抑制。临床主要用于犬、猫手术时的全身麻醉和诱导麻醉。

【注意事项】麻醉起效快，作用强，极易引起麻醉过深，出现呼吸抑制、心搏缓慢、心律失常等，麻醉时应注意监护。

【制剂、用法与用量】常用浓度为 0.5％～5％（在吸入气体中所占比例）。诱导麻醉用 4％，维持麻醉用 1.5％。适用剂量是每小时 0.049～0.19mL/kg。对犬与猫可使用氟烷与氧化亚氮进行混合麻醉。

### 异氟烷（Isoflurane）

【理化性质】本品在常温下为无色透明液体，有刺鼻臭味。为非易燃易爆品。

【作用与应用】异氟烷能有效地抑制中枢神经系统，同时具有良好的肌肉松弛作用。其麻醉特点是麻醉诱导快，动物苏醒快，麻醉的深度能迅速调整，对各种动物的安全范围都大。

临床用于诱导麻醉和/或维持麻醉，适合于各种动物，如犬、猫、马、牛、羊、猪、鸟类、动物园动物和野生动物。

【注意事项】不用于食品动物，可通过胎盘抑制胎儿。

【制剂、用法与用量】借助麻醉机吸入。诱导麻醉：浓度 3％～5％（在吸入气体中所占比例），犬、猫 3～5L/min，牛、驹、猪 5～7L/min；维持麻醉：浓度 1％～3％（在吸入气体中所占比例），犬、猫 3～5L/min，牛、驹、猪 5～7L/min。

## 单元五 化学保定药

在不影响动物意识和感觉的情况下，可使动物情绪转为平静和温顺，嗜眠与肌肉松弛，停止抗拒与挣扎，以达到类似保定目的，这类药物称为化学保定药。此类药物广泛用于动物园、野生动物、锯茸、疾病、人工授精诊治以及马、牛等大家畜的运输、人工授精、诊疗检查等。目前，我国兽医临床上常用的有赛拉唑、赛拉嗪及其制剂。

### 赛拉嗪（Xylazine）

【理化性质】又名隆朋，为白色或类白色结晶性粉末，味微苦，不溶于水，溶于乙醇，易溶于丙酮或苯。

【作用与应用】本品具有明显的镇静、镇痛和肌肉松弛的作用，可引起反刍动物的唾液分泌增多、呼吸频率下降和兴奋子宫平滑肌的作用。

临床主要用于各种动物的镇痛和镇静；可与某些麻醉药合用于外科手术；也用于猫的催吐。

【注意事项】①用药后犬、猫可出现呕吐等不良反应，猫出现排尿增多；②反刍动物对本品敏感，用前应禁食并注射阿托品；③产乳动物禁用。

【制剂、用法与用量】赛拉嗪注射液。5mL：0.1g、10mL：0.2g。肌内注射，一次量，每千克体重，马 1～2mg，牛 0.1～0.3mg，羊 0.1～0.2mg，犬、猫 1～2mg，鹿 0.1～0.3mg。休药期，牛、马 14d，鹿 15d。

### 赛拉唑（Xylazole）

【理化性质】又名二甲苯胺噻唑、静松灵，为白色结晶性粉末，味微苦，难溶于水。

【作用与应用】本品是我国自行研发的新兽药，作用与赛拉嗪相似，具有镇静、镇痛和肌肉松弛作用，但镇静有明显的种属和个体差异，牛最敏感，马、犬、猫、猪敏感性较差，兔、鼠反应不一。对胃肠痉挛引起的疼痛有较好的效果，对皮肤创伤性疼痛效果较差。

临床主要用于各种动物的化学保定，控制狂躁兴奋难以控制的动物及捕捉野生动物。小剂量用于动物运输、换药以及子宫脱出整复等小手术；马、犬、猫、反刍兽的麻醉前给药；常与氯胺酮配合用于全身麻醉，马疝痛、犬腹痛时的镇痛及犬、猫中毒时的催吐。

【注意事项】①为避免本品对心、肺的抑制和减少腺体分泌，在用药前给予小剂量阿托品；②牛大剂量应用时，应先停饲数小时，卧倒后宜将头放低，以免唾液和瘤胃液进入肺内，并应防止瘤胃臌气；③猪对本品有抵抗，不宜用于猪；

④妊娠后期禁用。

【制剂、用法与用量】盐酸赛拉唑注射液。5mL：0.1g、10mL：0.2g。肌内注射，一次量，每千克体重，马、骡0.5～1.2mg，驴1～3mg，黄牛、牦牛0.2～0.6mg，水牛0.4～1mg，羊1～3mg，鹿2～5mg。休药期28d，弃乳期7d。

## 琥珀胆碱 （Succinylcholine）

【理化性质】又名司可林，氯化琥珀胆碱，为白色或近白色结晶性粉末；无臭，味苦。微溶于乙醇和氯仿，不溶于乙醚，易溶于水。

【作用与应用】本品为去极化型骨骼肌松弛药。能选择性与骨骼肌运动终板处$N_2$胆碱受体结合，使骨骼肌松弛。肌松的顺序为：首先是头部的眼肌、耳肌等小肌肉，继而是头部、颈部肌肉，再次为四肢和躯干肌肉，最后是膈肌。当过量时，常因膈肌麻痹，引起动物窒息死亡。该药作用快、持续时间短，但因动物种类不同存在差异。

临床主要作为肌松弛保定药，用于动物骨折整复、断角、锯茸、捕捉、运输时动物的保定；手术时用作麻醉辅助药，国外多用于马、犬、猫的手术。

【注意事项】①反刍动物对本品敏感，用药前应停食半日，以防影响呼吸或引起异物性肺炎；用药前给予小剂量阿托品，以避免唾液腺、支气管腺分泌过多而发生窒息。②用药过程中发现呼吸抑制或停止时，应立即拉出舌头，同时进行人工呼吸或输氧，静脉注射尼可刹米，但不可用新斯的明解救。③老、弱、孕动物禁用；高血钾、心肺疾患、电解质紊乱和使用抗胆碱酯酶药时慎用。

【制剂、用法与用量】氯化琥珀胆碱注射液。1mL：50mg，2mL：100mg。肌内注射，一次量，每千克体重，马0.07～0.2mg，牛、羊0.01～0.016mg，猪2mg，犬、猫0.06～0.11mg，梅花鹿、马鹿0.08～0.12mg，水鹿0.04～0.06mg。

### 练与做

1. 实验或录像观察：水合氯醛的全身麻醉作用及氯丙嗪的增强麻醉作用。

2. 处方练习

病例一：早春，某水牛，先见精神沉郁，意识茫然，无目的行走，惊恐不安，有时哞鸣，食欲废绝。继而高度兴奋，不听使唤，不避障碍，狂奔乱走，触物顶墙，气促喘粗。因步态跟跄而倒地抽搐。临床检查，体温40℃，心率100次/min，眼球凸出，皮肤及感官（视、听）反射消失。

初步诊断：脑膜脑炎。请开写治疗处方。

病例二：杂交狼犬被汽车撞倒后发现后肢不能站立，行走时两后肢拖地。检查：体温、呼吸、心跳基本正常，第二腰椎有挫伤，针刺挫伤部位后无反应。初步诊断：腰脊神经损伤。请开写治疗处方。

3. 走访附近动物（宠物）医院，查阅相关资料和网站，了解小动物外科手术常用的麻醉药有哪些，如何使用。

1. **麻醉分期** 全身麻醉典型的可分四个期。因临床上许多因素相互影响，进而改变了临床症候和实际反射情况，故临床上全身麻醉不可能如此明确地划分。但有了此麻醉分期，有利于掌握麻醉的深度。下面以氟烷麻醉为例划分四个期。

第Ⅰ期（镇痛期）：是麻醉药开始进入体内至意识丧失的阶段。动物运动不协调，出现幻觉和喊叫。此期缺乏镇痛，但出现遗忘症。瞳孔对光反射，大小正常，均有保护性反射。呼吸和心率基本正常。

第Ⅱ期（兴奋期）：动物对所有感觉刺激反应强烈，呈昏迷状态，非自主性鸣叫或挣扎。胃内有食物、水或空气时发生呕吐。一般动物中枢神经系统反应敏感，故此期十分危险。呼吸不规则，气喘，通气过度，心率加快，血压升高，瞳孔散大，眼球位于中央（或眼球震颤），角膜有反射，有明显的咀嚼、张口或吞咽动作等。

第Ⅲ期（外科麻醉期）：为呼吸、循环、肌张力和保护性反射均受到渐性抑制阶段。此期是进行外科手术的最佳时期。

第Ⅳ期（延髓麻痹期）：一旦心脏停止跳动，大脑缺氧，如在很短时间内循环和氧合作用得不到恢复，就会出现永久性脑损伤或死亡。故第Ⅳ期必须立即采取复苏措施，恢复呼吸和心血管功能。

2. **相关药物**

（1）速眠新。又称为846合剂，其主要成分为赛拉唑、氟哌啶醇（安定药）、噻芬太尼（镇痛药）、氯胺酮等。临床主要用于大、小动物的麻醉和保定，使用时应注意病危动物、有心脏病和呼吸系统疾病动物禁用。麻醉过量或催醒可用苏醒灵4号。

（2）舒泰。为含唑拉西泮和替拉他明的分离麻醉剂，该药麻醉迅速，静脉注射后1min即进入外科麻醉状态，肌内注射5～8min麻醉，有深度止痛作用，肌肉松弛效果与吸入型麻醉剂类似。临床主要用于小动物外科手术的麻醉。应用前需禁食12h。用药期间注意保温。动物苏醒与动物状况和给药途径有关。在麻醉前和麻醉后避免使用含氯霉素的药物，否则会延迟麻醉剂的排泄，也禁止与含氯霉素的药物合用，否则会造成体温过低，心脏抑制。

（3）丙泊酚。是一种新型快速、短效静脉麻醉药，具有麻醉诱导起效快、苏醒迅速的特点。临床上用于诱导麻醉、维持麻醉。

**复习题**

1. 中枢兴奋药按其作用部位可分为哪几类？其代表药物有哪些？中毒时用

何药解救？

　　2. 试述咖啡因的作用及临床应用。

　　3. 通常中枢抑制药随剂量不同会出现哪些作用？

　　4. 中枢抑制药中毒时，分别用什么药解救？

**讨论题**

　　为增加麻醉的安全性，可采用联合用药进行复合麻醉，临床常用麻醉方式有哪些，举例说明。

# 模块二　外周神经系统药物

**学习目标**

　　了解局部麻醉药的概念、局部麻醉的分类及方法，掌握局部麻醉药的药理作用及应用。了解传出神经药的分类、作用机理，掌握临床常用作用于传出神经药物的作用及应用。

**学 与 导**

　　外周神经系统由传入神经（感觉神经）和传出神经组成，传出神经包括运动神经和植物性神经。作用于外周神经系统的药物包括传入神经药和传出神经药，传入神经药主要是局部麻醉药，传出神经药物包括肾上腺素能药和胆碱能药。

## 单元一　局部麻醉药

### 一、概　　述

**（一）概念**

　　局部麻醉药是一类作用于神经末梢或神经干，可逆性地阻滞神经冲动的传导，使局部的感觉尤其是痛觉消失，而又不影响意识的药物，临床主要用于局部手术和治疗。

　　局部麻醉药对各种类型的神经轴突均产生传导阻滞。一般是细的神经纤维比粗的神经纤维麻醉快，恢复慢；无髓神经纤维比有髓神经纤维麻醉快，恢复慢。在混合神经干内，局部麻醉药阻止冲动的顺序是痛觉在先，其次是冷觉、温觉、压觉，最后是运动神经元，所以局部麻醉药在高浓度时也能引起运动麻痹。

**（二）作用机理**

　　神经冲动的产生和传导有赖于神经细胞膜对离子通透性的一系列变化。静息状态下，钙离子与细胞膜上的磷脂蛋白结合，阻止钠离子内流。当神经受到刺激

局部麻醉药

兴奋时，钙离子离开结合点，钠离子通道开放，钠离子大量内流，产生动作电位，从而产生神经冲动传导。局部麻醉药的作用在于它能竞争钙离子，并牢固地占据神经细胞膜上的钙离子结合点，当神经再次受到刺激时，局部麻醉药却不能离开结合点，钠离子内流受阻，动作电位不能产生，神经冲动传导阻断，而产生局部麻醉作用（图 3-3）。

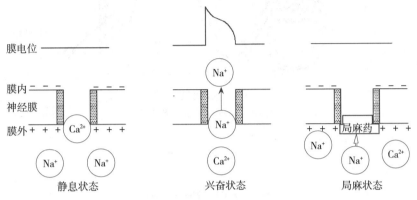

局部麻醉药的
作用机理（动画）

图 3-3 局部麻醉药作用机理示意
（周新民．2001．动物药理）

局麻药对急性炎症、损伤性或缺氧性疼痛组织的作用减弱或无效，因为炎症组织常常处于酸性环境，使注入的麻醉药不易转变成具有穿透能力的非离子型，降低了到达神经细胞膜的药物量，因而明显地降低了局部麻醉药的临床药效。

**（三）局部麻醉方式**

1. **表面麻醉（黏膜麻醉）** 将药液滴入或涂敷于黏膜的表面，使黏膜下的感觉神经末梢麻醉。主用于口、眼、咽、鼻、尿道等处的小手术。临床应选用表面穿透力强的丁卡因、利多卡因。

2. **浸润麻醉** 将药液注入皮下或深部组织，使药液浸润区域的神经传导受阻。主要用于体表小手术。最常用的是普鲁卡因，其次是利多卡因。

3. **传导麻醉（阻断麻醉，神经干麻醉）** 将药液注入神经干周围，以阻断神经干的传导，使其所支配的区域产生麻醉。主要用于口腔、腹壁、四肢手术，或做跛行诊断。常用普鲁卡因或利多卡因，注射时，勿进入血管。

4. **椎管内麻醉** 将药液注入椎管内的麻醉，可麻醉该部位的脊神经或脊神经根。适用于后肢、腹部手术。常用普鲁卡因、利多卡因。

硬膜外腔麻醉，将药液注入硬脊膜外腔；蛛网膜下腔麻醉，将药液注入蛛网膜下腔。

常用局部麻醉方法见图 3-4。

5. **封闭疗法** 将药液注入患部周围或神经通路上，以阻断病灶部位的不良冲动向中枢传递，减少疼痛，改善神经营养。封闭疗法常用低浓度的普鲁卡因，适用于蜂窝织炎、风湿病、久不愈合的创伤、蹄真皮炎、烧伤、疝痛等，有炎症时常配合使用青霉素。封闭疗法也可行穴位封闭注射。

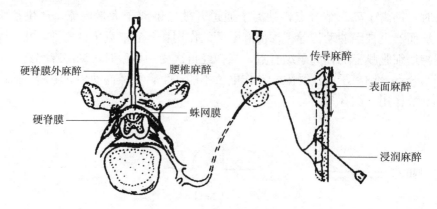

图 3-4　局部麻醉方式

（梁运霞 . 2006. 动物药理与毒理）

## 二、临床常用药物

### 普鲁卡因（Procaine）

【理化性质】又名奴佛卡因，为白色结晶或结晶性粉末，易溶于水，但水溶液不稳定，略溶于乙醇，无臭，味微苦，遇光、热、久贮后颜色渐变黄，局麻作用下降。

【作用与应用】局部麻醉药，是临床上应用最广，效果较好的局麻药。

临床主要用于浸润麻醉、传导麻醉、脊膜外麻醉和封闭疗法；还可用于犬的瘙痒症及某些过敏性疾病等。普鲁卡因静脉注射还可用于治疗疝痛、烧灼烫伤、关节炎、蜂窝织炎和风湿症等引起的难以消除的剧痛以及顽固性水肿、久治不愈的创伤等。

【注意事项】普鲁卡因禁止与磺胺类、抗胆碱酯酶药物、肌松药、碳酸氢钠、硫酸镁等药物配伍使用。为了减少吸收，延长时效，减轻毒性，可在溶液中加入少许肾上腺素（约每 100mL 药液中加入 0.1％盐酸肾上腺素注射液 0.2～0.5mL）。本品用量过大引起中毒时，应立即进行对症治疗，兴奋期可给予小剂量的中枢抑制药，若转为抑制期只能采用人工呼吸等措施。

【制剂、用法用量】盐酸普鲁卡因注射液。5mL：0.15g、10mL：0.3g、50mL：1.25g、50mL：2.5g。浸润麻醉、封闭疗法，0.25％～0.5％的溶液；传导麻醉，小动物用 2％的浓度，每个注射点为 2～5mL，大动物用 5％的浓度，每个注射点为 10～20mL；硬膜外麻醉，2％～5％溶液，马、牛 20～30mL，小动物 2～5mL；静脉注射，马、牛 0.5～2g，猪、羊 0.2～0.5g，用生理盐水配成 0.25％～0.5％的溶液，缓慢注射，必要时间隔 1～2d 用药一次。

### 丁卡因（Tetracaine）

【理化性质】本品盐酸盐为白色结晶性粉末；无臭，味苦，有麻木感，易溶于水。

【作用与应用】本品麻醉作用强，是普鲁卡因的 10～15 倍；作用持久，比普鲁卡因长 1 倍，可达 3h 左右，但用药后，作用产生较慢，需 5～15min；组织穿透力强；毒性大，为普鲁卡因的 10～12 倍，毒性反应发生率亦高。

临床主要用于表面麻醉。

【注意事项】由于丁卡因毒性大，作用出现慢，注射后吸收快，所以一般不作浸润麻醉和传导麻醉，但可与普鲁卡因或利多卡因配成混合液应用。

【制剂、用法用量】盐酸丁卡因注射液。5mL∶50mg。表面麻醉，0.5%～1%溶液用于眼科麻醉；1%～2%溶液用于鼻、咽部喷雾；0.1%～0.5%溶液用于泌尿道黏膜麻醉。应用时可加入0.1%盐酸肾上腺素溶液，以减少吸收毒性，延长局麻时间。

执业兽医资格考试模拟题19
　适用于表面麻醉的药物是（A）
A. 丁卡因　　B. 咖啡因
C. 戊巴比
D. 普鲁卡因
E. 硫喷妥钠

### 利多卡因（Lidocaine）

【理化性质】又名昔罗卡因，本品为白色结晶性粉末，无臭，味苦，有麻木感。易溶于水和乙醇，水溶液稳定，可高压灭菌，应密闭保存。

【作用与应用】本品局麻作用强而快，较普鲁卡因强1～3倍，维持药效时间长，可达1.5～2h；对组织的穿透力及弥散性强，可作表面麻醉；毒性随浓度上升，0.5%时与普鲁卡因的毒性几乎相等，2%时则增加一倍；大剂量静脉注射能抑制心室的自律性，缩短不应期。

临床主要用于表面麻醉、浸润麻醉、传导麻醉、脊髓麻醉和治疗心律失常。

【注意事项】对患有严重心传导阻滞的动物禁用，肝、肾功能不全及慢性心力衰竭动物慎用，其他抗心律失常药物可加强本品的心脏毒性。

【制剂、用法与用量】盐酸利多卡因注射液。5mL∶0.1g、10mL∶0.2g、10mL∶0.5g、20mL∶0.4g。浸润麻醉用0.25%～0.5%溶液；表面麻醉用2%～5%溶液；传导麻醉用2%溶液，每个注射点，马、牛8～12mL，羊3～4mL；硬膜外腔麻醉用2%溶液，马、牛8～12mL，犬1～10mL，猫2mL。

## 单元二　传出神经药

传出神经兴奋时通过神经末梢释放化学物质（神经递质），进而与相应的受体结合进行信息传递。作用于传出神经药物能直接作用于受体或影响递质的释放、储存、转化，产生与递质相似的作用或拮抗的作用。

神经递质的合成、释放、降解（动画）

## 一、分　类

根据药物作用的主要部位（受体）及作用性质（拟似或拮抗，激动或阻断），将作用于传出神经药物进行如下分类（表3-1）。

**表3-1　作用于传出神经系统药物分类**

（梁运霞.2006.动物药理与毒理）

| 分　类 | | 药　物 | 作用机制 |
| --- | --- | --- | --- |
| 拟胆碱药 | 节前、节后拟胆碱药<br>节后拟胆碱药<br>抗胆碱酯酶药 | 乙酰胆碱、氨甲酰胆碱、槟榔碱<br>氨甲酰甲胆碱、毛果芸香碱<br>新斯的明、毒扁豆碱、加兰他敏 | 兴奋N、M胆碱受体<br>兴奋M胆碱受体<br>抑制胆碱酯酶 |

（续）

| 分 类 | | 药 物 | 作用机制 |
|---|---|---|---|
| 抗胆碱药 | 节后抗胆碱药<br>骨骼肌松弛药 | 阿托品、东莨菪碱<br>琥珀胆碱、筒箭毒碱、潘克罗宁 | 阻断 M 胆碱受体<br>阻断 $N_2$ 胆碱受体 |
| 拟肾上腺素药 | | 肾上腺素<br>麻黄碱<br>去甲肾上腺素<br>异丙肾上腺素 | 兴奋 α、β 受体<br>兴奋 α、β 受体并促进递质释放<br>兴奋 α 受体<br>兴奋 β 受体 |
| 抗肾上腺素药 | | 酚妥拉明<br>普萘洛尔 | 阻断 α 受体<br>阻断 β 受体 |

## 二、临床常用药物

### （一）拟胆碱药

拟胆碱药是一类直接或间接作用于副交感神经，药理作用与神经递质乙酰胆碱相似的药物。

胆碱能药物

#### 氨甲酰胆碱（Carbachol）

【理化性质】本品为人工合成的白色或淡黄色小棱柱形结晶或结晶性粉末，有潮解性，极易溶于水，耐高温。

【作用与应用】本品直接兴奋 M 受体和 N 受体，是拟胆碱药中作用最强的一种，性质稳定（因其酸性部分不是乙酸而是氨甲酸，氨甲酸酯不易被胆碱酯酶水解），作用强而持久。M 受体兴奋时，腺体分泌增加及胃肠、膀胱、子宫等器官的平滑肌收缩加强，小剂量即可促使消化液分泌，加强胃肠蠕动，促进内容物迅速排出，增强反刍兽的反刍机能。对骨骼肌和心血管系统作用不明显。

临床主要用于治疗胃肠蠕动减弱的疾病如胃肠弛缓、肠便秘、胃肠积食、术后肠管麻醉及子宫弛缓、胎衣不下、子宫蓄脓等；也可点眼治疗青光眼。

执业兽医资格考试模拟题20
属于M受体激动剂
的药物是（A）
A. 氨甲酰胆碱
B. 肾上腺素
C. 多巴胺　　D. 阿托品
E. 克伦特罗

【注意事项】禁用于孕畜、体质衰弱、机械性肠梗阻及肠管吻合术未愈等患畜；禁止肌内注射和静脉注射；治疗牛前胃弛缓积食时，应先软化胃内容物，再用小剂量皮下注射；中毒时可用阿托品进行解毒，但效果不理想；为避免不良反应，可将一次剂量分作 2～3 次注射，每次间隔 30min 左右。

【制剂、用法与用量】氯化氨甲酰胆碱注射液。1mL：0.25mg、5mL：1.25mg。皮下注射，一次量，马、牛 1～2mg，猪、羊 0.25～0.5mg，犬 0.025～0.1mg；治疗前胃弛缓用量，牛 0.4～0.6mg，羊 0.2～0.3mg。

#### 毛果芸香碱（Pilocarpine）

【理化性质】本品为是毛果芸香属植物提取的生物碱，现已能人工合成。其硝酸盐为有光泽的无色结晶，无臭，味微苦，遇光易变质。在水中易溶，在乙醇中微溶，在三氯甲烷和乙醚中不溶。

【作用与应用】本品能选择性地兴奋 M 胆碱受体，产生与节后胆碱能神经兴奋时相似的效应。对 N 胆碱受体作用微弱。其特点是对多种腺体和胃肠道平滑肌有强烈的兴奋作用。促进腺体分泌作用强大，收缩胃肠平滑肌的作用显著。对心血管系统及其他器官影响较小。缩瞳作用明显，无论是局部点眼还是注射，都能使瞳孔明显缩小，降低眼内压。

不良反应主要是流涎、呕吐和出汗等。

临床主要用于胃肠弛缓和前胃弛缓；与散瞳药交替滴眼可用于虹膜炎，防止粘连。

【注意事项】①本品能促进唾液腺及汗腺大量分泌，故对严重脱水的病畜能使脱水加剧，用药前应补液，并灌服盐类泻药以软化粪便；②禁用于老年、体弱、妊娠、心肺疾患的患畜；③忌用于肠道完全阻塞性便秘，以防肠管剧烈收缩，导致肠破裂；④中毒时可用阿托品解救。

【制剂、用法与用量】硝酸毛果芸香碱注射液。1mL：30mg、5mL：150mg。皮下注射，一次量，马、牛 50～150mg，羊 10～50mg，猪 5～50mg，犬 3～20mg。

执业兽医资格考试模拟题21
能抑制胆碱酯酶活性的药物是（E）
A. 阿托品
B. 肾上腺素
C. 毛果芸香碱
D. 氨甲酰胆碱
E. 新斯的明

### 新斯的明（Neostigmine，Prostigmine）

【理化性质】又名普洛色林、普洛斯的明。本品为白色结晶性粉末，无臭，味苦，极易溶于水，易溶于乙醇。

【作用与应用】本品能可逆性地抑制胆碱酯酶的活性，使乙酰胆碱在体内浓度增高，呈现拟胆碱样作用，并能直接兴奋骨骼肌运动终板的 $N_2$ 受体。本品对骨骼肌的兴奋作用最强，对胃肠道、子宫和膀胱平滑肌的兴奋作用较强，对各种腺体、心血管系统、支气管平滑肌和虹膜括约肌的作用较弱，对中枢作用不明显。

临床主要用于重症肌无力、术后腹胀及产后子宫复位不全、胎衣不下及尿潴留等。

【注意事项】腹膜炎、肠道或尿道的机械性阻塞、胃肠完全阻塞或麻痹患畜及孕畜禁用；癫痫、哮喘动物慎用；中毒时可肌内注射阿托品或静脉注射硫酸镁解救。

【制剂、用法与用量】甲硫酸新斯的明注射液。1mL：1mg、10mL：10mg。皮下或肌内注射，一次量，马 4～10mg，牛 4～20mg，猪、羊 2～5mg，犬 0.25～1mg。

### （二）抗胆碱药

抗胆碱药又称胆碱受体阻断药，是一类阻断节后胆碱能神经兴奋效应的药物。根据抗胆碱药对 M 受体或 N 受体作用的选择性及临床主要用途不同，将其分为 M 胆碱受体阻断药，如阿托品、东莨菪碱；N 胆碱受体阻断药，其又可分为 $N_1$ 胆碱受体阻断药（如美加明、六甲双铵）与 $N_2$ 胆碱受体阻断药（如琥珀胆碱、筒箭毒碱）；中枢性抗胆碱药，如二苯羟乙酸奎宁酯。$N_1$ 受体阻断药和中枢性抗胆碱药在兽医临床无应用价值。

## 1. M 胆碱受体阻断药

### 阿托品（Atropine）

【理化性质】本品的硫酸盐为无色结晶或白色结晶性粉末，无臭，味极苦，易溶于水、乙醇。

【作用机理】阿托品的作用性质、强度取决于剂量以及组织器官的机能状态和类型。治疗量时可阻断 M 受体，表现出胆碱能神经被阻断的作用；大剂量阿托品吸收后，可明显兴奋迷走神经中枢、呼吸中枢和大脑机能。中毒量时引起大脑和脊髓的强烈兴奋，动物表现为兴奋不安、运动亢进、肌肉震颤，随后动物由兴奋转为抑制、昏迷，最终可因呼吸麻痹而死。超量时，阻断神经节 $N_1$ 受体。

【作用与应用】阿托品对胆碱能神经支配的内脏平滑肌具有松弛作用，一般对正常活动的平滑肌影响较小，当平滑肌过度兴奋时，松弛作用极显著。本品对胃肠道、输尿管平滑肌和膀胱括约肌松弛作用较强，但对支气管平滑肌松弛作用不明显，对子宫平滑肌一般无效，对眼内平滑肌的作用是虹膜括约肌和睫状肌松弛，表现为瞳孔散大、眼内压升高。阿托品可抑制多种腺体的分泌，能明显地抑制唾液腺、气管腺及汗腺（马除外）分泌，引起口干舌燥、皮肤干燥和吞咽困难等。大剂量阿托品可直接松弛外周与内脏血管平滑肌，扩张外周及内脏血管，解除小血管的痉挛，增加组织血流量，改善微循环，较大剂量阿托品还可解除迷走神经对心脏的抑制作用，对抗因迷走神经过度兴奋所致的传导阻滞及心律失常，使心率加快。大剂量阿托品有明显的中枢兴奋作用，可兴奋迷走神经中枢、呼吸中枢、大脑皮层运动区和感觉区，对治疗感染性休克和有机磷中毒有一定意义。中毒量时，使大脑和脊髓强烈兴奋，动物表现异常兴奋，随后转为抑制，终因呼吸麻痹，窒息死亡。毒扁豆碱可对抗阿托品的中枢兴奋作用，其他拟胆碱药无对抗作用。

临床主要用于胃肠痉挛、肠套叠等，以调节胃肠蠕动；用于麻醉前给药，减少呼吸道腺体分泌，以防腺体分泌过多，影响呼吸或误咽引起肺炎；用于有机磷中毒和拟胆碱药中毒的解救；对洋地黄中毒引起的心动过缓和房室传导阻滞有一定防治作用；大剂量时用于治疗失血性休克及中毒性菌痢、中毒性肺炎等并发的休克；作散瞳剂，以 0.5%～1% 溶液点眼，治疗虹膜炎和周期性眼炎及进行眼底检查。

【注意事项】使用阿托品有口干和皮肤干燥等不良反应，一般停药后可自行消失；大剂量使用可继发胃肠臌气、便秘、心动过速、体温升高等，甚至发生中毒，各种家畜对阿托品的敏感性存在种间差异，一般肉食动物敏感性高。中毒时表现口腔干燥、瞳孔散大、脉搏呼吸加快、肌肉震颤、兴奋不安等，严重时体温下降、昏迷、运动麻痹，甚至窒息死亡；解救时，多以对症治疗为主，如用毛果芸香碱等拟胆碱药解救，结合使用镇静药、抗惊厥药等对症治疗。

【制剂、用法与用量】硫酸阿托品注射液。1mL：0.5mg、2mL：1mg、1mL：5mg。肌内、皮下或静脉注射，一次量，每千克体重，麻醉前给药，马、牛、羊、猪、犬、猫 0.02～0.05mg；解除有机磷中毒，马、牛、猪、羊 0.5～1mg，犬、猫 0.1～0.15mg，禽 0.1～0.2mg；马迷走神经兴奋性心律不齐，0.045mg；犬、猫心动过缓，0.02～0.04mg。

### 东莨菪碱（Scopolamine）

【理化性质】本品为无色结晶或白色结晶性粉末，无臭，易溶于水。

【作用与应用】作用与阿托品相似，但对中枢的作用因剂量及动物种属的不同存在差异，如犬、猫用小剂量可出现中枢抑制作用，大剂量产生兴奋作用，表现不安和运动失调；而对马均产生明显的兴奋作用。

临床主要用于有机磷酸酯类中毒的解救，本品抗震颤作用是阿托品的10～20倍；用于麻醉前给药，优于阿托品。注意马属动物常出现中枢兴奋。

【制剂、用法与用量】氢溴酸东莨菪碱注射液。1mL：0.3g、1mL：0.5g。皮下注射，一次量，牛1～3mg，羊、猪0.2～0.5mg，犬0.1～0.3mg。

2. N₂胆碱受体阻断药（骨骼肌松弛药）　这类药物主要作用于神经肌肉接头，能与N₂受体结合，阻断神经肌肉接头的传导，使骨骼肌松弛，故又称神经肌肉阻断药。常用药物见化学保定药的琥珀胆碱。

### （三）拟肾上腺素药

又称肾上腺素受体激动药。这类药物能与肾上腺素受体结合，并兴奋受体，产生与递质去甲肾上腺素相似的药理作用。拟肾上腺素药的作用与结构有密切关系。肾上腺素、去甲肾上腺素、异丙肾上腺素、多巴胺等苯环C-3、C-4位上都有羟基形成儿茶酚，故又称为儿茶酚胺类化合物。

### 肾上腺素（Epinephrine）

【理化性质】本品为白色或类白色结晶性粉末，无臭，味苦，与空气接触或受日光照射，易氧化变质。在水中极微溶解，但其盐酸盐易溶于水，在中性或碱性水溶液中不稳定。注射液变色后不能使用。

【药动学】口服易被消化液破坏，并因收缩胃肠黏膜血管，吸收减少，而且在肠黏膜和肝内迅速被酶代谢而失活，所以达不到有效血药浓度，不宜内服。

【药理作用】本品通过兴奋α、β受体产生作用，其作用因剂量、机体的生理与病理情况的不同存在差异。对β受体的作用强于α受体。

（1）强心作用。动物表现心脏兴奋性提高，使心肌收缩力加强，传导加速，心率加快，心脏输出量增加；扩张冠状血管，改善心肌血液供应，呈现快速强心作用。但当剂量过大或静脉注射过快时，因其使心肌代谢增强，耗氧量增加，加之心肌兴奋性提高，此时可引起心律失常，出现期前收缩，甚至心室纤颤。

（2）收缩或扩张血管作用。可引起皮肤、黏膜和内脏（如肾）血管强烈收缩（此处α受体占优势，且数量多），骨骼肌、冠状血管扩张（此处β受体为主）。肾上腺素对小动脉、毛细血管作用强，而对大动脉、静脉作用弱。

（3）升高血压的作用。小剂量使收缩压升高，舒张压不变或下降，较大剂量静脉注射时，收缩压和舒张压均升高。

（4）松弛支气管平滑肌的作用。尤其当支气管平滑肌痉挛时，作用更显著。

（5）对代谢产生影响。肾上腺素活化代谢，促进肝糖原与肌糖原分解，并降低外周组织对葡萄糖的摄取作用，从而使血糖升高，血中乳酸量增加。加速脂肪

遵纪守法　守护食品安全
——严禁违规添加"瘦肉精"
畜禽养殖过程中非法添加的"瘦肉精"为β受体激动剂。食用含"瘦肉精"的肉类会对人体造成危害。兽医工作者应具备良好的职业道德，规范用药，为市场提供安全的肉品。

分解，使血中游离脂肪酸增多。

（6）其他作用：可使马、羊等动物发汗，兴奋竖毛肌。收缩脾被膜平滑肌，使脾中储备的红细胞进入血液循环，增加血液中红细胞数。

【临床应用】①作为心脏骤停的急救药，用于麻醉过度、一氧化碳中毒、溺水、手术意外、药物中毒等引起的心脏骤停；②治疗过敏反应，如血清反应、荨麻疹、青霉素过敏性休克等；③与普鲁卡因等局麻药配伍，减少局麻药的吸收，延长局麻时间；④作为局部止血药，用于鼻黏膜出血、齿龈出血等。

【制剂、用法与用量】盐酸肾上腺素注射液。1mL：1mg、5mL：5mg。皮下注射，一次量，马、牛2～5mL，猪、羊0.2～1.0mL，犬0.1～0.5mL，猫0.1～0.2mL；静脉注射，一次量，马、牛1～3mL，猪、羊0.2～0.6mL，犬0.1～0.3mL，猫0.1～0.2mL。

## 去甲肾上腺素（Norepinephrine）

【理化性质】本品为白色或几乎白色的结晶性粉末，无臭，味苦，易溶于水。

【作用与应用】主要激动α受体，对β受体的兴奋作用较弱，尤其对支气管平滑肌和血管上皮的影响很小。对冠状血管以外的小动脉和小静脉大部分都有收缩作用，其中以皮肤黏膜和肾血管的收缩最强，从而使总外周阻力增加。可升高血压，增加休克时心、脑等重要器官的血液供应，故有利于休克的恢复。临床主要用于外周循环衰竭引起的休克早期治疗和上消化道的局部出血。

【注意事项】本品限于休克早期的抢救，并在短时间内小剂量静脉注射，如长期大量使用，反而使休克恶化。静脉注射时严防药物外漏，以免引起组织坏死。

【制剂、用法与用量】重酒石酸去甲肾上腺素注射液。1mL：2mg、2mL：10mg。静脉注射，一次量，马、牛8～12mg，猪、羊2～4mg。猪、羊按每分钟2mL速度滴注，马、牛可根据心率变化情况酌情增快速度。

## 麻黄碱（Ephedrine）

【理化性质】又名麻黄素，其盐酸盐为白色针状结晶或结晶性粉末，无臭，味苦，易溶于水，溶于乙醇，不溶于氯仿与乙醚。

【作用与应用】麻黄碱的作用与肾上腺素相似，通过直接兴奋肾上腺素受体和促进去甲肾上腺素能神经末梢释放去甲肾上腺素，发挥拟肾上腺素作用。对兴奋心脏、收缩血管、升高血压和松弛支气管平滑肌的松弛作用不如肾上腺素强、迅速，但作用持久。中枢兴奋是其副作用。

临床主要用作平喘药，用于治疗支气管痉挛，也可用于过敏性疾病，解救吗啡、巴比妥类及其他麻醉药中毒。外用可治疗鼻炎，消除鼻腔黏膜充血、肿胀0.5％～1％溶液滴鼻。

【制剂、用法与用量】盐酸麻黄素片。0.25mg。内服，一次量，马、牛50～500mg，羊20～100mg，猪20～50mg，犬10～30mg，猫2～5mg。

盐酸麻黄碱注射液 1mL：30mg、5mL：150mg。皮下注射，一次量，马、牛 50～300mg，猪、羊 20～50mg，犬 10～30mg。

### （四）抗肾上腺素药

抗肾上腺素药又称肾上腺素受体阻断药，该类药物能与肾上腺素受体结合，阻碍去甲肾上腺素能神经递质或拟肾上腺素药与肾上腺素受体结合，从而产生抗肾上腺素作用。依据与不同受体的结合，分 α 肾上腺素受体阻断药（α 受体阻断药）和 β 肾上腺素受体阻断药（β 受体阻断药）两类。

#### 酚妥拉明（Phentolamine）

【药理作用】酚妥拉明与 α 受体的结合力弱，作用短暂，为短效 α 受体阻断药。对 $\alpha_1$ 受体和 $\alpha_2$ 受体的选择性均低，但对 $\alpha_1$ 受体的阻断作用弱于对 $\alpha_2$ 受体的作用。主要作用：①扩张血管：使血压下降，这与其对 $\alpha_1$ 受体的阻断作用和对血管的直接扩张作用有关；②兴奋心脏：使心脏收缩力增强，心率加快，心排血量增加，这与其阻断 $\alpha_2$ 受体和反射性兴奋交感神经有关；③拟胆碱作用：使胃肠平滑肌张力增加。

【临床应用】主要用于血管痉挛性疾病，如肢端动脉痉挛症、感染中毒性休克等，用于犬休克的治疗。

【注意事项】应用时需补充血容量，最好与去甲肾上腺素同用。

#### 普萘洛尔（Propranolol）

又名心得安。

【药理作用】本品有较强的 β 受体阻断作用，但对 $\beta_1$ 受体、$\beta_2$ 受体的选择性低。可阻断心脏 $\beta_1$ 受体，抑制心脏收缩力，减慢心率，减少循环血流量，降低血压。可阻断平滑肌 $\beta_2$ 受体，使支气管和血管收缩。

【临床应用】用于治疗多种原因所致的心律失常，如房性及室性早搏（效果较好）、窦性及室上性心动过速、心房颤动等，但对室性心动过速宜慎用。锑剂中毒引起的心律失常，当其他药物无效时，可试用本品。

#### 练与做

1. 实验或录像观察：肾上腺素对普鲁卡因局部麻醉作用的影响。

2. 处方练习

病例一：用猪口蹄疫蜂胶佐剂灭活苗进行免疫效果试验，每头猪肌内注射 5mL，半小时后个别猪出现：肌肉震颤，喘气急促，呼吸困难，黏膜发绀，口吐白沫，站立不稳，倒地抽搐，瞳孔散大，粪尿失禁。

诊断：严重过敏反应。请开写治疗处方。

病例二：一公犬，体重 25kg，近来排尿频繁，每次排尿不多，排尿时表现痛苦不安；仔细检查排出尿液，发现尿中有小石粒，且有少量血液；尿道触诊，也发现有较大结石存在；用尿道冲洗术未能清除结石。

诊断：尿道结石症（决定手术排石）。请开写麻醉前用药处方。

1. 常用局部麻醉药的比较　具体见表3-2。

表 3-2　常用局部麻醉药作用的比较

| 药名 | 麻醉强度（普鲁卡因=1） | 组织通透性 | 开始作用 | 毒性（普鲁卡因=1） | 表面麻醉浓度 | 浸润麻醉浓度 | 传导麻醉浓度 | 脊髓麻醉浓度 | 维持时间（min） |
|---|---|---|---|---|---|---|---|---|---|
| 普鲁卡因 | 1 | 差 | 慢 | 1 | — | 0.5% | 2% | 2%～5% | 30～90 |
| 利多卡因 | 1.5～2.0 | 好 | 快 | 1.0～1.4 | 2%～4% | 0.5%～1% | 1%～2% | 1%～2% | 75～180 |
| 丁卡因 | 10～20 | 强 | 慢 | 8 | 0.5%～2% | 0.1% | 0.2%～0.5% | 0.2%～0.5% | |

2. 传出神经的相关知识

(1) 传出神经受体根据其选择性结合的递质类型不同，分为胆碱受体和肾上腺素受体两种。

①胆碱受体。能选择性地与乙酰胆碱结合的受体，称胆碱受体。胆碱受体对各种激动剂敏感性不同，位于副交感神经节后纤维及少部分交感神经的节后纤维所支配的效应器细胞膜上的胆碱受体，对毒蕈碱敏感，称为毒蕈碱型胆碱受体（简称M胆碱受体或M受体），此受体兴奋所产生的效应称为毒蕈碱样作用，即M样作用；位于神经节细胞膜和骨骼肌细胞膜上的胆碱受体对烟碱较敏感，称为烟碱型胆碱受体（简称N胆碱受体或N受体），此受体兴奋时的作用称烟碱样作用，即N样作用。

②肾上腺素受体。能选择性地与去甲肾上腺素或肾上腺素结合的受体，称肾上腺素受体。依据受体对激动剂敏感性不同，分为α肾上腺素受体（简称α受体）及β肾上腺素受体（简称β受体）。

(2) 传出神经递质通过兴奋相应的受体产生作用。

①乙酰胆碱的作用。兴奋M、N受体，产生M样、N样作用。M样作用，主要表现为心脏抑制、血管扩张、多数平滑肌收缩、瞳孔缩小、腺体分泌增加等，N样作用主要表现为植物神经节兴奋、骨骼肌收缩等。

②去甲肾上腺素或肾上腺素的作用。兴奋α、β受体，α受体作用主要表现为皮肤、黏膜、内脏血管（除冠状血管外）收缩，血压升高等；β型作用主要表现为心肌兴奋，支气管、冠状血管平滑肌松弛等。

**复习题**

1. 什么是局部麻醉药？局部麻醉的方式有哪些？

2. 盐酸肾上腺素的临床应用有哪些？

3. 作用于传出神经和传入神经的药物分为哪几类？有哪些常用药？

4. 拟胆碱药临床上有哪些应用？使用时应注意什么？

## 讨论题

硫酸阿托品作用广泛，临床应如何使用？

# 第四篇　内脏系统药物

## 内容提要

　　本篇包括消化系统、呼吸系统、泌尿系统、生殖系统、血液循环系统的药物，要求掌握内脏系统药物的作用机制、临床应用、注意事项及其制剂等，能将内脏系统药物安全、有效、合理地应用于临床中。

# 模块一　消化系统药物

## 学习目标

1. 理解消化系统药物的分类与作用机理。
2. 掌握常用药物的作用特点、临床应用，做到合理选药用药。

### 学与导

　　消化系统疾病是家畜较多发的常见病。引起消化系统疾病的原因很多，饲料品质不良、饲养管理不善以及家畜不当使役等都可引起动物消化机能紊乱，导致胃肠道的分泌、蠕动、吸收和排泄等机能障碍，从而产生消化不良、积食、鼓胀、腹泻或便秘等一系列疾病。消化系统疾病也可继发于其他器官疾病或传染病。

　　由于动物种类不同，其消化系统的解剖结构和生理机能亦不同，因而发病类型和发病率也有差异。如马属动物常发便秘疝，反刍动物常发前胃疾病。

　　无论何种原因引起的消化系统疾病，其治疗原则都是相同的，即在解除病因、改善饲养管理的前提下，针对其消化系统机能障碍，合理使用调节消化功能的药物才能取得良好的效果。作用于消化系统的药物很多，这些药物主要通过调节胃肠道的运动和消化腺的分泌机能，维持胃肠道内环境和微生态平衡，从而改善和恢复消化系统机能。根据其药理作用和临床应用可分为健胃药、助消化药、瘤胃兴奋药、制酵药、消沫药、泻药和止泻药等。

### 单元一　健胃药与助消化药

#### 一、健胃药

　　凡能促进动物唾液和胃液的分泌，调整胃的机能活动，加强消化和提高食欲的药物称为健胃药。健胃药的药效标志是增进食欲。食欲不振不是一种单独的疾病，而是某些疾病的一个症状。因此，对于食欲不振应着重于病因治疗，临床上健胃药主要适用于功能性食欲不振，或作为病因治疗的辅助药物。健胃药按其性质和药理作用特点分为苦味健胃药、芳香性健胃药和盐类健胃药三类。

### (一) 苦味健胃药

主要有龙胆、马钱子、大黄等，此类药物具有强烈的苦味，口服可刺激舌部味觉感受器，反射性地兴奋食物中枢，加强唾液和胃液分泌，提高食欲，促进消化机能，最终起到健胃作用。此作用在动物消化不良、食欲减退时更显著。使用时应注意：制成合理的剂型，如散剂、舔剂、溶液剂、酊剂等，经口给药（不能用胃导管），饲喂前给药。用量不宜过大，同一种药物不宜长期反复应用，以免动物产生耐受性，使药效降低。

#### 龙胆酊 (Radix Gentianae Tincture)

【理化性质】本品为黄棕色的液体，味苦。

【作用与应用】本品味苦性寒，内服可作用于舌味觉感受器，促进唾液与胃液分泌增加，加强消化，提高食欲。临床常与其他健胃药配伍制成散剂、酊剂、舔剂等剂型，用于食欲不振及某些热性疾病引起的消化不良等。

【制剂、用法与用量】龙胆酊。由龙胆 10g、40％酒精 100mL 浸制而成。马、牛 50～100mL，驼 60～150mL，羊、猪 5～10mL，犬、猫 1～3mL。

### (二) 芳香性健胃药

本类药物种类较多，如陈皮、桂皮、豆蔻、茴香、姜、大蒜、辣椒等。它们含有挥发油，具有辛辣性或苦味，内服后对消化道黏膜有轻度的刺激作用，能反射性地增加消化液分泌，促进胃肠蠕动。另外，还有轻度的抑菌和制止发酵作用；药物吸收后，一部分挥发油经呼吸道排出能增加支气管腺的分泌，有轻度祛痰作用。因此，健胃、祛风、制酵、祛痰是挥发油的共有作用。临床上常将本类药物配成复方，用于消化不良、胃肠内轻度发酵和积食等。

#### 大蒜酊 (Garlic Tincture)

【理化性质】为大蒜去皮、捣烂加入酒精过滤制成（大蒜 400g 捣烂，加入70％酒精 1 000mL，密封浸泡 12～14d 过滤制成）。主要成分为大蒜素，气特异，味辛辣。

【作用与应用】内服大蒜酊能刺激胃肠黏膜，增强胃肠蠕动和胃液分泌，有健胃作用。本品还有明显的抑菌、制酵作用。临床常用于治疗瘤胃臌气、前胃弛缓、胃扩张、肠臌气和慢性胃肠卡他等。

【制剂、用法与用量】大蒜酊。内服，一次量，马、牛 50～100mL，猪、羊 10～20mL，用前加 4 倍水稀释。

### (三) 盐类健胃药

主要有氯化钠、碳酸氢钠、人工盐。内服少量的盐类，通过渗透压作用，可轻度刺激消化道黏膜，反射性地引起胃肠蠕动增强，消化液分泌增加，提高食欲。吸收后又可补充离子，调节体内离子平衡。

### 人工盐 (Artificial Carlsbad Salt)

【理化性质】为白色干燥粉末，易溶于水，水溶液呈弱碱性。在空气中易吸湿，应密封保存。

【作用与应用】人工盐具有多种盐类的综合作用。内服少量时，能轻度刺激消化道黏膜，促进胃肠的分泌和蠕动，增加消化液分泌，从而产生健胃作用，还有利胆作用。内服大量时，其主要成分硫酸钠在肠道中可离解出钠离子和不易被吸收的硫酸根，借助渗透压作用，在肠管中保持大量水分，并刺激肠管蠕动，软化粪便，起到缓泻作用。

兽医临床上，小剂量用于治疗消化不良、前胃迟缓和慢性胃肠卡他等，大剂量可用于治疗早期大肠便秘。

【注意事项】①禁与酸性药物配伍应用，与酸性药物同服可发生中和反应，使药效降低；②内服作泻剂应用时宜大量饮水。

【制剂、用法与用量】人工盐。由干燥硫酸钠（44%）、碳酸氢钠（36%）、氯化钠（18%）、硫酸钾（2%）混合制成。内服，健胃，一次量，马 50～100g，牛 50～150g，羊、猪 10～30g。缓泻，一次量，马、牛 200～400g，羊、猪 50～100g。

## 二、助消化药

食物消化主要由胃肠及其附属器官分泌的胃液、胰液、胆汁等完成。当消化机能减弱，消化液分泌不足时，会引起消化过程紊乱。助消化药系指能促进胃肠消化过程的药物，一般是消化液中的主要成分，如稀盐酸、稀醋酸、淀粉酶、胃蛋白酶、胰酶等。它们能补充消化液中某种成分的不足，发挥替代疗法的作用，因而用于消化道分泌功能减弱，消化不良。常用于治疗哺乳期幼畜的消化不良。在临床上常与健胃药配合应用。

### 稀盐酸 (Dilute Hydrochloric Acid)

【理化性质】为无色澄明液体。无臭，味酸。呈强酸性反应。应置玻璃塞瓶内密封保存。

【作用与应用】盐酸是胃液的主要成分之一，适当浓度的稀盐酸可激活胃蛋白酶原，使其转变成为有活性的胃蛋白酶，并提供酸性环境使胃蛋白酶发挥消化蛋白质的作用。另外，胃内容物保持一定酸度有利于胃排空及钙、铁等矿物质的溶解与吸收，还有抑菌制酵作用。

临床适用于胃酸缺乏引起的消化不良、胃内异常发酵、马骡急性胃扩张等。

【注意事项】①禁与碱类、盐类健胃药，有机酸，洋地黄及其制剂配合使用；②用药浓度和用量不可过大，否则可因食糜酸度过高，反射性地引起幽门括约肌痉挛，影响胃的排空，而产生腹痛。

【制剂、用法与用量】稀盐酸。含盐酸约 10%。内服，一次量，马 10～20mL，牛 15～30mL，猪 15～2mL，羊 2～5mL，犬 0.15～0.5mL。用前加 50 倍水稀释成 0.2%的溶液使用。

## 胃蛋白酶（Pepsin）

【理化性质】本品从牛、羊、猪等动物的胃黏膜提取制得。为白色至淡黄色的粉末。味微酸，吸湿性。能溶于水，水溶液呈酸性。

【作用与应用】本品内服后在胃内可使蛋白质初步分解为蛋白胨，有利于蛋白质的进一步分解吸收。在酸性环境中作用强，pH 为 1.8 时其活性最强。当胃液分泌不足引起消化不良时，胃内盐酸也常不足，为充分发挥胃蛋白酶的消化作用，在用药时应同服稀盐酸。

临床常用于胃液分泌不足或幼畜因胃蛋白酶缺乏所引起的消化不良。

【注意事项】①忌与碱性药物、鞣酸、重金属盐等配合使用；②与抗酸药（如氢氧化铝）同服，因胃内 pH 升高而使其活力降低；③温度超过 70℃时迅速失效；④剧烈搅拌可破坏其活性，导致减效。

【制剂、用法与用量】胃蛋白酶。每 1g 中含蛋白酶活力不得少于 3 800IU。内服。一次量，马、牛 4 000～8 000IU，羊、猪 800～1 600IU，驹、犊 1 600～4 000IU，犬 80～800IU，猫 80～240IU。用前先将稀盐酸加水 20 倍稀释，再加入胃蛋白酶，于饲喂前灌服。

执业兽医资格考试模拟题23
禁与碱性药物配伍使用的药物是（C）
A. 人工盐
B. 胰淀粉酶
C. 胃蛋白酶
D. 胰脂肪酶
E. 胰蛋白酶

## 干酵母（Saccharomyces Siccum，Yeast）

【理化性质】又名食母生。为麦酒酵母菌的干燥菌体。呈淡黄白色或黄棕色的薄片、颗粒或粉末。有酵母的特臭，味微苦。

【作用与应用】本品含 B 族维生素，如维生素 $B_1$、维生素 $B_2$、烟酸、维生素 $B_6$、维生素 $B_{12}$、叶酸、肌醇及麦芽糖酶、转化酶等。这些成分多为体内酶系统的重要组成物质，能参与体内糖、蛋白质、脂肪等的代谢和生物转化过程，因而能促进消化。

临床用于食欲不振、消化不良和 B 族维生素缺乏的辅助治疗，如多发性神经炎、糙皮病、酮血症等的治疗。

【注意事项】①本品含大量对氨苯甲酸，可拮抗磺胺类药的抗菌作用，不宜合用；②用量过大可发生轻度下泻。

【制剂、用法与用量】干酵母片，0.3g、0.5g。内服，一次量，马、牛120～150g，猪、羊 30～60g，犬 8～12g。

## 乳酶生（Lactasin，Biofermine）

【理化性质】又名表飞鸣。为乳酸杆菌制剂，白色或淡黄色的干燥粉末，无臭，无味，难溶于水。

【作用与应用】内服进入肠内后，能分解糖类产生乳酸，使肠内酸度升高，从而抑制腐败性细菌的繁殖，并可防止蛋白质发酵，减少肠内产气。

临床主要用于消化不良、肠臌气和幼畜腹泻等。

【注意事项】①不应与抗菌药物、收敛剂、吸附剂、酊剂及乙醇等同用，并禁用热水调药，以免减效；②应在饲喂前服药；③超过有效期，其中活菌数目已很少，不宜再用；④受热效力降低，凉暗处保存。

【制剂、用法与用量】乳酶生片。每克乳酶生中含活的乳酸杆菌数不低于 1 000万个。内服，一次量，驹、犊 10～30g，羊、猪 2～10g，犬 0.3～0.5g。

### 三、健胃药与助消化药的合理选用

健胃药与助消化药可用于治疗动物的食欲不振、消化不良，临床上常配伍应用。但食欲不振、消化不良往往是许多全身性疾病或饲养管理不善的临床表现，因此，必须在对因治疗和改善饲养管理的前提下，配合选用本类药物，则能提高疗效。

马属动物出现口干、色红、苔黄、粪干小等消化不良症状时，选用苦味健胃药龙胆酊、大黄酊、陈皮酊等；如果口腔湿润、色青白、舌苔白、粪便松软带水，则选用芳辛性健胃药配合人工盐等较好。

当消化不良兼有胃肠弛缓或胃肠内容物有异常发酵时，应选用芳辛性健胃药，并配合鱼石脂等制酵药。

猪的消化不良，一般选用人工盐或大黄苏打片。

吮乳幼畜的消化不良，主要选用胃蛋白酶、乳酶生、胰酶等。

草食动物吃草不吃料时，亦可选用胃蛋白酶，配合稀盐酸。牛摄入蛋白质丰富的饲料后，在瘤胃内产生大量的氨，影响瘤胃活动，早期可用稀盐酸或稀醋酸，疗效良好。

## 单元二 制酵药与消沫药

### 一、制 酵 药

制酵药与消沫药

凡能抑制细菌或酶的活动，阻止胃肠内容物发酵，使其不能产生过量气体的药物称制酵药。

瘤胃臌气一般是因家畜采食大量发酵或腐败变质的饲料后，因细菌的作用而产生大量气体，当这些气体不能通过肠道或嗳气排出时，则引起鼓胀。治疗时，除危急病例可穿刺放气外，一般可使用制酵药，如鱼石脂、甲醛溶液、煤酚皂溶液、酒精、大蒜酊等，制止胃肠道内微生物发酵产气，并刺激胃肠黏膜，加强胃肠蠕动，以排出气体。临床上主要用于治疗反刍动物的瘤胃臌气，也用于马属动物的胃扩张及肠臌气。

#### 鱼石脂（Ichthammol）

【理化性质】为棕黑色浓厚的黏稠液体。有特臭。在水中溶解，易溶于乙醇。溶液呈弱酸性。

【作用与应用】鱼石脂有较弱的抑菌作用和温和的刺激作用。内服能制止发酵、祛风和防腐，促进胃肠蠕动。外用具有局部消炎和刺激肉芽生长的作用。

临床内服用于胃肠道制酵，如瘤胃臌气、前胃弛缓、胃肠臌气、急性胃扩张等。治疗马便秘时，常与泻药配合。外用治疗慢性皮炎、蜂窝织炎、腱炎、冻疮等。

【注意事项】禁与酸性药物如稀盐酸、乳酸等混合使用。

【用法与用量】内服，一次量，马、牛 10～30g，猪、羊 1～5g。临用时先加倍量乙醇溶解，再用水稀释成 3％～5％的溶液灌服。

鱼石脂软膏，10％，局部涂敷。

## 二、消沫药

消沫药是一类表面张力低，能迅速破坏起泡液的泡沫，而使泡内气体逸散的药物。当牛、羊采食大量含皂苷的饲料，如紫云英、紫苜蓿等豆科植物后，经瘤胃发酵会产生许多不易破裂的黏稠性小气泡，这些小气泡夹杂在瘤胃内容物中无法排出，便引起泡沫性臌气病。消沫药由于呈疏水性，其表面张力低于起泡液（泡沫性臌气瘤胃内的液体）的表面张力，与起泡液接触后，其微粒黏附于泡沫膜上，造成泡沫膜局部的表面张力下降，使泡沫膜面受力不均，产生不均匀收缩，致使膜局部被"拉薄"而破裂，气体逸出。此时，消沫药微粒再进行下一个消沫过程，如此循环，相邻的小气泡融合，逐渐汇集成大气泡或游离的气体通过嗳气排出。常用消沫药有二甲硅油、松节油、植物油。

### 二甲硅油（Dimethicone）

【理化性质】本品为二甲基硅氧烷的聚合物。无色澄清的油状液体，无臭或几乎无臭，无味；不溶于水及乙醇。须密封保存。

【作用与应用】本品表面张力低，内服后能迅速降低瘤胃内泡沫液膜的表面张力，使小气泡破裂，融合成大气泡，随嗳气排出，产生消除泡沫作用。本品消沫作用迅速，用药 5min 内即产生效果，15～30min 作用最强。治疗效果可靠，几乎没有毒性。

临床用于泡沫性臌气病。

【注意事项】灌服前后宜灌注少量温水，以减少刺激性。

【制剂、用法与用量】二甲硅油片。25mg，50mg。内服，一次量，牛 3～5g，羊 1～2g，临用时制成 2％～5％的乙醇或煤油溶液用胃管投服。

执业兽医资格考试模拟题24
松节油内服可用于（D）
A.止泻　　B.镇吐
C.中和胃酸
D.止酵健胃
E.解胃肠痉挛

### 松节油（Terebintine）

【理化性质】本品为无色至微黄色的澄清液体；臭特异。久贮暴露空气中，臭渐增强，色渐变黄。易燃，燃烧时发生浓烟。在乙醇中易溶；在水中不溶。

【作用与应用】内服适量松节油，由于对消化道黏膜的刺激作用，能促进消化液分泌，增加胃肠蠕动，并有防腐、止酵及消沫等作用，故内服可作消沫药。松节油蒸气吸入时，对呼吸道黏膜有温和的刺激作用，使分泌增加，并有消毒防腐、抗菌消炎作用，临床可用于上呼吸道炎症的辅助治疗。本品对皮肤有一定的刺激作用，可用于四肢扭伤的治疗。

临床主要治疗瘤胃臌气、泡沫性臌气、肠臌气、胃肠弛缓等。

【注意事项】本品禁用于屠宰家畜、泌乳母畜及有胃肠炎、肾炎的家畜。

【用法与用量】内服，一次量，马 15～40mL，牛 20～60mL，猪、羊 3～10mL。应用时加 3～4 倍植物油混合后内服，以减少刺激性。

### 三、制酵药与消沫药的合理选用

由于采食大量容易发酵或腐败变质的饲料导致的臌气或急性胃扩张，除危急者可以穿刺放气外，一般可用制酵药或瘤胃兴奋药，减少气体产生，加速气体排出。对其他原因引起的臌气，除制酵外，应对因治疗。

在常用的制酵药中以甲醛的作用确实可靠，但由于对局部组织刺激性强，加之能杀灭多种对机体有益的肠道微生物和纤毛虫，因此，除严重气胀外，一般情况均不宜选用。鱼石脂的制酵效果较好，刺激作用比较缓和，所以比较多用。鱼石脂与酒精配合应用效果好。

泡沫性臌气时，如果选用制酵药，仅能制止气体的产生，对已形成的泡沫无消除作用。因此，必须选用消沫药。

## 单元三 ◆ 瘤胃兴奋药

反刍动物消化生理的主要特征是在瘤胃内进行发酵消化或微生物消化，这种瘤胃消化要比肉食或杂食动物以消化酶进行的消化更为复杂。当饲养管理不良、饲料质量低劣，以及某些全身性疾病如高热、低血钙等，均可引起瘤胃运动迟缓、反刍减弱或停止，造成瘤胃积食、瘤胃臌气等一系列疾病。此时，在消除原发病的同时，可配合应用瘤胃兴奋药治疗。

瘤胃兴奋药是指能加强瘤胃收缩、促进蠕动、兴奋反刍的药物，又称反刍兴奋药。临床上常用的瘤胃兴奋药有拟胆碱药和抗胆碱酯酶药（如氨甲酰胆碱、新斯的明等）及浓氯化钠注射液等。氨甲酰胆碱、新斯的明的药理作用及应用请参见神经系统用药部分。

### 浓氯化钠注射液（Concentrated Sodium Chloride Injection）

【理化性质】又称高渗氯化钠注射液，为 10% 氯化钠的灭菌水溶液，无色透明，pH 为 4.5～7.5，专供静脉注射用。

【作用与应用】本品静脉注射可提高血液渗透压，增加血容量，改善血液循环，有利于组织的新陈代谢，同时又能刺激血管壁的化学感受器，反射性地兴奋迷走神经，加强胃肠的蠕动和分泌。当胃肠机能减弱时，这种作用更加显著。本品作用缓和，疗效良好，一般用药后 2～4h 作用最强。

用于治疗反刍动物前胃弛缓、瘤胃积食和马属动物便秘等。

【注意事项】①静脉注射时不能稀释，注射速度宜慢，不可漏至血管外；②心力衰竭和肾功能不全患畜慎用；③在 500mL 浓氯化钠注射液中配合 10% 安钠咖注射液 10mL 效果更好。

【制剂、用法与用量】浓氯化钠注射液 250mL：25g、500mL：50g 静脉注射，一次量，每千克体重，家畜 0.1g。

## 单元四 泻药与止泻药

### 一、泻 药

#### （一）概述

凡能促进肠管蠕动，增加肠内容积或润滑肠管、软化粪便、促进排粪的一类药物称泻药。临床上主要用于治疗便秘，排除肠内毒物及腐败分解产物；或服用驱虫药后，除去肠内残存的药物和虫体。根据泻药作用机理将其分为容积性泻药、刺激性泻药、润滑性泻药和神经性泻药四类。

1. **容积性泻药** 临床上常用的有硫酸钠和硫酸镁，它们都是盐类，所以又名盐类泻药。硫酸钠、硫酸镁其水溶液含有不易被胃肠黏膜吸收的硫酸根离子、钠离子和镁离子等，在肠内形成高渗，能吸收大量水分，并阻止肠道水分被吸收，软化粪便，增大肠内容积，并对肠壁产生机械性刺激，反射性地引起肠蠕动增强。同时，盐类的离子对肠黏膜也有一定的化学刺激作用，可促进肠蠕动，加快粪便排出。

容积性泻药

盐类泻药的致泻作用与溶液的浓度和量有密切关系。高渗溶液能保持肠腔水分，并能使体液的水分向肠腔转移，增大肠管容积，发挥致泻作用。硫酸钠的等渗溶液为 3.2％，硫酸镁为 4％。致泻时，应配成 6％～8％溶液灌服，主要用于大肠便秘。单胃家畜服药后经 3～8h 排粪，反刍动物要经 18h 以上才能排粪。如果与大黄等植物性泻药配伍，可产生协同作用。

应用盐类泻药前需给动物大量饮（灌）水，以保证泻下效果。

盐类溶液浓度过高（10％以上），不仅会延长致泻时间，降低致泻效果，而且进入十二指肠后，能反射性地引起幽门括约肌痉挛，妨碍胃内容物排空，有时甚至可引起肠炎。

2. **刺激性泻药** 本类药物内服后，在胃内一般无变化，到达肠内后，分解出有效成分，对肠黏膜感受器产生化学性刺激，反射性促进肠管蠕动和增加肠液分泌，产生泻下作用。临床常用的有大黄、芦荟、番泻叶、蓖麻油、巴豆油、牵牛子、酚酞等。

3. **润滑性泻药** 本类药物内服后，多以原形通过肠道，起润滑肠壁、阻止肠内水分吸收及软化粪便的作用，使粪便易于排出。临床常用的有液体石蜡、花生油、棉籽油、菜籽油、芝麻油和猪油等。故本类药又名油类泻药。

4. **神经性泻药** 包括拟胆碱药如氨甲酰胆碱，抗胆碱酯酶药如新斯的明等。它们有较强的促进胃肠蠕动、增强腺体分泌作用，可引起泻下，而且作用迅速，但其副作用很大，应用时必须注意。

#### （二）常用药物

##### 硫酸钠（Sodium Sulfate）

【作用与应用】内服大剂量硫酸钠，在肠内解离出钠离子和不易被肠壁吸收的硫酸根离子从而发挥泻下作用。另外，硫酸钠内服后，进入十二指肠，刺激肠黏膜，可反射性引起胆管入肠处括约肌松弛，胆囊收缩，促使胆汁排出。内服小剂量时对胃肠黏膜有缓和刺激而呈现健胃作用。

临床主要应用：①用于马属动物大肠便秘，反刍动物瓣胃及皱胃阻塞；②作为健胃药，多与其他盐类配伍使用；③用于排出消化道内毒物、异物，配合驱虫药排出虫体等；④10%～20%高渗溶液外用治疗化脓创、瘘管等。

【注意事项】①治疗大肠便秘时，硫酸钠合适的浓度为4%～6%，浓度过低效果较差，浓度过高则可继发肠炎，加重机体脱水；②硫酸钠不适用于小肠便秘治疗，因易继发胃扩张；③硫酸钠禁与钙盐配合应用。

【用法与用量】内服致泻，一次量，马200～500g，牛400～800g，羊40～100g，猪25～50g，犬10～25g，猫2～5g。

执业兽医资格考试模拟题25
内服无抗惊厥作用，静脉注射有抗惊厥作用药品是（C）
A. 地西泮
B. 苯巴比妥
C. 硫酸镁    D. 氯丙嗪
E. 水合氯醛

## 硫酸镁（Magnesium Sulfate）

【理化性质】又名泻盐（$MgSO_4 \cdot 7H_2O$）。为无色细小针状结晶或斜方形柱状结晶。味苦而咸，易溶于水。有风化性。

【作用与应用】本品内服小剂量时，能适度刺激消化道黏膜，使胃肠的分泌与蠕动稍增加，故有健胃作用；因可刺激十二指肠黏膜，反射性地使胆总管括约肌松弛和胆囊排空，有利胆作用。内服大剂量时，在肠内解离出镁离子和不易被肠壁吸收的硫酸根离子，借助渗透压作用，在肠腔内保留大量水分，增加肠内容积，并稀释肠内容物，软化粪便，促进排粪。此外，静脉注射硫酸镁溶液有抑制中枢神经作用，可缓解骨骼肌痉挛。

临床主要治疗大肠便秘；排除肠内毒物或辅助驱虫药排出虫体；牛第三胃阻塞。

【注意事项】①因易继发胃扩张，不适用于小肠便秘的治疗；②肠炎患者不宜用本品；③在某些情况下（如机体脱水、肠炎等），镁离子吸收增多会产生毒副作用；④中毒时可静脉注射氯化钙进行解救。

【用法与用量】内服致泻，一次量，马200～500g，牛300～800g，羊50～100g，猪25～50g，犬10～20g，猫2～5g，用时配成6%～8%溶液灌服。

## 液体石蜡（Liquid Paraffin）

【理化性质】本品是石油提炼过程中的一种副产品，为无色透明的油状液体。无臭，无味。不溶于水和乙醇。

【作用与应用】内服后在肠道内不被吸收，也不发生变化，以原形通过肠管，能阻碍肠内水分的吸收，对肠黏膜有润滑作用，并能软化粪块。其泻下作用缓和，对肠黏膜无刺激性，比较安全。孕畜也可应用。

临床适用于治疗瘤胃积食、小肠阻塞、有肠炎的患畜及孕畜便秘。

【注意事项】不宜多次服用，以免影响消化，阻碍脂溶性维生素及钙、磷等营养物质的吸收。

【制剂、用法与用量】液体石蜡。内服，一次量，马、牛500～1 500mL，驹、犊60～120mL，羊100～300mL，猪50～100mL，犬10～30mL，猫5～

10mL，可加温水灌服。

## 二、止泻药

凡能制止腹泻的药物称止泻药。根据药物作用特点可将止泻药分为四类：

1. 保护收敛性止泻药　如鞣酸蛋白、碱式硝酸铋、碱式碳酸铋等，这类药物具有收敛作用，能在肠黏膜表面形成蛋白保护膜。

2. 吸附性止泻药　如药用炭、白陶土、硅碳银等，具有吸附作用，能吸附毒物、毒素等，从而减少其对肠黏膜的刺激。

3. 抗菌止泻药　如某些抗生素、磺胺类、喹诺酮类等，能发挥对因治疗作用，使肠道炎症消退而止泻。

4. 抑制肠道平滑肌的药物　如阿托品、颠茄、盐酸消旋山莨菪碱等，可松弛肠道平滑肌，减少蠕动和分泌，抑制腹泻，消除腹痛。

### 鞣酸蛋白（Tannalbumin）

【理化性质】由鞣酸和蛋白质相互作用制成，为棕褐色的粉末，含鞣酸50%。微臭，味微涩。不溶于水和乙醇。

【作用与应用】本品自身无活性，内服后在胃中不分解，也不发挥收敛作用。但到达肠内后遇碱性肠液则逐渐分解为蛋白质和鞣酸，后者则发挥收敛止泻作用。这种作用持久且能到达肠管后部。

主要用于治疗急性肠炎和非细菌性腹泻。

【制剂、用法与用量】鞣酸蛋白片。0.25g、0.5g。内服，一次量，马、牛10～20g，猪、羊2～5g，犬、猫0.5～1.0g。

### 碱式碳酸铋（Bismuth Subnnitrate）

【理化性质】又名次碳酸铋。为白色或黄白色粉末。无臭，无味。不溶于水和乙醇，易溶于酸。遇光易变质，应遮光、密闭保存。

【作用与应用】本品内服难吸收，内服后在胃肠内能缓慢地解离出铋离子，铋离子与蛋白质结合，产生收敛、保护黏膜作用。铋离子亦能在肠道内与硫化氢结合，形成不溶性硫化铋覆盖于黏膜表面，保护肠黏膜，并减少硫化氢对肠壁的刺激，使肠道蠕动变慢而发挥止泻作用。碱式碳酸铋外用，在炎性组织中也能缓慢地解离出铋离子，与细菌、组织表层的蛋白质结合，产生收敛和抑菌消炎作用。对烧伤、湿疹可用次碳酸铋粉撒布。

临床上用于治疗肠炎和腹泻，外用治疗湿疹和烧伤，10%软膏可用于创伤或溃疡治疗。

【注意事项】对由病原菌引起的腹泻，应先用抗菌药控制其感染后再用本品。

【制剂、用法与用量】碱式碳酸铋片。0.3g、0.5g。内服，一次量，马、牛10～30g，猪、羊2～6g，犬0.3～2g，兔0.4～0.8g，禽0.1～0.3g。

### 药用炭 （Medicinal Charcoal）

【理化性质】又名活性炭。为黑色粉末。无臭，无味。不溶于水。在空气中吸收水分药效降低，必须干燥密封保存。

【作用与应用】本品颗粒细小，表面积大，吸附能力很强。内服到达肠道后，不被消化也不被吸收，能与气体、病原微生物、发酵产物、化学物质和细菌毒素等中的有害物质结合，阻止其吸收，从而能减轻内容物对肠壁的刺激，使肠蠕动减弱，呈止泻作用。

临床用于治疗腹泻、中毒、胃肠臌气等。外用于浅部创伤，有干燥、抑菌、止血和消炎作用。

【注意事项】①本品禁与抗生素、乳酶生合用，因其被吸附而降低药效；②本品的吸附作用是可逆的，用于吸附毒物时，必须用盐类泻药促使排出；③在吸附毒物的同时也能吸附营养物质，不宜反复应用。

【用法与用量】内服，一次量，马 20～150g，牛 20～200g，羊 5～50g，猪 3～10g，犬 0.3～2g。

## 三、泻药与止泻药的合理选用

### 1. 泻药的合理选用

（1）大肠便秘的早、中期，一般首选盐类泻药如硫酸钠或硫酸镁，也可大剂量灌服人工盐（200～400g）缓泻。

（2）小肠阻塞的早、中期，一般以选用液体石蜡、植物油为主。优点是容积小，对小肠无刺激性，且有润滑作用。

（3）排除毒物，一般选用盐类泻药，不宜用油类泻药，以防促进脂溶性毒物吸收而加重病情。

（4）便秘后期，局部已产生炎症或其他病变时，一般只能选用润滑性泻药，并配合补液、强心、消炎等。

在应用泻药时，要防止因泻下作用太猛，水分排出过多而引起病畜脱水或继发肠炎。对泻下作用峻烈的泻药一般只投药一次，不宜多用。用药前应注意给予充分饮水。对幼畜、孕畜及体弱患畜的便秘，多选用人工盐或润滑性泻药。单用泻药不能奏效时，应进行综合治疗，如治疗便秘时，泻药与制酵药、强心药、体液补充剂配合应用，效果较好。

### 2. 止泻药的合理选用

腹泻是机体的一种保护性反应，有利于细菌、毒物或腐败分解产物的排出。腹泻的早期不应立即使用止泻药，应先用泻药排除有害物质，再用止泻药。但剧烈或长期腹泻，不仅影响营养物质吸收，严重时还会引起机体脱水及钾、钠、氯等电解质紊乱，这时必须立即应用止泻药，并注意补充水分和电解质等，采取综合治疗。治疗腹泻时，应先查明腹泻的原因，然后根据需要，选用止泻药。如细菌性腹泻，特别是严重急性肠炎时，应给予抗菌药止泻，一般不选用吸附药和收敛药；对大量毒物引起的腹泻，不急于止泻，应先用盐类泻药促进毒物排出，待大部分毒物从消化道排出后，方可用碱式硝酸铋等保护受损的胃肠黏膜，或用活性炭吸附毒物；一般的急性水泻，往往导致脱水、电解质紊乱，应首先补液，然后再用止泻药。

 练与做

1. 实验：硫酸镁的导泻作用。

2. 对当地（省或地区）动物医院及养殖场进行调研，了解动物消化系统药物临床使用情况，并撰写调查报告。

3. 案例分析与处方开写

病例：一头奶牛，喂给大量带露水的鲜嫩青草后即表现不安，回顾腹部，反刍、嗳气停止。腹部迅速膨大，左肷部显著突起。呼吸高度困难，张口吭气，结膜发绀。叩诊瘤胃呈鼓音，听诊瘤胃蠕动音消失。初步诊断为急性瘤胃臌气。

请开写治疗处方。

 拓与展

### 甲氧氯普胺（Metoclopramide）

【理化性质】别名胃复安、灭吐灵。为白色至淡黄色结晶或结晶性粉末。能溶于水及醋酸，遇光变黄色，毒性增强，勿用。

【作用与应用】本品内服或注射均能抑制延髓催吐化学感受器，反射性抑制呕吐中枢，具有强大的中枢性镇吐作用，也能增加反刍动物的反刍次数，增强瘤胃收缩和肠管蠕动，增加排粪次数，并能使反刍持续期延长，嗳气次数增加。对消化不良及牛的结肠鼓胀性疗效良好；临床上可用于犬、猫的多种原因引起的恶心，呕吐。

【注意事项】内服不良反应主要有嗜睡、便秘、腹泻、口干等，注射有引起支气管哮喘的报道，应用时应注意。

【制剂、用法与用量】胃复安片。5mg、10mg、20mg。内服，一次量，每千克体重，犊牛0.1～0.3mg，牛0.1mg，2～3次/d。

胃复安注射液。1mL：10mg、1mL：20mg。肌内注射或静脉注射，用量同片剂。

### 大黄（Radixet Rhizoma Rhei）

【理化性质】是蓼科植物大黄的干燥根茎，味苦。内含苦味质、鞣质和蒽醌苷类的衍生物（大黄素、大黄酚和大黄酸等）。

【作用与应用】大黄的作用与用量有密切关系。口服小剂量时，苦味质发挥其苦味健胃作用；中等剂量时，鞣质发挥其收敛止泻作用；大剂量时，被吸收的蒽醌苷类，在体内水解为大黄素和大黄酚等，再由大肠分泌进入肠腔，刺激大

肠黏膜，使肠蠕动增强，引起下泻。大黄致泻后往往继发便秘，故临床很少单独作为泻药，常与硫酸钠配用。此外，大黄还有较强的抗菌作用，能抑制金黄色葡萄球菌、大肠杆菌、痢疾杆菌、绿脓杆菌、链球菌及皮肤真菌等。临床上主要作为健胃药。也可与硫酸钠配用治疗大肠便秘。大黄末与石灰粉（2∶1）配成撒布剂，可治疗化脓创；与地榆末配合调油，擦于局部，可治疗火伤和烫伤等。

【制剂、用法与用量】大黄末。内服，一次量，马、牛50～150g，猪、羊10～20g，犬、猫3～10g，兔、禽1～3g。外用适量，调敷患处。

大黄苏打片。大黄苏打片每片含大黄0.15g，碳酸氢钠0.15g，薄荷油适量。内服，一次量，猪、羊15～30片，犬、猫2～5片。

### 阿扑吗啡（Apomorphine）

【理化性质】又称去水吗啡。本品为白色或灰白色、细小有闪光结晶或结晶性粉末。无臭。能溶于水和乙醇，水溶液中性。

【作用与应用】本品为中枢反射性催吐药，能直接刺激延髓催吐化学感受区，反射性兴奋呕吐中枢，引起恶心、呕吐。内服作用较弱，缓慢，皮下注射后5～15min即可产生强烈的呕吐。临床常用于犬驱出胃内毒物。猫不用。

【用法与用量】皮下注射，一次量，猪10～20mg，犬2～3mg。

## 思 与 议

**复习题**

1. 制酵药与消沫药的作用机理和临床应用有何区别？

2. 常用的泻药与止泻药有哪些？

3. 试述容积性泻药产生泻下作用的机理及影响下泻效果的因素有哪些。应用泻药应注意的问题有哪些？

**讨论题**

1. 乳酶生可治疗幼畜腹泻、消化不良，为何不能与抗菌药同服？遇到腹泻时为何不立即使用止泻药？

2. 反刍动物采食了含有皂苷的食物引起瘤胃臌气，为什么不选用鱼石脂而选用松节油、二甲硅油等进行治疗？

# 模块二　呼吸系统药物

**学习目标**

1. 理解祛痰药、镇咳药与平喘药的作用机理及特点。

2. 掌握祛痰药、镇咳药与平喘药的用药方法及临床合理选药。

**学 与 导**

呼吸器官由呼吸道和肺组成，在呼吸中枢调节下，进行正常的气体交换，对维持机体内环境的平衡具有十分重要的作用。因其直接与外界环境接触，环境的剧烈变化，如寒冷、潮湿、烟尘及微生物等，对呼吸系统有着直接的影响，常导致呼吸系统疾病的发生，症状主要表现为咳、痰、喘。咳、痰、喘三者往往同时存在，互为因果，如痰多可引起咳嗽，也可阻塞支气管引起喘息；喘息可引起咳嗽，又往往会增加痰液。过度的痰、咳、喘可严重影响呼吸和循环机能。引起呼吸系统疾病的原因很多，常见的是病原微生物和寄生虫感染、化学刺激、过敏反应、神经功能失调、气候骤变等。临床上主要对因治疗，并配合祛痰、镇咳、平喘药等对症治疗。根据药物作用特点，可将呼吸系统药物分祛痰药、镇咳药、平喘药三类。这三类药物常配伍应用。

**单元一 祛痰药**

## 一、概 述

凡能促进气管与支气管黏液分泌，使痰液变稀，易于排出的药物称为祛痰药。在正常生理情况下，呼吸道内不断有少量痰液分泌，在呼吸道内形成稀薄的黏液层，对黏膜起保护作用。

在病理情况下，由于炎症对黏膜的不良刺激，使分泌物增多，并因黏膜上皮的病理变化，使纤毛运动减弱，黏液不能顺利排出。于是滞留在呼吸道内的黏液，因水分被吸收，加上呼吸气流的影响，使黏液更加黏稠，黏着于呼吸道内壁不能排出，因而导致咳嗽，严重的引起喘息。祛痰药使痰液变稀并易于排出，痰液排出后，减少了刺激，便可缓解咳嗽，故祛痰药还有间接的镇咳作用。

## 二、常用药物

### 氯化铵（Ammonium Chloride）

【理化性质】本品为无色结晶或白色结晶性粉末。无臭、味咸、凉，易溶于水。有引湿性，应密封干燥保存。

【作用与应用】本品内服后可刺激胃黏膜迷走神经末梢，反射性引起支气管腺体分泌增加，使稠痰稀释，易于咳出，因而对支气管黏膜的刺激减少，咳嗽也随之缓解。此外，本品被吸收至体内后，分解为铵离子和氯离子两部分，铵离子到肝内被合成尿素，由肾排出时带走一部分水分，加之氯离子在肾排泄时，在肾小管内形成高浓度，超过重吸收阈，也带走多量的阳离子（主要是钠离子）和排出水分，从而呈现一定利尿作用。本品为强酸弱碱盐，是一个有效的体液酸化剂，可使尿液酸化，在弱碱性药物中毒时，可加速药物的排泄。

临床上主要用于呼吸道炎症的初期，痰液黏稠不易咳出的病例。也可纠正碱中毒。

【注意事项】①单胃动物用后有恶心、呕吐反应；②本品禁与磺胺类药物并用，以免磺胺在酸性尿中析出结晶，损害泌尿道；③胃、肝、肾机能障碍时慎用，以免引起血氯过高性酸中毒和血氨升高；④氯化铵与碱或重金属盐配合分解失效。

【制剂、用法与用量】氯化铵片。0.3g。内服，一次量，马8～15g，牛10～25g，猪1～2g，羊2～5g，犬、猫0.2～1g，3次/d。

## 碘化钾 （Potassium Iodate）

【理化性质】又名灰碘。本品为无色结晶或白色结晶性粉末。无臭，味咸、带苦。在水中极易溶解，水溶液呈中性反应。微有引湿性，应遮光、密封保存。

【作用与应用】本品内服可刺激胃黏膜，反射性地增加支气管腺体分泌。同时，吸收后有一部分碘离子迅速从呼吸道排出，直接刺激支气管腺体，促进分泌，稀释痰液，而易于咳出，从而呈现祛痰作用。

临床主要用于治疗痰液黏稠而不易咳出的亚急性支气管炎的后期和慢性支气管炎，作为助溶剂，用于配制碘酊和复方碘溶液。

【注意事项】①碘化钾在酸性溶液中能析出游离碘；②肝、肾功能低下患畜慎用；③本品刺激性强，不适于急性支气管炎症；④与甘汞混合后能生成金属汞和碘化汞，使毒性增强；⑤碘化钾溶液遇生物碱可生成沉淀。

【制剂、用法与用量】碘化钾片。10mg。内服，一次量，马、牛5～10g，猪、羊1～3g，犬0.2～1g。

## 盐酸溴己新 （Bromhexine Hydrochloride）

【理化性质】又名溴己铵、必消痰、必嗽平、溴苄环己铵。为白色结晶性粉末，微溶于水，能溶于醇。

【作用与应用】本品能裂解痰液中酸性黏多糖纤维，使痰液黏度下降，而易于咳出。并能增加四环素类抗生素在支气管中分布的浓度，合并用药时可提高疗效。

适用于支气管肺炎、重剧持续咳嗽与干咳等。

【制剂、用法与用量】盐酸溴己新片。4mg、8mg。内服，每千克体重，马2mg，犬1.6～2.5mg，猫1mg。

## 乙酰半胱氨酸 （Acetylcysteine）

【理化性质】又名痰易净、易咳净。为白色结晶性粉末。可溶于水和乙醇。

【作用与应用】本品为黏痰溶解性祛痰剂。乙酰半胱氨酸结构中所含的巯基（—SH），能使痰液中所含的黏性成分糖蛋白多肽链中的二硫键（—S—S—）断裂，降低痰液的黏度，使之易于咳出。对脓性和非脓性痰液均有效。

临床主要用于呼吸系统黏液的溶解，治疗黏痰难以咳出的慢性支气管炎、支气管扩张、喘息、肺炎等。

【注意事项】应用本品时应新鲜配制，用剩的溶液需保存在冰箱内，48h 内用完。不宜与青霉素、头孢菌素、四环素等混合或并用。

【制剂、用法与用量】乙酰半胱氨酸粉剂。0.5g：1g。临用前配成 10％～20％溶液喷雾至咽喉部，中等动物 2～5mL，2～3 次/d。配成 5％溶液直接滴入气管内或经气管插管，马、牛 3～5mL，2～4 次/d。

## 单元二　镇咳药

### 一、概　述

凡能降低咳嗽中枢兴奋性，减轻或制止咳嗽的药物称镇咳药。

咳嗽是当呼吸道受到异物或炎症产物刺激时，引起的防御性反射，通过咳嗽，能使异物或炎症产物排出。轻度咳嗽有助于祛痰，对机体有利，此时不宜镇咳。剧烈和频繁的咳嗽易导致肺气肿或心脏功能障碍等不良后果，也会影响动物休息，故应使用镇咳药。临床上治疗急性或慢性支气管炎时，常配合应用祛痰药，对无痰干咳可单用镇咳药；对有痰剧咳可在应用祛痰药的同时，适当配合少量作用较弱的镇咳药，如甘草制剂、喷托维林等，以减轻咳嗽，但不应单独使用强镇咳药，如可待因等。在兽医临床上很少单独使用镇咳药。

### 二、常用药物

#### 可待因（Codeine）

【理化性质】又名甲基吗啡。本品从阿片中提取，也可由吗啡甲基化合成而得。为无色细微结晶。味苦，易溶于水。

【作用与应用】本品能直接抑制咳嗽中枢而产生较强的镇咳作用。并具有镇痛作用。对呼吸中枢也有一定的抑制作用。对各种原因引起的咳嗽均有效。

临床用于无痰、剧烈性咳嗽及胸膜炎等疾患引起的干咳。临床多痰的咳嗽不宜应用。

【制剂、用法与用量】磷酸可待因片。15mg、30mg。内服，一次量，马、牛 0.2～2g，猪、羊 15～60mg，犬 15～30mg。

#### 喷托维林（Pentoxyverine）

【理化性质】又名咳必清。为白色结晶性粉末。有吸湿性，易溶于水，水溶液呈酸性。

【作用与应用】本品可选择性抑制咳嗽中枢。吸收后，部分药物经呼吸道排出时，对呼吸道黏膜产生轻度的局部麻醉作用。大剂量有阿托品样作用，可使痉挛的支气管平滑肌松弛。

常与祛痰药合用治疗伴有剧烈干咳的急性呼吸道炎症。

【制剂、用法与用量】枸橼酸喷托维林片。25mg。内服，一次量，马、牛 0.5～1g，猪、羊0.05～0.1g，3次/d。

复方枸橼酸喷托维林糖浆。每1 000mL含枸橼酸喷托维林0.2g，氯化铵3g，薄荷油0.008mL。内服，一次量，马、牛100～150mL，猪、羊20～30mL，3次/d。

## 单元三 ◇ 平喘药

### 一、概 述

凡能解除支气管平滑肌痉挛，扩张支气管，缓解喘息的药物称平喘药。有些镇咳性祛痰药因能减少咳嗽或促进痰液的排出，减轻咳嗽引起的喘息而有良好的平喘作用。另外，有些抗组胺药亦能减轻或消除因变态反应而引起的气喘。

### 二、常用药物

#### 氨茶碱（Aminophylline）

【理化性质】是茶碱和乙二胺的复盐。为白色或淡黄色的颗粒或粉末。微有氨臭，味苦。易溶于水，水溶液呈碱性。露置于空气中吸收二氧化碳并析出茶碱，应遮光、密闭保存。

【作用与应用】本品对支气管平滑肌有直接松弛作用。其作用机制是多方面的：抑制磷酸二酯酶，使cAMP的水解速度变慢，气管平滑肌中cAMP浓度升高，导致平滑肌松弛；抑制组胺和慢反应物质等过敏介质的释放，促进儿茶酚胺释放，使支气管平滑肌松弛；同时还有直接松弛支气管平滑肌的作用，从而解除支气管平滑肌痉挛，缓解支气管黏膜的充血水肿，发挥平喘功效。另外，本品还有较弱的强心和利尿作用。

临床主要用于缓解支气管哮喘症状，也用于心功能不全或肺水肿的患畜。

【注意事项】①内服可引起恶心、呕吐等反应；②对局部有刺激性，应深部肌内注射或静脉注射；③静脉注射量不要过大，并以葡萄糖溶液稀释至2.5%以下浓度，缓慢注入；④不宜与维生素C等酸性药物配用；⑤肝功能低下、心力衰竭患畜慎用。

【制剂、用法与用量】氨茶碱片。0.05g、0.1g、0.2g。内服，一次量，每千克体重，马、牛5～10mg，犬、猫10～15mg。

氨茶碱注射液。2mL：0.25g，2mL：0.5g，5mL：1.25g。肌肉、静脉注射，一次量，马、牛1～2g，猪、羊0.25～0.5g，犬0.05～0.1g。

## 单元四 ◇ 祛痰、镇咳与平喘药的合理选用

呼吸道炎症初期，痰液黏稠而不易咳出，可选用氯化铵祛痰；呼吸道感染，

伴有发热等全身症状，应以抗菌药控制感染为主，同时选用刺激性较弱的祛痰药如氯化铵；当痰液黏稠度高，频繁咳嗽亦难以咳出时，选用碘化钾或其他刺激性药物如松节油等蒸气吸入。

痰多咳嗽或轻度咳嗽，不应选用镇咳药止咳，要选用祛痰药将痰液排出，咳嗽就会减轻或停止；对长时间频繁而剧烈的疼痛性干咳，应选用镇咳药可待因等止咳，或选用镇咳药与祛痰药配伍应用，如复方甘草合剂、复方枸橼酸喷托维林糖浆等；对急性呼吸道炎症初期引起的干咳，可选用喷托维林；小动物干咳可选二氧丙嗪。

对因细支气管积痰而引起的气喘，祛痰、镇咳后可得到缓解；因气管痉挛引起的气喘，可选平喘药治疗；一般轻度气喘，可选氨茶碱或麻黄碱平喘，辅以氯化铵、碘化钾等祛痰药进行治疗。但不宜应用可待因或喷托维林等镇咳药，因其能阻止痰液的咳出反而加重喘息。异丙肾上腺素等均有平喘作用，适用于过敏性喘息。祛痰、镇咳和平喘药均为对症治疗。用药时要先考虑对因治疗，并有针对性的选用对症药治疗。

## 练与做

1. 对当地（省或地区）动物医院及养殖场进行调研，了解作用动物呼吸系统药物临床使用情况，并撰写调查报告。

2. 案例分析与处方开写

病例：一驴，拉车途中突遇大雨，淋雨后精神不佳，低头耷耳，吃草减少，咳嗽，两日后就诊，临床检查：体温为 40.2℃，心跳为 84 次/min，呼吸数为 40 次/min；精神沉郁，排粪干少；呼吸浅表快速，阵发性咳嗽，听诊肺区见有局限性的湿性啰音和捻发音。依据提示、患畜症状、个体大小（体重约 300kg）、药品规格和用法用量等实际，给出治疗用药方案，开写治疗处方。

## 拓与展

### 甘　草

【性状】为豆科甘草属植物的根和根状茎。味甜。

【作用与应用】主要成分是甘草甜素，即甘草酸。甘草酸水解产生甘草次酸及葡萄糖醛酸。前者有镇咳作用，并能促进咽喉及支气管腺体分泌，发挥祛痰作用；后者有解毒及抗炎作用。

适用于一般性咳嗽。

【制剂、用法与用量】复方甘草合剂。每 1 000mL 含甘草流浸膏 120mL，酒石酸锑钾 0.24g，复方樟脑酊 120mL，亚硝酸乙酸醋 30mL，甘油 120mL 及水适量。内服，一次量，马、牛 50～100mL，猪、羊 10～30mL。

### 远　志

【性状】本品气香，味甜，微苦、辛。

【功能主治】止咳祛痰。主治痰喘、咳嗽。

【制剂、用法与用量】远志酊。内服，马、牛每次 30～100mL，猪、羊每次 10～20mL，犬、猫每次 1～5mL。

远志流浸膏。内服，马、牛每次 10～20mL，猪、羊每次 3～5mL，犬、猫每次 1～5mL。

## 呼吸系统疾病常用方剂

### 清　肺　散

【处方】板蓝根 90g，葶苈子 50g，浙贝母 50g，桔梗 30g，甘草 25g。

【性状】浅棕黄色粉末；气清香，味微甘。

【功能主治】清肺平喘、化痰止咳。主治肺热咳喘，咽喉肿痛。

【用法与用量】马、牛 200～300g，羊、猪 30～50g。

### 麻杏石甘散

【处方】麻黄 30g，苦杏仁 30g，石膏 150g，甘草 30g。

【性状】淡黄色粉末；气微香，味辛、苦、涩。

【功能主治】具有镇咳、祛痰、平喘、解热、改善血液循环等作用。主治肺热咳喘。

【用法与用量】马、牛 200～300g，羊、猪 30～60g，兔、禽 1～3g。

**复习题**

1. 氯化铵为何有祛痰作用？为何不能与磺胺类药物合并使用？

2. 常用的祛痰、镇咳、平喘药有哪些？其在临床上如何配合应用？

**讨论题**

一牛患急性支气管炎，表现频繁伴有疼痛的咳嗽，请选用治疗药物，并说明理由。

# 模块三　泌尿系统药物

**学习目标**

1. 理解利尿药和脱水药的作用机理，了解临床常用药物的种类。

2. 掌握利尿药和脱水药的合理选用。

## 学与导

### 单元一 利尿药

#### 一、概 述

利尿药是一类作用于肾，增加电解质和水的排泄，使尿量增多的药物。

利尿药通过影响肾小球的滤过、肾小管的重吸收和分泌等功能，特别是影响肾小管的重吸收而实现其利尿作用。根据作用强度和部位，利尿药可分为高效利尿药（呋塞米、依他尼酸、布美他尼）、中效利尿药（氢氯噻嗪、氯噻嗪、氯噻酮）和低效利尿药（螺内酯、氨苯蝶啶、阿米洛利）。临床主要用于治疗各种类型的水肿，急性肾衰竭及促进毒物的排出。

#### 二、常用药物

**呋塞米（Furosemide）**

【理化性状】又名速尿、呋喃苯胺酸。为白色或类白色结晶性粉末。无臭、几乎无味。水中不溶，乙醇中略溶。遮光、密封保存。

【作用与应用】本品主要作用于肾小管髓袢升支髓质部，抑制其对 $Cl^-$ 和 $Na^+$ 的重吸收，对升支的皮质部也有作用。其结果是管腔液 $Na^+$、$Cl^-$ 浓度升高，从而导致水、$Na^+$、$Cl^-$ 排泄增多。由于 $Na^+$ 重吸收减少，远曲小管 $Na^+$ 浓度升高，促进 $Na^+$-$K^+$ 和 $Na^+$-$H^+$ 交换增加，$K^+$、$H^+$ 排泄增多。伴随 $Cl^-$、$Na^+$、$K^+$ 的排出，带走大量水分，而产生强大的利尿作用。另外，速尿还可增加尿中 $Ca^{2+}$、$Mg^{2+}$ 的排出量。

临床上适用于各种原因引起的水肿，如心力衰竭、肾衰竭、肺充血、胸膜炎等疾病导致的全身或局部水肿。对喉部水肿、乳房等水肿均可应用。尤其对肺水肿疗效较好。此外，还可促进尿道上部结石的排出。

【注意事项】①反复应用会出现脱水、低血钾与低血氯症，应用时要掌握剂量及给药次数，并与氯化钾或保钾性利尿药配合使用；②大剂量静脉注射可能使犬听觉丧失；③无尿患畜禁用，电解质紊乱或肝损害的患畜慎用；④禁与洋地黄、氨基糖苷类抗生素配伍。

【制剂、用法与用量】呋塞米片。20mg、50mg。内服，一次量，每千克体重，马、牛、羊、猪2mg，犬、猫2.5～5mg。2次/d，连服3～5d，停药2～4d后可再用。
呋塞米注射液。2mL：20mg、10mL：100mg。肌内或静脉注射，一次量，每千克体重，马、牛、羊、猪0.5～1mg，犬、猫1～5mg。每日或隔日一次。

**氢氯噻嗪（Hydrochlorothiazide）**

【理化性状】又名双氢克尿噻。为白色结晶性粉末。无臭，味微苦。不溶于水，微溶于乙醇，在氢氧化钠溶液中溶解。

【作用与应用】本品主要作用于髓祥升支皮质部和远曲小管的前段，抑制 $Na^+$、$Cl^-$ 的重吸收，从而起到排钠利尿作用，属中效利尿药。由于流入远曲小管和集合管的 $Na^+$ 的增加，促进 $Na^+$-$K^+$ 的交换，故 $K^+$ 的排泄也增加。

临床用于治疗肝、心、肾性水肿。也可用于治疗局部组织水肿，如产前浮肿、牛乳房水肿等，以及在某些急性中毒时加速毒物排出。

【注意事项】①严重肝、肾功能障碍和电解质平衡紊乱的患畜慎用；②宜与氯化钾合用，以免发生低血钾症；③可产生胃肠道反应（如可引起呕吐、腹泻等）。

【制剂、用法与用量】氢氯噻嗪片。25mg、250mg。内服，一次量，每千克体重，马、牛 $1\sim2$mg，羊、猪 $2\sim3$mg，犬、猫 $3\sim4$mg。

氢氯噻嗪注射液。5mL：125mg、10mL：2500mg。肌内或静脉注射，一次量，每千克体重，马 $50\sim100$mg，牛 $100\sim250$mg，羊、猪 $50\sim75$mg，犬 $10\sim25$mg。

### 螺内酯（Spironolactone）

【理化性状】又名安体舒通。为淡黄色粉末。味稍苦。可溶于水和乙醇。

【作用与应用】本品是醛固酮的拮抗剂。主要影响远曲小管与集合管的 $Na^+$-$K^+$ 交换过程，抑制 $K^+$ 的排出，起保 $K^+$ 排 $Na^+$ 作用，故称保钾性利尿药。在排 $Na^+$ 的同时，带走 $Cl^-$ 和水分而产生利尿作用。

由于本品利尿作用较弱，很少单独应用，常与强效、中效利尿药合用治疗各种水肿，并能纠正失钾的不良反应。

【制剂、用法与用量】安体舒通胶囊。20mg、100mg。内服，一次量，每千克体重，犬、猫 $2\sim4$mg。

## 单元二 ◇ 脱水药

### 一、概 述

脱水药又称渗透性利尿药，是一种非电解质类物质。

脱水药在体内不被代谢或代谢较慢，但能迅速提高血浆渗透压，且很容易从肾小球滤过，在肾小管内不被重吸收或吸收很少，从而提高肾小管内渗透压。因此，临床上可以使用足够大的剂量，以显著增加血浆渗透压、肾小球滤过率和肾小管内液量，产生利尿脱水作用。临床主要用于消除脑水肿等局部组织水肿。常用的脱水药有甘露醇、山梨醇、尿素、高渗葡萄糖溶液。葡萄糖能携带水分透过血脑屏障，进入脑脊液及脑组织中，使颅内压升高。

### 二、常用药物

### 甘露醇（Mannitol）

【理化性状】为白色结晶性粉末。无臭、味甜。能溶于水，微溶于乙醇。

【作用与应用】①脱水作用。静脉注射高渗甘露醇后可提高血浆渗透压，使组织（包括眼、脑、脑脊液）细胞间液水分向血浆转移，产生组织脱水作用，从而可降低颅内压和眼内压。②利尿作用。由于本品在体内不被代谢，易经肾小球滤过，并很少被肾小管重吸收，可在肾小管内形成高渗，从而产生利尿作用。此外，还能防止肾毒素在小管液的蓄积，对肾起保护作用。

临床用于预防急性肾衰竭，降低眼内压和颅内压，加速某些毒素的排泄，以及辅助其他利尿药以迅速减轻水肿或腹水。

【注意事项】①严重脱水、肺充血或肺水肿、充血性心力衰竭以及进行性肾衰竭患畜慎用；②脱水动物在使用前应补充适当体液；③缓慢静脉注射，禁止漏注到血管外；④大剂量或长期应用可引起水和电解质平衡紊乱。

【制剂、用法与用量】甘露醇注射液。100mL∶20g、250mL∶50g。静脉注射，一次量，牛、马1 000～2 000mL，猪、羊100～250mL。2～3次/d。

执业兽医资格考试模拟题27
适合治疗急性少尿症肾衰竭的药物是（A）
A. 甘露醇　　B. 氨茶碱
C. 氯苯拉敏
D. 右旋糖酐
E. 螺内酯

## 单元三　利尿药与脱水药的合理选用

（1）中度、轻度心性水肿除按常规应用强心苷外，一般选氢氯噻嗪。重度心性水肿除用强心苷外，首选速尿。

（2）急性肾衰竭时，一般首选大剂量呋塞米。急性肾炎所引起的水肿，一般不选利尿药，宜选抗菌药为主，配合氢氯噻嗪。

（3）各种因素引起的脑水肿，首选甘露醇，次选呋塞米。

（4）肺充血引起的肺水肿，选甘露醇。

（5）心功能降低、肾循环障碍且肾小球滤过率下降，可用氨茶碱。

（6）无论哪种水肿，如较长时间应用利尿药、脱水药，都要补充钾或与保钾性利尿药并用。

### 练 与 做

1. 实验：利尿药和脱水药的利尿作用。

2. 对当地（省或地区）动物医院及养殖场进行调研，了解动物利尿药和脱水药临床使用情况，并撰写调查报告。

3. 案例分析与处方开写

病例：某场成年肉牛，食欲减退，反刍减少，排尿减少，尿液混浊呈暗红色。拱背垂头站立，不愿走动，驱赶行走运步谨慎，腰部僵硬，两后肢举步不高。体温40.5℃，脉搏75次/min，呼吸数为24次/min，听诊第二心音增强。触诊肾区敏感。初诊为急性肾炎。

请开写出治疗处方。

### 拓 与 展

**1. 尿液的形成与利尿药的作用**　泌尿过程包括肾小球滤过和肾小管、集合管的重吸收及分泌过程（图4-1）。

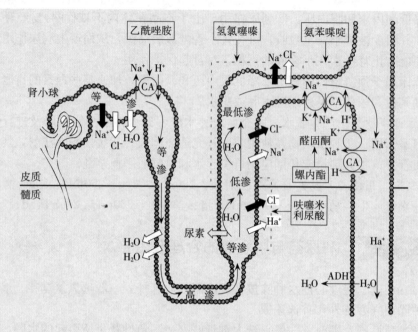

图 4-1 利尿药的作用机理

（1）肾小球滤过。血液流经肾小球毛细血管网时，血液中的水、小分子溶质和分子质量较小的血浆蛋白质，均可以通过肾小球滤过膜进入肾小球的囊腔中，形成原尿。原尿量的多少取决于有效滤过压。凡能增加有效滤过压的药物都可使尿量增加，但其利尿作用极弱，一般不做利尿药。

（2）肾小管、集合管的重吸收及分泌。

①近曲小管。原尿中的 $NaHCO_3$、$NaCl$ 在此重吸收。$Na^+$ 的重吸收主要靠 $Na^+$-$H^+$ 交换进行，而 $H^+$ 的产生来自 $CO_2$ 和 $H_2O$ 在细胞内碳酸酐酶（CA）的作用下生成 $H_2CO_3$，后者再解离成 $H^+$ 和 $HCO_3^-$，$H^+$ 将 $Na^+$ 交换入胞内。乙酰唑胺通过抑制碳酸酐酶的活性而使 $H_2CO_3$ 生成减少，从而 $H^+$ 生成减少，$Na^+$-$H^+$ 交换减少，导致 $Na^+$ 的重吸收减少而产生利尿作用。但此作用弱，且生成的 $HCO_3$ 可引起代谢性酸血症，故现已少用。

②髓袢升支粗段的髓质和皮质部。原尿中的 $30\%\sim35\%$ 的 $Na^+$、$Cl^-$ 在此段重吸收，水不重吸收。小管液由肾乳头部流向肾皮质时，逐渐由高渗变为低渗，进而形成无溶质的净水，此为肾对尿液的稀释功能。同时，$NaCl$ 被重吸收到髓质间液后，在髓袢的逆流倍增作用和尿素的参与下，形成呈渗透压梯度的髓质高渗区。当尿液流经集合管时，由于管腔内液体与高渗髓质间存在渗透压差，并受加压素（ADH）的影响，大量的水被重吸收回髓质间液，此时肾对尿液有浓缩功能。当升支粗段的髓质和皮质部 $NaCl$ 的重吸收减少，肾的稀释功能和浓缩功能都降低，结果导致强大的利尿作用。高效利尿药呋塞米、利尿酸等通过抑制髓袢升支粗段髓质和皮质部对 $NaCl$ 的重吸收产生利尿作用。中效利尿药噻嗪类仅能抑制髓袢升支粗段皮质部对 $NaCl$ 的重吸收。

③远曲小管和集合管。原尿中 5%～10% 的 $Na^+$ 在此段重吸收，同时远曲小管和集合管还可向管腔分泌 $H^+$ 和 $K^+$，与 $Na^+$ 形成 $Na^+$-$H^+$ 交换和 $Na^+$-$K^+$ 交换。$Na^+$-$K^+$ 交换部分是依赖醛固酮调节的，盐皮质激素受体拮抗剂螺内酯对 $Na^+$-$K^+$ 交换可产生竞争性抑制作用，氨苯蝶啶能直接抑制 $Na^+$-$K^+$ 交换，从而产生排钠保钾的利尿作用。

2. 利尿消肿常用方剂

### 五皮散

【处方】桑白皮 30g，陈皮 30g，大腹皮 30g，姜皮 15g，茯苓皮 30g。

【性状】本品为黄褐色的粉末；气微香，味辛。

【功能主治】具有行气、化湿、利水的功能。主治各种动物的水肿。

【用法与用量】内服，马、牛 120～240g，羊、猪 45～60g。

### 五苓散

【处方】茯苓 100g，泽泻 200g，猪苓 100g，肉桂 50g，白术 100g（炒）。

【性状】本品为淡黄色的粉末；气微香，味甘、淡。

【功能主治】温阳化气、利湿行水。通过改善循环和利尿，主治水湿内停，排尿不利，泄泻，水肿，宿水停脐。

【用法与用量】内服，马、牛 150～250g，羊、猪 30～60g。

## 思与议

**复习题**

1. 使用呋塞米和氢氯噻嗪时为什么会出现低血钾？如何应对？
2. 使用甘露醇时应注意什么？

**讨论题**

临床上在什么情况下使用利尿药和脱水药？

# 模块四　生殖系统药物

## 学习目标

1. 掌握子宫收缩药、性激素、促性腺激素与促性腺激素释放激素药物的作用机理和临床常用药物。
2. 学会使用本类药物调控生殖机能和治疗常见繁殖疾病。

## 学与导

哺乳动物的生殖系统受神经和体液的双重调节，但通常以体液调节为主。当生殖激素分泌不足或过多时，机体的生殖系统机能将发生紊乱，引发产科疾病或繁殖障碍。性激素及其类似物广泛用于控制动物的发情周期，提高或抑制繁殖能力，调控繁殖进程，治疗内分泌紊乱引起的繁殖障碍。

## 单元一 子宫收缩药

### 一、概述

能选择性地兴奋子宫平滑肌，引起子宫收缩的药物称子宫收缩药。常用的药物有缩宫素、垂体后叶素、麦角制剂和益母草。临床上用于催产、排除胎衣、产后子宫出血、产后子宫复原等。

### 二、常用药物

#### 缩宫素（Oxytocin）

【理化性质】又名催产素，从牛或猪脑垂体后叶中提取或化学合成。为白色结晶性粉末，能溶于水，水溶液呈酸性。

【作用与应用】能选择性兴奋子宫，加强子宫平滑肌的收缩。其兴奋子宫平滑肌作用因剂量大小、体内激素水平而不同。妊娠早期子宫对缩宫素不敏感，妊娠后期敏感性逐渐增加，临产时达到最强，产后逐渐降低。小剂量能增加妊娠末期子宫肌的节律性收缩，收缩舒张均匀；大剂量则能引起子宫平滑肌强直性收缩，使子宫肌层内的血管受压迫而起止血作用。雌激素可提高子宫对缩宫素的敏感性，而孕激素则相反。催产时，缩宫素对子宫体的收缩作用强，对子宫颈的收缩作用较弱，有利于胎儿娩出。此外，缩宫素能促进乳腺腺泡和腺导管周围的肌上皮细胞收缩，促进排乳。

临床上小剂量缩宫素用于产前子宫收缩无力时催产、引产，较大剂量用于治疗产后出血，治疗胎衣不下和子宫复原不全时可依情况配合使用雌激素。

【注意事项】产道阻塞、胎位不正、骨盆狭窄及子宫颈尚未开放时忌用于催产。

【制剂、用法与用量】缩宫素注射液。1mL：10U、5mL：5U。皮下、肌内注射，一次量，马、牛 30～100IU，羊、猪 10～50IU，犬 2～10IU。

#### 马来酸麦角新碱（Ergometrine Maleate）

【理化性质】本品为白色或类白色的结晶性粉末；无臭；微有引湿性；遇光易变质。在水中略溶，在乙醇中微溶。

【作用与应用】本品能选择性地作用于子宫平滑肌，作用强而持久。临产前子宫或分娩后子宫最敏感。麦角新碱对子宫体和子宫颈都具兴奋效应，稍大剂量即引起强直收缩，故不适于催产和引产。但由于子宫肌强直性收缩，机械压迫肌纤维中的血管，可阻止出血。

临床用于治疗产后子宫出血、产后子宫复原不全等。

【注意事项】①胎儿未娩出前或胎盘未剥离排出前均禁用；②不宜与缩宫素及其他麦角制剂联用。

【制剂、用法与用量】马来酸麦角新碱注射液。1mL：0.5mg、1mL：2mg。肌内或静脉注射，一次量，马、牛 5～15mg，羊、猪 0.5～1.0mg，犬 0.1～0.5mg。

### 三、子宫收缩药的合理选用

应根据临床情况合理选用子宫收缩药。引产：猪、羊、马可先用 $PGF_{2\alpha}$，动物子宫颈口开放后再用缩宫素；难产：选用缩宫素。产后子宫出血：首选麦角新碱，次选缩宫素。产后子宫复旧不全：可选益母草或麦角新碱。胎衣不下，因子宫收缩无力者：选用大剂量缩宫素，也可选用拟胆碱药；排除死胎，选缩宫素为宜。

## 单元二 性激素

### 一、概述

性激素是由性腺分泌的甾体类化合物，包括雌激素、孕激素和雄激素。雌激素又称为动情激素，由卵巢分泌的天然雌激素主要是雌二醇，从孕畜尿中提取的有雌酮、雌三醇；人工合成品有己烯雌酚和己烷雌酚，已禁止用于食品动物。孕激素主要是黄体酮。雄激素的天然品为睾丸酮、睾丸素、睾酮，临床应用多为人工合成睾酮及其衍生物，如甲睾酮、丙酸睾酮、苯丙酸诺龙、去氢甲基睾丸素等；雄激素已禁止在食品动物饲养过程中用于抗应激、提高饲料报酬和促进动物生长。

临床上应用的性激素类药物多是人工合成品及其衍生物。此类药物主要用于补充体内性激素的不足、防治产科疾病、诱导同期发情及提高畜禽繁殖力等。

### 二、常用药物

#### 丙酸睾酮（Testosterone Propionate）

【理化性质】本品为白色结晶或类白色结晶性粉末，无臭。在水中不溶，在乙醇中易溶，在植物油中略溶。

【作用与应用】本品的药理作用与天然睾酮相同，可促进雄性生殖器官及副性征的发育、成熟；引起性欲及性兴奋；还能对抗雌激素的作用，抑制母畜发情。睾酮还具有同化作用，可促进蛋白质合成，引起氮、钠、钾、磷的潴留，减少钙的排泄。通过兴奋红细胞生成刺激因子，刺激红细胞生成。大剂量睾酮通过负反馈机制，抑制黄体生成素，进而抑制精子生成。

临床用于雄激素缺乏症的辅助治疗。

【注意事项】①具有水、钠潴留作用，肾、心或肝功能不全病畜慎用；②作治疗用，不得在动物性食品中检出。

【制剂、用法与用量】丙酸睾酮注射液。1mL：10mg、1mL：25mg。肌内、皮下注射，一次量，每千克体重，家畜 0.25～0.5mg。母鸡醒抱，肌内注射 12.5mg。

## 苯甲酸雌二醇（Estradiol Benzoate）

【理化性质】本品为白色结晶性粉末，无臭。在乙醇或植物油中微溶，在水中不溶。

【作用与应用】雌二醇能促进雌性器官和副性征的正常生长和发育。引起子宫颈黏膜细胞增大和分泌增加，阴道黏膜增厚，促进子宫内膜增生和增加子宫平滑肌张力，增强子宫对催产素的敏感性，也可增加输卵管平滑肌收缩。本品能增加骨骼钙盐沉积，加速骨骺闭合和骨的形成，有适度促进蛋白质合成以及增加水、钠潴留的作用。另外，雌二醇还能影响垂体的促性腺激素释放，抑制泌乳、排卵以及雄性激素的分泌。

临床用于发情不明显动物的催情及胎衣、死胎排除。

【注意事项】①妊娠早期的动物禁用，以免引起流产或胎儿畸形；②可以作治疗用，但不得在动物食品中检出；③可引起犬、猫等的血液恶病质，多见于老年动物或大剂量应用时：起初血小板和白细胞增多，但逐渐发展为血小板和白细胞下降，严重者可致再生障碍性贫血；④过量使用可引起囊性子宫内膜增生和子宫蓄脓，可引起牛发情期延长、卵泡囊肿等。

【制剂、用法与用量】苯甲酸雌二醇注射液。为雌二醇苯甲酸酯的灭菌油溶液，1mL：1mg、1mL：2mg。肌内注射，一次量，马 10～20mg，牛 5～20mg，羊 1～3mg，猪 3～10mg，犬、狐 0.2～0.5mg，猫、貂、兔 0.1～0.2mg。休药期 28d，弃乳期 7d。

## 黄体酮（Progesterone）

【理化性质】又名孕酮。本品为白色或类白色的结晶性粉末，无臭，无味。在乙醇、乙醚或植物油中溶解，在水中不溶。

【作用与应用】在雌激素作用基础上，黄体酮可促进子宫内膜及腺体发育，抑制子宫肌收缩，减弱子宫肌对催产素的反应，起安胎作用；通过反馈机制抑制垂体前叶黄体生成素的分泌，抑制发情和排卵。另外，与雌激素共同作用，能刺激乳腺腺泡发育，为泌乳作准备。

临床用于治疗习惯性或先兆性流产、牛卵巢囊肿引起的慕雄狂，也用于进行母畜同期发情。

【注意事项】①长期应用可使妊娠期延长；②泌乳奶牛禁用。

【制剂、用法与用量】黄体酮注射液。1mL：10mg、1mL：50mg。肌内注射，一次量，马、牛 50～100mg，羊、猪 15～25mg，犬 2～5mg。泌乳奶牛禁用，休药期 30d。

复方黄体酮缓释圈。每一个螺旋形弹性圈含黄体酮 1.55g，胶囊含苯甲酸雌二醇 10mg。用于控制母牛同期发情，插入阴道内，一次量，每头牛一个弹性橡胶圈，12d 后取出残余胶圈，并在 48～72h 配种。

### 醋酸氟孕酮 （Flugestone Acetate）

【理化性质】本品为白色或类白色结晶性粉末；无臭。在三氯甲烷中易溶，在甲醇中溶解，在乙醇或乙腈中略溶，在水中不溶。

【作用与应用】药理作用同黄体酮，但作用较强。临床用于绵羊、山羊的诱导发情或同期发情。

【注意事项】泌乳期禁用；禁止在食品动物使用。

【制剂、用法与用量】醋酸氟孕酮阴道海绵栓。阴道给药，一次量一个，给药后 12～14d 取出。休药期，羊 30d。

## 单元三 促性腺激素

### 一、概 述

促性腺激素分为两类，一类是垂体前叶分泌的促性腺激素，如促卵泡素、黄体生成素；另一类是非垂体分泌的促性腺激素，如绒促性素、马促性素。

### 二、常用药物

### 促卵泡素 （Follicle Stimulating Hormone，FSH）

【理化性质】又名垂体促卵泡素、卵泡刺激素。本品是从猪、羊的脑垂体前叶中提取，为白色或类白色的冻干块状物或粉末，易溶于水。应密封在冷暗处保存。

【作用与应用】在垂体促黄体素协同作用下，本品能促进卵巢卵泡生长发育和雌激素的分泌，引起正常发情。促进公畜精原细胞增殖和精子形成。临床用于促进母畜发情，提高受胎率，治疗卵巢静止、持久黄体、卵泡发育停滞等。

【注意事项】用药前，必须检查卵巢变化，并依此修正剂量和用药次数。剂量过大或长期应用，可引起卵巢囊肿。对单胎动物超数排卵则成为不良反应。

【制剂、用法与用量】注射用垂体促卵泡素。100IU、200IU。肌内注射，一次量，马、驴 200～300IU，每日或隔日一次，2～5 次为一疗程；奶牛 100～150IU，隔 2d 一次，2～3 次为一疗程。临用前以灭菌生理盐水 2～5mL 稀释。

### 促黄体激素 （Luteinizing Hormone，LH）

【理化性质】又名垂体促黄体素、黄体生成素。本品是从猪、羊的脑垂体前叶中提取，属于一种糖蛋白。为白色或类白色的冻干块状物，易溶于水。应密封在冷暗处保存。

【作用与应用】在垂体促卵泡素的协同作用下，本品能促进卵泡最后成熟，诱发成熟卵泡排卵，排卵后卵巢形成黄体。另外，可作用于公畜睾丸间质细胞，增加睾酮的分泌，提高公畜性欲，并在促卵泡素协同作用下促进精子形成。

临床用于治疗排卵延迟、卵巢囊肿和习惯性流产等。

【注意事项】治疗卵巢囊肿时，剂量应加倍。

【制剂、用法与用量】黄体生成素粉针。100IU、200IU。肌内注射，一次量，马 200～300IU，牛 100～200IU。临用前，用灭菌生理盐水 2～5mL 稀释。

### 绒促性素 (Chorionic Gonadotrophin)

【理化性质】本品为白色或类白色的粉末。在水中溶解，在乙醇、丙酮或乙醚中不溶。

【作用与应用】本品主要具有促黄体素样作用，也有较弱的促卵泡素样作用。可促进母畜卵泡成熟、排卵和黄体生成，并刺激黄体分泌孕激素，但对未成熟卵泡无作用。对公畜可促进睾丸间质细胞分泌雄激素，促使性器官、副性征的发育、成熟，使隐睾病畜的睾丸下降，并促进精子生成。

临床主要用于诱导排卵、同期发情，治疗习惯性流产、卵巢囊肿和公畜性机能减退。

【注意事项】①不宜长期应用，以免产生抗体和抑制垂体促性腺功能；②本品溶液极不稳定，且不耐热，应在短时间内用完。

【制剂、用法与用量】注射用绒促性素。500IU、1 000IU、2 000IU、5 000IU。肌内注射，一次量，马、牛 1 000～5 000IU，羊 100～500IU，猪 500～1 000IU，犬 100～500IU，一周 2～3 次。

### 血促性素 (Serum Gonadotrophin)

【理化性质】又名马促性腺激素。本品为孕马血清中提取的血清促性腺激素。为白色或类白色粉末。

【作用与应用】本品主要表现促卵泡素样作用，也有轻度促黄体素样作用。可促使卵泡发育和成熟，引起发情，促进成熟卵泡排卵。促进公畜雄激素分泌，提高性欲。

临床主要用于母畜催情和促进卵泡发育，也用于胚胎移植时的超数排卵。

【注意事项】参见绒促性素。

【制剂、用法与用量】注射用血促性素。1 000IU。皮下、肌内注射，一次量，催情，马、牛 1 000～2 000IU，羊 100～500IU，猪 200～800IU，犬 25～200IU，猫 25～100IU，兔、水貂 30～50IU；超排，母牛 2 000～4 000IU，母羊 600～1 000IU。临用前，用灭菌生理盐水 2～5mL 稀释。

### 促黄体素释放激素 (Luteinizing Hormone Releasing Hormone)

【理化性质】本品为白色或类白色粉末；略臭，几乎无味。在水或 1% 醋酸溶液中溶解。

【作用与应用】本品能促使动物垂体前叶释放促黄体素和促卵泡素。兼具有促黄体素和促卵泡素作用。

临床可用于治疗奶牛排卵迟滞、卵巢静止、持久黄体、卵巢囊肿；也可用于鱼类诱发排卵。

【注意事项】使用本品后一般不能再用其他类激素。临床与其相似的还有促黄体素释放激素 $A_3$。

【制剂、用法与用量】注射用促黄体素释放激素 $A_2$。$25\mu g$、$50\mu g$、$125\mu g$、$250\mu g$。肌内注射，一次量，奶牛，排卵迟滞，输精同时肌内注射 $12.5\sim25\mu g$；卵巢静止，$25\mu g$ 每天 1 次，可连续 $1\sim3$ 次，总剂量不超过 $75\mu g$；持久黄体或卵巢囊肿，$25\mu g$，每天 1 次，可连续注射 $1\sim4$ 次，总剂量不超过 $100\mu g$。

## 单元四　前列腺素

### 一、概　述

前列腺素（PG）是广泛分布在体内各组织和体液中的一类自体活性物质，种类多。目前研究较多并应用于产科临床的主要有 $PGFF_{2\alpha}$、$PGFF_2$、15-甲基 $PGF_{2\alpha}F$ 等。早期由动物精液中或猪、羊的羊水中提取，现已能人工合成。

### 二、常用药物

#### 甲基前列腺素 $F_{2\alpha}$（Carboprost）

【理化性质】本品为棕色油状或块状物。有异臭。在乙醇、丙酮、乙醚中易溶，在水中极微溶解。

【作用与应用】本品具有溶解黄体，增强子宫平滑肌张力和收缩力等作用。

临床主要用于同期发情、同期分娩；也用于治疗持久性黄体、诱导分娩和排除死胎，以及治疗子宫内膜炎等。

【注意事项】①妊娠母畜忌用，以免引起流产；②治疗持久黄体时用药前应仔细进行直肠检查，以便针对性治疗；③大剂量应用可产生腹泻、阵痛等不良反应。

【制剂、用法与用量】甲基前列腺素 $F_{2\alpha}$ 注射液。$1mL：5mg$。肌内注射或宫颈内注射，一次量，每千克体重，马、牛 $2\sim4mg$，羊、猪 $1\sim2mg$。休药期，牛、猪、羊 1d。

#### 氯前列烯醇（Cloprostenol）

【理化性质】本品为淡黄色油状黏稠液体。在三氯甲烷中易溶，在无水乙醇或甲醇中溶解，在水中不溶，在 10% 碳酸钠溶液中溶解。

【作用与应用】本品为人工合成的前列腺素 $F_{2\alpha}$ 同系物。具有强大的溶解黄体作用，能迅速引起黄体消退，并抑制其分泌；对子宫平滑肌也具有直接兴奋作用，可引起子宫平滑肌收缩，子宫颈松弛。对性周期正常的动物，治疗后通常在

2～5d 发情。在妊娠 10～150d 的怀孕牛，通常在注射用药物后 2～3d 出现流产。

临床用于诱导母畜同期发情，治疗母牛持久黄体、黄体囊肿和卵泡囊肿等疾病；亦可用于妊娠猪、羊的同期分娩，以及治疗产后子宫复原不全、胎衣不下、子宫内膜炎和子宫蓄脓等。

【注意事项】①因药物可诱导流产，不需要流产的妊娠动物禁用；②药物可导致急性支气管痉挛；③氯前列醇易通过皮肤吸收，不慎接触后应立即用肥皂和水进行清洗；④不能与非类固醇类抗炎药同时应用。

【制剂、用法与用量】氯前列醇钠注射液。2mL：0.2mg。牛，肌内注射2～4mL，宫内注射 1～2mL；猪，肌内注射 1mL。休药期，牛、猪 1d。

## 练 与 做

1. 对当地（省或地区）动物医院及养殖场进行调研，了解动物生殖系统药物临床使用情况，并撰写调查报告。

2. 案例分析与处方开写

病例：一奶牛，人工授精 3 月有余，一直没有再发情，妊娠检查未孕，卵巢有黄体，一周后再次直检，卵巢上的黄体与上次检查时一样。初诊为持久黄体。

请开写治疗处方。

## 拓 与 展

1. 生殖激素调节　生殖激素是由动物性腺分泌的甾体类激素，包括雌激素、孕激素及雄激素。其分泌主要受下丘脑—垂体前叶的调节。下丘脑分泌促性腺激素释放激素（GnRH），它促进垂体前叶分泌促性腺激素，即促卵泡素（FSH）和黄体生成素（LH）。在 FSH 和 LH 的相互作用下，促进性腺分泌雌激素、孕激素及雄激素。

当性激素增加到一定水平时，又可通过负反馈作用，使下丘脑促性腺激素释放激素和垂体前叶促性腺激素的分泌减少（图 4-2）。

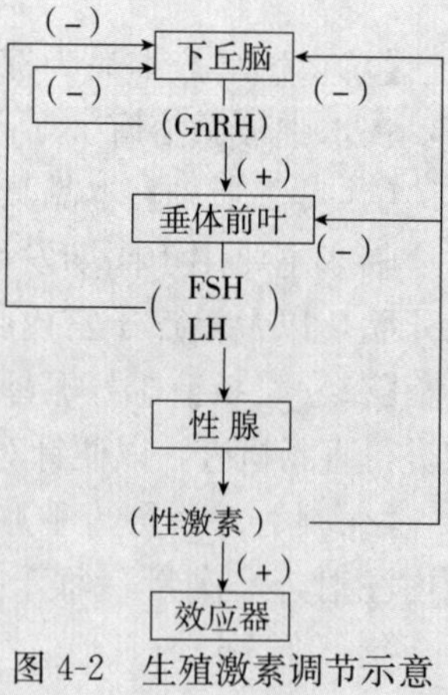

应用此类药物的目的在于补充体内性激素不足、防治产科疾病、诱导同期发情及促进畜禽繁殖力等。

图 4-2　生殖激素调节示意

2. 生殖系统疾病常用方剂

### 益 母 生 化 散

【处方】益母草 120g，当归 75g，川芎 30g，桃仁 30g，干姜 15g，甘草（炙）15g。

【性状】本品为黄绿色粉末；气清香，味甘，微苦。

【功能主治】活血祛瘀，温经止痛。主治产后恶露不行，血瘀腹痛。

【注意事项】本品为活血破瘀之剂，孕畜慎用。

【用法与用量】内服，马、牛每次250～350g，羊、猪每次30～60g，每天一次，连用3～5次。

### 促孕灌注液

【处方】淫羊藿400g，益母草400g，红花200g。

【功能主治】补肾壮阳，活血化瘀，催情促孕。主治卵巢静止和持久黄体性的不孕症。

【注意事项】①用药1次效果不明显者，再用药1～2次，间隔10d；②并发子宫内膜炎者加用子宫消毒药。

【用法与用量】子宫内灌注，马、牛20～30mL。

### 催情散

【处方】淫羊藿6g，阳起石6g，当归4g，香附5g，益母草6g，菟丝子5g。

【性状】本品为淡灰色粉末；气香，味微苦、微辛。

【功能主治】催情。主治母畜不发情。

【用法与用量】一次量，猪30～60g，每天一次。

## 思与议

**复习题**

1. 性激素分哪几类？其代表药物各有何作用与用途？
2. 如何合理选用子宫收缩药？为什么？
3. 列腺素$F_{2\alpha}$类激素有何作用？使用时应注意什么？为什么？

**讨论题**

讨论促卵泡素、促黄体素、血促性素、绒促性素及促黄体素释放激素$A_2$的作用特点，比较其临床应用的异同。

# 模块五　血液循环系统药物

**学习目标**

1. 理解强心药、止血药、抗凝血药、抗贫血药及血容量扩充药的作用机理。
2. 掌握各类药物的作用特点、临床应用，达到合理使用。

## 学 与 导

### 单 元 一 ◇ 强心药

#### 一、概　述

凡能提高心肌兴奋性，加强心肌收缩力，改善心脏功能的药物称为强心药。具有强心作用的药物种类很多，其中有些是直接兴奋心肌，而有些则是通过调节神经系统来影响心脏的机能活动。常用强心药物有肾上腺素、咖啡因、强心苷等。它们的作用机制、适应证均有所不同。肾上腺素适用于心脏骤停时的急救，咖啡因则适用于过劳、中暑、中毒等引起的急性心力衰竭，而强心苷适用于急、慢性充血性心力衰竭。因此临床必须根据药物的药理作用，结合疾病性质，合理选用。有关肾上腺素、咖啡因等药物请参考有关部分内容，此处主要介绍治疗心功能不全药物。

心功能不全（心力衰竭）是指心肌因收缩力减弱或衰竭，致使心排出血量减少，静脉回流受阻等而呈现的全身血液循环障碍的一种临床综合征。此病以伴有静脉系统充血为特征，故又称充血性心力衰竭。临床表现以呼吸困难、水肿及发绀为主的综合症状。家畜的充血性心力衰竭多由毒物或细菌毒素、过度劳役、重症贫血，以及继发于心脏本身的各种疾病如心肌炎症、慢性心内膜炎等所致。临床对本病的治疗除消除原发病外，主要是使用能改善心脏功能，增强心肌收缩力的药物。

强心苷至今仍是治疗充血性心力衰竭的首选药物，临床主用于治疗各种原因引起的慢性心功能不全。常用的强心苷类药物有洋地黄毒苷、毒毛花苷 K、地高辛、西地兰等。各种强心苷对心脏的作用基本相似，主要是加强心肌收缩力，但在作用强度、快慢及持续时间长短有所不同。

#### 二、常用药物

##### 洋地黄毒苷（Digitoxin）

【理化性质】本品为白色和类白色的结晶粉末。无臭。在水中不溶，在乙醇或乙醚中微溶。

【药理作用】

（1）药效学。本品对心脏具有高度选择作用，治疗剂量能显著增强衰竭心脏的收缩力使每搏输出量增加，同时可使心肌收缩敏捷，心动周期的收缩期缩短，舒张期延长，有利于静脉回流。另外洋地黄毒苷可改善衰竭的心功能，使流经肾的血流量和肾小球滤过功能加强，继发产生利尿作用。中毒剂量可抑制心脏的传导系统和兴奋异位节律点而导致各种心律失常。

（2）药动学。单胃动物内服给药吸收迅速。本品蛋白质结合率高（犬70％～

90％），在尿毒症患畜蛋白结合率通常不改变。半衰期个体间差异较大，在犬的半衰期为8～49h。猫半衰期很长（达100h），一般不推荐用于猫。

【临床应用】主要用于慢性充血性心力衰竭，阵发性室性心动过速和心房颤动等。

【注意事项】①洋地黄安全范围窄，易于中毒，必须严格控制用量。中毒症状有精神抑郁、运动失调、厌食、呕吐、腹泻、严重虚弱、脱水和心律不齐等。犬最常见的心律不齐包括心脏房室传导阻滞、室上性心动过速、室性心悸。中毒的有效治疗方法是立即停药，维持体液和电解质平衡，停止使用排钾利尿药，内服或注射补充钾盐。中度及严重中毒引起的心律失常，应用抗心律失常药如苯妥因钠或利多卡因治疗。②由于洋地黄具有蓄积作用，在用药前应先询问用药史，只有在2周内未曾用过洋地黄的病畜才能按常规给药。③用药期间，不宜使用肾上腺素、麻黄碱及钙剂，以免增强毒性。④禁用于急性心肌炎、心内膜炎、牛创伤性心包炎及主动脉瓣闭锁不全病例。⑤动物处于休克、贫血、尿毒症等情况下，不宜使用本品。除非有充血性心力衰竭发生。⑥成年反刍动物内服无效。

【制剂、用法与用量】洋地黄毒苷片。0.1g。内服，全效量，每千克体重，马0.033～0.066mg，犬0.03～0.04mg。

洋地黄毒苷注射液。5mL：1mg、10mL：2mg。全效量，家畜每100kg体重，马、牛0.6～1.2mg，犬0.1～1mg；维持量应酌情减少。

洋地黄制剂的应用方法一般分为两个步骤。首先在短期内给予较大剂量以达到显著的疗效，这个量称全效量（亦称饱和量或洋地黄化量），达到全效量的标准是心脏功能改善，心律减慢接近正常，尿量增加，然后每天给予较小剂量以维持疗效，这个量称维持量，维持量约为全效量的1/10。全效量的给药方法有缓给法和速给法两种：

①速给法：适用于急性、病情较重的病畜。静脉注射洋地黄毒苷注射液，首次注射全效量的1/2，以后每隔2h注射全效量的1/10。达到洋地黄化后，每天给予一次维持量（全效量的1/10）。应用维持量的时间长短随病情而定，往往需要维持用药1～2周或更长时间，其量也可按病情作适当调整。

②缓给法：适用于慢性、病情较轻的病畜。内服洋地黄酊，将洋地黄酊全效量分为8剂，每8h内服一剂。首次投药量为全效量的1/3，第二次为全效量的1/6，第三次及以后每次为全效量的1/12。

### 毒毛花苷K（Strophanthin K）

【理化性质】本品为白色或微黄色粉末；遇光易变质。在水或乙醇（90％）中溶解。

【作用与应用】作用同洋地黄毒苷。本品内服吸收很少，且吸收不规则。静脉注射作用快，3～10min即显效，0.5～2h作用达高峰，作用持续时间10～12h。本品在体内排泄快，蓄积性小。临床主用于充血性心力衰竭。

【制剂、用法与用量】毒毛花苷K注射液。1mL：0.25mg、2mL：0.5mg。静脉注射，一次量，马、牛1.25～3.75mg，犬0.25～0.5mg。用5％葡萄糖注射液作 10～20 倍稀释，缓慢注射。

### 地高辛（Digoxin）

【理化性状】又名狄戈辛。白色结晶或结晶性粉末，无臭，味苦。

【药理作用】内服吸收迅速但不完全，反刍动物内服易被破坏，吸收不规则。作用同洋地黄，特点是排泄较快，蓄积性较小。

【临床应用】用于各种原因引起的慢性心功能不全，阵发性室上性心动过速和心房颤动。

【制剂、用法与用量】地高辛片。0.25mg。内服，首次量，每千克体重，马 0.06～0.08mg，犬 0.02mg；维持量，每千克体重，马 0.01～0.02mg；犬 0.01mg。

地高辛注射液。2mL：0.5mg。静脉注射，首次量，每千克体重，马 0.014mg，犬 0.01mg；维持量，每千克体重，马 0.007mg，犬 0.005mg，每 12h 1 次。

### 三、临床常用强心药的合理选用

作用于心脏的药物很多，有些是直接兴奋心肌，有些是通过神经调节来影响心脏的机能活动。常用的强心药有强心苷、咖啡因、樟脑及肾上腺素等。临床上必须根据药理学的作用原理，结合疾病性质，合理选用。

1. 强心苷类　对心脏有高度的选择性，作用特点是加强心肌收缩力，使收缩期缩短，舒张期延长，并减慢心率，有利于心脏的休息和功能的恢复，继而缓解呼吸困难、消除水肿等症状。慢作用类主要用于慢性心功能不全，快作用类主要用于急性心功能不全或慢性心功能不全的急性发作。

2. 咖啡因、樟脑　是中枢兴奋药，有强心作用。其作用比较迅速，持续时间较短。适用于过劳、高热、中毒、中暑等过程中的急性心脏衰弱。在这种情况下，机体的主要矛盾不在心脏，而在于这些疾病引起的畜体机能障碍，血管紧张力减退，回心血量减少，心排血量不足，心搏动加快，心肌陷于疲劳，造成心力衰竭。应用咖啡因、樟脑，能调整畜体机能，增强心肌收缩力，改善循环。

3. 肾上腺素　肾上腺素的强心作用快而有力，它能提高心肌兴奋性，扩张冠状血管，改善心肌缺血、缺氧状态。肾上腺素不用于心力衰竭的治疗，适用于麻醉过度、溺水等心搏骤停时的心脏复跳。

## 单元二　止血药

### 一、概　述

止血药：凡能促进血液凝固和制止出血的药物称止血药。

止血药既可通过影响某些凝血因子，促进或恢复凝血过程而止血，也可通过抑制纤维蛋白溶解系统而止血。后者亦称抗纤溶药，包括氨基己酸、氨甲环酸等。能降低毛细血管通透性的药物（如安络血）也常用于止血。由于出血原因很多，各种止血药作用机理亦有所不同。在临床上应根据出血原因、药物功效、临床症状等采用不同的处理方法。如制止大血管出血需用压迫、包扎、缝合等方法；对毛细血管和静脉渗血或因凝血机制障碍等引起的出血，除对因治疗外，适当选用止血药在临床上具有重要意义。

临床上将止血药分为局部止血药和全身止血药两类。局部止血药如吸收性明胶海绵、三氯化铁；全身止血药包括安络血、酚磺乙胺、亚硫酸氢钠甲萘醌、6-氨基己酸、凝血酸等。

## 二、常用药物

### 吸收性明胶海绵（Absorbable Gelatin Sponge）

【理化性质】本品是由明胶制成的，为白色、质轻、多孔性海绵状物，切成适当大小及形状，经灭菌后供使用。在水中不溶，可被胃蛋白酶溶解消化，有强吸水性。

【作用与应用】具有多孔和表面粗糙的特点，敷于出血部位，能吸收大量血液，并促使血小板破裂释出凝血因子而促进血液凝固。另外，吸收性明胶海绵敷于出血处，对创面渗血有机械性压迫止血作用。

临床用于创口渗血区止血，如外伤性出血、手术止血、毛细血管渗血、鼻出血等。

【注意事项】①本品为灭菌制品，使用过程中要求无菌操作，以防污染；②包装打开后不宜再消毒，以免延长吸收时间。

【用法与用量】根据出血创面的形状，将本品切成所需大小，贴于出血处，再用干纱布压迫。

### 安络血（Adrenosin）

【理化性质】又名安特诺新。为橘红色结晶或结晶性粉末，无臭，无味。在水、乙醇中极微溶解。

【作用与应用】本品能增强毛细血管对损伤的抵抗力，降低毛细血管通透性和脆性，促进断裂毛细血管端回缩而止血。安络血不影响凝血过程，对大出血、动脉出血无效。内服可吸收，但在胃肠道内可被迅速破坏、排出。

临床主要用于毛细血管渗透性增加所致的出血，如鼻出血、紫癜、内脏出血、血尿、视网膜出血、手术后出血及产后子宫出血等。

【注意事项】①本品含有水杨酸，长期应用可产生水杨酸反应；②抗组胺药能抑制本品作用，一般在用前48h停止给予抗组胺药；③本品不影响凝血过程，对大出血、动脉出血疗效差。

【制剂、用法与用量】安络血注射液。1mL：5mg、2mL：10mg。肌内注射，一次量，马、牛5~20mL，猪、羊2~4mL。2~3次/d。

## 酚磺乙胺（Etamsylate）

【理化性质】又名止血敏。为白色结晶或结晶性粉末；无臭，味苦；有引湿性，遇光易变质。在水中易溶，在乙醇中溶解。

【作用与应用】酚磺乙胺能增加血小板数量，并增强其聚集性和黏附力，促进血小板释放凝血活性物质，缩短凝血时间，加速血块收缩。此外，尚有增强毛细血管抵抗力、降低其通透性、减少血液渗出等作用。本品止血作用迅速，静脉注射后 1h 作用达高峰，药效可维持 4～6h。

适用于各种出血，如手术前后出血、内脏出血、鼻出血等。亦可与其他止血药（如维生素 K）并用。

执业兽医资格考试模拟题28
能增加血小板数量的药物（E）
A. 氨甲环酸
B. 维生素K
C. 氨甲苯酸
D. 安特诺新
E. 酚磺乙胺

【制剂、用法与用量】酚磺乙胺注射液。1mL：0.25g，2mL：0.5g。肌内、静脉注射，一次量，马、牛 1.25～2.5g，猪、羊 0.25～0.5g。用于预防外科手术出血时，一般在手术前 15～30min 用药。

## 维生素 K（Vitamin K）

【来源与性质】维生素 K 有天然和人工合成两个来源。维生素 $K_1$、维生素 $K_2$ 来源于天然，维生素 $K_1$ 来源于植物性食物和动物性食物；维生素 $K_2$ 来源于细菌产物，如动物肠道寄生菌的合成产物。维生素 $K_1$ 为黄色至橙色澄清的黏稠液体，无臭或几乎无臭，遇光易分解；在植物油中易溶，在乙醇中略溶，在水中不溶。维生素 $K_3$ 和维生素 $K_4$ 均为人工合成品，前者为亚硫酸氢钠甲萘醌，后者为甲萘氢醌。维生素 $K_3$ 为白色结晶性粉末，无臭或微有特臭，有引湿性，遇光易分解；在水中易溶。

【药理作用】维生素 K 为肝合成凝血酶原（因子 Ⅱ）的必需物质，还参与凝血因子 Ⅶ、Ⅸ、Ⅹ 的合成。缺乏维生素 K 可致上述凝血因子合成障碍，影响凝血过程而引起出血倾向或出血。通常哺乳动物大肠内的细菌能合成维生素 K，一般不会出现维生素 K 缺乏症，但当连续给予广谱抗菌药物时，会因抑制肠内细菌而引起维生素 K 缺乏；维生素 K 吸收、利用出现障碍时，也会发生维生素 K 缺乏而致出血。此时给予维生素 K 可达到止血目的。

天然的维生素 $K_1$、维生素 $K_2$ 是脂溶性的，其吸收有赖于胆汁的增溶作用，胆汁缺乏时则吸收不良。维生素 $K_3$ 因溶于水，内服可直接吸收，也可肌内注射给药。吸收后的维生素 K 随 β 脂蛋白转运，在肝内被利用。

【临床应用】用于维生素 K 缺乏所致的出血（毛细血管性及实质性出血，如胃肠、子宫、鼻及肺出血）和各种原因引起的维生素 K 缺乏症。

【注意事项】①较大剂量的水杨酸类、磺胺药等可影响维生素 K 的效应；②巴比妥类可诱导维生素 K 代谢加速，不宜合用；③肌内注射部位可出现疼痛、肿胀等；④较大剂量的维生素 $K_3$ 可致幼畜溶血性贫血、高胆红素血症及黄疸，应严格掌握用法、用量，不宜长期大量应用；⑤维生素 $K_3$ 可损害肝，肝功能不良患畜宜改用维生素 $K_1$；⑥静脉注射速度宜缓慢，成年家畜每分钟不应超过 10mg，新生仔畜或幼畜每分钟不应超过 5mg（由于在静脉注射期间或注射后可出现包括死亡在内的严重反应，因此，静脉注射只限于其他途径无法应用情况下）；⑦注射液可用生理盐水、5％葡萄糖注射液或5％葡萄糖生理盐水稀释，稀释后应立即注射，未用完部分应弃之不用。

【制剂、用法与用量】亚硫酸氢钠甲萘醌注射液。1mL：4mg、10mL：40mg。肌内注射，一次量，马、牛100～300mg，猪、羊30～50mg，犬10～30mg，禽2～4mg。2～3次/d。

维生素 K$_1$ 注射液。1mL：10mg。肌内或静脉注射，一次量，每千克体重，犊牛1mg，犬、猫0.5～2mg。

### 6-氨基己酸（6-Aminocaproic Acid）

【理化性质】为白色或黄色结晶性粉末。无气味，味苦。能溶于水，其3.52％水溶液为等渗溶液。密封保存。

【作用与应用】6-氨基己酸是抗纤维蛋白溶解药，能抑制血液中纤维蛋白溶酶原的活性因子，阻碍纤维蛋白溶酶原转变为纤维蛋白溶酶，从而抑制纤维蛋白的溶解，达到止血作用。高浓度时，有直接抑制纤维蛋白溶酶的作用。

临床适用于纤维蛋白溶解症所致的出血，如大型外科手术出血，淋巴结、肺、脾、上呼吸道、子宫及卵巢出血等。

【注意事项】本品主要由肾排泄，在尿中浓度高，容易形成凝块，造成尿路阻塞，故泌尿系统手术后、血尿时慎用或不用。本品不能阻止小动脉出血，在手术时如有活动性动脉出血，需结扎止血。对一般出血不要滥用。

【制剂、用法与用量】6-氨基己酸注射液。10mL：1g、10mL：2mg。静脉滴注，首次量，马、牛20～30g，加于500mL生理盐水或5％葡萄糖溶液中；猪、羊4～6g，加入100mL5％葡萄糖溶液或生理盐水中。维持量，马、牛3～6g，猪、羊1～1.58。1次/d。

### 三、止血药的合理选用

出血的原因很多，在临床上应用止血药时，要根据出血原因、出血性质并结合各种药物的功能和特点选用。

（1）较大的静脉、动脉出血，必须采取结扎、用止血钳或烧烙等方法止血。

（2）体表小血管、毛细血管的出血，可采用局部压迫或用明胶海绵等局部止血药。

（3）出血性紫癜、鼻出血、外科小手术出血等，可用安络血，以增强毛细血管对损伤的抵抗力，促进断端毛细血管回缩。

（4）手术前后预防出血和止血、消化道出血、肾出血、肺出血等，可选用酚磺乙胺，以增加血小板生成，并促使释放凝血活性物质。

（5）防治幼雏出血性疾病，选用维生素K为宜。

（6）纤维蛋白溶解症所致的出血，如外科手术的出血、肺出血、脾出血、呼吸道出血、消化道出血、产后子宫出血等，选用抗纤维蛋白溶解药6-氨基己酸为宜。

## 单元三 抗凝血药

### 一、概　述

凡能延缓或阻止血液凝固的药物称抗凝血药，简称抗凝剂。常用的抗凝血药有肝素钠、枸橼酸钠等。这些药物通过影响凝血过程中的不同环节而发挥抗凝血作用，临床常用于输血、血样保存、实验室血样检查、体外循环以及防治具有血栓形成倾向的疾病。

### 二、常用药物

#### 枸橼酸钠（Sodium Citrate）

【理化性质】又名柠檬酸钠。为无色结晶或白色结晶性粉末，无臭，味咸、凉，在湿空气中微有潮解性，在热空气中有风化性。在水中易溶，在乙醇中不溶。

【作用与应用】钙离子参与凝血过程的每一个步骤，缺乏这一凝血因子时，血液便不能凝固。本品含有的枸橼酸根离子能与血浆中钙离子形成难解离的可溶性络合物，使血中钙离子浓度迅速减少而产生抗凝血作用。

临床主要用于血液样品的抗凝，防止体外血液凝固。已很少用于输血。

【注意事项】①大量输血时，应另注射适量钙剂，以预防低血钙；②枸橼酸钠碱性较强，不适合血液生化检查。

【制剂、用法与用量】枸橼酸钠注射液。10mL：0.25g。间接输血，每100mL血液添加10mL。

#### 肝素（Heparin）

【理化性质】肝素是动物体内天然的抗凝血因素，药用肝素是从牛、羊、猪的肺、肝和小肠黏膜提取的一种黏多糖硫酸酯。为白色粉末，易溶于水。1mg的效价不得少于150IU。

【作用与应用】肝素在体内、体外都有很强的抗凝血作用。肝素抗凝血的原理是对抗凝血活素，阻碍凝血酶原转变为凝血酶，在较低浓度时就有这种作用；对抗凝血酶，阻碍纤维蛋白原转变为纤维蛋白，其本身抗凝血酶的作用不大，但能与血浆中的一种 α-球蛋白共同作用，使凝血酶不能发挥作用；阻止血小板的凝集和裂解。所以，肝素影响血液凝固过程的各个环节，最终使纤维蛋白不能形成。

肝素主要用作输血、体外循环、动物交叉循环等的抗凝剂，用作化验室血样的抗凝剂和防治血栓、栓塞性疾病。

【注意事项】肝素应用过量，可引起各种黏膜出血、关节积血、伤口出血等，如发生严重出血，可静脉注射硫酸鱼精蛋白急救（鱼精蛋白是肝素的对抗剂）。肝素禁用于出血性素质和伴有凝血迟缓的各种疾病；肝疾病时，慎用。

【制剂、用法与用量】肝素钠注射液。1mL：12 500IU。治疗血栓、栓塞症，皮下、静脉注射，一次量，每千克体重，犬 150～250IU，猫 250～375IU。3 次/d。治疗弥散性血管内凝血，马 25～100IU，小动物 75IU。

## 单元四　抗贫血药

### 一、概　述

抗贫血药是指能增进机体造血机能、补充造血必需物质、改善贫血状态的药物。

单位容积循环血液中红细胞数和血红蛋白量低于正常时称为贫血。贫血的种类很多，病因各异，治疗药物也不同。临床上按病因可分为三种类型，即缺铁性贫血、巨幼红细胞性贫血和再生障碍性贫血。兽医临床常用的抗贫血药主要是指用于防治缺铁性贫血和巨幼红细胞性贫血的药物。缺铁性贫血是由于机体摄入的铁不足或损失过多，导致供造血用的铁不足所致。兽医临床上常见的缺铁性贫血有哺乳期仔猪贫血、急慢性失血性贫血等。铁剂（如硫酸亚铁、右旋糖酐铁等）是防治缺铁性贫血的有效药物。巨幼红细胞性贫血则可用叶酸和维生素 $B_{12}$ 治疗。

### 二、常用药物

#### 硫酸亚铁（Ferrous Sulfate）

【理化性质】本品为淡蓝绿色柱状结晶或颗粒，无臭，味咸、涩。在干燥空气中即风化，在湿空气中即迅速氧化变质，表面生成黄棕色的碱式硫酸铁。在水中易溶，在乙醇中不溶。

【药理作用】

（1）药效学。铁为构成血红蛋白、肌红蛋白和多种酶（细胞色素氧化酶、琥珀酸脱氢酶、黄嘌呤氧化酶等）的重要成分。因此，铁缺乏不仅引起贫血，还可能影响其他生理功能。正常的日粮摄入足以维持体内铁的平衡，但吮乳期或生长期幼畜、妊娠期或泌乳期母畜因需铁量增加而摄入量不足。胃酸缺乏、慢性腹泻等导致肠道吸收铁的功能减退，慢性失血使体内贮铁耗竭，急性大出血后恢复期等，均使铁的需要量增加，补铁能纠正因铁缺乏引起的异常生理症状和血红蛋白水平的下降。

（2）药动学。内服铁盐吸收过程复杂，受许多因素影响，如日粮、体内铁贮存状况、红细胞生成水平以及给药剂量等。铁盐主要以 $Fe^{2+}$ 形式在十二指肠和空肠上段吸收，进入血液循环后，$Fe^{2+}$ 被氧化为 $Fe^{3+}$，再与转铁蛋白结合成血浆铁，转运至肝、脾、骨髓等组织中，与这些组织中的去铁铁蛋白结合成铁蛋白而贮存，并最终参与血红蛋白合成。缺铁性贫血时，铁的吸收和转运增加。铁的代谢发生在一个近乎封闭的系统内，由血红蛋白破坏所释放的铁可被机体重新利用，只有少量的铁通过毛发、肠道、皮肤等细胞的脱落排泄，另有少量的铁经尿、胆汁和乳汁排泄。

【临床应用】本品用于防治缺铁性贫血，如慢性失血、营养不良、孕畜及哺乳期仔猪贫血等。

【注意事项】①内服对胃肠道黏膜有刺激性，可致呕吐（猪、犬）、腹痛等，宜在饲后投药，禁用于消化道溃疡、肠炎等。大量内服可引起肠坏死、出血，严重时可致休克。②稀盐酸可促进 $Fe^{3+}$ 转变为 $Fe^{2+}$，有助于铁剂的吸收，与稀盐酸合用可提高疗效。维生素 C 为还原物质，能防止 $Fe^{2+}$ 氧化，因而有利于铁的吸收。③钙剂、磷酸盐类、含鞣酸药物、抗酸药等均可使铁沉淀，妨碍其吸收，避免与它们同服。④铁剂与四环素类可形成络合物，互相妨碍吸收。⑤铁能与肠道内硫化氢结合生成硫化铁，使硫化氢减少，减少了对肠蠕动的刺激作用，可致便秘，并排黑粪。

【制剂、用法与用量】硫酸亚铁。配成 0.2%～1% 溶液，内服。一次量，马、牛 2～10g，猪、羊 0.5～3g，犬 0.05～0.5g，猫 0.05～0.1g。

葡萄糖铁钴注射液。2mL：0.2g（Fe）、10mL：1g（Fe）。肌内注射，一次量，仔猪 100～200mg。

### 右旋糖酐铁注射液（Irondextran Injection）

【理化性质】本品为右旋糖酐与铁的络合物的灭菌胶体溶液。为深褐色。需避光保存。

【作用与应用】本品作用同硫酸亚铁。肌内注射后右旋糖酐铁主要通过淋巴系统缓慢吸收。注射后 3d 内约有 60% 的铁被吸收，1～3 周后吸收达到 90%，余下的药物可能在数月内被缓慢吸收。肝、脾和骨髓网状内皮细胞能逐步从血浆中清除吸收的药物。从右旋糖酐中解离的铁立即与蛋白分子结合形成含铁血黄素、铁蛋白或转铁蛋白。而右旋糖酐则被代谢或排泄。

适用于重症缺铁性贫血或不宜内服铁剂的缺铁性贫血。临床主要用于仔猪缺铁性贫血。

【注意事项】①猪注射铁剂偶尔会出现不良反应，临床表现为肌肉软弱，站立不稳，严重时可致死亡；②肌内注射时可引起局部疼痛，应深部肌内注射，超过 4 周龄的猪注射有机铁，可引起臀部肌肉着色；③需防冻，久置可发生沉淀。

【制剂、用法与用量】右旋糖酐铁注射液。1mL：25mg。肌内注射，一次量，仔猪 100～200mg。

### 维生素 $B_{12}$（Vitamin $B_{12}$）

【理化性质】又名氰钴胺，含有金属元素钴。为深红色结晶或结晶性粉末；无臭，无味；引湿性强。在水或乙醇中略溶。应遮光、密封保存。

【作用与应用】本品具有广泛的生理作用。为合成核苷酸的重要辅酶的成分，参与体内甲基转换及叶酸代谢。主要表现在：促进红细胞的发育和成熟，使机体造血机能处于正常状态；促进核酸和蛋白质的合成。促进糖类、脂肪和蛋白质的代谢及维持正常的能量代谢。维持神经髓鞘完整性及神经功能的正常。维生素 $B_{12}$ 缺乏时，机体的细胞、组织生长发育将受抑制；红细胞生成减少尤为明显，可引起动物恶性贫血。此外，其他组织代谢也发生障碍，如神经系统损害等。

反刍动物瘤胃内微生物可直接利用饲料中的钴合成维生素 $B_{12}$，故一般较少发生缺乏症。饲料中的维生素 $B_{12}$ 进入消化道后经一系列的过程最终在回肠末端吸收。维生素 $B_{12}$ 在血液中与 $\alpha$ 和 $\beta$ 球蛋白结合转运至全身各组织，其中大部分分布于肝。维生素 $B_{12}$ 主要从尿和胆汁排泄。

临床用于维生素 $B_{12}$ 缺乏所致的贫血和幼畜生长迟缓等。

【注意事项】在防治巨幼红细胞贫血症时，本品与叶酸配合应用可取得更为理想的效果。

【制剂、用法与用量】维生素 $B_{12}$ 注射液。1mL：0.1mg、1mL：0.5mg、1mL：1mg。肌内注射，一次量，马、牛 1～2mg，羊、猪 0.3～0.4mg，犬、猫 0.1mg。每日或隔日一次，持续 7～10 次。

### 叶酸（Folic Acid）

【理化性质】叶酸广泛存在于酵母、绿叶蔬菜、豆饼、苜蓿粉、麸皮、籽实类中。动物内脏、肌肉、蛋类含量很多。药用叶酸多为人工合成品。为黄色或橙黄色结晶性粉末，无臭、无味；极难溶于水，在氢氧化钠或碳酸钠的稀溶液中易溶。遇光失效。应遮光贮存。

【作用与应用】叶酸是核酸和某些氨基酸合成所必需的物质。参与体内多种氨基酸、嘌呤及嘧啶的合成和代谢，并与维生素 $B_{12}$ 共同促进红细胞的生长和成熟。叶酸缺乏时，核酸合成减少，细胞分裂与发育不完全。主要病理表现为巨幼红细胞性贫血，腹泻，皮肤功能受损，生长发育受阻等。家畜消化道内微生物能合成叶酸，一般不易发生缺乏症。但长期使用磺胺类等肠道抗菌药时，家畜也可能发生叶酸缺乏症。雏鸡、猪、狐、水貂等必须从饲料中摄取补充叶酸。

临床上主用于防治因叶酸缺乏所致的畜禽贫血症。与维生素 $B_{12}$ 合用效果更好。

【注意事项】①对甲氧苄啶、乙胺嘧啶等所致的巨幼红细胞性贫血无效；②对维生素 $B_{12}$ 缺乏所致的"恶性贫血"，大剂量叶酸治疗可纠正血象，但不能改善神经症状。

【制剂、用法与用量】叶酸片。5mg。内服，一次量，犬、猫 2.5～5mg。

叶酸注射液。1mL：15mg。肌内注射，一次量，育成鸡 0.1～0.2mg，雏鸡 0.05～0.1mg。

## 单元五　血容量扩充药

### 一、概　述

凡能补充血容量或代替血浆作用的药物称血容量扩充药。目前临床上主要选用血浆代用品，如右旋糖酐、羟乙基淀粉等高分子化合物，它们具有一定的胶体渗透压，能维持一定时间的血容量，无抗原性和不良反应。血液制品是最完美的血容量扩充剂，但来源有限，其应用受到一定限制。

## 二、常用药物

### 葡萄糖（Glucose Dextrose）

【理化性质】本品为无色结晶、白色结晶性或颗粒性粉末，无臭，味甜。在水中易溶，在乙醇中微溶。

【作用与应用】①供给能量：葡萄糖是机体所需能量的主要来源，代谢供给热量。②增强肝解毒能力：葡萄糖进入机体后转化成肝糖原，增强肝解毒功能。此外，肝结合代谢解毒的一些原料，如葡萄糖醛酸和乙酰基等，也是由葡萄糖代谢提供。③强心利尿：葡萄糖可改善心肌营养，增强心肌的收缩功能，使心输出量、肾血流量及尿量增加。④扩充血容量：等渗葡萄糖（5%）静脉输液，可补充水分、扩充血容量，作用快，但维持时间短；高渗葡萄糖可提高血液的晶体渗透压，使组织脱水，扩充血容量，起到暂时利尿的作用。

本品可用于重病、久病、体质虚弱的动物补充能量，也可用作脱水、大失血、低血糖症、心力衰竭、酮血症、妊娠中毒症、化学药品及农药中毒、细菌毒素中毒等解救的辅助药物。

【注意事项】高渗注射液应缓慢注射，以免增加心脏负担，且勿漏出血管外。葡萄糖氯化钠注射液，低血钾症患畜慎用；肝、肾功能不全患畜应注意控制剂量，否则易致水钠潴留。

【制剂、用法与用量】葡萄糖注射液、葡萄糖氯化钠注射液。静脉输注：一次量，马、牛 50～250g，羊、猪 10～50g，犬 5～25g。

### 右旋糖酐（Dextran）

【理化性质】为葡萄糖聚合物。根据相对分子质量的大小分为：中分子（平均相对分子质量 7 万）、低分子（平均相对分子质量 4 万）和小分子（平均相对分子质量 1 万）三种右旋糖酐。前两种临床上比较常用，分别称为右旋糖酐 70 和右旋糖酐 40。

【作用与应用】

（1）补充血容量。静脉注射右旋糖酐 70 和右旋糖酐 40 能提高血浆胶体渗透压，吸收血管外的水分而扩充血容量，维持血压。右旋糖酐 70 因相对分子质量大，不易透过血管，由肾排泄较慢，一次静脉注射，可维持作用 12h；右旋糖酐 40 相对分子质量较小，从肾排泄较快，一次静脉注射，可维持作用 3h 左右。

（2）改善微循环。右旋糖酐 40 可引起红细胞解聚，降低血液黏滞性，从而改善微循环和组织灌注，使静脉回流量和心输出量增加；抑制凝血因子的激活，使凝血因子活性降低，有抗血栓形成作用。

（3）渗透性利尿作用。右旋糖酐 40 从肾排泄时，在肾小管中不能被重吸收，使肾小管内的渗透压升高，产生渗透性利尿作用。小分子右旋糖酐扩容作用弱，但改善循环和利尿的作用好，临床主要用于解除弥漫性血管凝血和急性肾中毒。

本品主要用于扩充和维持血容量，治疗失血、创伤、烧伤及中毒性休克。

【注意事项】①与维生素 $B_{12}$ 混合可发生变化；②与卡那霉素、庆大霉素合用可增加其毒性；③静脉注射宜缓慢，用量过大可致出血，如鼻出血、皮肤黏膜出血、创面渗血、血尿等；④充血性心力衰竭和有出血性疾病患畜禁用，肝、肾疾病患畜慎用；⑤偶见过敏反应（发热、荨麻疹等），此时应立即停止输入，必要时注射苯海拉明或肾上腺素；⑥失血量如超过 35％时应用本品可继发严重贫血，需作输血疗法。

【制剂、用法与用量】

右旋糖酐 40 葡萄糖注射液。500mL：30g 右旋糖酐 40 与 25g 葡萄糖。

右旋糖酐 40 氯化钠注射液。500mL：30g 右旋糖酐 40 与 4.5g 氯化钠。

右旋糖酐 70 葡萄糖注射液。500mL：30g 右旋糖酐 70 与 25g 葡萄糖。

右旋糖酐 70 氯化钠注射液。500mL：30g 右旋糖酐 70 与 4.5g 氯化钠。

4 种制剂均为静脉注射，一次量，马、牛 500～1 000 mL，羊、猪 250～500mL。

**练 与 做**

1. 实验：抗凝及促凝药物作用观察。

2. 对当地（省或地区）动物医院及养殖场进行调研，了解动物血液循环系统药物临床使用情况，并撰写调查报告。

3. 案例分析与处方开写

病例：某武警部队初次训练警犬时，由于惩戒过严，训练过程中发现被训犬精神沉郁，极度疲劳、出汗，突然高度呼吸困难，可视黏膜发绀，浅表静脉怒张，心脏收缩音增强，心动疾速，第一心音高朗，第二心音微弱甚至听不到，心律不齐，脉细弱。四肢末梢厥冷。鼻流带细小泡沫的鼻液。初诊为急性心力衰竭。

请开写出治疗处方。

**拓 与 展**

1. **血凝过程**　血液系统中存在着凝血和抗凝血两种对立统一的机制，并由此保证血液的正常流动性。

（1）凝血过程可分三步：①凝血活素的形成。一是血管损伤时，血液内原来无活性的接触因子ⅩⅡ，与创面或异物接触被激活，并与血小板因子、钙离子及血液中的一些凝血因子（ⅩⅠ、Ⅸ、Ⅷ、Ⅹ、Ⅴ）起反应，形成凝血活素；二是组织受损伤时，组织因子释放出同血液相混合，并与钙离子及一些凝血因子（Ⅶ、Ⅹ、Ⅴ）起反应，形成凝血活素。②凝血酶的形成。在凝血活素和钙离子的参与下，血浆中无活性的凝血酶原转变为有活性的凝血酶。③纤维蛋白的形成。血浆中处于溶解状态的纤维蛋白原，在凝血酶的作用下转变为纤维蛋白单体。然后发生多分子聚合作用，形成纤维蛋白多聚体，即不溶性纤维蛋白细丝，将血细胞包藏其中，形成血凝块，堵住创口，制止出血。

（2）抗凝过程主要是纤维蛋白的溶解。纤维蛋白溶酶原在激活因子的作用下转化为纤维蛋白溶酶，进而作用于纤维蛋白使其（血凝块）溶解，并降解成为可溶性多肽。

机体内的凝血和抗凝之间相互作用，保持着动态平衡（图 4-3）。正常情况下，循环流动的血液不会在血管中凝固，其原因是多方面的。除了血管内壁光滑，血液未与组织损伤面接触，不能激活有关凝血因子外，最主要的是由于血液中含有抗凝血物质和存在纤维蛋白溶解系统的缘故。止血药和抗凝血药则是通过影响血液凝固和溶解过程中的不同环节而发挥止血和抗凝血作用。

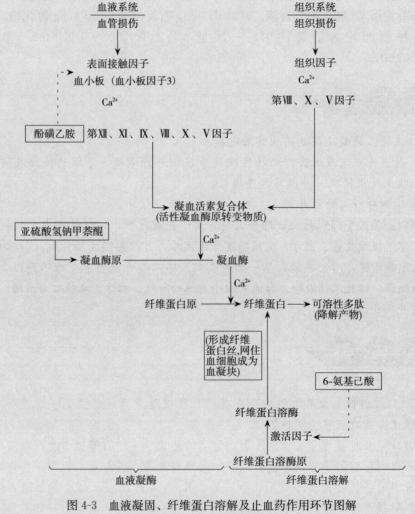

图 4-3　血液凝固、纤维蛋白溶解及止血药作用环节图解
（梁运霞．2006．动物药理与毒理）

## 2. 心力衰竭常用方剂

### 四　逆　汤

【处方】附子（制）45g，干姜30g，甘草（炙）45g。

【性状】本品为棕黄色的液体；气香，味甜、辛。

【功能主治】温中祛寒，回阳救逆。主治四肢厥冷，脉微欲绝，亡阳虚脱。

【注意事项】①本方性属温热，对湿热、阴虚、实热之症禁用；②凡热邪所致呕吐、腹痛、泄泻者慎用；③妊娠期禁用；④本品含附子，不宜过量、久服。

【用法与用量】马、牛100～200mL，猪、羊30～60mL，禽，每千克体重，0.5～1mL。

## 思与议

### 复习题

1. 简述全身止血药、抗凝血药的作用特点与应用。
2. 如何合理选用补血药？
3. 简述葡萄糖、右旋糖酐的作用与应用。

### 讨论题

临床上如何合理选用强心苷及其他强心药？

# 第五篇　影响组织代谢和抗过敏药

**内容提要**

　　本篇介绍三个模块，主要包括调节新陈代谢的药物；抗组胺药与解热镇痛抗炎药物；糖皮质激素类药物。

## 模块一　调节新陈代谢的药物

**学习目标**

　　1. 掌握调节水盐代谢、调节酸碱平衡的药物的作用、应用及注意事项。
　　2. 理解维生素、钙、磷以及微量元素的作用、应用及注意事项。

**学　与　导**

　　新陈代谢是指生物体与外界环境之间的物质和能量交换以及生物体内物质和能量的转变过程。

　　体液是生物体的重要组成部分，占成年动物体重的 $60\%\sim70\%$，主要由水和溶于水的电解质、葡萄糖和蛋白质等成分组成。体液分为细胞内液和细胞外液，细胞内液主要电解质为钾离子、镁离子、磷酸根离子，细胞外液又名"内环境"，主要电解质为钠离子、氯离子、碳酸氢根离子，这是维持正常生命活动的必要条件。体液具有运输物质、调节酸碱平衡、维持细胞结构与功能等多方面作用。虽然动物每天摄入水和电解质的量变动很大，但在神经-内分泌系统调节下，体液的总量、组成成分、酸碱度和渗透压，总是处于相对平衡。但在调节失常或病理情况下，如久病停食、停饮以及瘤胃积食、肠阻塞、呕吐、腹泻、大汗等情况下体液会大量排出，加之摄入量不足，往往会引起水盐代谢障碍和酸碱平衡紊乱，临床经常要应用水和电解质平衡药、酸碱平衡药、能量药、血容量扩充剂等进行纠正。临床应用中，这些药物往往要配合使用。

　　钙、磷、微量元素和维生素等物质对动物机体正常机能非常重要，如果在体内的含量不足均可引起特定症状的缺乏症，影响动物的生长和生产效能。为了补充体内这些物质的不足，防治缺乏症，临床经常使用钙、磷、微量元素和维生素等营养药。

### 单元一　调节水盐代谢药物

　　水是机体极其重要的物质。水不仅是一种营养物质，也是物质运输的介质、各种代谢反应的溶媒、体温调节系统的主要组成部分。水和电解质关系极为密切，在体液中以恒定比例存在。在腹泻、呕吐、大面积烧伤、过度出汗、失血、长时间缺乏饮水等情况下，所造成的水和电解质的丢失或摄入减少，都会造成机体不同程度的体液减少或缺失。如果损失体重 10％的体液可引起机体严重的物质代谢障碍，损失体重 20％～25％的体液就会引起死亡。因此，为了维持动物机体正常的新陈代谢，恢复体液平衡，必须根据脱水程度和脱水性质及时补液。

脱水性质有高渗、低渗、等渗脱水之分。水和电解质按比例丢失，细胞外液的渗透压无大变化的称为等渗性脱水。水丢失多，电解质丢失少，渗透压升高的称为高渗性脱水。反之，电解质丢失多，而水丢失少，称为低渗性脱水。临床上以等渗脱水较为常见。

脱水程度有轻、中、重度之分。目前，临床上判断脱水程度常以皮肤的弹性为标准。轻度脱水机体通过代偿可以恢复，中、重度脱水必须补液。

补液方法有多种，常采用内服补液、腹腔注射、静脉注射的方法。补液量应依据不同动物，不同个体大小，以及脱水程度而有所不同，一般原则是缺多少补多少。

### 氯化钠 （Sodium Chloride）

【理化性质】本品为白色结晶体，易溶于水、甘油，微溶于乙醇、液氨，不溶于浓盐酸。在空气中微有潮解性。

【作用与应用】钠离子占细胞外液阳离子的 92％，对保持细胞外液的渗透压和容量、调节酸碱度、维持生物膜电位、促进水和其他物质的跨膜运动、保障细胞正常功能等都十分重要。氯离子是细胞外液的主要阴离子。氯化钠主要用于防治各种原因所致的低血钠综合征。

等渗氯化钠溶液即 0.9％氯化钠水溶液，与哺乳动物体液等渗，又名生理盐水。除用于防治低血钠综合征外，还可防治等渗或低渗性脱水（由出汗过多、传染性高热、呕吐、腹泻及大面积烧伤等引起），也可用于维持血容量，如失血过多、血压下降或中毒。生理盐水也常作外用，如冲洗伤口、洗鼻、洗眼等；还常用作其他注射液的稀释剂。

10％氯化钠溶液静脉注射，能暂时性地提高血液渗透压、扩充血容量、改善血液循环和组织新陈代谢、促进胃肠蠕动、增进消化机能。

复方氯化钠溶液，含有氯化钠、氯化钾和氯化钙，也常作为水、电解质平衡调节药。另外，应用口服补液盐（氯化钠 3.5g、氯化钾 1.5g、碳酸氢钠 2.5g、葡萄糖粉 20g 和常水 1 000mL），补充机体损失的水分和电解质也可获得良好效果。

【注意事项】对创伤性心包炎、心力衰竭、肺气肿、肾功能不全及颅内疾患等病畜，应慎用。

【制剂、用法与用量】氯化钠注射液（灭菌生理盐水）。250mL：2.25g、500mL：4.5g、1 000mL：9g。静脉注射，一次量，牛、马 1 000～3 000mL，猪、羊 250～500mL，犬 100～500mL。

复方氯化钠注射液（林格氏液）。1 000mL：氯化钠8.5g、氯化钾0.3g与氯化钙0.33g。用法与用量同生理盐水。

### 氯化钾 （Potassium Chloride）

【理化性质】本品为无色长棱形、立方形结晶或白色结晶性粉末。无臭，味咸涩。易溶于水，不溶于乙醇。密封保存。

【作用与应用】钾离子是细胞内液的主要阳离子，是维持细胞内液渗透压和体液的酸碱平衡的主要成分，也是维持神经肌肉兴奋性和心脏的自动节律的重要物质。钾代谢失调，常导致水及酸碱平衡紊乱。通常钾离子浓度升高，神经肌肉兴奋性会增强，钾离子浓度降低，神经肌肉兴奋性亦随之降低。另外，钾离子还参与糖及蛋白质代谢。

氯化钾在临床上主要用于机体排钾过量或钾摄入不足，如严重腹泻、大剂量应用利尿剂或肾上腺糖皮质激素等所致的低血钾症。也可用于解救强心苷中毒时的心律不齐。

【注意事项】静脉注射时，高浓度溶液或快速静脉注射会因血钾浓度突然上升而导致心搏骤停，为防副作用，使用时必须用5%的葡萄糖注射液稀释成0.3%以下的溶液。肾功能障碍、尿闭、脱水和循环衰竭等患畜，禁用或慎用。内服给药时，对胃肠道刺激性大，应稀释成1%以下浓度，饲后灌服。

【制剂、用法与用量】氯化钾注射液。10mL：1g。静脉注射，一次量，牛、马2～5g，猪、羊0.5～1g。

复方氯化钾注射液。含氯化钾0.28%、氯化钠0.42%、乳酸钠0.63%。静脉注射，一次量，马、牛1 000mL，猪、羊250～500mL。本品优点是，既可补钾，又可纠正酸中毒。

## 单元二 ▷ 调节酸碱平衡药物

机体的正常活动，要求保持相对稳定的体液酸碱度（pH）。正常动物血液pH保持在7.4左右。体液pH的相对稳定性，称为酸碱平衡。酸碱平衡是保证体内酶的活性及生理活动的必要条件。机体酸碱平衡的维持，主要依赖于缓冲体系进行调节。缓冲体系中以碳酸氢盐缓冲对（[B·HCO₃]／[H·HCO₃]）最为重要。

在病理状态下，当[H·HCO₃]增高或[B·HCO₃]下降，影响到酸碱平衡时称酸中毒；反之，称碱中毒。由呼吸障碍引起的[H·HCO₃]增高或降低，分别称为呼吸性酸中毒或呼吸性碱中毒；而由呼吸系统以外原因引起的则分别称为代谢性酸中毒或代谢性碱中毒。临床上以代谢性酸中毒较为多见，如急性感染、疝痛、缺氧、高热和休克等，会使体内产生过多的酸性物质导致酸中毒。治疗时首先除去病因，然后应用碱性药物增加缓冲系统的碱来纠正酸中毒。

### 碳酸氢钠 （Sodium Bicarbonate）

【理化性质】又名小苏打，本品为白色粉末，或不透明单斜晶系细微结晶。

无臭、味咸。可溶于水，微溶于乙醇，其水溶液因水解而呈微碱性。

【作用与应用】本品内服或静脉注射后，能直接增加碱贮。因碳酸氢钠在体内离解为碳酸氢根离子，并与氢离子结合成碳酸，再分解为二氧化碳和水，前者经肺排出体外，致使体液的氢离子浓度降低，代谢性酸中毒得以纠正。本品作用迅速、可靠，为防治代谢性酸中毒的首选药。另外，碳酸氢钠还具有碱化尿液、中和胃酸、祛痰、健胃及提高某些弱碱性药物如庆大霉素对泌尿道感染的疗效等作用。

【注意事项】充血性心力衰竭、肾功能不全、水肿、缺钾等患畜慎用。

【制剂、用法与用量】碳酸氢钠注射液。250mL：12.5g、500mL：25g。静脉注射，一次量，牛、马15～30g，猪、羊2～6g，犬0.5～1.5g。用2.5倍生理盐水或注射用水稀释成1.4%碳酸氢钠溶液注射，急用时也可不做稀释，但是速度宜慢。

碳酸氢钠片。0.3g、0.5g。内服，一次量，马15～60g，牛30～100g，羊5～10g，猪2～5g，犬0.5～2g。

### 乳酸钠（Sodium Lactate）

【理化性质】为无色或淡黄色结块或黏稠液体。无臭，易吸湿。易溶水、乙醇、甘油。遮光、密封保存。

【作用与应用】乳酸钠进入机体后，在有氧条件下，经肝乳酸脱氢酶脱氢氧化为丙酮酸，再进入三羧酸循环氧化脱羧为二氧化碳和水，前者转化为碳酸氢根离子，与钠离子结合成碳酸氢钠，从而发挥其纠正酸中毒作用。主要用于纠正代谢性酸中毒，其作用不及碳酸氢钠迅速、稳定，应用较少。

【注意事项】对伴有休克、缺氧、肝功能障碍或右心室衰竭的酸中毒应选用碳酸氢钠纠正，特别是乳酸性酸中毒更不能用乳酸钠，否则可引起代谢性碱中毒。水肿者慎用。不宜用生理盐水或其他含氯化钠溶液稀释本品，以免形成高渗溶液。

【制剂、用法与用量】乳酸钠注射液：20mL：2.24g、50mL：5.60g、100mL：11.20g。静脉注射，一次量，牛、马200～400mL，猪、羊40～60mL，用时稀释5倍。

## 单元三　维生素

维生素是动物维持正常生理机能所必需的一类有特殊功能的小分子有机化合物。动物机体对维生素的需要量极少。各种维生素在动物机体内既不是能量来源，也不是各组织的结构成分，但其对调节新陈代谢起着重要作用。多数维生素是辅酶的组成成分，缺乏维生素，会影响辅酶的合成，导致代谢机能紊乱，发生代谢性疾病，影响动物健康和生产性能、饲料报酬，甚至可致动物死亡。

维生素按其溶解性可分为脂溶性和水溶性两大类。脂溶性维生素包括维生素A、维生素D、维生素E和维生素K。他们都能溶于脂或油类溶剂，不溶于水。脂溶性维生素在肠道的吸收与脂肪的吸收密切相关。腹泻、胆汁缺乏或其他能够影响脂肪吸收的因素，同样会减少脂溶性维生素的吸收。吸收后主要贮存于肝和脂肪组织，以缓释方式供机体利用。如果机体摄取的脂溶性维生素过多，超过体内贮存的限量，会引起动物发生脂溶性维生素中毒。水溶性维生素包括 B 族维生素和维生素 C，他们均能溶于水。水溶性维生素一般不在体内贮存，超过生理需要的部分会较快地随尿排到体外，因此长期应用造成蓄积中毒的可能性小于脂溶性维生素。一次大剂量使用，通常不会引起毒性反应。

动物维生素供给多来自饲料。有些维生素能在动物体内合成。反刍动物的瘤胃内微生物能合成 B 族维生素和维生素 K；兔、马等单胃草食动物在盲肠和结肠也会合成许多维生素，因此可以不依赖于饲料提供。猪、鸡等动物多依靠饲料提供。在动物生长和发育过程中，由于发病、妊娠、哺乳，或因应用抗菌药物使反刍动物瘤胃微生物受抑制等，也可能导致动物体内维生素合成不足，自身提供不够，需要由饲料补充供给。否则，会引起动物维生素缺乏症。从临床实践看，幼畜和家禽较易发生维生素缺乏症，必须应用相应的维生素制剂进行补充与治疗。

在现代工厂化、集约化饲养模式下，为提高动物生产性能，保证畜禽健康生长，可在配合饲料内添加足量的必需维生素，以力求动物的营养平衡。饲料中足够量的维生素可以提高动物机体的健康水平、免疫力与抗病能力，但过量添加维生素可能导致不必要的浪费，甚至导致对机体的危害。因此，必须正确认识各种维生素的临床适应证，并防止滥用及可能导致的危害。

### 维生素 A（Vitamin A）

维生素 A 存在于动物组织、蛋及全乳中，以肝含量最高。植物中只含有维生素 A 的前体物——类胡萝卜素，一分子类胡萝卜素在动物体内可转变为两分子维生素 A。

【理化性质】本品为淡黄色的油溶液。在空气中易被氧化，或受紫外线照射而破坏，失去生理作用，故维生素 A 的制剂应装在棕色瓶内避光保存。

【作用与应用】①维持视网膜的微光视觉。维生素 A 参与视网膜内感光物质视紫红质的合成，能使动物能在弱光下看清周围的物体。当其缺乏时，可出现夜盲症，甚至完全丧失视力。②维持皮肤、黏膜和上皮组织的完整性。维生素 A 可以减弱上皮细胞向鳞片状的分化，增加上皮生长因子受体的数量，从而调节上皮组织细胞的生长，维持上皮组织的正常形态与功能。其缺乏时，皮肤、黏膜、腺体、气管和支气管的上皮组织干燥和过度角化，可出现干眼病、角膜软化、皮肤粗糙等症状。③参与维持正常的生殖机能。维生素 A 缺乏时，动物体内的胆固醇和糖皮质激素的合成减少。公畜睾丸不能合成和释放雄性激素，性机能下降；母畜正常发情周期紊乱，孕畜因胎盘损害，可导致胎儿被吸收、流产、死胎。④促进动物生长和发育，维持骨骼正常形态和功能。维生素 A 有调节体内脂肪、糖和蛋白质代谢，增加免疫球蛋白生成，促进器官组织正常生长和代谢等作用。缺乏时，可影响体蛋白的合成和骨组织的发育，导致幼龄动物生长发育受阻。重者出现肌肉、脏器萎缩乃至死亡。

　　本品主要用于防治维生素 A 缺乏症，如皮肤硬化症、干眼病、夜盲症、角膜软化症、母畜流产、公畜生殖力下降、幼畜生长发育不良；也用于增强机体抗感染的能力，及体质虚弱的畜禽、妊娠和泌乳的母畜都可适量给予；亦可用于皮肤、黏膜炎症的治疗。局部用于烧伤和皮肤炎症，有促进愈合的作用。

　　维生素 A 过量摄入可引起中毒，最常见的中毒症状有：食欲丧失，体重减轻，生长减慢，骨骼畸形，自发性骨折以及内出血。停止供给维生素 A 后大部分症状都可逆转。

　　【制剂、用法与用量】维生素 AD 油。1g：维生素 A 5 000IU 与维生素 D 500IU。内服，一次量，马、牛 20～60mL，羊、猪 10～15mL，犬 5～10mL，禽 1～2mL。

　　维生素 AD 注射液。0.5mL：维生素 D 25 000 IU 与维生素 D 2 500IU、5mL：维生素 A 250 000IU 与维生素 D 25 000IU。肌内注射，一次量，马、牛 5～10mL，驹、犊、羊、猪 2～4mL，羔羊、仔猪 0.5～1mL。

　　维生素 AD 注射液。0.5mL：维生素 A 25 000IU 与维生素 D 2 500IU，包装有 0.5mL、5mL 两种针剂。肌内注射，一次量，马、牛 5～10mL，驹、犊、猪、羊 2～4mL，仔猪、羔羊 0.5～1mL。仅供肌内注射，不得超量使用。

### 维生素 D（Vitamin D）

　　维生素 D 为类固醇衍生物，主要有维生素 $D_2$（25-羟麦角钙化醇）和维生素 $D_3$（25-羟胆钙化醇）。植物及酵母中的麦角固醇（$D_2$ 原）、动物皮肤中的 7-脱氢胆固醇（$D_3$ 原），经日光或紫外线照射可转变为维生素 $D_2$ 和维生素 $D_3$。此外，鱼肝油、乳、肝、蛋黄中维生素 $D_3$ 含量丰富。

　　【理化性质】品为无色结晶性粉末，无味，无臭。不溶于水，易溶于乙醇及油类，在氯仿中极易溶解。

　　【作用与应用】维生素 D 实际上是一种激素原，本身无生物活性，需在体内经肝内羟化酶及甲状旁腺激素的作用下活化形成 1，25-二羟麦角钙化醇和 1，25-二羟胆钙化醇，才能发挥生物学效应。活化的维生素 D 能促进小肠对钙、磷的吸收，保证骨骼正常钙化，维持正常的血钙和血磷浓度。当维生素 D 缺乏时，钙、磷的吸收代谢机制紊乱，导致骨骼钙化不全，引起幼畜佝偻病，成年动物特别是怀孕或泌乳的母畜发生骨软症，奶牛产乳量下降和鸡产蛋率降低且蛋壳易碎等。临床上用于防治佝偻病和骨软症等，也可用于妊娠和泌乳期母畜，以促进钙、磷的吸收，亦用于骨折患畜，促进骨的愈合。

执业兽医资格考试模拟题29　维生素D可用于治疗（B）
A.白肌病　　B.佝偻病
C.甲状腺机能减退症
D.角膜软化症
E.干眼病

　　【制剂、用法与用量】维生素 $D_2$ 胶性钙注射液。以维生素 $D_2$ 计，1mL：5 000IU，20mL：10 000IU。

　　维生素 $D_3$ 注射液。0.5mL：3.75mg（15 万 IU）、1mL：7.5mg（30 万 IU）、1mL：15mg（60 万 IU）。肌内注射，一次量，每千克体重，家畜 1 500～3 000 IU。

### 维生素 E（Vitamin E）

　　又名生育酚。维生素 E 主要存在于绿色植物及种子中，是一种抗氧化剂。

【理化性质】本品为微绿黄色或淡黄色黏稠液体，基本无味，不溶于水，易溶于乙醇、汽油、乙酯和植物油。对热稳定，对空气中氧稳定，但会发生缓慢氧化，见光颜色渐渐变深。

【作用与应用】①抗氧化。维生素E本身易被氧化，可保护其他物质不被氧化，在体内、外都可发挥抗氧化作用，是一种抗氧化剂。在细胞内，维生素E可通过与氧自由基起反应，抑制有害的脂类过氧化物产生，可维持细胞膜的完整性与功能。②维持正常的繁殖机能。维生素可促进性激素分泌，调节性腺的发育和功能，有利于受精和受精卵的植入，并能防止流产，提高繁殖力。③提高抗病力。对过氧化氢、黄曲霉毒素、亚硝基化合物等具有抗毒、解毒功能，还能清除体内的自由基而发挥抗癌作用，有助于辅酶Q的合成和免疫蛋白质的生成，提高机体的抗病能力。此外，还有保证肌肉的正常生长发育、维持毛细血管结构的完整和中枢神经系统机能健全的作用。

动物缺乏维生素E时，会发生多种机能障碍。引起家禽孵化率下降，幼雏发生脑软化和渗出性素质；处于生长期的犊牛、羔羊、猪则表现为营养性肌肉萎缩，早期症状为僵硬和不愿走动，尸体剖检可见骨骼肌有变性的灰白色区域和心肌损害。

临床用于维生素E缺乏所致不孕症、白肌病和雏鸡渗出性素质等的治疗。

维生素E与硒关系密切。动物缺硒，可出现与维生素E缺乏相似的症状。补硒可防治或减轻大多数维生素E缺乏的症状，但硒只能代替维生素E的一部分作用。

【制剂、用法与用量】维生素E注射液。1mL：50mg，10mL：500mg。皮下、肌内注射，一次量，驹、犊0.5～1.5g，羔羊、仔猪0.1～0.5g，犬0.03～0.1g。注射体积超过5mL时应分点注射。休药期，牛、羊、猪28d。

## 维生素 $B_1$（Vitamin $B_1$）

又名硫胺素。维生素$B_1$广泛存在于种子外皮和胚芽中，在米糠、麦麸、酵母、大豆及青绿牧草等饲料中含量较多。动物肝和瘦猪肉中亦含量较多，反刍动物的瘤胃和马的大肠内微生物也可合成，供机体吸收利用。维生素$B_1$在体内的贮存量较低，猪体内只可贮存少量维生素$B_1$，供1～2月之需。家禽贮存量十分有限，要经常补充。

【理化性质】本品溶于水，耐酸、耐热，不易被氧化，但在碱性环境下加热时可迅速分解破坏，在有亚硫酸盐存在时也可迅速分解破坏。

【作用与应用】①参与糖代谢。维生素$B_1$是丙酮酸脱氢酶系的辅酶，参与糖代谢过程中的 α-酮酸（如丙酮酸、α-酮戊二酸）氧化脱羧反应，对释放能量起重要作用。它对维持神经组织、心脏及消化系统的正常机能起着重要作用。缺乏时，血中丙酮酸、乳酸增高，并影响机体能量供应，禽及幼年家畜则出现多发性神经炎、心肌功能障碍、消化不良、生长受阻等。②增加乙酰胆碱的作用。维生素$B_1$可轻度抑制胆碱酯酶的活性，使乙酰胆碱作用加强。缺乏时，胆碱酯酶活性增强，乙酰胆碱水解加快，胃肠蠕动缓慢，消化液分泌减少，动物表现食欲不振、消化不良、便秘等症状。

临床上主要用于防治维生素 $B_1$ 缺乏症，如多发性神经炎，各种原因引起的疲劳和衰竭。另外，也可作为牛酮血病、神经炎、心肌炎的辅助治疗药。给动物大量输入葡萄糖时，可适当补充维生素 $B_1$，以促进糖代谢。

【注意事项】①维生素 $B_1$ 对多种抗生素都有灭活作用，不宜与抗生素混合应用；②维生素 $B_1$ 水溶液呈微酸性，不能与碱性药物混合应用。

【制剂、用法与用量】维生素 $B_1$ 片。10mg、50mg。内服，一次量，马、牛100～500mg，猪、羊 25～50mg，犬 10～25mg，猫 5～30mg。

维生素 $B_1$ 注射液。1mL：10mg、1mL：25mg、10mL：250mg。皮下、肌内注射，一次量，马、牛 100～500mg，猪、羊 25～50mg，犬 10～25mg，猫5～15mg。偶见过敏反应，甚至休克。

### 维生素 $B_2$（Vitamin $B_2$）

又名核黄素。维生素 $B_2$ 广泛存在于酵母、青绿饲料、豆类、麸皮中，家畜胃肠内微生物亦能合成。

【理化性质】本品为黄褐色或橙黄色针状结晶物。微溶于水，不溶于有机溶剂，对酸稳定，碱性条件下易分解破坏，对光敏感，紫外线可促进破坏。

【作用与应用】本品是体内黄素酶类辅基的组成部分。黄素酶在生物氧化还原中发挥递氢作用，参与体内糖类、氨基酸和脂肪的代谢，并对中枢神经系统营养、毛细血管功能具有重要影响。本品缺乏时会影响生物氧化，使代谢发生障碍。维生素 $B_2$ 缺乏时，各种动物表现差异较大：雏鸡出现独特的足趾卷缩、腿软弱无力、生长迟缓等症状，产蛋期则表现为产蛋率下降，蛋孵化率降低；猪表现腿肌僵硬、眼晶体混浊、腹泻、皮肤粗糙、食欲不振，母猪则出现早产、胚胎死亡及胎儿畸形；毛皮动物则脱毛且毛皮质量受损；犊、羔羊可表现为口角、嘴唇破裂，食欲不振，脱毛，腹泻等。

本品主要用于防治维生素 $B_2$ 缺乏症，如脂溢性皮炎、胃肠机能紊乱、口角溃烂、舌炎、阴囊皮炎等。也常与维生素 $B_1$ 合用，发挥复合维生素 B 的综合疗效。

【注意事项】维生素 $B_2$ 对多种抗生素也有不同程度的灭活作用，不宜与抗生素混合应用。

【制剂、用法与用量】维生素 $B_2$ 片。5mg、10mg。内服，一次量，牛、马100～150mg，猪、羊 20～30mg，犬 10～20mg，猫 5～10mg。

维生素 $B_2$ 注射液。2mL：10mg、5mL：25mg、10mL：50mg。皮下、肌内注射，用量同维生素 $B_2$ 片。

### 维生素 C（Vitamin C）

又名抗坏血酸。维生素 C 广泛存在于新鲜水果、蔬菜和青绿饲料中。

【理化性质】本品易溶于水，水溶液不稳定，空气、热、光、碱性物质、金属离子可加速维生素 C 氧化破坏。

【药理作用】①参与体内氧化还原反应。维生素C极易氧化脱氢，具有很强的还原性，在体内参与氧化还原反应而发挥递氢作用。如使红细胞的高铁血红蛋白还原为有携氧功能的低铁血红蛋白；在肠道内促进三价铁还原为二价铁，有利于铁的吸收；使叶酸还原为二氢叶酸，继而还原为有活性的四氢叶酸，参与核酸形成过程。②参与细胞间质合成，增加毛细血管的致密性。维生素C能参与胶原蛋白的合成，胶原蛋白是细胞间质的主要成分，能促进胶原组织、结缔组织、骨、软骨、皮肤等细胞间质的合成，保持细胞间质的完整性，增加毛细血管壁的致密性，降低其通透性及脆性。③解毒作用。维生素C在谷胱甘肽还原酶的催化下，使氧化型谷胱甘肽还原为还原型谷胱甘肽，还原型谷胱甘肽的巯基（—SH）能与金属铅、砷离子及细菌毒素、苯等相结合而排出体外。维生素C还可通过自身的还原性来保护红细胞膜中的巯基，减少代谢产生的过氧化氢对红细胞膜的破坏所致的溶血。④增强机体抗病力。维生素C能提高白细胞和吞噬细胞功能，促进网状内皮系统和抗体形成，增强机体抗应激的能力，维护肝的解毒功能，改善心血管功能。⑤抗炎与抗过敏作用。维生素C能拮抗组胺和缓激肽的作用，并直接作用于支气管β受体而松弛支气管平滑肌，还能抑制糖皮质激素在肝中的分解破坏，故具有抗炎与抗过敏的作用。⑥促进多种消化酶的活性。维生素C能激活胃肠道各种消化酶（淀粉酶除外）的活性，有助于消化。

【临床应用】临床除用作维生素C缺乏症治疗外，常作为急性或慢性传染病、热性病、慢性消耗性疾病、中毒、慢性出血、高铁血红蛋白症及各种贫血的辅助治疗，也用于风湿病、关节炎、骨折与创伤愈合不良及过敏性疾病等的辅助治疗。

【注意事项】本品在瘤胃内易被破坏，故反刍动物不宜内服，不宜与磺胺类、氨茶碱等碱性药物配用。

【制剂、用法与用量】维生素C片。100mg。内服，一次量，马1～3g，猪0.2～0.5g，犬0.1～0.5g。

维生素C注射液。2mL：0.25g、2mL：0.1g、5mL：0.5g、20mL：2.5g。肌内、静脉注射，一次量，马1～3g，牛2～4g，猪、羊0.2～0.5g，犬0.02～0.1g。

## 单元四 钙、磷及微量元素

钙、磷与微量元素是动物新陈代谢和生长发育所必需的重要元素，当机体缺乏时，会引起相应的缺乏症，从而影响动物的生产性能和健康。一般生产中通过饲料中添加予以预防，但当机体处于特殊生理阶段或严重缺乏时，则作为药物发挥其治疗作用。

### 一、钙 与 磷

钙和磷占体内矿物元素总量70%，主要以磷酸钙、碳酸钙、磷酸镁形式存在。骨骼中的钙占机体总钙量99%，磷占总磷量80%以上，对骨骼系统的发育和维持其硬度起主要作用，且有多种其他生理功能。

## 氯化钙 （Calcium Chloride）

【理化性质】本品为白色坚硬的碎块或颗粒。无臭，味微苦，易溶于水，极易潮解。密封、干燥处保存。

【作用与应用】①促进骨骼、牙齿的钙化和保证骨骼正常发育。常用于钙、磷不足引起的骨软症和佝偻病。与维生素 D 联用，效果更好。②维持神经肌肉的正常兴奋性和收缩功能。无论骨骼肌，还是心肌和平滑肌，它们的收缩都必须有钙离子参加。当血钙浓度降低时，神经肌肉的兴奋性增高，甚至出现强直性痉挛；反之，则神经肌肉兴奋性降低，出现软弱无力等症状。临床上用于缺钙引起的抽搐、痉挛，牛的产前或产后瘫痪，猪的产前截瘫等。③致密毛细血管内皮细胞。钙能降低毛细血管和微血管的通透性，减少炎症渗出和防止组织水肿，有消炎、消肿和抗过敏作用。临床上用于炎症初期及某些过敏性疾病的治疗，如皮肤瘙痒、血清病、荨麻疹、血管神经性水肿等。④与镁离子的作用相互拮抗。高浓度的钙离子能对抗血镁过高引起的中枢抑制和横纹肌松弛作用，可解救镁盐中毒。

此外，作为重要的凝血因子，可参与凝血过程。

执业兽医资格考试模拟题30
可诊疗成年动物软骨病的药品是（A）
A. 氯化钙　　B. 硫酸铜
C. 氯化镁
D. 亚硒酸钠
E. 碘化钾

【注意事项】①本品刺激性大，只宜静脉注射，不可漏注血管外，以免引起局部肿胀和坏死；②静脉注射速度宜慢，以免血钙骤升，导致心律失常，使心脏停止于收缩期；③钙与强心苷类均能加强心肌的收缩，二者不能合用。

【制剂、用法与用量】氯化钙注射液。10mL：0.3g、10mL：0.5g、20mL：0.6g、20mL：1g。静脉注射，一次量，马、牛 5～15g，猪、羊 1～5g，犬 0.1～1g。

氯化钙葡萄糖注射液。20mL：氯化钙 1g 与葡萄糖 5g、50mL：氯化钙 2.5g 与葡萄糖 12.5g、100mL：氯化钙 5g 与葡萄糖 25g。静脉，一次量，马、牛 100～300mL，羊、猪 20～100mL，犬 5～10mL。

## 葡萄糖酸钙 （Calcium Gluconate）

【理化性质】本品为白色结晶或颗粒状粉末。无臭、无味，能溶于水。

【作用与应用】和氯化钙相同。但刺激性小，比氯化钙安全。常用于钙缺乏症，急性低血钙和低血钙抽搐，心脏衰竭，牛、羊的产后瘫痪，犬、猫的临产惊厥，荨麻疹，急性湿疹，皮炎等。本品注射宜缓慢，应用强心苷期间禁用。

【制剂、用法与用量】葡萄糖酸钙注射液。20mL：1g、50mL：5g、100mL：10g、500mL：50g。静脉注射，一次量，马、牛 20～60g，猪、羊5～15g，犬 0.5～2g。

## 磷酸二氢钠 （Sodium Dihydrogen Phosphate）

【理化性质】无色结晶或白色粉末，易溶于水，应密封保存。

【作用与应用】①骨骼和牙齿的主要成分。单纯缺磷也能引起佝偻病和骨软症。②维持细胞膜的正常结构和功能。磷脂，如卵磷脂、脑磷脂和神经磷脂，是生物膜的重要成分，对维持生物膜的完整性、通透性和物质转运的选择性起调节作用。③参与体内脂肪的转运与贮存。肝中的脂肪酸与磷结合形成磷脂，才能离开肝、进入血液而被转运到全身组织中。④参与能量贮存。磷是体内高能物质三磷酸腺苷、二磷酸腺苷和磷酸肌醇的组成成分。⑤DNA和RNA的组成成分，还参与蛋白质合成，对动物生长发育和繁殖等起重要作用。⑥体内磷酸盐缓冲液的组成部分，参与调节体内的酸碱平衡。

【制剂、用法与用量】临床上主要用于钙、磷代谢障碍疾病，如佝偻病、骨软症，也用于急性低血磷或慢性缺磷症。静脉注射，一次量，牛 30～60g（制成10%～20%灭菌溶液使用）；内服，一次量，马、牛 90g，3 次/d。

## 二、微量元素

微量元素通常是指铁、钴、硒、铜、锌、锰、碘、氟、钼等。它们占动物体干物质的含量不及 0.01%，故称微量元素。但对动物生命活动却具有十分重要意义，它们是酶、激素、维生素的组成成分，对体内的生化过程起着调节作用。必需微量元素在体内含量不足，均会引发各自的缺乏症，影响动物的生长和生产效能。但含量过高，又都会产生毒副作用，甚至引起动物死亡。这是所有必需微量元素都遵循的规律。

### 亚硒酸钠（Sodium Selenite）

为动物必需的营养元素。在饲料及饮水中硒以化合物的形式在十二指肠内被吸收。亚硒酸钠盐的吸收较有机硒酸盐要快，但其吸收的利用率较低。反刍动物瘤胃内的微生物能将饲料中的硒转变成硒蛋氨酸、硒胱氨酸而吸收。饲料中的硫和砷化合物能减少亚硒酸盐的吸收。

【理化性质】本品为白色结晶性粉末，无臭，易溶于水，不溶于乙醇。

【作用与应用】①抗氧化、保护细胞膜的完整性。硒为谷胱甘肽过氧化酶（GSH—PX）的组成成分，此酶能分解细胞内过氧化物保护生物膜免受损害。②促进抗体的形成、增强机体的抗病力。试验证明，硒能提高缺硒大鼠免疫球蛋白的水平，也能提高鸡新城疫疫苗的免疫抗体滴度。③降低毒物的毒性。硒能增高蛋白质巯基的水平，增强重金属离子与蛋白质的结合力，减少重金属离子与巯基酶的结合量，进而减轻对巯基酶的毒性，减轻对机体的毒害作用。

本品主要用于防治白肌病及雏鸡发生渗出性素质等硒缺乏症。

饲料缺硒，可用亚硒酸钠肌内注射治疗，也可通过在饮水或饲料中添加硒来防治。必要时，与维生素E配合应用。

【注意事项】亚硒酸钠的安全范围很小，治疗量与中毒量很接近，应用时应精确计算使用剂量。急性中毒尚无治疗办法。慢性中毒时，小剂量砷能与肝中的硒结合成无毒物质，如低浓度砷盐饮水或氨基苯砷酸溶液能降低硒的毒性。另外，高蛋白饲料或胱氨酸混饲也能减轻硒的毒性；肌内注射二巯基丙醇也能减轻硒毒性，但增加肾负担，对肾有增加毒性的作用。

【制剂、用法与用量】亚硒酸钠注射液。1mL：1mg、1mL：2mg、5mL：5mg、

5mL：10mg。治疗，肌内注射，一次量，马、牛 30～50mg，驹、犊 5～8mg，仔猪、羔羊 1～2mg。家禽 1mg 混于饮水 100mL 自饮。作预防时，适当减量。

亚硒酸钠维生素 E 注射液。1mL、5mL、10mL。肌内注射，一次量，驹、犊 5～8mL，羔羊 1～2mL。

混饲。每千克饲料，畜禽 0.2～0.4mg。

### 硫酸锌（Zinc Sulfate）

锌为动物体中含量比较多的必需元素，其量比铜和锰都高，与铁的含量相近。

【理化性质】本品为白色晶体、颗粒或粉末。无气味，味涩。易溶于水，不溶于乙醇。

【作用与应用】锌在体内为许多酶的组成成分，如碳酸酐酶、碱性磷酸酶、胰羧基肽酶等，许多脱氢酶中都含有锌或需要锌作为辅助因子。

锌能促进核酸的合成。缺锌时，核糖核酸聚合酶活性下降，核糖核酸酶活性升高，使核糖核酸水平下降，进而导致蛋白质合成减少，影响幼畜生长发育及成年个体的组织愈合；家禽羽毛脱落、皮炎；猪上皮细胞角质化；多种动物出现骨关节异常及不育症。

【注意事项】①急性中毒动物出现呕吐、腹痛、虚脱；有少许动物嗜睡；奶牛泌乳减少；猪呼吸困难、厌食、胸部皮下水肿，严重时几天内死亡。幼龄动物比成年动物更敏感。②慢性中毒长时间或较大剂量多次投喂，可引起贫血或发育迟缓，食欲下降，胃炎、肠炎及肠系膜充血，以及淋巴结、脾、脑室等出血。锌可阻碍铜、铁的吸收，使动物出现贫血；禽类饮水量下降、食欲下降，进而导致产蛋率下降。

锌中毒动物出现嗜睡或麻痹时，注射钙或镁制剂为有效的解救措施。

【制剂、用法与用量】硫酸锌。内服，猪每日 0.2～0.5g，数日内见效，经过几周，皮肤损伤可完全恢复；绵羊每日服 0.3～0.5g，可增加产羔数；1～2 岁马每日补充 0.4～0.6g，能改善骨质营养不良；鸡为每千克饲料 286mg。实际生产中，多将硫酸锌混于饲料中给予。

### 硫酸铜（Cupric Sulfate）

【理化性质】俗名胆矾。无水硫酸铜为灰白色斜方结晶或无定形粉末，易溶于水，含铜 39.8%，含硫 20.1%。五水硫酸铜为蓝色透明的结晶性粉末或颗粒，易溶于水，含铜 25.4%，含硫 12.8%。

【作用与应用】①红细胞或血红蛋白生成的辅助因子；②维持神经细胞正常结构与功能；③促进皮毛生长与色素沉着；④促进骨骼的发育，幼龄动物缺铜时，可影响骨骼发育，使长骨变薄，软骨基质骨化迟缓或停止，骨关节肿大，骨质松而脆。

临床常用于防治铜的缺乏症，地区性铜缺乏时，幼畜易出现贫血、摆腰症、四肢瘫软或瘫痪。预防时，可给母畜和妊娠动物灌服或饮用硫酸铜；幼仔注射含铜的氨基酸，如甘氨酸铜或蛋氨酸铜等，以达到治疗的目的。

【注意事项】绵羊和犊牛对铜最敏感，犬次之，猪、禽、母牛耐受性较强。家禽中鸡和鸭敏感。绵羊品种间存在明显差异。动物急性中毒时，出现呕吐、流涎、腹痛、惊厥、麻痹和虚脱，最后死亡。粪便有大量铜绿色素。慢性中毒时，食欲下降，体内巯基酶活性下降。早期可见肝损害，后期可见黄疸、血红蛋白尿，猪还出现皮肤干燥和丘疹，毛质变硬而稀少。

铜中毒时，绵羊每天口服硫酸锌或硫酸钠，连续 3 周。猪的饲料中加 0.004％硫酸锌，能促进体内铜的排出和抑制铜的吸收。

【制剂、用法与用量】硫酸铜。治疗铜缺乏症，内服，一日量，牛 2g，犊 1g；每千克体重，羊 20mg。

## 氯化钴（Cobalt Chloride）

【理化性质】本品为粉红色至红色结晶，无水物为蓝色。有潮解性，易溶于水、乙醇、乙醚、丙酮。无水氯化钴含钴 45.4％，含氯 54.6％。

【作用与应用】钴是维生素 $B_{12}$ 的必需组成成分，能刺激骨髓的造血机能，有抗贫血作用。反刍动物瘤胃内的微生物必须利用摄入的钴，合成自身所必需的维生素 $B_{12}$。另外，钴还是核苷酸还原酶和谷氨酸变位酶的组成成分，参与脱氧核糖核酸的生物合成和氨基酸的代谢。钴缺乏时，血清维生素 $B_{12}$ 降低，引起动物尤其是反刍动物出现食欲减退、生长减慢、贫血、肝脂肪变性、消瘦、腹泻等症状。氯化钴能防治以上钴缺乏症，补充钴时，只能内服，不可注射。

【制剂、用法与用量】氯化钴片或氯化钴溶液。20mg、40mg。内服，一次量，牛 500mg，犊 200mg，羊 100mg，羔羊 50mg。预防量，牛 25mg，犊 10mg，羊 5mg，羔羊 2.5mg。

## 硫酸锰（Manganese Sulfate）

【理化性质】本品以多种水合物形式存在，为微红色晶体。其一水化物含锰 32.5％，含硫 19.0％；五水化物含锰 22.8％，含硫 13.3％；七水化物含锰 19.8％，含硫 11.6％。本品易溶于水，不溶于乙醇，易潮解，具有刺激性。

【作用与应用】骨基质黏多糖的形成需要硫酸软骨素参与，而锰则是硫酸软骨素形成所必需的成分。因此，缺锰时，骨的形成和代谢发生障碍，动物表现腿短而弯曲、跛行、关节肿大。雏禽则发生骨短粗病，腿骨变形，膝关节肿大；仔畜发生运动失调；母畜发情障碍，不易受孕；公畜性欲降低，精子不能形成；鸡的产蛋率下降，蛋壳变薄，孵化率降低。

【制剂、用法与用量】硫酸锰。混饲，每千克饲料，鸡 0.1～0.2g。

1. 处方练习

案例一：某鸡场饲养的 40 日龄肉鸡，近期时常出现病鸡，其症状为眼睛流泪，分泌物增多，个别鸡盲目运动，精神状态、饮食变化不大，体温正常，腿部皮肤黄色变淡。拟订鸡群添加维生素 A 的方案。

案例二：养殖户一头高产奶牛，在产了第 3 胎后的第 2 天，突然出现精神沉郁，站立不稳，四肢肌肉震颤，卧地后不能站立起来，随后病牛昏睡，用针刺其皮肤没有反应，心跳快、弱。依据提示，查找相关资料，拟订治疗用药方案，开写处方。

案例三：某蛋鸡场养的鸡最近出现产蛋量下降，精神沉郁，有些呈现神经症状，腹部皮下水肿，呈淡蓝色，可视黏膜苍白。依据提示，查找相关资料，拟订治疗用药方案。

2. 对当地（省或地区）动物医院及养殖场进行调研，了解调节动物新陈代谢药物临床使用情况，并撰写调查报告。

拓 与 展

## 微 量 元 素 碘

饲料内所含的碘随产地不同有很大差异。而陆生植物或动物性饲料的含碘量远远低于海藻类或鱼类。

碘和碘化物在消化道内的任何部位都能被吸收，但以小肠吸收为主。游离碘和碘酸盐在肠道内转化为碘化物再吸收。皮肤和黏膜也能吸收碘。

正常动物每天需要碘的量：家禽为 $5\sim10\mu g$，奶牛为 $4\,000\sim80\mu g$，羊为 $50\sim100\mu g$，猪为 $80\sim160\mu g$。

【药理作用】碘是合成甲状腺激素的必需元素，主要以甲状腺激素的形式发挥生理作用，小剂量碘能促进甲状腺激素合成；大剂量的碘反而抑制其合成。

饲料中的碘为动物生长发育，特别是中枢神经系统的发育所必需。动物实验及实践证明，长期缺碘，则甲状腺激素合成减少，胎畜或新生动物的中枢神经系统的发育出现障碍，大脑皮层的琥珀酸脱氢酶、γ-氨基丁酸门冬氨酸转氨酶的活性下降，脑中乙酰胆碱酯酶的活性下降，同时也抑制甲状腺激素的合成。

【临床应用】可用作缺碘地区饲草及饮水的添加剂。

【注意事项】碘的浓溶液对胃黏膜有刺激作用，大剂量碘可引起神经和心脏的抑制。碘急性中毒可引起犬呕吐，肝、肾和胃黏膜等组织细胞坏死；羔羊可发生支气管炎而致死。

长时间大剂量使用碘，可诱发慢性中毒。动物中以猫和犬特别敏感，中毒时有呕吐、肌肉痉挛、体温下降、心脏抑制等症状，严重时可致死。

大量乳及淀粉浆可用作保护剂，以对抗碘的刺激作用。呼吸抑制时，可用尼可刹米或戊四氮解救。小动物碘中毒，应用大剂量碳酸氢钠可能有效。

【制剂、用法与用量】常用的碘制剂有碘化钾、碘化钠、碘酸钾和碘酸钙。碘化钾、碘化钠可被动物充分利用，但易被氧化，使碘挥发。碘酸钾、碘酸钙比碘化钾稳定，且利用率高。

碘化钾。混饲，每千克饲料，奶牛 0.26mg，肉牛 0.13mg，羊 0.26～0.53mg，猪，0.18mg，蛋鸡 0.39～0.46mg，肉仔鸡 0.35mg。

碘酸钾。混饲，每千克饲料，奶牛 0.34mg，肉牛 0.17mg，羊 0.34～0.67mg，猪 0.24mg，蛋鸡 0.51～0.59mg，肉仔鸡 0.59mg。

碘酸钙。混饲，每千克饲料，奶牛 0.31mg，肉牛 0.15mg，羊 0.15～0.31mg，猪 0.22mg，蛋鸡 0.46～0.54mg，肉仔鸡 0.54mg。

## 思 与 议

### 复习题

1. 简述钙盐的作用和用途，以及注射钙剂时要注意的问题。

2. 维生素 C 的药理作用有哪些？在应用中有哪些注意事项？

3. 葡萄糖有哪些作用？不同浓度葡萄糖溶液应用有何不同？

4. 兽医临床上，对动物佝偻病、夜盲症、巨幼红细胞性贫血、羔羊白肌病、雏鸡多发性神经炎等应采用哪些药物治疗？

5. 哪些药物可用于纠正酸中毒？各药在临床应用上有何差异？

6. 常用于缺铁性贫血的制剂有哪些？

### 讨论题

分析奶牛产后瘫痪的原因，临床应如何合理治疗，并开写治疗处方。

# 模块二　抗组胺药与解热镇痛抗炎药物

### 学习目标

1. 理解解热、镇痛、抗风湿药物的作用机理。

2. 掌握抗组胺药、解热镇痛抗炎药物的作用、临床应用及注意事项。

## 学 与 导

单元一　抗组胺药

抗组胺药又称组胺拮抗药，可以有效地对抗动物过敏性休克的发生。抗组胺药物的种类很多，根据其对组胺受体的选择性作用不同，分为三类：$H_1$ 受体拮抗药，有苯海拉明、异丙嗪、氯苯那敏、吡苄明、阿斯咪唑等；H₂受体拮抗药，有西咪替丁、雷尼替丁、法莫替丁、尼扎替丁等；H₃受体拮抗药，目前仅作为工具药在研究中使用，临床应用尚待研究。

### （一）H₁受体拮抗药

H₁受体拮抗药的基本结构是乙基胺，乙基胺与组胺的侧链相似，对 H₁受体有较强的亲和力，但无内在活性，所以能产生竞争性阻断作用。

#### 苯海拉明（Diphenhydramine）

【理化性质】又名可他明、可他敏、苯那君。常用的盐酸盐为白色结晶性粉末，无臭，味苦，随后有麻木感。在水中极易溶解，乙醇或氯仿中易溶。应遮光、密封保存。

【作用与应用】本品抗组胺作用快，维持时间短，有中枢抑制作用，能解除支气管和肠道平滑肌痉挛，降低毛细血管的通透性，减弱变态反应；还有镇静、抗胆碱、止吐和轻度局麻作用，但对组胺引起的腺体分泌无拮抗作用。

主要用于过敏性疾病，如荨麻疹、血清病、湿疹、皮肤瘙痒症、水肿、神经性皮炎、药物过敏反应等。用于组织损伤并伴有组胺释放的疾病，如烧伤、冻伤、脓毒性子宫炎等。还可用于饲料过敏引起的腹泻、蹄叶炎等。对过敏性支气管痉挛效果较差。本品常与氨茶碱、维生素 C 或钙剂配合应用，可增强疗效。

【制剂、用法与用量】盐酸苯海拉明片。25mg。内服，一次量，牛 0.6～1.2g，马 0.2～1.0g，猪、羊 0.08～0.12g，犬 0.03～0.06g，猫 0.01～0.03g，2 次/d。

盐酸苯海拉明注射液。1mL：20mg、5mL：100mg。肌内注射，一次量，马、牛 0.1～0.5g，猪、羊 0.04～0.06g；每千克体重，犬 0.5～1mg。

#### 异丙嗪（Promethazine）

【理化性质】又名非那根，常用其盐酸盐为白色或几乎白色的粉末或颗粒，几乎无臭，味苦，易溶于水。

【作用与应用】异丙嗪的抗组胺作用较苯海拉明强而持久，可持续12h以上，副作用较小。可加强局麻药、镇静药和镇痛药的作用，还有降温、止吐、镇咳作用。

应用同苯海拉明外，还可以用于治疗支气管炎。

【制剂、用法与用量】盐酸异丙嗪片。12.5mg、25mg。内服，一次量，马、牛 0.25～1g，猪、羊 0.1～0.5g，犬 0.05～0.1g。

盐酸异丙嗪注射液。2mL：0.05g、10mL：0.25g。肌内注射，一次量，马、牛 0.25～0.5g，猪、羊 0.05～0.1g，犬 0.025～0.05g。

#### 氯苯那敏（Chlorphenamine）

【理化性质】本品为油状液体，其马来酸盐为白色结晶性粉末，溶于水、乙醇和氯仿，微溶于乙醚。

【作用应用】又名扑尔敏、氯苯吡胺。本品抗组胺作用同苯海拉明，但作用强而持久，副作用小。

【制剂、用法与用量】马来酸氯苯那敏片。4mg。内服，一次量，马、牛80～100mg. 猪、羊 10～20mg，犬 2～4mg，猫 1～2mg。

马来酸氯苯那敏注射液。1mL：10mg、1mL：20mg。肌内注射，一次量，马、牛 60～100mg，猪、羊 10～20mg。

**（二）H₂ 受体拮抗药**

H₂ 受体拮抗药在结构上保留了组胺的咪唑环，侧链上变化大。H₂ 受体拮抗药对 H₂ 受体具有高度的选择性，能有效地争夺胃壁腺细胞上的 H₂ 受体，阻断组胺与之结合，抑制胃酸分泌，并抑制引起胃酸分泌的各种因素，如胃泌素、胰岛素、毒蕈碱类药物的作用。

### 西咪替丁（Cimetidine）

【理化性质】又名甲氰咪胍，本品为白色或类白色结晶性粉末，几乎无臭，味苦。易溶于甲醇或稀盐酸，溶于乙醇，略溶于异丙醇，微溶于水。

【作用与应用】为较强的组胺 H₂ 受体阻断剂，能抑制胃酸分泌，并具有一定的免疫调节作用。本品对因饲料、组胺等刺激所诱发的胃酸分泌有抑制作用（既减少分泌量，同时又能降低酸度），对应激性溃疡和消化道上段出血也有明显作用。主要用于治疗胃炎、胃及十二指肠溃疡和急性胃肠出血等。

【制剂、用法与用量】西咪替丁片。200mg。内服，一次量，猪 300mg，2 次/d；每千克体重，牛 8～16mg，3 次/d；犬、猫 5～10mg，2 次/d。

### 雷尼替丁（Ranitidine）

【理化性质】本品为类白色或淡黄色结晶性粉末，有异臭，味微苦且涩。易溶于甲醇、水或乙酸，微溶于乙醇，几乎不溶于氯仿或丙酮。

【作用与应用】本品为较新的组胺 H₂ 受体阻断药。其抗胃溃疡及抑制胃酸分泌的作用均较西咪替丁强 5 倍左右，副作用小，维持时间长。同时，还能抑制胃蛋白酶分泌，并降低其活性。临床应用同西咪替丁。

【制剂、用法与用量】雷尼替丁片。内服，一次量，每千克体重，马、犬 0.5mg，每日两次。

## 单元二 ▷ 解热镇痛抗炎药

### 一、概 述

解热镇痛抗炎药具有解热、减轻局部钝性疼痛作用，其中大多数还有抗炎、抗风湿作用。这类药物在化学结构上虽然各不相同，但都能抑制体内前列腺素（PG）的生物合成而发挥作用。

1. **解热作用** 本类药物对各种原因引起的高热均有一定的解热作用，但不

解热镇痛抗炎药

同于氯丙嗪，对正常体温无影响。发热是在某些疾病时，细菌、病毒及其毒素等外源性致热源作用于机体，刺激中性粒细胞产生并释放内源性致热原，后者进入中枢神经系统，作用于下丘脑的体温调节中枢，使该处 PG 大量合成和释放，其中前列腺素 E（PGE）可使体温调节中枢的调定点提高，致使机体产热增加，散热减少，体温升高。解热镇痛抗炎药能抑制中枢 PG 的合成与释放，使异常升高的体温调定点下调，同时能增加机体的散热过程，使皮肤血管扩张、排汗增加、呼吸加快等散热过程增强，而对产热过程无影响，从而恢复机体的产热与散热平衡。

由于发热是机体的一种防御性反应，热型又是诊断传染病的重要依据之一，解热镇痛药只是对症药，不能根除发热的根本原因，故遇到发热病畜，不要过早盲目使用解热药，更不要过量使用，以免出汗过多，引起虚脱。只有在明确诊断、持续高热和热度过高而对机体带来危害时才考虑适当使用解热药。

2. **镇痛作用** 本类药物的镇痛作用部位主要在外周神经系统。在组织损伤或炎症时，局部产生和释放致痛物质，如缓激肽、组胺及 PG 等。缓激肽和组胺直接作用于痛觉感受器而引起疼痛，PG 能提高痛觉感受器对致痛物质的敏感性，而且 PG（$E_1$、$E_2$、$F_{2\alpha}$）自身也有直接的致痛作用。解热镇痛药一方面减弱了炎症时 PG 的合成，另一方面阻断了痛觉冲动经下丘脑向大脑皮层的传递，发挥镇痛作用。因本类药物无成瘾性，临床上广泛应用。本类药物在临床上只对中、轻度钝痛，如头痛、关节痛、肌肉痛等有效，对创伤性剧痛和内脏平滑肌绞痛等无效。

3. **抗炎与抗风湿作用** 本类药物大多有明显的抗炎、抗风湿作用，抗炎作用在于抑制 PG 合成酶，阻止 PG 的合成；稳定溶酶体膜，减少水解酶的释放；抑制缓激肽的生成，加速其被破坏，但不能消除病因，只是减轻炎症的红、肿、热、痛等临床症状。抗风湿作用则是本类药物解热、镇痛和抗炎作用的综合结果。

## 二、常用药物

### 对乙酰氨基酚（Paracetamol）

【理化性质】又名扑热息痛。为白色结晶或结晶性粉末；无臭，味微苦。本品系苯胺的衍生物，易溶于热水和乙醇，溶于丙酮，微溶于水。

【作用与应用】内服吸收快，30min 后达血药峰浓度。主要在肝代谢（部分去乙酰基而生成对氨基酚，后者氧化成亚氨基醌），大部分与葡萄糖醛酸或硫酸结合后经肾排出。本品具有解热、镇痛作用。其抑制丘脑下部前列腺素合成与释放的作用较强，抑制外周前列腺素合成与释放的作用较弱。解热作用类似阿司匹林，但镇痛作用较差，几乎无抗炎、抗风湿作用。对血小板及凝血机制无影响。主要作为中小动物的解热镇痛药，用于发热、肌肉痛、关节痛的治疗。

【不良反应】其代谢物亚氨基醌在体内能氧化血红蛋白，使之失去携氧能力，剂量过大或长期使用，可导致高铁血红蛋白症，引起组织缺氧、发绀；大剂量可引起肝、肾损害，在给药12h内使用乙酰半胱氨酸或蛋氨酸可以预防肝损害；猫易引起红细胞溶解和肝坏死，不宜使用。

【制剂、用法与用量】对乙酰氨基酚片。0.3g，0.5g。内服，一次量，牛、马10～20g，羊1～4g，猪1～2g，犬0.1～1g。

对乙酰氨基酚注射液。1mL：75mg、2mL：250mg。肌内注射，一次量，牛、马5～10g，羊0.5～2g，猪0.5～1g，犬0.1～0.5g。

## 氨基比林 （Aminophenazone）

【理化性质】又名匹拉米洞，为白色结晶性粉末，无臭，味微苦。易溶于乙醇或氯仿，溶于水，常与巴比妥制成复方氨基比林注射液。

【作用与应用】本品解热镇痛作用较强而持久，强于非那西汀和对乙酰氨基酚。常用于神经痛、肌肉痛、关节痛、马骡的疝痛等。本品还有抗炎抗风湿作用，可用于急性风湿性关节炎。

【注意事项】本品长期应用，可引起粒细胞减少及再生障碍性贫血。休药期为28d，弃乳期为7d。

【制剂、用法与用量】氨基比林片。0.5g。内服，一次量，牛、马8～20g，猪、羊2～5g，犬0.13～0.4g。

氨基比林注射液。10mL：0.2g、20mL：0.2g。皮下或肌内注射，一次量，牛、马0.6～1.2g，猪、羊0.05～0.2g。

复方氨基比林注射液。5mL、10mL、20mL、50mL。皮下或肌内注射，一次量，牛、马20～50mL，猪、羊5～10mL。休药期28d，弃乳期7d。

安痛定注射液（5%氨基比林、2%安替比林、0.9%巴比妥）。5mL、10mL、20mL、50mL。皮下或肌内注射，一次量，牛、马20～50mL，猪、羊5～10mL。

## 安乃近 （Metamizole Sodium，Analgin）

【理化性质】又名罗瓦而精、诺瓦经，本品系氨基比林与亚硫酸钠结合物，为白色或微黄色结晶性粉末，易溶于水，略溶于乙醇，遮光、密封保存。

【作用与应用】本品解热镇痛作用强而快，肌内注射吸收迅速，药效维持3～4h；还具有一定的抗炎、抗风湿作用。应用同氨基比林。

【不良反应】长期应用可引起粒细胞减少症；剂量过大时可能会因出汗过多而引起虚脱；不能与氯丙嗪合用，以免体温剧降；不宜于穴位和关节部位注射，易引起肌肉萎缩和关节机能障碍。休药期，猪、牛、羊28d，弃乳期7d。

【制剂、用法与用量】安乃近片。0.25g、0.5g。内服，一次量，牛、马4～12g，猪、羊2～5g，犬0.5～1g。休药期，猪、牛、羊28d；弃乳期7d。

安乃近注射液。5mL：1.5g、10mL：3g、20mL：6g。肌内注射，一次量，牛、马3～10g，猪1～3g，羊1～2g，犬0.3～0.6g。休药期，猪、牛、羊28d；

弃乳期 7d。

## 保泰松（Phenylbutazone）

【理化性质】又名布他酮，本品为白色或微黄色结晶性粉末，味微苦，难溶于水，性质较稳定。

【作用与应用】本品作用与氨基比林相似，但抗炎、抗风湿作用较强，而解热镇痛作用较弱；此外，还有促进尿酸盐排泄作用。

主要用于治疗风湿性、类风湿性关节炎及腱鞘炎、黏液囊炎等，也用于治疗痛风。

【不良反应】长期过量使用，可引起胃肠道反应、肝肾损害、水钠潴留等。故剂量不宜过大，疗程也不宜过长。对食品生产动物、泌乳奶牛等禁用。

【制剂、用法与用量】保泰松片。100mg。内服，一次量，每千克体重，马第 1 天用 4.4mg，2 次/d，第 2～4 天用 2.2mg，2 次/d，以后 1 次/d；每千克体重，牛、猪 4～8mg，犬 20mg，2 次/d。

保泰松注射液。1mL：200mg。静脉注射，一次量，每千克体重，马 3～6mg，2 次/d；牛、猪 4mg，1 次/d。

## 阿司匹林（Acetylsalicylic Acid，Aspirin）

【理化性质】又名乙酰水杨酸。本品为白色结晶或结晶性粉末，无臭或微带醋酸臭，味微苦，遇湿气缓缓水解。易溶于乙醇，溶于氯仿或乙醚，微溶于水或无水乙醚。密封，在干燥处保存。

【作用与应用】本品在单胃动物内服后，可在胃和小肠前段迅速吸收。体内分布广泛，其血浆蛋白结合率为 70%～90%。能进入乳汁，也能透过胎盘屏障。主要在肝代谢，生成甘氨酸和葡萄糖醛酸结合物。猫因缺乏葡萄糖苷酸转移酶，故半衰期较长并对本品敏感。药物原形和代谢产物经肾迅速排泄，在酸性尿液中排泄较慢，碱化尿液能加速其排泄。

本品既抑制环氧化酶，又抑制血栓烷合成酶和肾素的生成。解热、镇痛效果较好，抗炎、抗风湿作用强。还可抑制抗体产生及抗原抗体结合反应，阻止炎性渗出，对急性风湿症有效，抗风湿的疗效确实。能抑制血小板凝集，防止血栓的形成。较大剂量时，还可抑制肾小管对尿酸的重吸收，增加尿酸排泄，故有抗痛风作用。本品主要用于发热、风湿症、肌肉和关节疼痛、软组织炎症和痛风症的治疗。

【注意事项】①本品能抑制血小板聚集，大剂量应用或长期连用，可致出血倾向，可用维生素 K 治疗。②对胃肠道有刺激作用，剂量较大时易导致食欲不振、恶心、呕吐，乃至消化道出血，长期使用可引起胃肠溃疡，胃肠炎症、溃疡者禁用；故不宜空腹投药，可与碳酸钙同服减轻对胃的刺激作用。③猫因缺乏葡萄糖苷酸转移酶，对本品代谢很慢，容易造成药物蓄积，故对猫的毒性大。④与其他水杨酸类解热镇痛药合用，作用增强，可同时毒性也增加；老龄动物、体弱或体温过高的动物，解热时宜用小剂量。

【制剂、用法与用量】阿司匹林片。0.3g、0.5g。内服，一次量，马、牛15～30g，猪、羊1～3g，犬0.2～1g。

## 水杨酸钠（Sodium Salicylate）

【理化性质】又名柳酸钠。本品为无色或微淡红色的细微结晶或鳞片，或白色无晶形粉末。无臭或微有特殊臭气，味甜咸。易溶于水和乙醇，水溶液呈酸性反应。应避光、密闭、冷藏。

【作用与应用】本品解热作用较弱；有镇痛作用，但比阿司匹林、氨基比林等弱；而抗炎、抗风湿作用较强；还有促进尿酸盐排泄作用，对痛风有效。在临床主要用于治疗风湿、类风湿性关节炎和急、慢性痛风症。

【注意事项】对凝血功能的影响同阿司匹林；对胃肠道刺激作用较阿司匹林强，应用时需同时与淀粉拌匀或经稀释后灌服或缓慢静脉注射，不可漏于血管外。

【制剂、用法与用量】水杨酸钠注射液。10mL：1g、20mL：2g、50mL：5g。静脉注射，一次量，牛、马10～30g，猪、羊2～5g，犬0.1～0.5g。弃乳期48h。

复方水杨酸钠注射液（10%水杨酸钠、1.43%氨基比林、0.57%巴比妥、10%葡萄糖的灭菌水溶液）。静脉注射，一次量，牛、马100～200mL，猪、羊20～50mL。

## 吲哚美辛（Indomethacin）

【理化性质】又名消炎痛，为白色或微黄色结晶性粉末，几乎无臭无味，不溶于水。应遮光、密闭保存。

【作用与应用】本品的抗炎作用非常显著，比保泰松强84倍，也强于氢化可的松。与这些药物合用呈现协同作用，并减少它们的用量和副作用；其解热作用也较强，比氨基比林强10倍，药效快而显著；镇痛作用较弱，但对炎性疼痛作用强于保泰松、安乃近和水杨酸类。主要用于慢性风湿性关节炎、神经痛、腱炎、腱鞘炎及肌肉损伤等。

【注意事项】因本品能引起呕吐、腹痛、下痢、溃疡及肝功能损伤等症状，故肝病及胃溃疡者禁用。

【制剂、用法与用量】吲哚美辛片。25mg。内服，一次量，每千克体重，马、牛1mg，猪、羊2mg。

## 苄达明（Benzydamin）

【理化性质】又名炎痛静、消炎灵，其盐酸盐为白色结晶性粉末，味辛辣，易溶于水，应密闭保存。

【作用与应用】本品具有解热镇痛和抗炎作用，对炎性疼痛的镇痛作用较吲哚美辛强，抗炎作用与保泰松相似或稍强，与抗生素或磺胺类药合用可增强疗效。

主要用于手术、外伤、风湿性关节炎等炎性疼痛，与抗生素合用可治疗牛支气管炎和乳房炎。

【注意事项】本品副作用少，但连续用药可产生消化道障碍和白细胞减少。

【制剂、用法与用量】苄达明片。内服，一次量，每千克体重，马、牛1mg，猪、羊2mg。

苄达明软膏。5%外用涂敷于炎症部位，2次/d。

### 替泊沙林（Tepoxalin）

【理化性质】白色粉末。在三氯甲烷中易溶，在丙酮或者乙醇中微溶，在水中不溶。

【作用与应用】本品为环加氧酶和脂加氧酶的抑制剂，双重阻断花生四烯酸代谢，阻止前列腺素和白三烯生成。主要用于肌肉骨骼的疼痛和炎症。

【注意事项】与阿司匹林、糖皮质激素合用可增加胃肠道毒性（呕吐、溃疡和吐血等）。与利尿药呋塞米合用可降低利尿效果。

不良反应多见于犬，包括腹泻、呕吐、血便、食欲不振、肠炎或嗜睡。极少数（<1%）会发生共济失调、尿失禁、食欲增加、脱毛或红斑等。

【制剂、用法与用量】替泊沙林冻干片。50mg，200mg。内服，每千克体重，犬首次量20mg，维持量10mg，每日一次，连用7d。连续使用不得超过4周。

执业兽医资格考试模拟题31
能抑制环氧化酶和脂加氧酶产生抗炎镇痛作用的药物是（D）
A. 安乃近
B. 氨基比林
C. 甲芬那酸
D. 替泊沙林
E. 扑热息痛

### 布洛芬（Ibuprofen）

【理化性质】又名异丁苯丙酸、芬必得。本品溶于丙酮、氯仿或乙醚，几乎不溶于水。

【作用与应用】本品为丙酸类解热镇痛抗炎药，具有较强的解热、镇痛、抗炎作用。除其镇痛作用不及阿司匹林外，其解热和抗炎作用均较阿司匹林强，且毒副作用较阿司匹林少。

临床主要用于治疗风湿及类风湿性关节炎、痛风等；也用于辅助性治疗因内毒素引起的发热性疾病。

【制剂、用法与用量】布洛芬片。内服，一次量，每千克体重，犬10mg。

### 萘普生（Naproxen）

【理化性质】又名萘洛芬、消痛灵。为白色或类白色结晶性粉末，不溶于水，溶于乙醇、甲醇或氯仿。遮光、密封保存。

【作用与应用】本品抗炎作用明显，亦有镇痛和解热作用。对前列腺素合成酶的抑制作用为阿司匹林的20倍。主要用于治疗风湿和类风湿性关节炎、骨关节炎、强直性脊椎炎和各种类型风湿性肌腱炎。此外，对各种病引起的疼痛和发热也有良好的缓解作用。

【注意事项】①萘普生能与血浆蛋白竞争性结合，使游离型抗凝血药比例增多，可增强双香豆素等的抗凝血作用，引起中毒和出血反应。②与呋塞米或氢氯噻嗪等利尿药合用，可使后者的排钠利尿效果下降，因为本品除抑制肾前列腺素合成外，还抑制利尿药从肾小管排出。③丙磺舒可增加本品的血药浓度，明显延长本品的血浆半衰期。

【不良反应】①能明显抑制白细胞游走，对血小板黏着和聚集亦有抑制作用，可延长出血时间；②犬对本品敏感，有胃肠道反应，甚至出血，消化道溃疡患畜禁用。

【制剂、用法与用量】萘普生片。0.1g、0.125g、0.25g。内服，一次量，每千克体重，马 5～10mg，犬 2～5mg。

萘普生注射液。2mL：0.1g、2mL：0.2g。静脉注射，一次量，每千克体重，马 5mg。

执业兽医资格考试模拟题32
氟尼新葡甲胺的药理作用不包括（B）
A. 解热　　B. 镇静
C. 抗炎　　D. 镇痛
E. 抗风湿

## 氟尼辛葡甲胺（Flunixin Meglumine）

【理化性质】本品为白色或类白色结晶性粉末，溶于水。

【作用与应用】具有解热、镇痛和抗炎抗风湿作用，临床主要用于治疗动物的发热性、炎性疾病，肌肉痛和软组织疼痛等，如犬的发热、败血症等。

【注意事项】马牛不宜肌内注射，易引起局部炎症；大剂量或长期使用，马可发生胃肠溃疡；不得与抗炎性镇痛药、非甾体类抗炎药合用，否则毒副作用增大。

【制剂、用法与用量】氟尼辛葡甲胺颗粒。内服，一次量，每千克体重，犬、猫 2mg。每日 1～2 次，连用不超过 5d。

氟尼辛葡甲胺注射液。肌内、静脉注射，一次量，每千克体重，牛、猪 2mg，犬、猫 1～2mg。每日 1～2 次，连用不超过 5d。休药期，牛、猪 28d。

### 练 与 做

1. 处方练习

案例一：贝贝，公犬，3 个月大，体重 4.08kg，主诉：上周在家洗澡，没有吹干，外出后淋雨，之后开始咳嗽，流鼻涕，昨天吃完鸡腿后不再吃东西，今天大便成形。检查：体温 39.8℃，心肺正常，精神尚可，诱咳（＋）。初步诊断：感冒引起的支气管炎。请开写治疗处方。

案例二：李某的两头体重约 45kg 的猪，淋冷雨后，精神沉郁，趴卧一隅，饮食欲显著减退，咳嗽，寒战，鼻盘干燥。体温升高至 41℃，流浆液性鼻液。听诊心音增强，心率为 91 次/min。呼吸音增强，呼吸次数为 33 次/min。排粪、排尿减少。其他未见明显异常。依据提示，拟订治疗用药方案，开写处方。

案例三：鸡场饲养的肉鸡，30 日龄，近期食欲减退，精神委顿，饮水增加，羽毛松乱，鸡冠苍白，呆立，排石灰水样粪便。剖检肾肿大，色苍白，表面有白色花纹，其内充满石灰样沉淀物。依据提示，查找相关资料，拟订治疗用药方案，开写处方。

2. 走访附近动物（宠物）医院，调查遇有发热症状的病例，一般选用何种药物退烧，常采用哪些方法对动物进行标本兼治。

**拓 与 展**

### 柴 胡

为狭叶柴胡的干燥根或全草，含有挥发油、柴胡皂苷、脂肪油、柴胡醇等，茎叶中还含有芸香苷。具有解热、镇痛、镇咳、抗炎和降低血液中胆固醇的作用，临床主要用于感冒和上呼吸道感染。内服，马 15～45g，猪、羊10～20g。

**思 与 议**

**复习思考题**

1. 试述解热镇痛抗炎药物的作用机理。
2. 临床常用的解热镇痛抗炎药有哪些？其作用特点和用途是什么？
3. 简述氨基比林的药理作用和临床应用。
4. 临床上可用于治疗过敏性疾病的药物有哪些？分别试述其抗过敏作用的特点和应用。

**讨论题**

临床上有哪些疾病可以引起发热症状？针对不同的发热症状，应采取何种措施？

# 模块三 糖皮质激素类药物

**学习目标**

理解糖皮质激素类药物的作用、临床应用及注意事项。

**学 与 导**

肾上腺皮质包括球状带、束状带和网状带，能分泌多种激素。根据生理功能不同将肾上腺皮质激素（简称皮质激素）分为盐皮质激素和糖皮质激素。前者由肾上腺皮质最外层的球状带分泌，以醛固酮和脱氧皮质酮为代表，主要影响水盐代谢，对维持机体的电解质平衡和体液容量起重要作用，同时也有较弱的糖代谢作用。药理剂量的盐皮质激素只用作肾上腺皮质功能不全的替代疗法，在兽医临床上实用价值不大。后者由肾上腺皮质中层束状带分泌，以可的松和氢化可的松为代表，生理水平上对糖、脂肪、蛋白质代谢起调节作用，并能提高机体对各种

糖皮质激素
类药物

207

不良刺激的抵抗力。药理剂量的糖皮质激素具有明显的抗炎、抗毒素、抗休克和免疫抑制作用，被广泛应用于兽医临床。本模块仅介绍糖皮质激素。

## 一、概　述

从动物的肾上腺可提取天然糖皮质激素可的松与氢化可的松，但临床上为了提高疗效，减少不良反应，将可的松与氢化可的松的化学结构加以改变，合成了许多新的糖皮质激素，如短效（<12h）的有泼尼松、氢化泼尼松、甲基氢化泼尼松；中效（12～36h）的有去炎松；长效（>36h）的有地塞米松、氟地塞米松和倍他米松等。使其抗炎作用比母体药强数倍至数十倍，且作用持久，对电解质代谢的影响也大大减弱。

### （一）药动学

糖皮质激素在胃肠道迅速吸收，血中峰浓度一般可在 2h 内出现。肌内或皮下注射后，可在 1h 内达到峰浓度。关节囊、滑膜腔、皮肤等局部给药时，也可吸收，但吸收缓慢，仅起局部作用，对全身治疗无意义。

吸收入血的糖皮质激素，仅 $10\%\sim15\%$ 呈游离态，其余大部分与血浆蛋白结合。当游离态药物被靶细胞或在肝代谢消除后，结合态药物就被释放出来，以维持正常的血药浓度。合成的糖皮质激素，在肝被代谢成葡萄糖醛酸或硫酸的结合物，代谢产物或原形药物从尿液和胆汁排泄。

### （二）药理作用

1. **抗炎作用**　具有强大的抗炎作用，能抑制多种原因如物理性、化学性、免疫性及病原微生物性等所引起的炎症反应。在炎症的早期，能增强血管的紧张性、减轻充血、降低毛细血管通透性，同时抑制白细胞浸润及吞噬功能，减少各种炎症因子的释放，因此减轻渗出、水肿，从而改善红、肿、热、痛等症状。在炎症的后期，可抑制毛细血管和成纤维细胞增生以及纤维合成，延缓肉芽组织生长，防止粘连及瘢痕形成，减轻后遗症。但需注意，炎症是机体的一种防御机能，炎症后期的反应更是组织修复的重要过程。因此，糖皮质激素若使用不当可使感染扩散和创伤愈合缓慢。

2. **免疫抑制与抗过敏作用**　糖皮质激素是临床上常用的免疫抑制剂之一。它能抑制免疫过程的许多环节。小剂量时，能抑制巨噬细胞对抗原的吞噬和处理，阻碍淋巴母细胞的生长，加速小淋巴细胞的解体，从而抑制迟发性过敏反应和异体排斥反应；大剂量时，可抑制浆细胞合成抗体，干扰体液免疫。另外，还可干扰补体参与免疫反应，影响补体激活。

3. **抗毒素作用**　对细菌外毒素的损害无保护作用，但已证明对细菌内毒素所致的有害作用能提供保护，如对抗内毒素对机体的损害，减轻细胞损伤，缓解毒血症状，降高热，改善病情等。糖皮质激素在感染性毒血症中的解热与改善中毒症状的作用，与其稳定溶酶体膜、减少致热因子的释放、降低体温调节中枢对内致热原的敏感性有关，但并不能中和毒素。

4. **抗休克作用**　可用于治疗各种休克，特别是中毒性休克。其机理除与抗炎、抗毒素及免疫抑制作用的综合因素有关外，主要的药理基础是糖皮质激素能稳定溶酶体膜，减少溶酶体酶的释放，降低体内活性物质如组胺、缓激肽、儿茶酚胺的浓度，以及抑制组织溶酶，减少心肌抑制因子的形成，防止因此所致的心肌收缩力减弱、心排血量降低、内脏血管收缩等循环衰竭。此外，糖皮质激素具有保护心血管系统的作用。大剂量的糖皮质激素能直接增加心肌收缩力，增加冠脉血流量，增加对儿茶酚胺的反应性，并对痉挛的血管有解痉作用。糖皮质激素还能抑制血小板聚集，保证微循环畅通。

5. **对代谢的影响**

（1）糖代谢。能增加肝糖原异生作用，降低外周对葡萄糖的利用，使肝糖原和肌糖原含量增多，血糖升高。

（2）蛋白质代谢。可加速蛋白质分解，抑制蛋白质合成和增加尿氮排出，导致负氮平衡；大剂量糖皮质激素还能抑制蛋白质的合成。故长期大剂量使用后可引起肌肉消瘦、骨质疏松、淋巴组织萎缩、伤口愈合不良、幼畜生长缓慢等。

（3）脂肪代谢。能加速脂肪分解，并抑制其合成。短期使用对脂肪代谢无明显影响；长期使用能使脂肪重新分布，即四肢脂肪向面部和躯干积聚，出现向心性肥胖。这可能与不同部位的脂肪组织对激素的敏感性不同有关。

（4）水盐代谢。糖皮质激素也有一定盐皮质激素样保钠排钾的作用，但较弱。但长期使用仍可引起水钠潴留，低血钾。另外，长期用药将造成骨质脱钙，这可能与其减少小肠对钙的吸收和抑制肾小管对钙的重吸收从而促进尿钙排泄有关。

6. **对血细胞的作用**　概括起来为"三多两少"，即红细胞、血小板、中性粒细胞三者数量增多，而淋巴细胞和嗜酸性粒细胞两者减少。此外还能增加血红蛋白和纤维蛋白原的数量。

**（三）临床应用**

1. **严重的感染性疾病**　一般感染性疾病不得使用糖皮质激素，但当感染对动物的生命或未来生产力可能带来严重危害时，如各种败血症、中毒性肺炎、中毒性菌痢、腹膜炎、产后急性子宫内膜炎等，用糖皮质激素控制过度的炎症反应很必要，但必须配伍足量有效的抗菌药物。

2. **过敏性疾病**　可治疗荨麻疹、血清病、过敏性哮喘、过敏性皮炎、过敏性湿疹等。

3. **局部性炎症**　可治疗关节炎、腱鞘炎、黏膜囊炎、乳房炎、结膜炎、角膜炎等。

4. **休克**　可治疗中毒性休克、过敏性休克、创伤性休克等。

5. **代谢性疾病**　可治疗牛酮血病、羊妊娠毒血症等。

6. **引产**　地塞米松被用于牛、羊、猪的同步分娩。在怀孕后期的适当时候（牛多在怀孕第 286 天后）给予，一般可在 48h 内分娩。糖皮质激素的引产作用，可能因使雌激素分泌增加、黄体酮浓度下降所致。

**（四）不良反应及注意事项**

1. **诱发或加重感染**　长期使用糖皮质激素，易诱发细菌感染或加重感染，甚至使病灶扩大或散播，导致病情恶化。这是由于糖皮质激素可抑制机体的防御机能，使机体的抵抗力降低，而且糖皮质激素只有抗炎作用而无抗菌作用，对感染性炎症只是治标而不能治本。所以使用糖皮质激素时，应先弄清炎症的性质，如属感染性疾病，应同时使用足量、有效的抗菌药物，且在激素停用后还要继续用抗菌药物治疗。糖皮质激素禁用于治疗病毒性感染、缺乏有效抗菌药物治疗的细菌感染及一般感染性疾病。

2. **扰乱代谢平衡** 糖皮质激素的留钠排钾作用常导致动物水肿和低钾血症；加速蛋白质异化和增加钙、磷排泄作用，易引起肌肉萎缩无力、骨质疏松、幼畜生长抑制、影响创伤愈合等。故用药期间应补充维生素 D、钙及蛋白质，孕畜、幼畜不宜长期使用，骨软症、骨折和外科手术后均不能使用。

3. **免疫抑制作用** 因糖皮质激素干扰机体免疫过程，故在结核菌素或鼻疽菌素诊断期和疫苗接种期等不能使用。

4. **肾上腺皮质机能不全** 长期用药通过负反馈作用，抑制丘脑下部和垂体前叶，减少促肾上腺皮质激素（ACTH）的释放，导致肾上腺皮质萎缩和机能不全。如突然停药，可出现停药综合征，如发热、软弱无力、精神沉郁、食欲不振、血糖和血压下降等。因此应在数月内采取逐渐减量、缓慢停药的方法。必要时用 ACTH 治疗，以促进肾上腺皮质机能的恢复。

## 二、常用药物

### 氢化可的松（Hydrocortisone）

【理化性质】为天然糖皮质激素。白色或近白色结晶性粉末。无臭，初无味，随后有持续的苦味。遇光渐变质。不溶于水，略溶于乙醇或丙酮，常制成注射剂。遮光、密封保存。

【作用与应用】本品有较强的抗炎、抗毒素、抗休克和免疫抑制作用，水钠潴留作用较弱。临床多用作静脉注射以治疗严重的中毒性感染或其他危急病例。因其极难溶解于体液，肌内注射吸收很少，作用较弱。局部应用有较好疗效，用于乳房炎、眼科炎症、皮肤过敏性炎症、关节炎和腱鞘炎等治疗。作用时间不足 12h。

【制剂、用法与用量】氢化可的松注射液。2mL：10mg、5mL：25mg、20mL：100mg。静脉注射，一次量，牛、马 0.2～0.5g，猪、羊 0.02～0.08g，犬 0.005～0.02g。用前用生理盐水或 5% 葡萄糖注射液稀释缓慢静脉注射，1 次/d。关节腔内注射，牛、马 0.05～0.1g，1 次/d。

醋酸氢化可的松注射液。5mL：125mg。滑囊、腱鞘或关节腔内注射，一次量，马、牛 50～250mg。注射前从腔内抽出适量液体后注入等量药液，4～7d 重复用药一次。

### 地塞米松（Dexamethasone）

【理化性质】又名氟美松，为人工合成品。其磷酸钠盐为白色或微黄色粉末，无臭，味微苦。有引湿性。溶于水或甲醇，几乎不溶于丙酮或乙醚。

【作用与应用】本品的糖原异生作用较氢化可的松强 25 倍，抗炎作用强 30 倍，而水钠潴留作用较弱。给药后数分钟作用即出现，作用时间为 48～72h。本品用于治疗炎症性疾病、过敏性疾病、牛酮血病及羊的妊娠毒血症，还用于牛、猪、羊的同步分娩，对马没有引产效果。

【注意事项】本品易引起孕畜早产；急性细菌性感染时应与抗菌药物合用；禁用于骨质疏松症和疫苗接种期。

【制剂、用法与用量】地塞米松磷酸钠注射液。1mL：1mg、1mL：2mg、1mL：5mg。静脉注射，一次量，马 2.5～5mg，牛 5～20mg，猪、羊 4～12mg，犬、猫 0.125～1mg。用前以生理盐水或 5% 葡萄糖注射液稀释缓慢静脉注射。关节腔内注射，牛、马 2～10mg。治疗乳房炎时，一次量，每一乳室注入 10mg。休药期，牛、羊、猪 21d；弃乳期，72h。

醋酸地塞米松片。0.75mg。内服，一次量，马、牛 5～20mg，犬、猫 0.5～2mg。

## 泼尼松（Prednisone）

【理化性质】又名强的松。为人工合成品。白色或几乎白色的结晶性粉末。无臭，味苦。不溶于水，微溶于乙醇，易溶于氯仿。遮光、密封保存。

【作用与应用】本品进入体内后转化为氢化泼尼松而起作用。其抗炎作用和糖原异生作用较天然的氢化可的松强 4～5 倍，由于其用量小，其水钠潴留副作用显著减小。本品主要供内服和局部应用，用于治疗腱鞘炎、关节炎、皮肤炎症、眼科炎症及严重的感染性、过敏性疾病等。给药后作用时间为 12～36h。

【制剂、用法与用量】醋酸泼尼松片。5mg。内服，一次量，牛、马 100～300mg，猪、羊 10～20mg；每千克体重，犬、猫 0.5～2mg。

醋酸泼尼松软膏。1%。皮肤涂擦。

醋酸泼尼松眼膏。0.5%。眼部外用，2～3 次/d。

## 倍他米松（Betamethasone）

【理化性质】人工合成品，是地塞米松的同分异构体。白色或类白色结晶性粉末，无臭，味苦。几乎不溶于水，略溶于乙醇。

【作用与应用】本品抗炎作用与糖原异生作用强于地塞米松，水钠潴留作用稍弱于地塞米松。应用同地塞米松。

【制剂、用法与用量】倍他米松片。0.5mg。内服，一次量，犬、猫 0.25～1mg。

## 氟氢松（Fluocinolone）

【理化性质】又名肤轻松，为人工合成品，为白色或类白色的结晶性粉末，无臭无味。不溶于水，常制成软膏。

【作用与应用】本品为外用糖皮质激素中抗炎作用最强、副作用最小的品种。显效快，止痒效果好。主要用于治疗各种皮肤炎症，如湿疹、过敏性皮炎、脂溢

执业兽医资格考试模拟题33
2岁犬，初步诊疗为风湿性关节炎，用扑热息痛诊疗无著疗效，应改用诊疗药品是（A）
A. 氟轻松　　B. 保泰松
C. 氨茶碱
D. 肾上腺素
E. 去肾上腺素

性皮炎等。

【制剂、用法与用量】醋酸氟氢松软膏。10g：2.5mg、20g：5mg。外用涂擦患处，3～4 次/d。

案例：一头黑白花奶牛，产后第 14 天，食欲减退，反刍减少，瘤胃蠕动音弱，瘤胃空虚，只吃少量小麦秸秆，饮水少，不吃料，消瘦明显，泌乳量迅速下降；患牛精神淡漠，后肢发软，不愿运动；体温38℃，呼吸 35 次/min，心跳 78 次/min。尿少，有烂苹果味；排粪少。饲养牛的精料主要以豆粕、鱼粉为主，只加少量的麸皮及玉米。依据提示，拟订补糖抗酮和激素疗法的治疗用药方案，开写治疗处方。

### 激素类药物知识

目前所用激素类药物多为人工合成。激素按其化学性质的不同可分为两类：一类是含氮激素，包括蛋白质类、多肽类和胺类激素，如儿茶酚胺、促肾上腺皮质激素、促甲状腺素、黄体生成素、前列腺素等，除甲状腺激素外，均易被消化酶破坏；另一类是类固醇（甾体）类激素，如性激素和肾上腺皮质激素，这类激素不易被消化酶破坏，可内服使用。

从药理角度看，激素类药物主要可用于以下四个方面：①应用激素的生理作用做替代疗法，如对内分泌功能不足的患病动物，外源性扩充生理剂量；②应用激素的药理作用，如应用药理剂量（大剂量）的糖皮质激素，产生抗炎、抗休克、抑制免疫和抗内毒素等作用，治疗有关疾病；③调节激素的分泌，如用拮抗药、合成阻碍药，抑制激素的过度分泌或者用分泌促进药治疗一些激素的分泌不足；④合理利用激素的反馈调节机制，产生所需效果，如使用大剂量黄体酮控制动物同期发情。

**复习题**

1. 为什么糖皮质激素用于细菌感染性疾病时必须联合给予足量有效的抗菌药物？

2. 怎样才能避免糖皮质激素的不良反应？

**讨论题**

糖皮激素的临床应用。

# 第六篇　解　毒　药

**内容提要**

本篇主要介绍非特异性解毒药和特异性解毒药。重点介绍有机磷、亚硝酸盐、氰化物、金属及类金属、有机氟化物中毒的解毒药。

**学习目标**

1. 了解非特异性解毒药的种类及解毒方法。

2. 理解有机磷、亚硝酸盐、氰化物、金属或类金属、有机氟化物中毒的机理。

3. 掌握特异性解毒药的解毒机理、药物作用、临床应用及注意事项。

## 学 与 导

能阻止或解除毒物对动物机体毒性作用的药物称解毒药。解毒药一般可分为非特异性解毒药和特异性解毒药两大类。

### 单元一　非特异性解毒药

非特异性解毒药又称一般解毒药，是指能阻止毒物继续被吸收、中和或破坏毒物以及促进其排出的药物。其解毒范围广，但作用无特异性，解毒效果较低，一般作为解毒的辅助治疗。能引起中毒的毒物种类很多，在未能确定毒物的性质和种类之前，特别是急性中毒时，往往采取非特异性解毒药，保护机体免遭毒物进一步的损害，赢得抢救时间，在实践中具有重要意义。常用的非特异性解毒药有以下几种。

**（一）物理性解毒药**

1. 吸附剂　为不溶于水而性质稳定的细微粉末状物质。表面积大，吸附力强，可使毒物附着于其表面或孔隙中，以减少或延缓毒物从胃肠道吸收，起到解毒的作用。吸附剂不受剂量的限制，任何经口进入机体的毒物中毒都可以使用。使用吸附剂的同时配合使用泻剂或催吐剂。常用的吸附剂有药用炭、白陶土、木炭末、通用解毒剂（药用炭 50％、氧化镁 25％和鞣酸 25％混合后给中等动物每次服 20～30g，大动物 100～150g），其中药用炭最为常用。

2. 催吐剂　一般用于中毒初期。在毒物被胃肠道吸收前，使动物发生呕吐，排空胃内容物，防止毒物吸收，避免进一步中毒或减轻中毒症状。但当中毒症状十分明显时，使用催吐剂意义不大。只适用于猪、猫和犬等。常用的催吐剂有

0.5%～1%硫酸铜、吐根末、酒石酸锑钾等。

3. **泻药** 一般用于中毒的中期。促进胃肠道内毒物的排出，以避免或减少毒物的进一步吸收。一般应用硫酸镁或硫酸钠等盐类泻药，但升汞中毒时不能用盐类泻药。巴比妥类、阿片类、颠茄中毒时，可使肠蠕动受抑制，增加镁离子的吸收，尤其是肾功能不全的动物，能加深中枢神经及呼吸机能的抑制，所以不能用硫酸镁泻下，尽可能用硫酸钠。使用泻药时尽可能让动物充分饮水或灌服适量的水。对发生严重腹泻或脱水的动物应慎用或不用泻药。

4. **利尿剂** 急性中毒的解毒剂。通常选用速尿或利尿酸加速毒物从体内血液经肾排出。这两个药物的利尿作用强且作用快，使用方便。既可口服也可静脉注射，是极为实用的急性中毒的解毒剂。

5. **其他** 通过静脉输入生理盐水、葡萄糖注射液等，以稀释血液中毒物浓度，减轻毒性作用。

**（二）化学性解毒药**

1. **氧化剂** 利用氧化剂与毒物间的氧化反应破坏毒物，使毒物毒性降低或丧失。可用于生物碱类药物、氰化物、无机磷、巴比妥类、阿片类、士的宁、砷化物、一氧化碳、烟碱、毒扁豆碱、蛇毒、棉酚等的解毒，但对有机磷毒物如1605（对硫磷）、1059（内吸磷）、3911（甲拌磷）、乐果等的中毒，因氧化生成毒性更大的对氧磷类，绝不能使用氧化剂解毒。常用的氧化剂有高锰酸钾、过氧化氢等。

2. **中和剂** 利用弱酸弱碱类与强碱强酸类毒物间发生中和作用，使其失去毒性。常用的弱酸解毒剂有食醋、酸奶、稀盐酸、稀醋酸等。常用的弱碱解毒剂有氧化镁、石灰水上清液、小苏打水、肥皂水等。

3. **还原剂** 维生素 C 的解毒作用与其参与某些代谢过程、保护含巯基的酶、促进抗体生成、增强肝解毒能力和改善心血管功能等有关（见第五篇模块一单元三）。

4. **沉淀剂** 沉淀剂使毒物沉淀，以减少其毒性或延缓吸收产生解毒作用。沉淀剂有鞣酸、浓茶、稀碘酊、钙剂、五倍子、蛋清、牛奶等。其中3%～5%鞣酸水或浓茶水为常用的沉淀剂，能与多数生物碱如士的宁、奎宁等及重金属盐生成沉淀，减少吸收。

**（三）药理性解毒药**

这类解毒药主要通过药物与毒物之间的拮抗作用，部分或完全抵消毒物的作用而产生解毒。常见的相互拮抗的药物或毒物如下：

（1）毛果芸香碱、烟碱、氨甲酰胆碱、新斯的明等拟胆碱药与阿托品、颠茄及其制剂、曼陀罗、莨菪碱等抗胆碱药有拮抗作用，可互相作为解毒药。阿托品等对有机磷农药及吗啡类药物，也有一定的拮抗性解毒作用。

（2）水合氯醛、巴比妥类等中枢抑制药与尼克刹米、安钠咖、士的宁等中枢兴奋药及麻黄碱、山梗菜碱、美解眠（贝美格）等有拮抗作用。

**（四）对症治疗药**

中毒时往往会伴有一些严重的症状，如惊厥、呼吸衰竭、心功能障碍、休克等，如不迅速处理，将影响动物康复，甚至危及生命。因此，在解毒的同时要及时使用抗惊厥药、呼吸兴奋药、强心药、抗休克药等对症治疗药以配合解毒，还应使用抗生素预防肺炎以度过危险期。

## 单元二　特异性解毒药

特异性解毒药又称特效解毒药，是一类可特异性地对抗或阻断某些毒物中毒效应的解毒药。这类药物针对毒物中毒机理，解除其中毒原因，所以其作用具有高度专属性，解毒效果好，在中毒的治疗中占有重要地位。临床常用的特异性解毒药根据解毒对象（毒物或药物）的性质，可分为以下几种。

### 一、有机磷酸酯类中毒的特异性解毒药

有机磷酸酯类（简称有机磷）系一类含磷的高效杀虫药，广泛用于植保、医学及兽医学领域，对防治农业害虫、杀灭人类疫病媒介昆虫、驱杀动物体内外寄生虫等都有重要意义。但其毒性强，如保管或使用不当，可导致人畜中毒。

**（一）毒理**

有机磷酸酯类化合物经体表、呼吸道或胃肠道进入动物体内，与胆碱酯酶结合形成磷酰化胆碱酯酶，使胆碱酯酶失活，失去原来水解乙酰胆碱的能力，导致体内的乙酰胆碱大量蓄积，与胆碱受体结合，出现一系列胆碱能神经过度兴奋的临床中毒症状（M、N样症状及中枢神经先兴奋后抑制等）。此外，有机磷酸酯类还可抑制三磷酸腺苷酶、胰蛋白酶、胰凝乳酶、胃蛋白酶等酶的活性，导致中毒症状复杂化，加重病情。中毒过程可用下式表示：

有机磷酸酯类＋胆碱酯酶（有活性）→磷酰化胆碱酯酶（失去活性）

有机磷中毒的毒理（动画）

**（二）解毒机理**

以胆碱酯酶复活剂结合生理拮抗剂进行解毒，配合对症治疗。

1. **生理拮抗剂**　又称 M-胆碱受体阻断药。可竞争性的阻断 M-胆碱受体与乙酰胆碱结合，而迅速解除有机磷酸酯类中毒的 M 样症状。大剂量应用时也能进入中枢神经消除部分中枢神经症状，并对呼吸中枢产生兴奋作用，可解除呼吸抑制。但其对骨骼肌震颤等 N 样中毒症状无效，也不能使胆碱酯酶复活，故单独使用时，只适宜于轻度中毒的解救。并应及早、足量、反复给药，对中、重度中毒时还应合并使用胆碱酯酶复合剂。有机磷中毒时，临床常使用的生理拮抗剂为硫酸阿托品（见第三篇模块二单元二传出神经药物）。

有机磷酸酯类中毒的特异性解毒药

2. **胆碱酯酶复活剂**　这类药物可使胆碱酯酶的活性恢复，包括碘解磷定、氯解磷定、双解磷和双复磷等。这类药物均属肟类化合物，分子中含有的肟基具有强大的亲磷酸酯作用，所以不仅能直接与体内游离有机磷酸酯类结合，生成无毒物质由尿排出体外，解除有机磷的毒性作用，也能夺取与胆碱酯酶结合的有机磷酸酯，使有机磷酸酯和胆碱酯酶脱离，从而使胆碱酯酶恢复活性。

解毒过程可用下式表示：

胆碱酯酶复活剂＋磷酰化胆碱酯酶（无活性）→磷酰化胆碱酯酶复活剂＋胆碱酯酶（复活）

胆碱酯酶复活剂＋游离有机磷酸酯类（有毒性）→磷酰化胆碱酯酶复活剂＋卤化氢

如果中毒时间过久，超过 36h，磷酰化胆碱酯酶即发生"老化"，本类药物难以使胆碱酯酶恢复活性，故应尽早用药。

### （三）常用药物

#### 碘解磷定（Pralidoxime Iodide）

碘解磷定的
作用机理（动画）

【理化性质】又名派姆，为最早合成的肟类胆碱酯酶复活剂。本品呈黄色颗粒状结晶或结晶性粉末。无臭，味苦，遇光易变质，如药液颜色变深，则不可以使用。

【作用与应用】本品对胆碱酯酶有复活作用。静脉注射数分钟即可出现疗效。对有机磷引起的 N 样症状抑制作用明显，而对 M 样症状抑制作用较弱，对中枢神经症状抑制作用也不明显，而且对体内已蓄积的乙酰胆碱无作用。所以对轻度有机磷中毒，可单独应用本品或阿托品控制中毒症状，但对中度或重度中毒时，必须与阿托品配合应用。

碘解磷定可用于解救多种有机磷中毒，但其解毒作用有一定选择性，如对内吸磷（1059）、对硫磷（1605）、特普、乙硫磷中毒的疗效较好；对马拉硫磷、敌敌畏、敌百虫、乐果、甲氟磷、丙胺氟磷和八甲磷等中毒的疗效较差；对氨基甲酸酯类杀虫剂中毒则无效。

【注意事项】①本品在体内迅速分解，作用仅维持 1.5h 左右，为防延迟吸收的有机磷引起中毒程度加重，应用时间至少维持 48～72h，故应反复给药；②本品在碱性溶液中易分解为有剧毒的氰化物，所以禁止与碱性药物配伍；③与阿托品联合应用时，因本品能增强阿托品的作用，要减少阿托品剂量；④静脉注射过快会产生呕吐、心动过速、运动失调等；⑤药液刺激性强，应防止漏至皮下。

【制剂、用法与用量】碘解磷定注射液。20mL∶0.5g。静脉注射，一次量，每千克体重，家畜 15～30mg。症状缓解前，2h 注射一次。

#### 氯解磷定（Pralidoxime Chloride）

【作用及应用】又称氯化派姆，亦称氯磷定。本品结构与碘解磷定相似，但其作用是碘解磷定的 1.5 倍，且水溶性和稳定性好，毒性较低，肌内注射或静脉注射皆可，是目前胆碱酯酶复合剂中的首选药物。

【制剂、用法与用量】氯解磷定注射液。2mL∶0.5g。肌内、静脉注射，一次量，每千克体重，家畜 15～30mg。

#### 双复磷（Obidoxime）

【作用及应用】作用同碘解磷定，但较易透过血脑屏障，有阿托品样作用，对有机磷所致 M 样和 N 样症状均有效，对中枢神经系统症状的消除作用较强。

其注射液可供肌内注射或静脉注射。

【制剂、用法与用量】双复磷注射液。2mL：0.25g。肌内、静脉注射，一次量，每千克体重，家畜15～30mg。

## 二、亚硝酸盐中毒的特异性解毒药

动物出现亚硝酸盐中毒的主要原因是大量食用了含有亚硝酸盐的物料，如小白菜、白菜、萝卜叶、莴苣叶、菠菜、甜菜茎叶、红薯藤叶、多种牧草和野菜等富含硝酸盐的饲料，它们在长期堆放变质、腐烂或长时间焖煮在锅里的情况下，其中的硝酸盐被大量繁殖的硝酸盐还原菌（反硝化细菌）还原，产生大量的亚硝酸盐。另外，耕地排出的水、浸泡过大量植物的坑塘水及厩舍、积肥堆、垃圾堆附近的水源中也都含有大量硝酸盐或亚硝酸盐，当动物采食以上含有大量硝酸盐的饲料、饮水时，也可引起亚硝酸盐中毒。

### （一）毒理

亚硝酸盐被机体吸收后，其毒性表现为两个方面：一是亚硝酸盐利用其氧化性将血液中正常的低铁血红蛋白（HbFe$^{2+}$/Hb）氧化为高铁血红蛋白（HbFe$^{3+}$/MHb），使其失去携氧和释放氧的能力，导致血液不能给组织供氧，引起全身组织严重缺氧而中毒；二是吸收入血后形成的亚硝酸根离子，还可直接抑制血管运动中枢，使血管扩张，血压下降。另外，在一定的条件下，亚硝酸盐在体内还可转化为致癌物亚硝胺或亚硝酸胺，长期作用可诱发癌症。动物中毒后，主要表现呼吸加快、心跳增速、黏膜发绀、流涎、呕吐、运动失调，严重时呼吸中枢麻痹，最终窒息死亡。血液呈酱油色，且凝固时间延长。

氧气的运输（动画）

### （二）解毒机理

针对亚硝酸盐中毒的毒理，通常使用高铁血红蛋白还原剂，如小剂量亚甲蓝、硫代硫酸钠等，使高铁血红蛋白还原为低铁血红蛋白，恢复其携氧能力，解除组织缺氧的中毒症状。同时还需使用呼吸中枢兴奋药（尼可刹米等），可提高疗效。

亚硝酸盐中毒的毒理（动画）

### （三）常用药物

#### 亚甲蓝（Methylthioninium Chloride）

【理化性状】又名美蓝、甲烯蓝。为深绿色、有铜样光泽的柱状结晶或结晶性粉末。易溶于水和乙醇，溶液呈深蓝色。应遮光、密闭保存。

【作用与应用】使用亚甲蓝后，因其在血液中浓度的不同，对血红蛋白可产生氧化和还原两种作用。

亚硝酸盐中毒的毒理（动画）

1. **小剂量的亚甲蓝产生还原作用** 小剂量（每千克体重1～2mg）的亚甲蓝进入机体后，在体内脱氢辅酶的作用下，迅速被还原成还原型亚甲蓝（MBH$_2$），具有还原作用，能将高铁血红蛋白还原成低铁血红蛋白，重新恢复其携氧的功能。同时还原型亚甲蓝又被氧化成氧化型亚甲蓝，如此循环进行。此作用常用于治疗亚硝酸盐中毒及苯胺类等所致的高铁血红蛋白症。另外，维生素C具有还原性，可配合亚甲蓝解除亚硝酸盐中毒。

2. 大剂量的亚甲蓝产生氧化作用 给予大剂量（每千克体重 5～10mg）的亚甲蓝（MB）时，体内脱氢辅酶来不及迅速、完全地将亚甲蓝转化为还原型亚甲蓝（$MBH_2$），未被转化的氧化型亚甲蓝直接利用其氧化作用，使正常的低铁血红蛋白氧化成高铁血红蛋白，此作用可加重亚硝酸盐中毒，但高铁血红蛋白与氰离子有较强的亲和力，可用于解除氰化物中毒。

【注意事项】①亚甲蓝刺激性大，禁忌皮下或肌内注射（可引起组织坏死）；②亚甲蓝溶液与许多药物、强碱性溶液、氧化剂、还原剂和碘化物存在配伍禁忌，所以不得与其混合注射；③葡萄糖也具有还原性，常与高渗葡萄糖溶液合用以提高亚甲蓝的疗效。

【制剂、用法与用量】亚甲蓝注射液。2mL：20mg、5mL：50mg、100mL：100mg。静脉注射，一次量，每千克体重，家畜，治疗亚硝酸盐中毒 1～2mg，注射后 1～2h 未见好转，可重复注射以上剂量或半量；治疗氰化物中毒 10mg（最大剂量 20mg），应与硫代硫酸钠交替使用。

### 三、氰化物中毒的特异性解毒药

氰化物是毒性极大、作用迅速的毒物。种类很多，如富含氰苷的饲料有亚麻籽饼，木薯，某些豆类（如菜豆），某些牧草（如苏丹草），高粱幼苗及再生苗，橡胶籽饼及杏、梅、桃、李、樱桃等蔷薇科植物的叶及核仁，马铃薯幼芽，醉马草等。当动物采食大量以上饲料后，氰苷在胃肠内水解形成大量氢氰酸导致中毒。另外，工业生产用的各种无机氰化物（氰化钠、氰化钾、氯化氰等）、有机氰化物（乙腈、丙烯腈、氰基甲酸甲酯）等污染饲料、牧草、饮水或被动物误食后，也可导致氰化物中毒。牛对氰化物最敏感，其次是羊、马和猪。

**（一）毒理**

氰化物的氰离子（$CN^-$）能迅速与氧化型细胞色素氧化酶中的 $Fe^{3+}$ 结合，形成氰化高铁细胞色素氧化酶，从而阻碍此酶转化为 $Fe^{2+}$ 的还原型细胞色素氧化酶，使酶失去传递氧的功能，使组织细胞不能利用血中的氧（血中有充足的氧，呈鲜红色），形成"细胞内窒息"，导致细胞缺氧而中毒。由于氢氰酸在类脂质中溶解度大，并且中枢神经对缺氧敏感，所以氢氰酸中毒时，中枢神经首先受到损害，并以呼吸和血管运动中枢为甚，动物表现先兴奋后抑制，终因呼吸麻痹，窒息死亡。

**（二）解毒机理**

目前一般采用氧化剂（如亚硝酸钠、大剂量的亚甲蓝等）结合供硫剂（硫代硫酸钠）联合解毒。氧化剂使部分低铁血红蛋白氧化为高铁血红蛋白，高铁血红蛋白中的 $Fe^{3+}$ 与 $CN^-$ 有很强的结合力，不但能与血液中游离的氰离子结合，形成氰化高铁血红蛋白，使氰离子不能产生毒性外，还能夺取已与细胞色素氧化酶结合的氰离子，使细胞色素氧化酶复活而发挥解毒作用。但形成的氰化高铁血红蛋白不稳定，可离解出部分氰离子而再次产生毒性，所以需进一步给予供硫剂硫代硫酸钠，与氰离子形成稳定而毒性很小的硫氰酸盐，随尿液排

氰化物中毒
的毒理（动画）

出而彻底解毒。

### （三）常用药物

#### 亚硝酸钠（Sodium Nitrite）

【理化性质】本晶为无色或白色至微黄色结晶。无臭，味微咸，有引湿性。在水中易溶，水溶液呈碱性，在乙醇中微溶。

【作用与应用】主要用于氰化物中毒的解救。本品为氧化剂，可将血红蛋白中的二价铁氧化成三价铁，形成高铁血红蛋白而解救氰化物中毒。但高铁血红蛋白与氰离子结合后形成的氰化高铁血红蛋白在数分钟又逐渐解离，释放出氰离子又重现毒性。所以静脉注射数分钟后，应立即使用硫代硫酸钠。亚硝酸钠容易引起高铁血红蛋白症，故不宜大剂量或反复使用。另外，亚硝酸钠有扩张血管的作用，注射速度不宜过快。

【制剂、用法与用量】亚硝酸钠注射液。$10mL：0.3g$。静脉注射，一次量，马、牛$2g$，猪、羊$0.1～0.2g$，临用时用注射用水配成$1\%$的溶液缓慢静脉注射。

执业兽医资格考试模拟题35
能使血红蛋白二价铁(Fe2+)氧化成三价铁(Fe3+)药品是（C）
A. 乙酰胺
B. 硫代硫酸钠
C. 亚硝酸钠
D. 二巯丙醇
E. 氯磷啶

#### 硫代硫酸钠（Sodium Thiosulfate）

【理化性质】又名大苏打。为无色、透明的结晶或结晶性细粒。无臭，味咸。有风化性和潮解性。水中极易溶解，乙醇中不溶。水溶液显微弱的碱性反应。

【作用与应用】本品在肝内转硫酶的作用下，可与游离的或已与高铁血红蛋白结合的 $CN^-$ 结合，生成无毒的且比较稳定的硫氰酸盐由尿排出，故可配合亚硝酸钠或亚甲蓝解救氰化物中毒。另外，本品有还原性，可使高铁血红蛋白还原为低铁血红蛋白，并可与多种金属或类金属离子结合形成无毒硫化物排出，所以也可用于亚硝酸盐中毒及砷、汞、铅、铋、碘等中毒解救。因硫代硫酸钠被吸收后能增加体内硫的含量，增强肝的解毒机能，所以能提高机体的一般解毒功能，可用作一般解毒药。

【注意事项】本品不易由消化道吸收，静脉注射后可迅速分布到全身各组织，故临床以静脉注射或肌内注射给药。本品解毒作用产生较慢，应先静脉注射作用产生迅速的氧化剂如亚硝酸钠或亚甲蓝后，再缓慢注射本品，不能与亚硝酸钠混合后同时静脉注射；对内服氰化物中毒的动物，还应使用$5\%$本品溶液洗胃，并于洗胃后保留适量溶液于胃中。

【制剂、用法与用量】硫代硫酸钠注射液。$10mL：0.5g$，$20mL：1g$。肌内、静脉注射，一次量，马、牛$5～10g$，羊、猪$1～3g$，犬、猫$1～2g$。

## 四、金属及类金属中毒的特异性解毒药

随着工业的飞速发展，金属及类金属元素对环境的污染越来越严重，使人类及动物广泛地接触金属及类金属元素，并通过各种生态链进入体内而引起中毒。引起中毒的金属主要有汞、铅、铜、银、锰、铬、锌、镍等，类金属主要有砷、

锑、磷、铋等。

## （一）毒理

金属及类金属进入机体后解离出金属或类金属离子，这些离子除了在高浓度时直接作用于组织产生腐蚀作用，使组织坏死外，还能与组织蛋白质和酶系统中巯基结合，抑制酶的活性，使细胞代谢障碍而产生一系列中毒症状。

## （二）解毒机理

解毒常使用金属络合剂。它们与金属、类金属离子有很强的亲和力，这种亲和力大于含巯基酶与金属、类金属离子的亲和力，其不仅可与金属及类金属离子直接结合，而且还能夺取已经与酶结合的金属及类金属离子，使组织细胞中的酶恢复活性，而其自身与金属、类金属离子络合形成无活性难解离的可溶性络合物，随尿排出，起到解毒作用。

## （三）常用药物

### 二巯丙醇（Dimercaprol）

【理化性质】本品为无色或几乎无色易流动的液体。有强烈的、类似蒜的特臭。在水中溶解，但水溶液不稳定。在乙醇和苯甲酸苄酯中极易溶解。一般配成10%油溶液（加有9.6%苯甲酸苄酯）供肌内注射用。

【作用及应用】本品属巯基络合剂，能竞争性地与金属离子结合，形成较稳定的水溶性络合物，随尿排出，并使失活的酶复活。本品对急性金属中毒有效。在动物慢性中毒时，本品虽能使尿中金属排泄量增加，但被金属抑制的含巯基细胞酶的活力已不能恢复，疗效不佳。

本品主要用于治疗砷中毒，对汞和金中毒也有效。与依地酸钙钠合用，可治疗幼小动物的急性铅脑病。本品对其他金属的促排效果如下：排铅不及依地酸钙钠，排铜不如青霉胺，对锑和铋无效。

【不良反应】二巯丙醇对肝、肾具有损害作用，并有收缩小动脉作用。过量使用可引起动物呕吐、震颤、抽搐、昏迷，甚至死亡。由于药物排出迅速，多数为暂时性的。

【注意事项】①本品内服不易吸收，注射后引起剧烈疼痛，仅供深部肌内注射。②肝、肾功能不良动物应慎用。③为竞争性解毒剂，应及早足量反复给药。与金属离子形成的络合物在动物体内有一部分可重新逐渐解离出金属离子和二巯丙醇，后者很快被氧化并失去作用，必须反复给予足够剂量的二巯丙醇，使血液中其与金属离子浓度保持2∶1的优势，使解离出的金属离子再度与二巯丙醇结合，直至由尿排出为止。另外，二巯丙醇巯基酶与金属离子结合得越久，酶的活性越难恢复，所以在动物接触金属后1～2h用药，效果较好。碱化尿液可减少络合物的重新解离，减轻肾损害。④本品可与镉、硒、铁、铀等金属形成有毒络合物，其毒性作用高于金属本身，故应避免同时应用硒和铁盐等。一般在最后一次使用本品后，至少经过24h后才能应用硒、铁制剂。⑤二巯丙醇本身对机体其他酶系统也有一定抑制作用，如抑制过氧化物酶系的活性，而且其氧化产物又能抑制含巯基酶，故应控制好用量。

【制剂、用法与用量】二巯丙醇注射液。2mL：0.2g、5mL：0.5g、10mL：1g。肌内注射，一次量，每千克体重，家畜 3mg，犬、猫 2.5～5mg。用于砷中毒，第1～2 天每 4～6h 一次，第 3 天每 8h 一次，以后 10d 内，每天 2 次直至痊愈。

### 二巯丙磺钠（Sodium Dimercaptopropane Sulfonate）

【作用与应用】本品作用基本与二巯丙醇相同，但毒性较小。除对砷、汞中毒有效外，对铋、铬、锑亦有效。

【制剂、用法与用量】二巯丙磺钠注射液。5mL：0.5g、10mL：1g。肌内、静脉注射，一次量，每千克体重，马、牛 5～8mg，猪、羊 7～10mg，第1～2 天每 4～6h 1 次，第 3 天开始每天 2 次。

### 二巯丁二钠（Sodium Dimercaptosuccinate）

【理化性质】又名二巯琥珀酸钠。为白色粉末，易潮解，水溶液无色或微红色，不稳定，不能加热，久置后毒性增大。如溶液发生混浊或呈土黄色时，不能使用，需新鲜配制。

【作用与应用】本品为为我国创制的广谱金属解毒剂，毒性较低，无蓄积性作用。对锑的解毒作用最强，比二巯丙醇高 10 倍；对汞、砷的解毒作用与二巯丙磺钠相同；排铅作用不亚于依地酸钙钠。主要用于锑、汞、砷、铅中毒解救，也可用于铜、锌、镉、钴、镍、银等金属中毒解救。

【制剂、用法与用量】注射用二巯丁二钠。0.5g、1g。静脉注射，一次量，每千克体重，家畜 20mg，一般用生理盐水稀释成 5%～10%溶液，缓慢注入。急性中毒，4 次/d，连用 3d。慢性中毒，1 次/d，5～7d 为一疗程。

### 青霉胺（Penicillamine）

【理化性质】又名二甲基半胱氨酸。为青霉素分解产物，属单巯基络合物。为近白色细微晶粉，易溶于水（1：1），性质稳定。N-乙酰-DL-青霉胺为青霉胺的衍生物，毒性较低。

【作用与应用】能络合铜、铁、汞、铅、砷等，形成稳定又可溶的复合物由尿迅速排出。本品内服吸收迅速，毒性低于二巯丙醇，副作用少，无蓄积作用。可用于铜、铁、汞、铅、砷等中毒或其他络合剂有禁忌时选用。对铜的解毒作用强于二巯丙醇；对铅、汞中毒的解毒作用不及依地酸钙钠和二巯丙磺钠；汞中毒解救时用 N-乙酰-DL-青霉胺优于青霉胺。

【不良反应】本品可影响胚胎发育。动物试验发现致胎儿骨骼畸形和腭裂等。

【制剂、用法与用量】青霉胺片。内服，一次量，每千克体重，家畜 5～10mg，4 次/d，5～7d 为一疗程，间歇 2d。

### 去铁胺（Deferoxamine）

【理化性质】又名去铁敏，系链球菌的发酵液中提取的天然物。呈白色结晶性粉末，易溶于水，水溶液性质稳定。

【作用与应用】本品属羟肟酸络合物，其羟肟酸基团与游离的或已与蛋白质结合的三价铁（$Fe^{3+}$）和铝（$Al^{3+}$）有很强的结合力，与其结合形成稳定无毒的可溶性络合物（在酸性条件下这种结合作用更强），由尿排出。但其与其他金属离子的结合力较小，所以主要用于铁中毒的解救。能清除铁蛋白和含铁血黄素中的铁离子，但对转铁蛋白中铁离子清除作用不强，更不能清除血红蛋白、肌红蛋白和细胞色素中的铁离子，因此不会产生缺铁性贫血。

【不良反应】①动物试验可诱发胎儿骨畸形，妊娠动物不宜使用；②严重肾功能不全动物禁用，老年动物慎用；③用药后可出现腹泻、心动过速、肌肉震颤等症状。

【制剂、用法与用量】注射用去铁胺。肌内注射，参考一次量，每千克体重，开始量20mg，维持量10mg。总日量，每千克体重，不超过120mg。

### 依地酸钙钠（Calcium Disodium Edetate，EDTA Ca-Na$_2$）

【理化性质】又名乙二胺四乙酸钙二钠盐，EDTA钙钠。为白色结晶性或颗粒性粉末，易潮解，易溶于水。

【作用与应用】本品属氨羧络合剂，能与多种二价、三价重金属离子络合形成无活性、可溶性的环状络合物，并逐渐随尿排出产生解毒作用。本品与各种金属的络合能力不同，其中与铅的络合作用最强，与其他金属的络合效果较差，对汞和砷无效。本品主要用于铅中毒的解救，对无机铅中毒有特效，亦可用于镉、锰、铬、镍、钴和铜中毒解救。为急、慢性铅中毒的首选解毒药物。

【注意事项】①大剂量使用可致肾小管水肿等，用药期间应注意检查尿。对各种肾病患畜和肾毒性金属中毒动物应慎用，对少尿、无尿和肾功能不全的动物应禁用。依地酸钙钠对犬具有严重的肾毒性。每千克体重，犬的致死剂量为12g。②长期用药有一定致畸作用。

【制剂、用法与用量】依地酸钙钠注射液。5mL：1g。静脉注射，一次量，马、牛3~6g，猪、羊1~2g，2次/d，连用4d。临用时用生理盐水或5%葡萄糖溶液稀释成0.25%~0.5%的浓度，缓慢静脉注射。皮下注射，每千克体重，犬、猫25mg。

## 五、有机氟中毒的特异性解毒药

有机氟包括如氟乙酸钠、氟乙酰胺、甲基氟乙酸等，在农业生产中常使用的有机氟杀虫剂和杀鼠剂。有机氟可通过皮肤、消化道和呼吸道侵入动物机体发生急性或慢性氟中毒。家畜有机氟中毒通常是因为误食以上有机氟毒饵及因其中毒死亡的动物、或被有机氟污染的饲草料、饮水等发生中毒。

### （一）中毒及解毒机理

中毒机理尚不完全清楚，目前认为有机氟进入机体后生成氟乙酸，氟乙酸与辅酶A作用生成氟乙酰辅酶A（正常过程应是乙酸与辅酶A结合形成乙酰辅酶A），后者再与草酰乙酸缩合形成氟柠檬酸。由于氟柠檬酸与柠檬酸的化学结构相似，可与柠檬酸竞争性抑制三羧酸循环中的乌头酸酶，从而阻断柠檬酸的氧化，造成柠檬酸堆积，破坏了体内三羧酸循环，使糖代谢中断，组织代谢发生障碍。同时组织中大量的柠檬酸可导致组织细胞损害，引起心脏和中枢神经系统功能紊乱，使动物中毒。表现不安、厌食、步态失调、呼吸心跳加快等症状，甚至死亡。为此，可使用与氟乙酰胺等有机氟的化学结构相似的物质，在体内与氟乙酰胺等有机氟竞争酰胺酶，使氟乙酰胺等不能分解产生对机体有害的氟乙酸，阻止氟乙酸对三羧酸循环的干扰，恢复组织正常代谢功能，从而消除有机氟对机体的毒性。

### （二）常用药物

#### 乙酰胺（Acetamide）

【理化性质】又名解氟灵，为白色结晶性粉末。在水中极易溶解，在乙醇或吡啶中易溶，在甘油或三氯甲烷中溶解。

【作用与应用】乙酰胺在体内与氟乙酰胺等有机氟竞争酰胺酶，使氟乙酰胺等不能分解产生对机体有害的氟乙酸，从而消除有机氟对机体的毒性。同时乙酰胺本身分解产生的乙酸能干扰氟乙酸的作用，因而解除有机氟中毒。主要用于解除氟乙酰胺和氟乙酸钠的中毒。能延长中毒的潜伏期、减轻症状或制止发病。

此外，滑石粉中含有镁离子，能与氟离子形成配合物，减少氟的吸收，降低血中氟浓度。也可用于奶牛地方性氟中毒。

【注意事项】本品酸性强，刺激性大，肌内注射时局部疼痛，可配合应用普鲁卡因以减轻疼痛。

【制剂、用法与用量】乙酰胺注射液。5mL：0.5g、5mL：2.5g、10mL：1g、10mL：5g。肌内、静脉注射，一次量，每千克体重，家畜50～100mg。

**练 与 做**

1. 实训　有机磷中毒及解救。

2. 处方练习

病例1：某农户养两头水牛，在田间地头放牧回来后，发现精神沉郁，烦躁不安，反刍停止，大量流涎，顾腹蹴腹，粪便稀薄。全身肌纤维震颤，阵发性抽搐、痉挛。临床检查：体温39℃，清涎如柱，口角附多量泡沫，瞳孔缩小成一线。初诊为有机磷中毒，请开写处方。

病例2：五月份，杨某从菜农处买了一批青菜下脚喂自家的三头奶牛。采食后数小时奶牛即表现不安，站立不稳，呼吸困难，脉搏疾速细弱，全身发绀，体温正常或偏低，躯体末梢部位厥冷。两头牛有流涎、腹痛、腹泻症状。初诊为亚硝酸盐中毒，请开写处方。

3. 调查当地动物医院常备的解毒药有哪些？通过查阅相关资料和网站，了解动物临床常用解毒药及其使用方法。

1. **氨基甲酸酯类农药中毒的毒理与解毒药** 近年来，氨基甲酸酯类杀虫剂、杀菌剂、除草剂等在农业生产上的应用较广泛。如西维因、速灭威、呋喃丹等。该类农药经消化道、呼吸道和皮肤黏膜吸收进入机体，抑制胆碱酯酶水解乙酰胆碱的作用，造成体内乙酰胆碱大量蓄积，出现胆碱能神经过度兴奋的中毒症状。另外，氨基甲酸酯类还可阻碍乙酰辅酶 A 的作用，使糖原的氧化过程受阻。呋喃丹除以上毒性外，尚可在体内水解产生氰化氢，离解出氰离子，产生氰化物中毒的症状。

解救可首选阿托品，并配合输液、消除肺水肿、脑水肿及兴奋呼吸中枢等对症疗法。重度呋喃丹中毒时，应用亚硝酸钠、硫代硫酸钠等。但一般禁用肟类胆碱酯酶复活剂。

2. **杀鼠剂中毒与解毒** 氯鼠酮、敌鼠、杀鼠酮等抗凝血杀鼠剂经消化道吸收，进入机体后，干扰维生素 $K_3$ 的氧化还原循环，使肝细胞生成的凝血酶原和维生素 $K_3$ 依赖性凝血因子 Ⅱ、Ⅴ 及 Ⅶ 等不能转化为有活性的凝血蛋白，从而影响凝血过程，导致出血倾向。

华法令等香豆素类杀鼠剂只影响维生素 $K_3$ 依赖性凝血因子的生成，对血浆中已形成的维生素 $K_3$ 依赖性凝血因子不产生影响。此外，华发令还可扩张并破坏毛细血管，使其通透性、脆性增加，导致血管破裂，出血加重。动物中毒后，以肺出血最严重，其次为脑、消化道和胸腔血管出血，如不及时解救，可引起死亡。

解毒主要通过增加体内维生素 $K_3$ 的含量，提高其与杀鼠剂竞争的优势，恢复并加强原有的各种生理功能。亚硫酸氢钠甲萘醌（维生素 $K_3$）是本类杀鼠剂中毒的特效解毒药，同时配合维生素 C 和氢化可的松及其他对症治疗药。

3. **蛇毒中毒与解毒** 毒蛇种类很多，蛇毒成分也很复杂，每种蛇毒含一种以上的有毒成分。蛇毒的成分有神经毒、心脏毒、血液毒及出血毒等。神经毒可抑制乙酰胆碱的释放和阻断 $N_2$ 胆碱受体，使胆碱能神经兴奋性降低，导致全身肌肉麻痹，呼吸停止而死亡；心脏毒可损害心脏功能，甚至可使心脏停止于收缩期，毒性比神经毒低；血液毒常因其凝血毒素和抗凝血毒素引起血栓或出血。

解毒首先采用非特异性处理措施，将毒蛇咬伤的局部进行处理，破坏毒素，延缓毒素吸收。同时应用特效药抗蛇毒血清，中和蛇毒。有单价抗蛇毒血清和多价抗蛇毒血清，前者针对某一种蛇毒效果好，后者治疗范围较广，但疗效较差。

**复习题**

1. 当动物误食不明毒物出现中毒症状时，可采取哪些治疗措施？

2. 亚甲蓝为什么既能解亚硝酸盐中毒，又能解氰化物中毒？

3. 动物发生有机磷中毒时，应如何解毒？并说明其解毒机理。

4. 动物发生氰化物中毒时，应如何解毒？并说明其解毒机理。

5. 有机氟、氨基甲酸酯类农药、氯鼠酮、砷、汞、铅、铜、铁等中毒时，用何药解救？

**讨论题**

1. 一头仔猪因食用大量堆沤变质的大白菜，而发生中毒现象，表现为可视黏膜发绀、呼吸困难等症状，拟诊为亚硝酸盐中毒，请选用治疗药物，并说明理由。

2. 一头猪患有疥螨病，某兽医用 2‰敌百虫溶液将猪体表全部涂擦一遍，不久出现了严重中毒症状，该兽医只是用肥皂水冲洗体表，你说对吗？为什么？应采取什么急救措施？

# 第七篇　药物毒理学基础

## 内容提要

　　药物在发挥其药理作用时常对机体产生有害作用。本篇主要介绍药物毒理学的基本概念、常用术语、研究内容、药物毒性作用类别、毒理机制、药物安全性毒理学评价方法和动物源性食品中的兽药残留现状、原因、危害、监控及防范措施。

## 学习目标

　　1. 理解药物毒理学概念、常用术语及参数术语的含义。
　　2. 了解动物药物安全性试验及安全性毒理学评价方法。
　　3. 熟悉动物源性食品中兽药及化学物残留的现状、危害、监控和防范措施。

## 单元一　药物毒理学概述

　　药物毒理学是研究药物在一定条件下对动物机体有害作用及其机理的科学，是药理学的紧密交叉学科。动物药理学研究兽医临床药物的治疗作用及其机理，而药物毒理学则研究这些药物对机体的毒害作用及其毒理机理。药物毒理学属于动物毒理学范畴，但其研究的对象是药物，与普通毒理学相异。药物毒理学的主要基础课程包括动物解剖学、动物生理学、动物生物化学及分子生物学和动物病理学等。

　　药物毒理学应用普通毒理学的方法和理论，研究在动物疾病的治疗、预防和诊断过程中药物对动物机体的有害作用的发生、机理、临床表现及其危险因素，包括药物的一般毒性、致突变性、致癌性、致畸性、生殖毒性及对靶器官的毒性作用机制研究。药物的毒性受多种因素的影响，包括药物本身的化学结构、理化性质、药物的蓄积性、药物的染毒途径、染毒剂量、机体对药物的敏感性、药物的体内代谢、药物损伤可逆性以及影响机体和药物的环境因素等。这些因素既影响药物对机体的损伤类型，也可改变药物对机体的损害程度和作用机理。例如，当一种药物在某个染毒剂量时，机体可通过生物转化将药物完全转化为中间产物或者代谢终产物，这时，药物的毒性毒理是由这些中间产物或终末产物决定的。如果当染毒剂量大大高于机体生物转化阈值即超过机体对它的分解、转化能力时，可导致大量的有毒原型药物来不及被转化而积累体内，于是出现原型药物对机体造成的有害作用，并且此有害作用可能成为药物对机体的主要损伤。原型药物与其中间代谢产物或终末产物对机体有害作用的毒作用强度、性质以及毒作用机理可能是完全不同的。

学习药物毒理学有助于教学、科研和临床从业者正确理解药物的治疗作用与毒作用的辩证关系，为科学地使用和评价药品安全性、预防药物对动物机体的损害、减少动物药品残留对人类健康的危害提供参考。

### （一）药物毒理学研究的内容

1. **探索药物的毒性反应** 药物都具有治疗作用和不良反应两重性，即应用药物诊断、预防和治疗动物疾病的过程中，药物会对机体产生不良影响，包括副作用和毒性作用。在临床常用剂量下，药物不应出现毒性反应，只有超过一定阈值即最小中毒剂量时，才会出现药物的毒性反应。药物治疗作用的相关知识是药理学研究的内容，而药物的毒性作用则是药物毒理学的研究范畴。探索药物的毒性反应不仅仅停留在以往的急性、亚急性和慢性三性毒性，还要探索其致突变、致畸和致癌等潜在毒性。通过对药物的毒性的研究，才能客观地给以评价。所以说，了解药物的毒性反应是安全用药的前提条件。

2. **确定药物作用的靶组织或靶器官** 药物被吸收后，随血流分布到全身各组织器官，但其直接发挥毒作用的部位往往只限于少数几个或一个组织器官，这样的组织器官称为靶组织或靶器官；或者说机体内首先达到毒作用临界浓度的器官，称为该药物毒作用的靶器官。药物对不同组织的亲和力和某些生理屏障会影响药物在体内的分布。随着药物开发技术的提高，一些药物具有的更好的靶向性。有的药物的毒作用靶器官与治疗作用的靶器官一致，如洋地黄对心脏的治疗作用和毒作用靶器官一致。但另外一些药物的毒作用靶器官则与其治疗作用的靶器官不同，如许多非肝病药物对肝的毒害作用。确定药物的靶器官是药物毒理学的研究内容之一。

3. **确定毒性作用的剂量范围** 一个药物在临床上表现治疗作用还是毒性作用，往往是由剂量决定的。剂量不仅直接影响药物治疗作用的强弱和毒作用的大小，还可能改变药物毒作用的机理。确定药物毒性作用的剂量范围是药物毒理学研究的重要内容，也是确定药物治疗安全范围的基础，为临床用药提供重要的剂量参考。

4. **毒性作用是否具有可逆性** 由于药物对机体普遍存在毒副作用，人们在加强对药物的安全性和危害性评价的时候，越来越重视药物对机体损伤的可逆性。当停药或采取一定的治疗措施后，药物毒作用造成的器质性和功能性损伤是否可以得到恢复，常常是决定一个药物能否在兽医临床或畜牧业生产中应用的重要依据之一。

5. **揭示药物毒性作用的机制** 这是药物毒理学研究的核心内容，它为药物毒作用的评价、解毒药的开发、解救措施的制定提供重要的依据，也为相关的生命科学提供更加广泛的内容。在药物毒理学中，对毒作用机理的研究大多是通过实验研究实现的。毒理学实验能阐明药物毒作用引起的细胞或组织生理生化改变，特别是对控制重要生命活动的关键活性物质的影响，如乙酰胆碱、凝血酶。

6. **研究解毒药物及解救措施** 这是毒理学研究中最古老和最重要的问题。当前，其研究重点是在毒理学机制研究的基础上，利用现代生物学、化学的知识对解毒药物或解毒措施作更高层次的探索。但就目前的研究现状而言，解毒药和解毒措施的研究任重而道远。

### （二）药物毒性作用类别

1. **一般毒性反应** 指药物剂量过大或者在动物体内蓄积过多时对动物机体各组织各器官产生的广泛损伤。如对循环、呼吸及神经系统的急性毒作用；对肝、肾、骨髓及内分泌系统的慢性毒作用等。一般来说，一般毒性作用均比较严重，但是一般毒性引起的损伤多数是可预知的，如果在规定的安全剂量内使用药物，一般是可以避免的。一般毒性反应包括急性、慢性和蓄积性毒作用造成动物的行为、形态结构和生理生化指标的变化以及死亡效应。

2. **免疫毒性** 包括变态反应和免疫抑制。变态反应也称过敏反应，指机体首次接触过敏原后在体内产生抗体，当已经产生免疫的机体再次接触相同过敏原时发生的组织损伤和功能紊乱。反应的特点是发作迅速、反应强烈、消退较快。变态反应一般具有明显的遗传倾向和个体差异。变态反应的临床表现因动物的种类和个体差异的不同而异，反应的程度也存在很大差异，如肌肉震颤、流涎、呼吸窘迫、荨麻疹和休克等。犬常常以短暂兴奋的出现开始，随即发生呕吐，频频排粪、排尿，继而发生虚脱、肌肉无力、呼吸抑制，最后出现惊厥、昏迷，可在数小时内死亡。

3. **特异质反应** 特异质反应又称特异性反应，是指某些种类的动物或者某些个体对某药物具有的异常敏感性。特异质反应的发生与药物的药理作用完全无关。目前认为，特异质反应大多是由于这些动物缺乏特定的酶所致，且多与遗传有关。许多特异质反应病例与某些种类的动物不表达某种酶或者与某些动物个体的遗传性酶缺陷有关。这种酶缺陷在平时可能并无表现，而仅在应用有关药物时才显示症状。

4. **致癌性** 药物的致癌作用一般是由于药物的长期暴露而损伤遗传物质，从而引发肿瘤。也可以通过非遗传物质的损伤而引起肿瘤。致癌作用常常是慢性过程，甚至可能在胚胎时期接触某种致癌物质后，直到出生以至成年时才发生肿瘤。毫无疑问，致癌性动物药品的滥用对人类安全是严重的威胁。

5. **生殖与发育毒性** 某些药物可对动物生殖细胞的发生、卵细胞受精、胚胎的器官形成、妊娠、分娩和哺乳过程具有损害作用，此即为生殖毒性。而另外一些药物则可能对胚胎、胎仔以及出生幼仔的发育有毒害作用，此为发育毒性。生殖与发育毒性包括发育生物体死亡（如着床前死亡和早晚期死亡）、生长改变（如生长迟缓）、生长发育指标比正常对照低、结构异常（即畸形）和功能缺陷（如器官系统、生化、免疫等功能的变化）。

6. **致突变和遗传毒性** 指某些化学物质可以引起遗传物质的损伤，包括染色体数量和结构改变（如细胞染色体畸变、形成细胞微核等）和生物大分子遗传物质损伤（基因的碱基增添、缺失或改变等）。遗传物质的损伤可以对动物机体本身及其下代产生不利影响。如果有遗传物质损伤的细胞不能成活，则后果相对较轻。如果损伤细胞尚能存活，则后果可能相当严重，对人类而言，这类损伤的后果可能是灾难性的。

### （三）药物毒性作用机理

1. **抑制氧的吸收、运输和利用** 氧气是动物机体或细胞维持正常生命活动所必需的。通过肺内气体交换和循环系统的运输以及组织呼吸，机体内部的细胞从外界获得氧气。凡是能阻止肺部气体交换、氧气在血液中运输和组织呼吸的任何毒物均可引起组织细胞缺氧。如芳香胺和偶氮化合物可使运输氧气的血红蛋白分子中的二价铁氧化成三价铁而失去携带氧气的能力。

2. **干扰酶系统活性从而影响代谢** 生命的基本特征是在酶的催化下时刻不停地进行复杂的生物化学反应。许多药物对体内酶系统有影响，有的通过影响酶基因表达而影响酶生成的数量，有的则改变酶的活性从而影响酶所催化的生化反应，导致细胞或机体的生理功能异常。

3. **对组织和细胞结构产生损伤** 某些药物首先损害的是细胞或机体的结构，这种结构损伤再导致机能障碍。如青霉素首先损伤肝细胞的结构，使肝组织变形和坏死，从而引起肝的功能异常。

4. **干扰内分泌机能** 有的药物可干扰激素的合成、分泌、运输或干扰其与受体的结合，从而干扰正常的内分泌机能，导致受激素调节的代谢过程、生长发育、生殖机能出现障碍和其他疾病的发生。

此外，某些药物具有致突变、致畸和致癌作用；药物还可引起免疫功能的改变，如免疫抑制、自身免疫、过敏反应。

总之，药物损伤动物机体结构和功能的机理十分复杂。人类对药物毒作用机理的认识处于不停的发展当中，随着研究的不断进行，人们对毒作用机理的理解也逐渐地深入。

### （四）影响毒性作用的因素

影响药物的毒作用有很多因素，主要包括药物因素、动物因素、环境因素等方面。

1. 药物因素

（1）药物本身的化学结构和理化性质对药物的毒作用有重要的影响。药物分子的功能基团、所带电荷、亲水/疏水特性、光学异构特性、电离度大小以及在水中的溶解性等都能影响药物的毒性。

（2）药物制剂类型不同，表现出的毒性作用可能不同。同一种药物的注射剂（包括液针剂型、粉针剂型）、口服剂、搽剂等不同剂型因吸收途径和吸收速度不同，药物的毒性也是有差异的。此外，在动物药品的生产过程中，常加入溶剂、稳定剂、抗氧化剂、填充剂、助溶剂等赋形剂，这些物质本身对机体具有或多或少的有害影响，而且这些赋形剂可能因为改变药物的溶解性、吸收速度等改变药物对机体的毒作用。

（3）药物的给药途径影响药物毒性作用。给药途径不同，首先到达的器官和组织就不同，致使药物的分布和吸收速度也不一样。一般来说，吸收快而完全的静脉注射产生毒性反应最快也最强烈，其他给药途径的吸收速度由快至慢依次是呼吸道、腹腔注射、肌内注射、皮下注射、皮内注射、经口和皮肤涂布。口服是药物中毒最常见的途径之一。口服毒性除了受药物制剂本身的影响外，还受消化道的结构、功能、消化道内容物多少和性质的影响。此外，肝代谢对口服药物的毒性有突出的作用，因为经过消化道吸收的药物经门静脉首先进入肝，肝代谢使药物毒性增强或者减弱。此外，肝分泌的胆汁会影响某些药物的吸收速度和吸收率。

2. **动物因素**　如动物的种类、品种、年龄、性别、生理和病理状态、营养因素等对药物的毒性作用有很大的影响。如鸡对敌百虫敏感；妊娠对药物在体内的氧化、还原、水解、结合等过程有一定影响，妊娠期间药物的解毒或排泄过程可能减慢，更易造成积蓄中毒。

3. **环境因素**　环境和饲养管理因素可影响药物对机体的毒作用。环境温度可不同程度地改变机体内的生理生化过程，从而影响药物的吸收、代谢和排泄。饲料组成成分、饮水量、季节和昼夜节律等也会对药物的上述过程产生影响。

### （五）中毒疾病的一般临床特征

药物中毒可能通过吸入、皮肤、注射等途径发生，但口服是最常见的中毒途径。药物中毒的症状是多种多样的，很难对其进行归纳总结。但是，中毒的发生的确有一些共同的特征：①从发病时间上看，药物中毒一般紧随药物摄入而发生，急性药物中毒通常在用药之后的几分钟至数小时内出现；②药物中毒时，动物体温表现正常或偏低；③经口服的药物中毒常伴有明显的消化道反应，如呕吐、腹泻、腹痛等；④中毒症状的严重程度与药物剂量或药物摄入量相关。

### （六）毒理学常用术语

1. **毒性**　指药物与机体接触或进入体内的特定部位以后，引起相应损害的相对能力。

2. **急性毒性**　指机体（实验动物或人）一次接触或 24h 内多次接触化学物后在短期（14d）内所发生的毒效应。

3. **蓄积作用**　机体多次接触外来化学毒物，当这些毒物进入机体的速度或总量超过代谢转化和排泄的速度或总量时，化学毒物或其代谢产物可在机体内逐渐增加并贮留，这种现象称之为蓄积作用。

4. **慢性毒性**　动物长期接触低剂量化学物后，对机体所产生的毒性称为慢性毒性。一般认为毒物染毒时间在 6 个月以上。

5. **毒代动力学**　又称毒物动力学，是利用动力学原理和数学方法，定量地研究外源性化学物通过各种途径进入机体后的吸收、分布、生物转化和排泄等过程的动态变化规律的一门学科，是毒理学的一个分支。

6. **毒素**　生命有机体（包括某些动物、植物和微生物）产生的有毒物质，称为毒素。例如，蓖麻种子中含的蓖麻毒素、毒蛇的毒腺中所含的毒素等。

7. **半数致死量**（$LD_{50}$）　引起实验动物总数中一半的个体死亡的最小毒物剂量称为半数致死量。

8. **绝对致死量**（$LD_{100}$）　引起实验动物总数中全部个体死亡的最小毒物剂量称为绝对致死量。

9. **最大耐受量（LD$_0$）**　不引起实验动物总数中任何一个个体死亡的最高毒物剂量称为最大耐受量。

## 单元二 ◆ 动物药物安全性毒理学评价

动物药物安全性毒理学评价包括安全试验设计、一般毒性试验、特殊毒性试验和安全性毒理学评价程序。

动物药物在畜牧业推广应用以前需要检验其安全性与毒性，即进行安全性的毒理学评价。只有在证明其有效而且安全之后，才能用于畜牧业。为评定某受试药物的安全性而进行的各种毒性试验称安全试验。安全试验主要分为两类，第一类为一般毒性试验，第二类为特殊毒性试验。

### 一、安全试验设计

安全试验设计的原则应遵照农业部颁布的安全试验技术要求，在进行试验设计时，具体考虑可能影响安全试验的各种因素。

#### （一）实验动物的选择

1. **动物种类**　实验动物种类的选择原则上应选择那些在代谢和功能上与靶动物接近的，对化学物的感受性与靶动物也比较接近的动物。根据试验还可能要求一定品系的动物。一般要求选择两种以上不同物种的动物，一种是啮齿类，一种是非啮齿类。但实际工作中常仅用啮齿类中的大鼠和小鼠，如测定化学物的半数致死量常用大鼠或小鼠，主要原因是其繁殖快、经济、方便。另外，还可根据实验要观察的效应来选择动物，如研究化学物的致敏作用时，最好选择对化学致敏物比较敏感的豚鼠；研究化学物对实质脏器的危害性时，应选择小鼠、大鼠或家兔等；研究化学物经皮肤吸收毒性和皮肤黏膜的刺激毒性试验时，常选用豚鼠和兔；研究亚慢性、慢性毒性时多采用大鼠或犬。

2. **年龄**　一般实验中应选用成年实验动物，常用实验动物成年体重见表7-1。进行慢性试验或需要观察动物的生长发育时，应选择幼龄动物或用断乳后不久的动物，如选择试验小鼠的体重范围为15～18g。在同一试验中，各组动物的体重应尽可能一致，组间相差不得超过平均体重的10%，组内不得超过20%。

表 7-1　常用实验动物成年体重

| 动物 | 小鼠 | 大鼠 | 豚鼠 | 家兔 | 猫 | 犬 |
|---|---|---|---|---|---|---|
| 体重 | 18～22g | 180～280g | 350～650g | 2～3kg | 1.5～2.5kg | 9～15kg |

3. **性别**　不同性别的动物对外源化学物的敏感性存在差异。通常，如果实验对动物性别无特殊要求，宜选用雌雄各半；若已知性别对受试物感受性不同，则应选择敏感的性别，并将不同性别试验结果分别作统计分析。

4. **生理状况**　在毒理学试验中，如果怀孕、哺乳等对试验结果影响很大，则不宜采用这些特殊生理状态下的动物进行试验。

5. **健康状况**　动物的健康状况对试验结果有直接的影响。毒理学试验中应选择健康和营养状况良好的动物，营养状况不良的动物往往对毒物较敏感，同时实验动物微生物检测也要符合等级要求。一般要求采用清洁级动物来做试验。

### （二）试验分组

毒理学试验设计分组应遵循随机分配原则，保证每个动物都有同等机会被分配到各个试验组中去，否则会增大各试验组之间的差异，增加对试验结果的干扰因素。

没有比较就难以鉴别，也就缺乏科学性，所以毒理学试验中除试验组外，还需设立对照组。对照的方法一般有两种，即平行对照和自身对照。

### （三）受试物

用于各个毒性试验的受试物，必须用同一种、同一批号的，且受试物成分和配方必须固定。若有溶媒或赋形剂，则必须是惰性的，即既不会改变受试物的化学性质，也不与受试物结合，并且必须进行对比试验，借以证实试验过程中所观察到的变化确由受试物所引起，而不是赋形剂所致。

### （四）染毒方法的选择

毒理学中一般采用经口（灌胃或喂饲）、经呼吸道、经皮及注射途径。由于染毒途径不同，化学物的吸收率、吸收速度及受试物首先到达的器官组织均不同，因此染毒途径对毒性有较大的影响。试验采用的接毒途径应与实际染毒途径一致。

## 二、一般毒性试验

一般毒性是指外源化学物在一定的剂量、接触时间和接触方式下，对实验动物产生总体毒效应的能力。评价外源化学物的一般毒性所进行的试验称一般毒性试验。根据实验动物接触毒物的剂量大小、时间长短以及所产生的毒效应的不同，可分为急性毒性、蓄积毒性、亚急性毒性和慢性毒性等。

### （一）急性毒性试验

1. 概念　急性毒性是指机体（人或动物）一次或于24h之内多次接触外源化学物后，在短期内所发生的毒效应，包括中毒症状、体重变化、病理检查和致死效应（死亡和死亡时间）等指标。所谓短期内，一般指染毒后7~14d。

2. 目的　急性毒性试验的目的，主要是探求化学物的致死剂量、毒效应的特征及可能的靶器官，初步评价外源化学物的危险性，了解外源化学物的剂量—反应（效应）关系，为其他毒性试验的剂量设计提供参考。

3. 方法　急性毒性试验方法有多种，如半数致死量测定、半数耐受限量测定、7d喂养试验、固定剂量法、急性毒性分级法等，其中半数致死量测定、半数耐受限量测定和7d喂养试验在急性毒性研究中应用较多。在半数致死量测定试验中，通过对试验结果进行统计学处理，采用寇氏法或概率单位对数图解法求得$LD_{50}$值及其95%可信限范围。

4. 分级　评价外源化学物急性毒性的强弱及其对人类的潜在危害程度，可根据国际上普遍使用的外源化学物的急性毒性分级标准（表7-2）来进行，并结合急性毒作用带或其斜率以及试验过程中各项观察指标变化的描述资料作综合评价。

表 7-2　外源化学物急性毒性分级（WHO 世界卫生组织）

| 级别 | 大鼠经口 LD$_{50}$ （mg/kg） | 大鼠吸入 LD$_{50}$ （mg/kg） | 兔经皮 LD$_{50}$ （mg/kg） | 对人可能致死的估计量 | |
|---|---|---|---|---|---|
| | | | | （g/kg） | 总量 （g/60kg） |
| 剧毒 | <1 | <10 | <5 | <0.05 | 0.1 |
| 高毒 | 1～ | 10～ | 5～ | 0.05～ | 3 |
| 中等毒 | 50～ | 100～ | 44～ | 0.5～ | 30 |
| 低毒 | 500～ | 1 000～ | 350～ | 5～ | 250 |
| 实际无毒 | 5 000～ | 10 000～ | 2 180～ | >15 | >1 000 |

### （二）蓄积毒性试验

外源化学物反复多次与机体接触，被吸收进入体内的速度或数量超过其消除速度或数量时，化学物或其代谢产物在体内的浓度或量将逐渐增加并贮存，这一现象称为外源化学物的蓄积。蓄积的化学物及其代谢产物对机体产生的毒性作用称蓄积毒性作用。蓄积作用是外源化学物导致慢性毒作用的物质基础，也为评价化学物的慢性毒性和其他毒性试验的剂量选择提供依据。蓄积作用有物质蓄积和功能蓄积之分。物质蓄积指机体反复多次接触外源化学物后，测得机体内存在的该化学物的原型或其代谢产物的量；功能蓄积指外源化学物多次与机体接触，引起机体功能损害的累积所致的慢性毒性作用。

研究外源化学物蓄积毒性的方法有多种，常用的有蓄积系数法、20d 实验法和生物半衰期法。

试验结果均以蓄积系数进行评价。蓄积系数为分次染毒引起动物半数死亡的累积剂量 LD$_{50}$（$n$）与一次染毒引起动物半数死亡的剂量 LD$_{50(l)}$之比值，蓄积系数（$K$）计算公式可用下式表示：$K = LD_{50(n)}/LD_{50(l)}$

蓄积作用的评价标准见表 7-3。

表 7-3　蓄积作用的评价标准

（徐州市卫生防疫站 . 1979. 工业毒理学试验方法）

| 蓄积系数 | 蓄积作用分级 |
|---|---|
| $K<1$ | 高度蓄积 |
| $1 \leqslant K<3$ | 明显蓄积 |
| $3 \leqslant K<5$ | 中等蓄积 |
| $K \geqslant 5$ | 轻度蓄积 |

### （三）亚慢性毒性试验

亚慢性毒性是指实验动物经多日连续或重复给予较大剂量（小于急性 LD$_{50}$）的受试物所引起的中毒效应。亚慢性毒性试验是指在相当于实验动物生命周期的 1/30～1/20 时间内使动物连续或反复多次接触受试物的毒性试验。采用小鼠、大鼠进行亚慢性毒性试验时，其试验期限可设置为 90d，较大动物可为 4～6 个月。亚慢性毒性试验的目的主要是探讨受试物经连续或反复多次接触后表现的毒性反应，了解亚慢性毒性的阈剂量或阈浓度；确定未观察到有害作用的剂量和其观察到有害作用的最低剂量，提出安全限量参考值；且为慢性毒性试验的剂量设计和观察指标的选择提供依据。

亚慢性毒性试验一般采用经口暴露，即将受试物掺入饲料或饮水让动物自由采食。也可视情况采用呼吸道和皮肤接触。亚慢性毒性试验的适宜剂量为高剂量组表现明显的中毒反应，但不引起动物死亡；低剂量组不出现任何的中毒反应；中间剂量组介于两者之间。另设一个对照组。通常，在 $LD_{50}$ 的 $1/80 \sim 1/50$ 剂量范围内选择亚慢性毒性试验的染毒剂量较为适宜。观察指标包括实验动物的一般健康状况、行为、采食量、饮水量、生长率（每周摄食量/体重）、脏器系数（脏器湿重与单位体重的比值）。血液及生化检验指标包括血红蛋白、红细胞、白细胞、血小板、谷草转氨酶、血清尿素氮等。亚慢性毒性试验中，应注重病例组织学检查，特别要注意观察肝、肾和睾丸等器官，对所有实验动物进行尸检。必要时可进行组织化学、免疫组织化学和电镜检查。

### （四）慢性毒性试验

凡给药天数超过 90d 的，一般称为慢性试验。对啮齿类动物进行慢性试验时，给药时间几乎占去其生命期的大部分或终生，如小鼠为 18 个月，大鼠为 24 个月。通过慢性试验，可了解短期试验所不能测得的反应，并可确定最大无作用剂量，为制定人体每日允许摄入量（ADI）提供依据。

## 三、特殊毒性试验

特殊毒性根据观察的目标不同，分为遗传毒性、生殖发育毒性、致癌毒性、免疫毒性等。评价外源化学物的特殊毒性所进行的试验称特殊毒性试验，包括致突变试验（Ames 试验、小鼠精子畸形检测试验、哺乳动物培养细胞染色体畸变试验、微核试验、姐妹染色单体交换试验、显性致死试验）、致畸试验（传统致畸试验、喂养致畸试验）、致癌试验（长期致癌试验、短期初筛试验）及其他试验（繁殖试验、代谢试验、迟发神经毒试验、局部刺激试验、溶血试验）等。

### （一）繁殖试验

繁殖试验是检验受试物对实验动物生殖机能影响的一种方法。毒物可从多方面影响繁殖，如排卵、受精、受精卵着床、妊娠期的胚胎及胎儿发育、分娩、泌乳、初生幼畜的生长等。

观察指标除一般健康状况、体重、摄食量、饮水量和死亡情况外，还应着重记录受孕率（怀孕母鼠数/交配母鼠数）、妊娠率（分娩活仔的母鼠数/怀孕母鼠数）、出生存活率（出生后第 5 天仔鼠存活率/出生活仔数）和哺乳存活率（21d 断乳时仔鼠存活率/出生后第 5 天仔鼠存活率），还有妊娠天数、雌雄仔鼠的数量、产仔总数、平均仔重及仔鼠肉眼异常等与生殖机能有关的各项指标，并对仔鼠选择性地进行显微镜检查。

### （二）致畸试验

致畸试验是检验受试物是否具有引起胚胎畸变现象的一种方法。具致畸性的有毒物质能引起胎儿非致死性的组织或机能变化，例如导致腭裂、并趾、骨化延缓、肋畸形、肾发育不全、畸形足等胎仔畸形。

致畸试验是在胚胎细胞分化和胎儿组织形成期给受孕动物饲喂受试物，然后在分娩期观察仔胎是否出现畸形来判定受试物的毒性。过早或过迟地给予受试物可能会影响受精卵的着床过程或致畸作用不明显。

### （三）致突变试验

目前，常用的致突变试验的方法可归纳为两大类：检验染色体畸变的试验方法和检验基因突变的试验方法，常用的有 Ames 实验、骨髓红细胞微核试验等。

### （四）致癌试验

致癌试验是检验受试物及其代谢产物是否具有致癌作用或诱发肿瘤作用的慢性毒性试验方法，有时可与慢性毒性试验同时进行。

试验过程中要求经常观察动物的一般状况，定期检查和记录肿瘤的总发生率、各种肿瘤发生率和肿瘤出现的时期等指标。病理学检查是评定受试物致癌作用的主要依据，在病理剖检时应仔细检查每一个器官，发现肿瘤或疑似肿瘤的组织器官均应进行细胞病理学检查。小动物的脏器较小，应作系统的组织学检查。

### （五）其他试验

1. **溶血试验** 凡是用于静脉注射的药物都必须进行溶血试验。将受试化学物按使用说明给动物静脉注射，在注射 1min 后取动物血样，以注射前的血液样品作为对照，测定两血浆样品中血红蛋白的浓度。如果注射受试化学物后动物血液样品中的血红蛋白浓度高于对照样品的浓度，说明该受试化学物具有溶血作用，不宜作静脉注射用药。

2. **局部刺激试验**

（1）眼刺激试验。本试验是检测受试化学物对眼的刺激作用和刺激强度。一般以白色家兔作为实验动物，在家兔的一只眼睛的结膜囊内滴入受试物（给药后24h 洗眼），另一只眼作为对照。在 72h 内定期观察眼结膜及周围组织对受试物的反应（有无红肿、充血、流泪，以及这些症状能否恢复）。

（2）皮肤刺激试验。本试验是检测受试化学物对皮肤的直接刺激作用以及刺激强度。以白肤色的动物作为实验动物，剃毛后将受试物置于裸露的皮肤上，采用局部全封闭斑贴法或局部半封闭斑贴法，将受试物用绷带固定于皮肤上，定期观察局部有无刺激反应。

（3）其他刺激试验。凡是用于肌内注射、皮下注射或乳房注射的药物均需进行组织刺激试验，如家兔腿部肌内注射法、家兔耳郭皮下注射法等。检验指标为水肿、出血、变性或坏死以及乳汁中白细胞计数等。

## 四、安全性毒理学评价程序

安全性毒理学评价是指通过对动物实验和人群的观察，阐明化学物的毒性及潜在的危害，对该化学物能否投放市场做出取舍的决定，或提出人畜安全的接触条件，即对动物使用这种化学物的安全性做出评价的研究过程。在毒理学安全性评价时，需根据受试物质的种类来选择相应的程序。毒理学评价采用分阶段进行的原则，即各种毒性试验按一定顺序进行，明确先进行哪项试验，再进行哪项试验。目的是以最短的时间、用最经济的办法取得最可靠的结果。实际工作中常常先安排试验周期短、费用低、预测价值高的试验。

**（一）确定不同阶段安全性毒理学试验项目及评价**

我国对农药、食品、兽药、饲料添加剂等产品的安全性毒理学评价一般要求分阶段进行，各类物质依照的法规不同，因而各阶段的试验有所不同。归纳起来，完整的毒理学评价通常可划分为以下四个阶段。

1. **第一阶段（急性毒性试验）**　了解受试化学物的急性毒性作用强度、性质和可能的靶器官，为急性毒性定级、进一步试验的剂量设计和毒性判定指标的选择提供依据。该阶段主要有以下试验：

（1）急性毒性试验。测定经口、经皮、经呼吸道的急性毒性参数，即 $LD_{50}$ 和 $LC_{50}$，对化学物的毒性做出初步的估计。

（2）动物皮肤、黏膜试验。包括皮肤刺激试验、眼刺激试验和皮肤变态反应试验。凡是有可能与皮肤或眼接触的化学物都应进行这些项目的试验。

（3）吸入刺激阈浓度试验。对呼吸道有刺激作用的化学物应进行本试验。

2. **第二阶段（亚急性毒性试验和致突变试验）**　了解多次重复接触化学物对机体健康可能造成的潜在危害，并提供靶器官和蓄积毒性等资料，为慢性毒性试验设计提供依据，并且初步评价受试化学物是否存在致突变性或潜在的致癌性。

（1）蓄积毒性试验。测定蓄积系数，了解蓄积程度。

（2）致突变试验。在我国食品、农药和兽药等安全性评价程序中，一般首选 Ames 试验、小鼠骨髓多染红细胞微核试验、小鼠精子畸变试验、显性致死试验等项。若有 3 项试验呈阳性，除非该化学物具有十分重要的价值，一般应放弃继续试验；若 1 项呈阳性，再加 2 项补充试验仍呈阳性者，一般也应放弃。

3. **第三阶段（亚慢性毒性试验和代谢试验）**　了解较长期反复接触受试化学物后对动物的毒作用性质和靶器官，评估对人畜健康可能引起的潜在危害，确定最大无作用剂量的估计值，并为慢性毒性试验和致癌性试验设计提供参考依据。

（1）亚慢性毒性试验。包括 90d 亚慢性毒性试验和致畸试验、繁殖试验等。

（2）代谢试验（毒物动力学试验）。了解化学物在体内的吸收、分布和排泄速度，有无蓄积性及在主要器官组织中的分布。

4. **第四阶段（慢性毒性试验和致癌试验）**　预测长期接触可能出现的毒作用，尤其是进行性或不可逆性毒性作用及致癌作用，同时为确定最大无作用剂量和判断化学物能否应用于实际提供依据。本阶段包括慢性毒性试验和致癌试验，这些试验所需时间周期长，可以考虑二者结合进行。

对外源化学物按以上四个阶段依次进行毒性试验及评价的过程中，化学物在任何阶段按一定标准被判断为无毒或毒性小时，才可进入下一阶段试验，否则被放弃，依次类推。只有四个阶段都判断为无毒或毒性较小时，才能被允许考虑使用。进行安全性毒理学评价的化学物不同，判断毒性的标准也不同，如对食品的评价中，当 $LD_{50}$ 小于人可能摄入量的 10 倍时则放弃，即不允许用于食品。

### （二）安全性毒理学评价的注意事项

1. **试验设计的科学性** 化学物安全性评价必须根据受试化学物的具体情况，充分利用国内外现有的相关资料，讲求实效地进行科学的试验设计。

2. **试验方法的标准化** 毒理学试验方法和操作技术的标准化是实现国际规范和实验室间资料比较的基础。进行毒理学安全性评价的研究，必须要有严格规范的规定与评价标准。

3. **评价结论的高度综合性** 在考虑安全性评价结论时，对受试化学物的取舍或是否同意使用，不仅要根据毒理学试验的资料和结果，还应同时进行社会效益和经济效益的分析，并考虑其对环境和自然资源的影响，充分权衡利弊，做出合理的评价，提出禁用、限用或安全接触和使用的条件以及预防对策等，为政府管理部门的最后决策提供科学依据。

## 单元三 药物对动物机体的毒性作用

药物的毒性作用或毒作用也称药物的毒性反应，是指药物引起动物机体较为严重的功能紊乱或组织病理变化。一般来说，药物的毒性作用是由于动物的种类不同、个体差异、不合理的剂量、病理状态或与其他药物合用引起的。那些药效作用较强、治疗剂量与中毒量较为接近的药物更容易引起毒性反应。此外，肝、肾功能不全者，衰老、幼龄动物较成年动物更易发生毒性反应。少数个体或者少数种类的动物对药物过于敏感，在常规治疗剂量范围就呈现出毒性反应。药物的结构和理化性质决定其靶器官和损伤类型，进入机体的药物对机体各器官的毒作用并不相同，有的只对部分器官产生毒作用，如洋地黄、碘化物、溴化物的靶器官分别是心、甲状腺及大脑皮层。靶器官的组织细胞内可能存在着该毒物或药物分子的靶分子——受体。如果靶器官含有某些高活性的酶能使毒物活化或毒性增大，则药物在这里会被大量激活或增大毒性，从而会对该组织器官造成更大的损伤。

### 一、药物性肝损伤

药物性肝损害指药物及其代谢产物对肝的直接毒性作用或药物引起机体发生过敏反应继而间接导致肝的功能性障碍或器质性损伤，如发炎、变性等。

肝是机体的生物化学反应中心，大部分的药物、毒物均在肝代谢。肝也是药物毒性作用的最主要的靶器官之一。肝的结构和代谢特点使肝既易受损伤，也具有较强的再生和修复机能。

#### （一）药物性肝损伤的类型

药物对肝的损伤可以分为两大类：肝机能损伤和肝结构性/器质性损伤。

1. **肝功能性损伤** 养殖业中使用的药物种类多、剂量大、药品的安全性评价有待完善，这些都促使动物的药物性肝炎、肝功能损伤保持在较高的水平。随着养殖业中应用的药物种类逐渐增多，动物疾病的控制对药物的依赖也越来越重。如果缺乏监控，药物滥用和饲料添加剂的问题将越来越严重，在这种背景下，药物性肝功能损伤的比例势必不断上升。肝功能损伤包括三大物质代谢障碍、胆汁生成和分泌障碍、血液蛋白合成障碍、激素代谢障碍、凝血因子合成障碍、药物毒物的生物转化障碍等。

2. **肝器质性损伤**　肝细胞变性、胆道损伤、肝坏死、血管损伤、肝硬化、肿瘤等。

### （二）药物肝损害的主要临床症状

1. **肝炎型**　很多药物可引起肝实质性细胞的损害和坏死，但不同药物对肝实质的损害有所不同，轻重不一，类似于一般的病毒性肝炎，起初可表现乏力、食欲差、呕吐、尿色深等前驱症状，继而出现黄疸，但一般无发热。血清谷丙转氨酶（ALT）明显增高，严重者可有肝功能衰竭，症状轻的病例可见无黄疸性肝炎。

2. **脂肪肝类型**　特点为脂肪肝、氮质血症（血中的尿素氮、非蛋白氮或肌酐升高）和胰腺炎，常常在连续接触毒物几天后出现类似肝炎的症状。

3. **肝内胆汁淤积**　某些药物如甲睾酮可引起胆汁在肝小叶中心区域淤积，一般不见肝实质细胞损害。起初症状不明显，无发热、皮疹和嗜酸性粒细胞增多现象，但表现 ALT 增高和轻度黄疸。另外一些药物如氯丙嗪、磺胺类和呋喃类化学抗菌药、消炎痛、红霉素等药物可引起胆汁在毛细胆管、肝细胞和星状细胞内淤积。通常在用药 1~4 周后出现黄疸，黄疸程度与剂量无关。病理特点是毛细胆管、肝细胞和星状细胞内有胆汁淤积，在小叶中央最为显著，汇管区有单核、淋巴和中性粒细胞浸润，肝细胞有气球样空泡变性。临床表现类似急性肝炎，可有前驱期，伴有发热、皮肤瘙痒和黄疸。

4. **慢性药物性肝损害**　长期服用某些药物可引起肝小叶周围区域肝细胞碎屑样坏死和肝小叶内的灶性坏死，肝细胞嗜酸性病变。发病缓慢，临床表现出乏力、厌食等症状，体征有黄疸、肝肿大等，血清 ALT、胆红素、凝血酶原时间可能有异常。此外，氯丙嗪、磺胺药等药物不但可引起急性肝内胆淤，还可引起慢性肝内胆汁淤积。病理特点为毛细胆管内形成胆栓、小胆管增生，少数病例可发展为胆汁性肝硬化。

5. **肝硬化**　药物可引起几种类型肝硬化：①大结节或坏死后肝硬化，通常由药物性慢性肝炎或亚急性重型肝炎发展而来；②伴有脂肪变性的肝硬化；③胆汁性肝硬化，继发于肝静脉或肝内小静脉闭塞。

6. **脂肪肝**　药物性脂肪肝多为肝弥漫性脂肪病，可引起明显的临床症状。大剂量注射四环素可引起急性脂肪肝。

7. **肝血管病变**　药物引起的肝血管病变可见肝血窦呈海绵状或囊性扩张，发生机理不明；可见腹腔出血、肝肾衰竭的严重并发症，死亡率高。还可见肝静脉内形成血栓。此外，可见肝内小静脉闭塞，这是由于药物使血管内皮水肿，继而发生管腔闭塞。

### （三）肝毒性药物的种类

1. **磺胺、抗生素类**　包括磺胺嘧啶、磺胺甲氧嗪、四环素、金霉素、土霉素、氯霉素、红霉素、氨苄西林、羧苄西林、青霉素、乙氧萘青霉素、新生霉素、林可霉素、头孢菌素、螺旋霉素、灰黄霉素、二性霉素。这些药物能在一定程度上使胆红素代谢紊乱，导致黄疸并使转氨酶升高。

2. **解热镇痛药物** 阿司匹林、保泰松、扑热息痛、抗血吸虫药物等均可引起肝细胞坏死，甚至在小剂量时可引起变态反应，从而使转氨酶升高，出现黄疸，严重时引起死亡。

3. **麻醉镇静药** 氯仿、氟烷、乙醇、水合氯醛、氯丙嗪。

4. **利尿药** 双氢克尿噻、利尿酸。

5. **抗寄生虫药** 酒石酸锑钾等。

6. **中药** 近年来，中草药物对机体的损伤逐渐受到重视。多种中草药对肝的损伤得到了证实，包括黄药子、川楝子、望江南子、油桐子、苍耳子、蓖麻子、雅胆子、雷公藤、龙葵、番泻叶、大黄、泽泻、山道年蒿、红茴香、桑寄生、姜半夏、棉籽、薄黄、千里光、紫金牛、农吉利（野百合）、白芨、元胡、防己、三七、青黛、川楝子、山豆根、山慈姑等。

7. **动物类** 我国传统兽医中使用的动物源性药物鱼胆、斑蝥、蜈蚣、穿山甲等对肝也有一定的损害作用。

8. **矿物类** 胆矾、黄丹（密陀僧）、硫黄、雄黄、砒霜等。

此外，烟酸、甲睾酮、丙酸睾酮也具有肝毒作用。

## 二、药物性肾损伤

药物性肾损伤指药物及代谢产物所致的各种肾损害的总称。

肾是动物机体排泄药物的重要器官，易受药物损伤。肾每分钟的血流量占心排血量的四分之一，这意味着进入循环系统的任何药物都可能迅速大量到达肾。经过肾小球滤过作用后药物随原尿进入肾小管，在肾小管对原尿水分重吸收之后，药物被大大浓缩。因此，在血浆中不具有毒性的低浓度药物经过肾时可能造成对肾的损伤。肾的近端和远端小管能分泌氢离子，正常情况下氢离子的分泌能够维持正常的酸碱平衡。但如果肾小管内液体 pH 改变，某些药物则可能从液体中结晶析出，沉积在肾，从而导致肾损伤。此外，肾还是药物代谢转化的重要器官，多数药物在转化后毒性下降，但也有些药物代谢转化以后其毒性增大，形成对肾更具有损害作用的代谢产物。有些药物还可通过肾前损害影响正常的肾功能，如去甲肾上腺素使肾血管收缩，减少肾血液供应，导致少尿、无尿，甚至肾实质损伤。

### （一）药物性肾损伤的类型

1. **急性肾小管坏死或肾小管损伤** 这是药物性肾损害最常见的表现之一。急性肾小管损伤主要表现为肾小管上皮细胞肿胀、空泡变性和脱落。药物性肾损害程度较轻时，表现为急性肾小管损伤，损伤较重时表现为急性肾小管坏死。引起急性肾小管坏死或急性肾小管损伤的药物中以氨基糖苷类最为常见。

2. **急性间质性肾炎** 可见肾肿大、广泛性细胞浸润。引起急性间质性肾炎的药物以青霉素较为常见。

3. **肾前性急性肾衰竭** 某些药物可引起肾动脉狭窄等病变。

4. **梗阻性急性肾衰竭** 如磺胺药物的结晶可阻塞肾小管或集合管，造成"肾内阻塞性"急性肾衰竭。

5. **慢性间质性肾炎**  药物引起的慢性间质性肾炎其肾病理主要表现为间质纤维化，肾小管萎缩和局灶性淋巴、单核细胞浸润。严重者可伴有局灶性或完全性肾小球硬化。

6. **肾小球疾病**  药物引起的肾小球疾病主要有急性肾小球肾炎和慢性肾小球损伤。这些药物包括非固醇类抗炎药、汞制剂、碳氢化合物等。

7. **肾小管功能损害**  包括肾小管传输和重吸收障碍所引起的电解质紊乱（低钾血症、高钾血症、低钠血症等）、肾小管性酸中毒等。这类药物有四环素、两性霉素、利尿剂等。

8. **肾血管损害**  非固醇类抗炎药如阿司匹林可引起肾小动脉和毛细血管损害，致血压升高和肾功能损伤。

**（二）药物性肾损伤的主要症状**

1. **水盐代谢障碍**  临床上出现少尿或尿闭，并伴有严重的水、电解质代谢紊乱及尿毒症。如急性肾衰竭，其主要病理变化是肾小管坏死。少尿期可出现电解质紊乱，如高钾血症，这是因为少尿导致钾潴留所致。此外，急性肾衰竭大多伴有代谢性酸中毒，使血钙浓度升高。

2. **尿常规检查指标异常**  上述肾损伤大多可出现程度不同的蛋白尿、管型尿、镜下血尿或血尿。病情轻微时，有时尿常规检查可能正常。

3. **血液生化指标异常**  血肌酐、尿素氮迅速升高，肌酐清除率下降。

4. **全身症状**  原因不明的发热、尿频、尿痛等。

**（三）肾毒性药物的种类**

1. 抗生素类

（1）氨基糖苷类。代表药物是庆大霉素、阿米卡星、链霉素，这些药物易引起急性肾小管坏死、急性肾衰。

（2）头孢菌素类。代表药物是第一代头孢菌素的先锋霉素Ⅰ、先锋霉素Ⅱ、先锋霉素Ⅴ、头孢拉定、头孢哌酮。易引起急性间质性肾炎、肾小管坏死。

（3）青霉素类。代表药物是甲氧西林、氨苄西林、青霉素，可引起急性间质性肾炎、急性过敏性血管炎、肾小球肾炎、急性肾衰。

（4）磺胺类。比如磺胺嘧啶、新诺明，能引起梗阻性肾病、过敏性血管炎、间质性肾炎。

（5）两性霉素B。可引起氮质血症、肾小管坏死。

（6）多黏菌素类。代表药物是多黏菌素B。可引起肾小管坏死。

（7）非甾体抗炎药。代表药物是阿司匹林、消炎痛，能导致肾小管坏死、间质性肾炎、肾乳头坏死。

2. **利尿剂**  代表药物是氢氯噻嗪、呋塞米。可引起肾小管功能障碍、肾功能减退。

3. **脱水剂**  甘露醇、低分子右旋糖酐可引起渗透性肾病（肾小管上皮细胞肿胀变性）、急性肾衰。

4. **生物制剂**  疫苗、抗毒素、抗血清等能引起急性肾小球肾炎。免疫球蛋白类的药物可导致肾前性急性肾衰。

5. **维生素类** 如维生素 D、维生素 A，可引起钙化性肾病、肾结石。维生素 C 类则可导致尿酸盐结石。

6. **造影剂** 容易引起急性肾小管坏死、急性肾衰、梗阻性肾病。

7. **其他化学药品** 抗凝药、止血药可引起梗阻性肾病。普鲁卡因等药物也可引起肾损伤。

8. **中草药** 具有肾毒性的中药种类繁多，常见的有雷公藤、山慈姑、木通、牵牛子、苍耳子、草乌、天麻、腊梅根、使君子、益母草和胖大海等，其中以雷公藤引起的肾损害最多，其次是木通。

### 三、药物的神经毒性作用

从对药物的敏感性和损伤后对机体的危害程度来看，药物的神经毒性作用主要集中在对脑的损伤。药物性脑损伤指药物引起的脑的功能或结构损伤。神经系统在机体中的地位特殊，神经毒性物质对机体的损伤具有重要的地位。

**（一）药物性神经损伤的类型**

1. **脑损伤** 常因药物直接作用和变态反应而致病。药物引起脑损伤的类型包括炎症反应、弥散性出血和脱鞘性病变。脑的炎症病变多由疫苗和抗血清引起的变态反应所致。表现为头痛、意识障碍、失明等，死亡率高。狂犬病疫苗、破伤风抗毒素等均可引起脑炎。脑的血管损伤包括颅内压升高、脑血管出血、脑梗死和脑血栓。四环素类、喹诺酮类、磺胺类、维生素 A 和维生素 D 以及肾上腺皮质激素等可引起颅内压升高。肝素、双香豆素、6-氨基己酸等抗凝剂可引起颅内出血。

2. **脑神经损伤** 药物引起的脑神经损伤主要有神经损伤、耳毒性和锥体外系综合征。氨基糖苷类如链霉素、卡那霉素具有前庭毒性和耳蜗毒性。庆大霉素对前庭的毒性大于对耳蜗的毒性；卡那霉素则对耳蜗的毒性大于对前庭的毒性。

3. **脊髓损伤** 药物对脊髓的损伤包括脊髓炎、上行性麻痹、脑脊神经根炎、永久性脊髓炎、蛛网膜炎等。

4. **外周神经损伤** 多黏菌素和氨基糖苷类以及呋喃类可引起外周神经炎；长期口服氯霉素或者滴眼可引起视神经炎。

5. **神经-肌肉接头损伤** 氨基糖苷类、新霉素、多黏菌素 B 等抗生素类药物具有神经-肌肉阻滞作用，阻止乙酰胆碱的释放。

**（二）神经毒性损害的特点**

许多药物都可引起中枢和外周神经系统病变。药物对神经系统的损害具有如下特点：

（1）引起全身复杂的机能障碍。神经系统功能复杂，调节整个机体多方面的功能。对外界刺激的反应十分迅速。药物或其他化学物质造成神经系统损伤会迅速引起严重而广泛的后果，如昏迷、惊厥、瘫痪、共济失调等。

（2）由于分化成熟后的神经元缺乏再生能力，因此药物或其他任何因素造成神经系统的损伤都是不可逆的，是永久性的。

（3）各个发育阶段的神经系统对药物损伤的敏感性不一样，有些早期的神经系统损伤可能在神经系统发育成熟甚至成年以后才表现出来。

（4）脑对缺氧和低血糖较其他器官敏感。据测定，只占体重 2.5％的人脑，却占有全身供血量的 15％，全身耗氧量的 20％。因为脑的耗氧量大，消耗的唯一能源物质是血液中的葡萄糖。所以，凡是影响脑部氧气和血液供应、血糖浓度恒定的药物都会显著地影响脑的功能。

（5）神经损伤具有进行性特征，即轻微的神经功能损伤可能逐渐地导致异常严重的后果。

### （三）神经毒性药物的分类

1. **麻醉药**  乙醚、氟烷、氯胺酮、硫喷妥钠、普鲁卡因等。

2. **中枢神经系统兴奋药**  苯丙胺、戊四氮、士的宁等。

3. **中枢神经抑制药**  溴化物、巴比妥类、水合氯醛、安眠酮、利眠宁、安定等。

4. **镇痛药**  吗啡、哌替丁等。

5. **抗微生物药物**  四环素类、喹诺酮类、磺胺类等。

6. **拟胆碱或抗胆碱药物**  乙酰胆碱、毒扁豆碱、新斯的明、烟碱、阿托品、东莨菪碱、琥珀胆碱等。

7. **其他药物**  如肾上腺素类（肾上腺素、去甲肾上腺素）等。

此外，某些动物毒素（眼镜蛇毒素、银环蛇毒素、河豚毒素等）、植物毒素（曼陀罗、莨菪、乌头、木薯等）、真菌毒素（毒伞、白毒伞、蝇毒伞等）和细菌毒素（肉毒杆菌毒素、破伤风毒素等）也具有较强的神经毒性。

## 四、药物性呼吸系统疾病

药物性呼吸系统疾病是指药物及其代谢产物引起的呼吸系统的药物不良反应，常包括间质性肺炎、过敏性肺炎等。药物性呼吸系统疾病较不常见，但一旦发生则比较严重，有时会危及生命。呼吸系统反应具有潜在的危险性，必须早期诊断，但由于药物性呼吸系统疾病与其他类型的呼吸疾病症状相似，早期很难鉴别。

肺对药物具有一定的敏感性，其主要原因是肺与外界有很大的接触面积，而且肺具有丰富的血液供应、不经呼吸道吸收的药物也可以随血液循环到达肺部。此外，肺部的氧气浓度高，一些药物或其代谢产物在肺代谢后可转化成活性物质。

### （一）药物对呼吸系统损伤的类型

1. **微粒沉积**  微粒大小决定沉积的部位。毒性作用与微粒的化学组成及形态有关。细小的颗粒物吸入肺内可产生刺激作用，引起肺部疾患，如肺充血、肺水肿、炎症，并易产生合并感染。微粒吸附的药物因种类不同，还可能对肺产生额外的损伤。

2. **气道反应**  气管和大支气管周围分布有平滑肌，这些平滑肌的收缩和舒张能调节气道的直径和张力，当气管和支气管的感受器受到胆碱能药物或刺激性气体的作用时，气管和支气管平滑肌便产生反射性收缩。而利多卡因等药物则能引起气管和支气管平滑肌舒张。

3. **肺水肿**　肺水肿指肺内血管与组织之间的液体交换功能紊乱，从而引起肺含水量增加。本病可严重影响呼吸功能，是临床上较常见的急性呼吸衰竭的病因。除了一氧化氮具有很强的肺血管扩张活性以及致肺水肿活性以外，临床上应用的许多药物都可引起肺水肿，如用于促进子宫平滑肌收缩的麦角新碱，用作解热镇痛药物的阿司匹林、水杨酸制剂以及利尿剂氯噻嗪。

4. **吸入性呼吸道损伤**　喷雾给药是利用气体射流原理，将药物的溶液或极细的粉末经喷雾器或雾化器形成药物蒸汽、雾粒或气溶胶悬浮于空气中，随动物的呼吸而进入呼吸道。喷雾给药能将药物直接作用于病变部位，具有用药剂量小、见效快、副作用小、使用方便和疗效显著等优点。养殖业中，使用喷雾支气管扩张剂、抗生素、疫苗及某些中药的方法来预防和治疗禽类疾病，收到了良好的效果。但是某些药物或环境中化学物质随空气吸入时，可附着于整个呼吸道的上皮细胞，引起呼吸道充血、呼吸道上皮增生、溃疡甚至癌变。

5. **呼吸中枢抑制**　吗啡、士的宁、藜芦等可通过作用于呼吸中枢而产生严重的呼吸抑制。氢氰酸以及含氢氰酸的中草药如杏仁、白果等熟知的剧毒物质，其毒理作用是抑制细胞色素氧化过程，造成广泛的组织细胞缺氧，更严重的是对呼吸中枢的损伤，中毒时出现严重的呼吸中枢抑制。

6. **呼吸肌麻痹**　阻断乙酰胆碱与受体结合的药物都可能引起呼吸肌松弛麻痹。

**（二）药物性呼吸系统损伤的症状及病理变化**

药物性呼吸系统疾病的症状不典型，多种药物都可引起呼吸系统的副作用，而且机制复杂，各不相同。归纳起来，药物性呼吸损伤常见以下症状：

1. **肺间质纤维化**　主要表现咳嗽和进行性呼吸困难。听诊常可闻及吸气末啰音。

2. **肺炎**　咳嗽、呼吸困难、发热及血沉加快。

3. **肺水肿**　药物引起的肺水肿可发生在用药后数小时，主要临床表现为呼吸困难和低氧血症。

4. **胸膜病变**　药物可引起不同程度的单侧或双侧非特异性的胸腔积液，有时可伴有肺实质浸润，胸腔积液的量一般为中等以下。停药 1～2 周后，积液可逐渐吸收。

5. **肺出血**　药物引起的肺出血常为弥漫性肺泡出血。

6. **肺血管改变**　其临床表现可见发热、体重下降、关节和肌肉疼痛，有时甚至出现肺出血、胃肠道出血及肾衰竭等。

**（三）损伤呼吸系统药物的种类**

1. **抗微生物药物**　青霉素类、红霉素、磺胺类等可引起过敏性肺炎；灰黄霉素等可导致自身免疫性肺炎；青霉素类、头孢菌素类、磺胺类、喹诺酮类、多黏菌素 B、新霉素、四环素、灰黄霉素、林可霉素等还可引发哮喘。此外，青霉素、磺胺类和两性霉素 B 能导致肺血管损伤。

2. **解热镇痛药**　安痛定、对氨基水杨酸钠可引起过敏性肺炎；阿司匹林能导致哮喘。

3. **镇静催眠药物** 氯丙嗪可诱发过敏性肺炎；镇痛药可待因、镇静药物氯丙嗪可导致肺水肿。

4. **麻醉药** 氯胺酮、利多卡因、普鲁卡因等能引起支气管痉挛。

5. **激素** 肾皮质激素可引起过敏性肺炎；其中泼尼松、地塞米松等可通过抑制纤维蛋白溶解，促进血小板增多而诱发血栓形成；氢化可的松能导致哮喘。

6. **拟胆碱药物** 乙酰胆碱、毛果芸香碱等因为对呼吸道平滑肌有直接影响，可引起支气管收缩而导致哮喘。

7. **抗凝血药物** 抗凝血药如肝素、枸橼酸钠及双香豆素等可引起肺出血。

8. **降压利尿药** 降压利尿药氢氯噻嗪、甘露醇能导致肺水肿。

9. **生物制品** 如疫苗、抗毒素、血清制品等可引起哮喘。

此外，中草药亦可对呼吸系统器官的结构和机能产生损伤。肉桂、两面针可引起咳嗽；白果、苦杏仁、八角枫、曼陀罗、五味子、乌头类可致呼吸困难；六神丸、小活络丸、半夏中毒时，动物表现为声嘶、胸闷，呼吸困难；苍耳子、百部、山豆根、瓜蒂可致呼吸衰竭；马钱子、藜芦、曼陀罗中毒时，延髓的呼吸中枢功能受损而引起呼吸困难；五味子、全蝎能抑制呼吸。苦杏仁、桃仁、白果、亚麻子等含有氰苷，水解后释放出的氢氰酸可抑制呼吸中枢兴奋而产生止咳平喘效果，这些中草药过量时，则可使呼吸中枢麻痹而造成死亡。口服万年青可引发过敏性肺炎；柴胡、甘草、麻黄、地龙、五味子、丹参注射液、复方丹参注射液、茵栀黄注射液、蓖麻子和外敷红花油，均可致哮喘。十全大补丸、杞菊地黄丸、桂枝茯苓丸、小柴胡汤也会引起肺部炎症。

## 五、药物的心血管及造血毒性作用

药物性心血管疾病指药物引起的心功能抑制、心肌病、心肌缺血、心瓣膜损害、心包炎和血管损伤等，严重时药物中毒可能引起猝死。

### （一）药物对心血管系统的损伤类型

1. **心肌炎** 心肌炎是各种原因引起的心肌的局限性或弥散性炎症。常见病因包括病毒、细菌、寄生虫及变态反应等。能引起变态反应的药物如磺胺、青霉素、四环素、链霉素、金霉素等可导致过敏性心肌炎，这些药物可使个别特异性体质的个体形成外源性抗原物质，诱发机体产生相应抗体，若再次接触，就可能发生抗原抗体反应而导致心肌受损，呈现心肌的变态反应，称为药敏性心肌炎。

2. **心包炎** 当药物引起机体变态反应时，心包炎为其局部表现之一。心包炎也可因独立的药物损伤而引起。

3. **心肌病** 心肌病通常指病因不能明确的心肌疾病，主要表现为扩张型心肌病、肥厚型心肌病和心律失常型心肌病。其中以扩张型心肌病和肥厚型心肌病较为常见。

4. **心律失常** 利多卡因、洋地黄及抗胆碱酯酶药物如新斯的明等能引起心律失常。

5. **心搏骤停** 一些药物直接损伤心肌，或者使迷走神经作用过强，或者中毒时继发缺氧、中毒性水肿、电解质紊乱（如高血钠和高血钾）、酸中毒、休克等均可引起心脏骤停。直接或间接作用于心脏引起心搏骤停的药物有洋地黄、巴比妥类、麻醉剂、氨茶碱等。此外，青霉素过敏时也可导致心搏骤停。

6. **血管病变** 麦角碱大剂量应用时使血管收缩、血管内皮细胞坏死；氯丙嗪是酸性较强的药物，直接注射可导致动脉痉挛、血栓闭塞性脉管炎；两性霉素B、红霉素、四环素、高浓度葡萄糖、巴比妥类、安定等静脉注射时可引起血栓性静脉炎。此外，拟交感神经药物（如肾上腺素、去甲肾上腺素）、类固醇（如皮质激素）等药物能引起血压异常升高；而氯丙嗪则可引起低血压。

7. **直接毒害红细胞** 药物对红细胞的直接损伤包括两方面：一是使红细胞运输氧气的功能障碍，某些药物如非那西丁的代谢产物及亚硝酸盐具有氧化性，能将二价铁血红蛋白氧化成三价铁血红蛋白而使其失去运输氧气的能力；二是某些药物如青霉素、头孢菌素过敏可破坏红细胞造成免疫性溶血，磺胺和亚甲蓝可引起患葡萄糖-6-磷酸脱氢酶缺乏症的个体发生溶血。

8. **再生障碍性贫血** 药物可以部分或全面抑制红细胞、白细胞或血小板的再生而导致再生障碍性贫血，如氯霉素、青霉素、对氨基水杨酸钠、复方新诺明等均可不同程度地引起红细胞再生障碍；而磺胺则抑制粒细胞再生；氯霉素、复方磺胺甲噁唑还可抑制血小板再生。

此外，喹诺酮类药物加替沙星、阿司匹林可引发低血糖。

**（二）药物性心血管及血液疾病的症状**

1. **心肌炎的临床症状** 轻者表现为精神不好、无力、食欲不振，第一心音减弱或有奔马律，心动过速。病情稍严重者表现多有充血性心力衰竭，起病多较急、拒食、面色苍白、呕吐、呼吸困难、干咳，心区疼痛敏感、心悸，烦躁不安、面色发绀、心界扩大、心音钝、心律失常，双肺出现啰音。症状严重时可暴发心源性休克，病畜烦躁不安、呼吸困难、面色苍白、末梢青紫、皮肤冷湿、多汗、脉搏细弱、血压下降、心动过速；部分个体以严重腹痛或肌痛发病，病情进展急遽，如抢救不及时，可于数小时或数日内死亡；部分个体以急性或慢性充血性心力衰竭起病，如果急性心力衰竭急速发展未能控制则常引起死亡。少数病例从急性转为慢性，因感染或过劳，心力衰竭反复发生，心脏明显增大，呼吸困难，肝大，浮肿明显。慢性经过者常并发栓塞现象，或心律失常。

2. **心包炎症状** 急性心包炎可有胸痛，呼吸困难，发热，心包摩擦音，心包填塞，心电图或X射线影像改变。胸前或胸骨后钝痛或锐痛。疼痛程度轻重不等，咳嗽和呼吸时加重；体位处于前高后低时，疼痛缓解。急性心包炎发生时，可有呼吸急促和干咳；常见发热、寒战和乏力。慢性心包炎主要表现有呼吸困难、颈静脉怒张、肝肿大、大量腹水和下肢浮肿等。

3. **心律失常** 表现为突然发生的规律或不规律的心悸、胸痛、气急、四肢发凉和昏迷。

4. **心搏骤停**

5. **血管病变症状** 炎症部位疼痛；患肢发冷，对寒冷十分敏感；感觉异常，皮肤敏感，皮色异常苍白，也可见皮肤潮红或发绀。

**6. 药物性血液病** 主要特点是出血。常表现为皮肤、黏膜出现瘀点、瘀斑，内脏出血，重症病畜可有血便、血尿、阴道出血，少见呕血或咯血。偶见腹膜内或肠壁出血，腹痛。常伴有严重感染，血象下降，包括血小板、红细胞、白细胞计数和血红蛋白下降。

**（三）损伤心血管和血液系统的药物分类**

**1. 心血管毒性药物**

（1）抗微生物药物。磺胺、青霉素、四环素、链霉素、金霉素可致心肌炎；两性霉素 B、红霉素、四环素能引起血管病变。青霉素过敏可引发心搏骤停。

（2）洋地黄类强心药。洋地黄类中毒时，不论出现心律失常与否均可诱发或加重心力衰竭、心律失常，甚至引起心搏骤停。

（3）拟交感药物。肾上腺素、去甲肾上腺素、异丙肾上腺素、多巴胺等大剂量或长期应用时，可致心肌灶状坏死、炎性渗出甚至心包脏层出血，从而导致急性左心衰竭。尤应注意的是这些药物与茶碱等合用时更易引起心力衰竭。

（4）镇静麻醉药物。巴比妥类、安定等静脉注射可引起血管病变；利多卡因可导致心律失常；巴比妥类、麻醉剂等还能引起心搏骤停。

（5）抗胆碱酯酶药物。如新斯的明、毛果芸香碱等能引起心律失常。

（6）其他药物。垂体后叶素等药物则可引起心肌缺血与心肌梗死；氨茶碱可能引起心搏骤停。

**2. 血液毒性药物**

（1）致溶血性药物。青霉素、头孢菌素过敏可破坏红细胞造成免疫性溶血；磺胺和亚甲蓝还可引起葡萄糖-6-磷酸脱氢酶缺乏症的个体发生溶血。奎宁、阿司匹林、氯霉素、链霉素、维生素 K、催产素、四环素等都可引起溶血。

（2）致高铁血红蛋白药物。非那西丁、亚硝酸钠。

（3）致再生障碍性药物。抗微生物药物如氯霉素、青霉素、对氨基水杨酸钠、复方新诺明、四环素、灰黄霉素；解热镇痛药物如安乃静、阿司匹林、安痛定等；镇静安眠药物如氯丙嗪；杀虫药物如 DDT（氯二苯三氯乙烷）、有机磷。

# 六、药物的胃肠毒性作用

药物性胃肠道疾病指药物引起的胃肠道结构损伤和功能紊乱的总和。

消化道与外界相通，每天由口摄入的各种饲料、饮水、药物等，使胃肠道不断受到物理（如饲料的软硬、冷热）、化学（如饲料、饮水中的化学成分、药物）和微生物（细菌、病毒）的刺激，因此胃肠道疾病的发生率很高。胃和小肠都是药物吸收的重要器官。胃肠道中，药物浓度很高，易造成胃肠机能或结构损伤。

**（一）药物对胃肠道损伤的类型**

**1. 消化道黏膜刺激性/腐蚀性损伤** 某些药物具有较强的刺激性或腐蚀性，可直接刺激口、咽和食道引起局部炎症或坏死，如醛类、酚类、醇类、烃类和酸碱类。

**2. 胃肠炎症** 抗菌药物如林可霉素、头孢菌素、氨苄西林可引起伪膜性肠炎；非甾体抗炎药、多种激素如肾上腺糖皮质激素均可导致胃肠炎。青霉素衍生物,如氨苄西林、双氯西林,以及大环内酯类的红霉素可致出血性结肠炎。

3. **胃肠道出血** 长期或过量服用消炎痛、阿司匹林、保泰松及氯化钾等,可引起胃肠平滑肌痉挛、黏膜出血、糜烂、出血、呕血或便血。因此,使用这些药物时剂量宜小,时间不宜过长。必要时,可配合抗酸药物,以减少胃肠道严重不良反应。

4. **胃肠道蠕动增强** 克林霉素、红霉素、阿奇霉素等可引起胃肠蠕动异常加剧而导致腹泻。服用这些药物后常出现腹痛、呕吐等症状。

5. **溃疡** 多数抗风湿药物如水杨酸类药物及扑热息痛等能引起消化道溃疡。大剂量服用烟酸、维生素 $B_6$、维生素 C 会引起胃溃疡。

6. **抑制胃酸分泌** 胃酸在维持胃内 pH、促进蛋白类物质的消化和抑制细菌增殖方面具有重要的作用。抑制胃酸分泌可引起蛋白质消化和吸收障碍,一方面出现营养不良、贫血;另一方面,未被消化的蛋白质可引起渗透性腹泻。同时,蛋白质在肠内腐败变质,可引起腹泻。某些健胃药物,如小苏打等制酸药物能抑制胃酸分泌。

7. **便秘** 经常服用阿托品等抗胆碱药,会使平滑肌变松弛,很容易引起药物性便秘。这类药物包括抑酸药物、氯丙嗪、苯海拉明以及铋盐等。

8. **肠系膜血管痉挛** 某些药物如麦角胺、二甲麦角新碱等,大剂量应用时可使血管收缩,累及肠系膜动脉时可引起血管痉挛,致肠管缺血而发生腹痛、腹胀,重者出现休克甚至死亡。

9. **肠道菌群失调** 正常的消化道特别是大肠内存在多种细菌,各微生物种群间相互制约,保持着动态平衡。服用抗微生物药物使其中某些敏感细菌被大量杀灭或繁殖受到抑制,这样,对药物不敏感的菌群包括条件性致病菌则可能大量繁殖,导致肠道炎症发生。反刍动物口服抗微生物药物,更易引起瘤胃微生态失调而导致严重的消化系统紊乱。多种动物特别是禽类肠道中的微生物能合成某些维生素,是机体维生素的重要来源之一,肠道菌群失调可导致维生素缺乏症。

**(二)药物消化系统毒性作用的临床表现**

药物性消化系统疾病的临床表现与药物种类、剂量、应用时间及病畜的特异性体质有关,常见症状有吞咽疼痛、呕吐、呕血、黑便、腹痛、腹泻、黄疸、便秘等,与其他病因所致的消化系统疾病症状基本相似,过敏反应可引起发热、皮疹、乏力等消化系统以外的临床表现。

1. **吞咽疼痛和吞咽困难** 见于药物性食管炎和食管溃疡。引起这类损害的药物有抗生素类、铁制剂、氯化钾、非甾体抗炎药等。

2. **药物性呕吐** 药物性呕吐较常见,这是由于药物刺激胃肠黏膜化学感受器、胃肠机械感受器、咽部感觉神经末梢或直接作用于呕吐中枢而引起。兽医临床上,一些抗生素、麻醉药及洋地黄类药也可引起呕吐。

3. **药物性呕血、便血** 药物直接或间接损伤消化道黏膜,引起黏膜糜烂、溃疡或血管破裂导致呕血与黑便,致病药物包括非甾体抗炎药、糖皮质激素、抗生素、抗凝剂等。少数病畜可表现为消化道大出血。

4. **药物性腹痛** 导致腹痛的药物多为抗生素、非甾体抗炎药等。常见于消化道炎症、溃疡、出血、穿孔、蠕动异常等。药物性胰腺炎、胆囊炎以腹痛为主要表现。止痛药、四环素、钙剂及利尿剂等与胰腺炎有关。

5. **药物性腹泻** 药物性腹泻多表现为水样便、糊状便、脂肪泻、黏液脓血便、血性水样便，或可见伪膜，常伴有腹痛、呕吐、腹胀。致病药物包括林可霉素、氨苄西林、头孢菌素等。

6. **药物性便秘** 某些药物可抑制或损害肠壁自主神经、干扰肠道平滑肌蠕动，以及药物对肠道内环境的改变等均可引起药物性便秘。常见药物有止痛剂、麻醉剂、抗胆碱药、铋剂、硫酸钡等。

**（三）胃肠毒性的药物**

1. **抗菌药物** 长期应用林可霉素、头孢菌素、氨苄西林等可致伪膜性肠炎。

2. **非甾体抗炎药** 非甾体抗炎药会使前列腺素的合成减少而导致多种不良反应，包括呕吐、腹痛、腹泻、腹胀、食欲减退，严重者有消化性溃疡、出血、穿孔等。

3. **激素类药物** 如肾上腺糖皮质激素等可致胃肠道损害。

4. **具有刺激性和腐蚀性的药物** 酸（如盐酸、乳酸）、碱（如小苏打、烧碱）、酚（如甲酚、复合酚）、醛（如甲醛）、氯制剂（如漂白粉、百毒杀）、乙醇、高锰酸钾、过氧化氢等。

5. **抗胆碱药物** 如阿托品、东莨菪碱等抑制胃肠蠕动。

6. **中药** 据统计，有数十种中药及其复方制剂可致肝、胃肠道损害。常见的有大黄、雷公藤、决明子、苦参、牡蛎、何首乌、鱼胆、乌头等。

7. **其他** 免疫抑制剂、抗病毒药物、循环系统药物、降脂药物、助消化药物、中枢神经系统药物、麻醉药等也可引起消化系统疾病。

## 单元四 ◇ 动物源性食品中兽药及化学物残留

**（一）基本概念**

1. **动物源性食品** 是指肉（包括肝、肾等内脏）、水产品、蛋、乳及其制品的总称。动物源性食品中，兽药及其他化学物的残留主要是指存在于动物源性食品中的兽药、重金属、工业污染物和生活垃圾焚烧产物的残留。

2. **兽药残留** 又称药物残留，是指畜禽等动物使用药物后蓄积或储存在动物细胞、组织和器官内以及可食性产品中的药物和化学物的原形、代谢产物和杂质。广义上的兽药残留除了由于防治疾病用药引起外，也可由于使用药物饲料添加剂、动物接触或摄取环境中的污染物如重金属、霉菌毒素、农药等引起。

3. **休药期** 是指食品动物从最后一次给药到允许屠宰或这些动物产品（肉、乳、蛋）被许可上市的间隔时间。比如，在牛、羊、猪上使用安乃近注射液时，休药期是28d。制定休药期是为了防止供人类食用的肉、蛋、乳等动物食品中有药物或其他外源性化学物残留，有害人类健康。从理论上讲，所有在食品动物身上使用的药物都应该规定休药期。但迄今为止，一些药品暂时还没有规定休药期。

4. **最高残留限量** 是指允许在食品中药物与其他化学物质残留的最高量，属于国家公布的强制性标准。我国农业部于 2002 年发布了新版《动物性食品中兽药最高残留限量》。

### （二）兽药残留产生的原因

1. **非法使用违禁或淘汰药物** 非法使用违禁药物是指在养殖过程中不遵守用药规定，违法使用国家明令禁止的兽药。养殖户为了追求最大的经济效益，将禁用药物当作添加剂使用的现象时有发生，如违禁药物盐酸克仑特罗在养殖业的使用。我国农业部在 2003 年（265 号）公告中明文规定，不得使用不符合《兽药标签和说明书管理办法》规定的兽药产品，不得使用《食品动物禁用的兽药及其他化合物清单》所列 21 类药物及未经农业部批准的兽药，不得使用进口国明令禁用的兽药，畜禽产品中不得检出禁用药物。

2. **不遵守休药期规定** 制定休药期是为了保证药物在动物体内的清除。我国对有些兽药特别是药物饲料添加剂都规定了休药期，但是部分养殖户使用含药物添加剂的饲料时很少按规定施行休药期，从而造成动物性食品中的兽药残留。

3. **滥用药物** 长期和随意使用药物或饲料添加剂，如用药时间过长、剂量过大、重复用药以及给药途径、用药部位和用药动物种类等不符合规定，这些都能造成药物在体内过量积累，导致兽药残留。

4. **违背兽药标签的有关规定** 《兽药管理条例》明确规定，标签必须写明兽药的主要成分及其含量等。但有些兽药企业在产品中添加某些药物后，却不在标签中说明，从而造成用户重复用药，使药物剂量倍增。这些违规做法均可造成兽药残留。

5. **屠宰前用药** 部分养殖户在屠宰前为了逃避宰前检验，使用兽药来掩饰发病动物的临床症状，这也能造成肉食畜产品中的兽药残留。

6. **职能部门监管不严，检测标准不健全** 即使兽药残留的危害已经广为人知，但是如果监管机构没有在产前、产后落实有效的监管，或者检测手段落后，同样会导致残留的发生甚至泛滥。

### （三）兽药及化学物残留的危害

兽药及化学物在动物源性食品中的残留，一方面影响人类的健康；另一方面，会因残留的兽药或其他化学物通过排泄物如粪便、尿等给生态环境造成不利影响。

1. **过敏反应** 动物源食品中药物残留可引起人体过敏反应，如当青霉素用于奶牛乳腺炎治疗时，牛乳中残留的青霉素可引起人的过敏反应，轻者出现荨麻疹，重者可引起休克甚至死亡。

2. **毒性作用** 动物组织中药物残留水平通常很低，只有极少数因残留浓度较高而发生急性中毒，如当人体一次摄入超过 100～200g 含克仑特罗的组织时即可产生中毒，表现为头痛、手脚颤抖、狂躁不安、心动过速和血压下降等，严重者可危及生命。通常克仑特罗在动物的肝、肺和眼部组织残留浓度较大。多数情况下，食用者是因为长期食用含有残留兽药的动物源性食品而遭受慢性、蓄积毒性作用。

药物残留对人体的危害更多的是引起食用者产生远期毒性作用及潜在的"三致"作用。如氯霉素对人和动物的骨髓细胞、肝细胞具有毒性作用，导致严重的再生障碍性贫血，并且其发生与摄入氯霉素的量和频率无关。人体对氯霉素比动物更敏感，尤以婴幼儿和老年人为甚。氯霉素在动物源食品中的残留浓度达到 1mg/kg 以上时，对食用者即可产生上述毒性作用。动物源性食品中的四环素类药物能够与人体骨骼中的钙结合，抑制骨骼和牙齿的发育，而且治疗剂量的四环素类药物即可能致畸；红霉素和泰乐菌素还易对肝和听觉造成损伤。氨基糖苷类药物如链霉素、庆大霉素和卡那霉素主要损害前庭和耳蜗神经，导致眩晕和听力减退。磺胺类药物能破坏人体的造血机能。二噁英的毒性极大，主要由工业废物、生活垃圾焚烧产生，通过生物链进入动物体造成残留。动物源性食品中的二噁英具有致癌性、生殖毒性、发育毒性及致畸作用，对免疫系统和内分泌系统也有破坏作用。黄曲霉毒素主要来源于动物饲料霉变或被黄曲霉菌污染，动物源性食品中残留的黄曲霉毒素会对人体产生致突变和致癌作用。

在正常情况下，人体的胃肠道存在大量菌群，且互相拮抗、相互制约以维持平衡。如果人类长期食用有抗微生物药物残留的动物源性食品，肠道内的部分敏感菌群会受到抑制或被杀死，耐药菌或条件性致病菌则大量繁殖，微生物间的平衡遭到破坏，引起疾病的发生，损害人类的健康。

3. **激素（样）作用** 激素类兽药（包括雌激素与同化激素）除用于疾病防治和同步发情外，还曾用作畜禽的促生长剂。这些药物后来被发现有致癌作用，先后被禁止用作促生长剂。目前，我国仍有一些人非法将这类药物用于畜禽、水产养殖，这类药物在动物源性食品中的残留可破坏人机体的激素平衡、干扰人体内分泌功能、破坏生育能力、影响生长发育甚至诱发癌症。

4. **耐药性** 畜牧业中抗菌药物的广泛使用使细菌的耐药性不断增强，而且很多细菌已由单一耐药发展到多重耐药。在动物饲料中添加抗菌药物造成动物机体长期与低浓度药物接触，使得耐药菌株不断增多，耐药性也不断增强。抗菌药物残留在动物源性食品中，也使人体长期暴露于低浓度抗菌药物，导致人体内耐药菌的增加。如今，细菌的耐药性在动物和人体内都已经到了相当严重的程度。现已证实，细菌的耐药基因可以在人群中的细菌、动物群体中的细菌以及环境中的细菌之间互相传递，因此，可引起非致病菌将耐药基因传递给致病菌而产生耐药性致病菌，导致人类和动物感染性疾病的治疗失败。

5. **生态毒性** 动物用药以后，许多药物以原形或代谢物的形式随粪、尿等排泄物排出，分布于环境中。绝大多数兽药排入环境以后，仍然具有活性，会对土壤微生物、水生生物及昆虫等造成影响。甲硝唑、喹乙醇、土霉素、泰乐霉素、泰乐菌素等畜禽常用抗菌药，对水环境均有潜在的不良作用，其中喹乙醇对甲壳细水蚤的急性毒性最强。阿维菌素类药物对低等水生动物、土壤中的线虫和环境中的昆虫均有较大的毒性作用。抗球虫药常山酮对鱼、虾等有很强的毒性。激素随排泄物进入环境后成为环境激素污染物，污水中的雌二醇能诱导雄鱼发生雌性化。有机砷制剂作为添加剂被大量地使用，当有机砷随排泄物进入环境后，对土壤固氮细菌、解磷细菌、纤维素分解菌等均有抑制作用。随着世界各国环保意识的增强，人们越来越关注兽药在环境中的蓄积、转移、转化和对各种生物及人类健康的影响，并在国际上形成了一个新的研究热点。

**（四）兽药及化学物残留的监控和防范措施**

无论在我国还是在发达国家，为了减少经济损失或降低饲养成本，畜牧业生产均需要使用兽药来防治疾病或促进动物生长。兽药是预防、治疗和诊断动物疾病的特殊商品，兽药的安全合理使用，可以有效降低动物发病死亡率，提高畜牧业和水产养殖业效益，增加农民收入。但若违规使用，则有可能造成动物源性食品的兽药残留，给人类的健康造成威胁。当前，由于非法使用兽药，动物源性食品的兽药残留逐渐成为全社会共同关注的公共卫生问题。兽药残留不但影响着人们的身体健康，也不利于养殖业的健康发展，还累及我国养殖业相关产品的国际出口贸易。因此，必须对畜牧业生产实践中的用药过程加以规范，同时建立起一套药物残留监控体系，制定对违规行为相应的处罚手段，才能真正有效地控制药物残留的发生。

近年来我国兽药残留监控体系不断健全，动物源性食品中兽药残留的监控工作取得积极进展。为加强兽药残留监控，《兽药管理条例》对兽药残留监控作出了明确规定，要求研制用于食用动物的新兽药时，必须进行兽药残留试验并提供休药期、最高残留限量标准、残留检测方法及其制定依据等资料。兽药使用单位必须遵守国务院兽医行政管理部门制定的兽药安全使用规定，并建立用药记录，严格执行休药期规定。禁止使用假、劣兽药以及国务院兽医行政管理部门禁止使用的药品和其他禁用限用化学物。对违反本条例规定，销售含有违禁药物和兽药残留超标的动物产品用于食品消费的，给予严厉处罚。

为了实施《兽药管理条例》中控制动物源性食品中兽药残留有关条款，我们可以采取以下措施：

（1）建立养殖业生产准入制度。兽药生产和经营已经有了严格的准入制度，如 GMP。但是，兽药的应用却难以规范。这和我国非规模化养殖的历史和现状有关，这个过程也许还要持续一段时间，但是只有完全实现养殖业的规模化，才有望从根本上解决动物源性食品的兽药残留问题。

（2）严格执行残留的最高限量标准。我国于 1999 年制定了《动物性食品中兽药最高残留限量》，并于 2002 年作了修订。

（3）建立有效的兽药残留监控计划。包括制订兽药残留监控计划和官方取样工作程序，经农业部和国家质量监督检验总局批准后发布。内容包括确定残留监控的具体项目、取样方法和程序、标准的监测方法（测定试剂盒和监测设备），以及统一的样品封存程序和监测报告的签章程序。

（4）赋予执行监控计划的部门或机构以责任和权力，保障定期强制执行取样和监控计划的工作内容。

（5）赋予监督机构以更高的权力，对执行兽药残留监控计划的机构获得的监测数据进行独立核实，包括核实样品采集。

（6）建立生产企业、兽药残留监控计划执行机构、监督机构、海关与外贸测试以及政府机构共享的实时数据网络系统。

（7）制定对兽药生产、使用到监控过程中违法违规行为的处罚条款，强化这些处罚的行政和法律程序。

为了预防兽药残留，确保食品安全，倡导和推广无公害养殖，在无公害养殖中，养殖从业者需要遵循以下准则：

（1）必须遵循农业部颁布的与畜禽、水产和蜜蜂养殖用药有关的兽药使用准则。

（2）合理选择兽药种类、剂型，严格遵守使用方法和剂量、使用对象和休药期。

（3）动物疾病以预防为主，优先使用疫苗预防畜禽疾病，所用疫苗应符合《兽用生物制品质量标准》的规定和无公害养殖标准规定的畜禽兽医防疫准则。建立严格的生物安全体系，防止动物发病和死亡，及时淘汰有病畜禽，最大限度地减少化学药品和抗生素的使用。

（4）必须使用兽药时，应有兽医处方并在兽医指导下进行，确诊疾病和确定致病菌种类后，再对症下药，避免滥用药物。所有兽药必须符合《兽药典》《兽药规范》《兽药质量标准》《兽用生物制品质量标准》《进口兽药质量标准》等的相关规定。

（5）正确使用符合《兽药典》《兽药规范》《兽药质量标准》和《进口兽药质量标准》规定的消毒防腐剂对饲养环境、厩舍和器具进行消毒，同时应符合畜禽无公害养殖饲养管理准则的规定。

（6）正确使用《兽药典》和《兽药规范》规定的、用于生猪、肉牛、肉羊、肉兔、肉鸡、蛋鸡、奶牛等畜禽疾病预防和治疗的中药材和中成药制剂；正确使用国家畜牧兽医行政管理部门批准的微生态制剂及其他预防、治疗疾病和促进动物生长及提高饲料转化率的饲料添加剂，所有添加剂必须符合《饲料药物添加剂使用规范》的有关规定。

（7）不使用未经国家畜牧兽医行政管理部门批准的或已经淘汰的兽药和《食品动物禁用的兽药及其他化合物清单》中的药物及其他化合物。

**拓 与 展**

为加强饲料、兽药和人用药品管理，防止在饲料生产、经营、使用和动物饮用水中超范围、超剂量使用兽药和饲料添加剂，杜绝滥用违禁药品的行为，中华人民共和国农业部联合卫生部、国家药品监督管理局于2002年联合发布了"农业部公告第176号"，公布了《禁止在饲料和动物饮用水中使用的药物品种目录》。在饲料和动物饮用水中禁止使用的药物有以下几个品种：

1. **肾上腺素受体激动剂** 盐酸克仑特罗、沙丁胺醇、硫酸沙丁胺醇、莱克多巴胺、盐酸多巴胺、西马特罗、硫酸特布他林。

2. **性激素** 己烯雌酚、雌二醇、戊酸雌二醇、苯甲酸雌二醇、氯烯雌醚、炔诺醇、炔诺醚、醋酸氯地孕酮、左炔诺孕酮、炔诺酮、绒毛膜促性腺激素（绒促性素）、促卵泡生长激素（尿促性素主要含卵泡刺激 FSHT 和黄体生成素 LH）。

3. **蛋白同化激素** 碘化酪蛋白（蛋白同化激素类，为甲状腺素的前驱物质，具有类似甲状腺素的生理作用）、苯丙酸诺龙及苯丙酸诺龙注射液。

4. **精神药品** （盐酸）氯丙嗪、盐酸异丙嗪、安定（地西泮）、苯巴比妥、苯巴比妥钠、巴比妥、异戊巴比妥、异戊巴比妥钠、艾司唑仑、咪达唑仑、硝西泮、奥沙西泮、匹莫林、三唑仑、唑吡旦，其他国家管制的精神药品。

5. **抗生素滤渣** 该类物质是抗生素类产品生产过程中产生的工业"三废"，含有微量抗生素成分。

调查兽医院或畜禽养殖场，有无销售、使用食品动物禁用药物现象，并写一份调查报告。

### 复习题

1. 名词解释：半数致死量、蓄积作用、协同作用、剂量反应关系。

2. 药物对机体的毒性作用包括哪些？

3. 在养殖业中应当如何避免兽药滥用？

4. 阐述药物安全性评价的目的和内容。

### 讨论题

关于如何降低动物源性食品中的兽药残留，谈谈自己的想法。

# 第八篇　实验实训指导

## 内容提要

本篇主要介绍兽医临床选药用药技术、动物药房管理技术和动物药理作用实验。兽医临床选药用药技术包括动物治疗处方开写、抗菌药物的药敏试验、不同剂型药物的给药方法及各种动物不同途径的给药技术、消毒药的配制与使用、有机磷中毒及解救等实训项目。动物药房管理技术包括药物的保管与贮存、药物调剂（制）技术、药物配伍禁忌及处理方法、处方的保管等实训项目。动物药理作用实验选用了枸橼酸钠、士的宁、硫酸镁、新斯的明、阿托品、普鲁卡因、肾上腺素和硫酸钠等代表药物。

技能实训项目主要通过课堂实训、教学实习和课外社会实践活动组织教学。动物药理作用实验主要通过录像教学，并根据实际情况酌情开设相关实验。

动物药理作用实验和部分实训项目，可通过二维码观看实验实训过程和结果。

## 单元一　药物技能实训

### 学习目标

通过课堂实训、教学实习和课外社会实践活动，掌握临床选药用药技术和动物药房管理技术等相关技能，并在老师的指导下解决生产中的实际问题。通过录像教学，观察相关药物的临床作用结果，并能分析、掌握其作用机理。

### 实训一　药物的保管与贮存

【目的要求】学生通过教师讲解、药房参观和调查讨论，熟悉药物保管与贮存的基本知识和方法，了解药房管理制度。

【材料】动物医院、动物药房（药库）或兽药经销店，以及当地的兽医站等校内、外实训基地的药房。

【组织形式】教学实习或社会实践。

【内容与方法】

（1）教师引导。教师在组织学生实习或社会实践之前，提出问题，并推荐介绍学习资料。

问题1：影响药物质量的外界因素有哪些？

问题2：保管贮存普通药物和毒剧药品时应注意哪些问题？

问题3：药房技术人员应对处方的哪些内容进行审核？处方应如何管理？

问题4：通过教学实习或社会实践，你认为兽医院在药物的保管与贮存，以及药房管理方面还存在哪些问题？

（2）组织学生到动物医院、动物药房（药库）或兽药经销店进行教学实习，或开展社会调研实践活动。

（3）教师现场提出问题，并组织学生讨论，在答疑讨论过程中，介绍药物保管与贮存的基本知识和方法，以及药房管理制度。

（4）教师总结，并布置课外作业。

【相关知识】

1. **药物的保管**　按国家颁布的药品管理办法，制定严格的保管制度，包括出入库检查、验收，建立药品消耗和盘存账册或电子账册，逐月统计填写药品消耗、报损和盘存表，制订药物采购和供应计划。药品库应保持清洁卫生，并防止发霉、虫蛀和鼠咬。药物保管实行专人、专账、专柜（室）保管，保证账目与药品相符。负责人若有变动，应由接受、移交人会同有关领导共同盘点，填写移交表一式三份，交接人和单位领导各执一份，办理好交接手续。

（1）麻醉品、毒剧药品的保管。按国家颁布的有关条例，麻醉品和毒剧药品必须专人、专库（柜）、专账和加锁保管，并在标签上标有明显的标记；称量必须精确，禁止估量取药；无处方不能给予或借用。

（2）危险品的保管。危险品是指受光、热、空气、水分、撞击等外界因素影响可引起燃烧、爆炸或具有腐蚀性、刺激性、剧毒和放射性的药品。保管时要注意遮光、防晒、防潮、防止振动和撞击、防止接近明火，经常检查贮放情况，并配备必要的消防设备。

（3）处方的审核与保管。接受和调配处方，是药物管理中的一个重要环节，兽医师对处方负有法律责任，药剂人员有监督责任，在接受处方后，应认真审核处方内容，具体包括：一是处方前记、正文和后记书写是否清晰、完整，并确认兽药处方的合法性；二是处方用兽药与临床诊断的相符性；三是剂量、用法；四是剂型与给药途径；五是有无重复给药现象；六是有无潜在临床意义的药物相互作用和配伍禁忌；七是有无兽医签字。

兽药房专业技术人员（药剂师）对处方审核后认为存在用药安全问题时，应告知处方兽医，请其确认或重新开具处方；发现兽药滥用和用药失误，应拒绝调剂，并及时告知处方兽医，但不得擅自更改或者配发代用兽药。对于发生严重药品滥用和用药失误的处方，兽药房专业技术人员应当按有关规定报告。

兽医处方笺保存时间在2年以上。

2. **药物的贮存**　《兽药典》对各种药品的贮存都有具体的要求。总的原则是要遮光、密闭、密封、熔封或严封，在阴凉处贮存。①避光存放：指用棕色容器包装或用黑纸包裹的无色透明、半透明的容器包装。②密封保存：密闭指将容器密闭，以防止尘土及异物混入；密封指将容器密封，以防止风化、吸潮、挥发或异物污染；熔封或严封指将容器熔封或用适宜的材料严封，以防止空气与水分的侵入并防止污染。③适温保存：阴凉处指不超过20℃；凉暗处指避光并不超过

20℃；冷处指 2～10℃。

药物管理人员应在熟悉药品的物理、化学变化以及影响药物质量的外界因素的基础上，按其性质或剂型分类存放，如强氧化剂与强还原剂、易燃品与易爆品、有腐蚀性与毒剧药品、内服药物与外用药物等，以免发生事故。为防止药物过期失效，药房管理技术人员应定期对药物进行盘点，熟悉药房内药物库存情况，严格遵循"先进先出，近期先出"的原则，防止药物失效，造成浪费。

影响药物质量的外界因素有：

（1）空气与湿度。药物与空气接触后能发生氧化或碳酸化而变质，如硫酸亚铁可由原来的浅绿色，逐渐氧化为棕黄色的高铁盐而失效；新胂凡纳明粉针可被氧化为深黄色或带红色的粉末而毒性增加；有些氢氧化物如氢氧化钙能吸收二氧化碳而生成碳酸盐。

空气中湿度大时，能使许多药物潮解、稀释、分解、变质，并能促使微生物滋生而发霉变质。如甘油可吸湿而被稀释；青霉素可吸湿而分解；片剂因吸湿而膨胀破裂；各种中草药、糖衣片，可因吸湿而易生虫、发霉。空气中的湿度小时，有些含有结晶水的药物如硫酸钠、硫酸铜等，易失去结晶水而成为粉末，且其药用单位重量不符合要求。

空气中湿度一般以湿度计测得。药品在相对湿度为 75% 左右保存较为适宜。湿度太高，应通风降湿，并按药物性质及贮存条件，选用生石灰、氯化钙、无水硅胶、木炭等以吸湿防潮。易受空气及湿度影响的药物，均应密闭贮存于干燥处。

（2）温度。药物应在适宜温度下贮存。温度过高可使易挥发的药物加速挥散，使生物制品、抗生素、酶制剂及某些激素变质失效等。降温措施可采用空调、冰箱、冰柜等贮存方法。温度过低能使有些药物冻结、凝固、分层、沉淀。液体制剂可因冻结而致容器破裂；甲醛溶液在低于 9℃ 以下发生聚合失效；乳剂在低温下会破坏而分层；葡萄糖酸钙注射液在冷处久置后，可析出结晶而不易再溶解。

（3）光线。日光中的紫外线常能促使药物发生氧化、还原、分解、聚合等作用而使之变质，如肾上腺素受光线的影响变为红色；银盐和汞盐被还原而析出游离状态的银和汞等。对易受光线影响的药物应使用遮光容器，如棕色玻璃瓶，或于包装外贴以黑纸等方法，达到遮光的目的。

光线的作用与温度、空气中氧气、二氧化碳、水分等有密切关系。如上述因素相互作用，可加速药物变质。

（4）时间。根据药品标准的有关文件，药品包装上必须注明批号或有效期、失效期。生产批号指药物生产的日期和批次。常用年月日 6 位数表示，如"141011"表示此药生产日期为 2014 年 10 月 11 日。若印有"141011-2"则表示此药是 2014 年 10 月 11 日第 2 批生产出来的。药物的有效期是指在规定的贮存条件下，药物能保持有效质量的期限。一般以整年计算。如某药批号为"141011"，有效期为两年，即表示该药在 2016 年 10 月 11 日之前是有效的。若药品未按规定条件贮存，即使在有效期内，也可能失效。

3. **假、劣兽药的识别**

（1）假兽药。

具备下列条件之一者，为假兽药：①以非兽药冒充兽药或以其他种类兽药冒充此种兽药；②兽药所含成分的种类、名称与国家兽药标准不符合。

有下列情况之一的，按假兽药处理：①国务院兽医行政管理部门规定禁止使用的；②按本条例规定应当经审查批准而未经审查批准即生产、进口的，或依本条例规定应当经抽检、审核而未抽检、审核即对外销售、进口的；③因变质不能使用的；④因污染不能使用的；⑤所标明的适应证或功能主治超出规定范围的。

（2）劣兽药。具备下列条件之一者，为劣兽药：①成分含量不符合兽药国家标准或不标明有效成分的；②不标明有效期、更改有效期或超过有效期；③不标明或更改产品批号的；④其他不符合兽药国家标准，但不属于假兽药的。

【作业】

（1）参观动物医院（动物药房）后，你发现药物保管及贮存中存在哪些问题？

（2）药剂员接受处方后应审阅哪些内容？

（3）什么是批号？什么是有效期？

（4）毒剧药品、麻醉品应如何保管贮存？其处方应保存多少时间？

（5）影响药物质量的外界因素有哪些？

（6）假、劣兽药应如何识别？你在社会实践调查中，有无发现市场上存在假、劣兽药？

（7）根据参观或社会实践结果，结合教师讲解的内容和查阅资料，写一份实训报告。

## 实训二 常用药物制剂的配制

【目的要求】掌握不同浓度溶液的稀释法，会配制溶液剂和酊剂。

【材料】

（1）药品：碘、碘化钾、甘油、蒸馏水、40％乙醇、75％乙醇与95％乙醇。

（2）器材：天平、量杯、量筒、烧杯、漏斗、滤纸、漏斗架、玻璃棒、下口瓶、小磨口玻璃瓶、酒精比重计、研钵、细口瓶等。

【教学组织】

（1）讲授指导：介绍实训内容、目的要求及注意事项。

（2）教师演算浓溶液稀释法的计算方法，演示或录像播放溶液剂和酊剂配制的关键步骤。

（3）学生操作，记录实训结果。

（4）小结并考核。

【方法步骤】

**（一）溶液剂**

1. **溶液浓度的表示法**

（1）百分浓度表示法。质量与质量的百分浓度表示法。在药学中，当溶液中的溶质是固体或气体时，一般用克/毫升（g/mL）的百分浓度表示法；当溶液中的溶质是液体时，一般常用毫升/毫升（mL/mL）的百分浓度表示法。

（2）比例法。有时用于稀释溶液的浓度计算。

**2. 溶液浓度的稀释法**

（1）反比法。

$$C_1：C_2＝V_2：V_1 \qquad\qquad V_1×C_1＝V_2×C_2$$

式中，$C$ 表示浓度，$V$ 表示体积。

例：现需75％乙醇1 000mL，应取95％乙醇多少毫升进行稀释？

按公式 $95：75＝1 000：x$

$95×x＝75×1 000$

$x＝789.4$（mL）

即取95％乙醇789.4mL，加水稀释至1 000mL即成75％的乙醇。

（2）交叉法。将高浓度溶液加水稀释成需配浓度溶液。设高浓度溶液为 A，水或低浓度溶液为 B，需配制的浓度为 C，所取高浓度溶液量为 X，所取水或低浓度溶液量为 Y，则 X＝C－B，Y＝A－C。

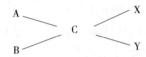

如将95％乙醇用纯化水稀释成70％乙醇，计算方法为：

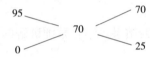

即取95％乙醇70mL（或 L）加蒸馏水25mL（或 L）即成70％的乙醇。

注意：交叉法总的规律是交叉计算，横向取量，配制浓度置中间。

（3）简便法。如要将95％乙醇稀释成75％乙醇，可取95％乙醇75mL，蒸馏水加至95mL即得。同法可用于稀释任何浓溶液。

**3. 处方举例（学生分组配制）**

（1）配制75％乙醇。按交叉法计算如下：

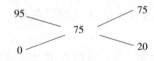

即取95％乙醇75mL加蒸馏水20mL即得。

（2）1‰碘甘油的配制。

①处方：

| | | | |
|---|---|---|---|
| 碘片 | 0.5g | 碘化钾 | 0.5g |
| 蒸馏水 | 0.5mL | 甘油 | 适量 |
| 配制 | 50mL | | |

②制法：称取碘化钾0.5g，置于带活塞的量筒（50mL）中，加蒸馏水0.5mL使其溶解，加入0.5g碘搅拌使完全溶解后，再加甘油（热）至50mL，

颠倒摇匀。

③注意：在配置时必须将碘化钾先溶解，溶解时水不能加得太多。碘甘油不易滤过，故所用器具必须洗刷干净，并以蒸馏水冲洗晾干备用，操作时，避免异物落入容器，量取甘油宜将容器加热至50℃。

**（二）酊剂**

1. **酊剂的配制法** 有分溶解法、稀释法、渗滤法和浸渍法四种。

（1）溶解法。将某种药物加入适量浓度中的醇中溶解，过滤即得，如碘酊。

（2）稀释法。将浓酊剂，用醇稀释至规定浓度，静置24h，过滤即得。

2. **处方举例** 配制2％碘酊50mL。

①处方：碘 1g  碘化钾 0.75g  95％乙醇 25 mL  蒸馏水若干

②制法：取碘化钾0.75g于研钵中，加1mL蒸馏水使其溶解后，加入碘1g研磨，分次加入95％的乙醇，使其溶解，转移置50 mL的具塞量筒中，并用95％的乙醇洗涤研钵，洗液也转移置量筒，加蒸馏水至50mL，摇匀，即得。

碘酊的配制

**【作业】**

（1）记录实训结果，并完成实训报告。

（2）用95％乙醇配制75％乙醇200mL。

（3）用95％乙醇和40％乙醇配制75％乙醇，如何计算？

（4）配制1％碘甘油50mL。为什么宜先将甘油及容器加热到50℃？

（5）2％碘酊溶液配制50mL，为什么要加碘化钾？

## 实训三 实验动物的捉拿、保定及给药方法

**【目的要求】** 掌握常用实验动物的捉拿、保定及给药方法，为药理及毒理实验打下基础。

**【材料】**

（1）动物：小鼠、家兔、蟾蜍。

（2）器材：1mL注射器、2mL注射器、6号针头、兔固定器、兔开口器、兔胃导管、烧杯、酒精棉球、小鼠投胃管、鼠笼、小鼠固定筒。

**【教学组织】**

（1）教师指导。介绍实训目的与意义、分组安排及实训过程中的注意事项。

（2）学生分组训练。分组分工，相互配合，人人动手，教师指导。

（3）实训小结。

**【内容与方法】**

**（一）实验动物的捉拿、保定方法**

1. **小鼠** 捉住小鼠的尾巴提起、转几圈，放在鼠笼盖铁纱网上，轻轻向后拉鼠尾，然后用左手的拇指与食指沿其背部向前抓住其颈部皮肤，使腹部朝上，

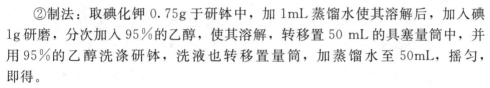

**关爱动物 敬重生命**
动物实验是人类认识动物生命现象和活动规律的的重要载体，其作为人类的"替身"用于实验，为医学研究做出了巨大牺牲。作为一名兽医，我们一定要具有敬重生命的职业精神，在实验过程中充分考虑动物的利益，善待动物，防止或减少动物应激、痛苦和伤害。

实验动物的捉拿、保定及给药技术

左手的无名指及小指压住鼠尾，使小鼠完全固定（图 8-1）。

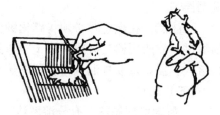

图 8-1　小鼠的保定

2. **家兔**　用手抓起家兔背脊近颈处皮肤，提起家兔，然后用另一只手托住臀部，将重心承于手上（图 8-2）。手术时，可将家兔固定在兔实验台上，四肢固定，门齿用细绳拴住，固定在实验台的铁柱上（图 8-3）。

图 8-2　家兔的徒手保定

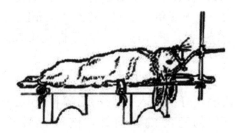

图 8-3　家兔的实验台保定

3. **蟾蜍**　抓取蟾蜍时，可先在蟾蜍体部包一层湿布，用左手将其背部贴紧手掌固定，把后肢拉直，并用左手的中指、无名指及小指夹住，前肢可用拇指及食指压住，右手即可进行实验操作。抓取蟾蜍时不要挤压两侧耳部突起的毒腺，以免蟾蜍将毒液射到使用者眼睛里。需要长时间固定时，可将蟾蜍麻醉或捣毁脑脊髓后，用大头针钉在蛙板上。

**（二）实验动物给药方法**

1. **小鼠的给药方法**　有灌胃给药、腹腔注射、皮下注射、肌内注射、尾静脉注射等。

（1）灌胃给药。固定，口部朝上，颈部宜拉直，但不宜过紧，以免窒息。右手持连有胃管的注射器，小心地自口角插入口腔内，将灌胃管自舌背面沿上腭轻轻进入食道，缓慢推入药物。

小鼠的给药

（2）腹腔注射。用左手固定小鼠，使其头低位，腹部朝上，右手持注射器从左侧下腹部（避免损伤肝）向头部方向刺入皮下，沿皮下向前推进 3～5mm，然后使针头与皮肤呈 45°角方向穿入腹腔。针尖进入腹腔抵抗感消失，回抽无血，此时可轻推药物。

（3）肌内注射法。固定好小鼠，将注射器针头插入小鼠后肢大腿外侧肌肉，注入药液。

（4）皮下注射法。选取背部皮下，轻轻拉起背部皮肤，将注射针头刺入皮下，稍稍摆动针头，若容易摆动则表明针尖的位置确定在皮下，推入药物，拔针时，轻捏针刺部位片刻，以防药液逸出。

（5）尾静脉注射法。选取尾静脉注射，将小鼠装入固定桶内或反转烧杯内，使其尾巴露出。尾部有四条静脉很清楚，用注射器针头选出较粗静脉注入药液。

2.**家兔的给药方法**　有耳静脉注射、腹腔注射、皮下注射、肌内注射、灌胃等。

（1）静脉注射。选取耳缘静脉。用酒精棉球涂擦耳缘静脉部皮肤，左手食指放在耳下将兔耳垫起，并以拇指压耳缘部分，右手持带有针头的注射器，尽量从血管远端刺入血管，注射时针头先刺入皮下，沿皮下向前推进少许，然后刺入血管。针头刺入血管后再稍向前推进，轻轻推动针栓，若无阻力即可注药。注射完毕后，用棉球压住针眼，拔去针头。

家兔的给药

（2）皮下注射法。选取背部皮肤、腹内侧皮肤。用左手拇指及中指将家兔的背部皮肤拉起，用食指按压皱褶的一端，使成三角体，以右手持注射器，自皱褶下刺入，松开皱褶将药液注入。

（3）肌内注射法。选取两侧臀肌大腿处肌肉，右手持注射器，使注射器与肌肉成 60°角再刺入肌肉中。为防止药液进入血管，在注射药液之前，应回抽针栓，如无回血，则可给药。注射完毕后，用手轻轻按摩注射部位，帮助扩散。

（4）灌胃。如用兔固定箱，则一人可操作，右手持固定开口器置于兔口中，左手插胃管。如无兔固定箱，需两人合作，一人左手固定兔身及头部，右手将开口器插入兔口腔并压在兔舌上，另一人用合适的胃导管从开口器中间小孔插入食道约 15cm，将胃导管的另一头管口放入一装满水的水杯中，如不见气泡表示导管已插入胃中，然后将药液慢慢注入，最后注入少量空气，使导管中残存的药液全部灌入胃内。灌毕后先将导管慢慢抽出，再取出开口器。注意灌药前要先禁食。

3.**蟾蜍给药方法**　腹淋巴囊或胸淋巴囊注射。

蟾蜍淋巴注入法：蟾蜍的皮下有数个淋巴囊，注入药物易吸收，一般以腹淋巴囊或胸淋巴囊作为给药部位。腹淋巴囊注射方法，左手抓蟾蜍，固定四肢使腹部朝上，右手取已经准备好的注射器针头从蛙大腿上端刺入大腿肌，朝前经腹壁肌再浅出于腹壁皮下，进入腹淋巴腔注入药液。另外还可从口部正中前缘插针，穿过下颌肌层而入胸淋巴腔（图 8-4）。因蟾蜍皮肤弹性差，不经肌层，药液易漏出。

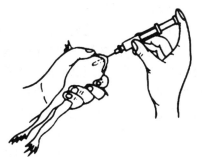

蟾蜍的给药

图 8-4　蟾蜍的胸淋巴囊注射给药

【注意事项】注意安全。注意动物尸体的处理。

【作业】完成实训报告。

## 实训四　动物给药技术

【目的要求】通过实训初步掌握不同剂型药物的给药方法及牛、羊、猪等各种动物的不同途径给药技术，熟悉动物的保定，注射器、胃管的使用方法及注意事项。

猪的给药技术

牛的保定

犬的捉拿与保定

鸡的保定

牛的灌药

猪的灌药

犬的口服给药

**【材料】**

（1）动物：牛、羊、猪、犬、猫、禽等。

（2）器材：5mL、10mL一次性注射器、20mL金属注射器、镊子、酒精棉球、碘酊棉球、各种规格的胃导管、各种规格的开口器、瓷缸等。

（3）试剂：生理盐水。

**【教学组织】**

（1）讲授：实训目的、意义、分组安排及实训过程中的注意事项。

（2）示范操作：保定、灌药、胃管给药、皮下注射、肌内注射、静脉注射、腹腔给药。

（3）学生分组训练：分组分工，相互配合，人人动手，教师指导。

（4）抽查与总结。

**【内容与方法】**

**（一）动物口服及胃导管给药法**

适用于食欲不振和哺乳动物的给药，投喂气味不佳的药物时也可采用此法。将少量的水剂药物或将粉剂、研碎的片剂加适量的水而制成的溶液、混悬液、中药煎剂进行灌药或胃导管给药，糊剂、片剂、丸剂等仅适用于灌药。

**1. 动物灌药**

（1）牛的灌药法。灌喂给药时，让牛自然站立，一人将牛头保定好，另一人站在牛的斜前方，左手掌心朝下从牛的一侧口角处伸入口腔，轻压舌头，右手将盛有药液的灌药筒送进口腔，跟随抬高筒底使药液流出，同时合闭口腔，抬高牛头，药液自然流入食道。必要时，刺激喉头外部，促使吞咽动作。如此，可连续操作直至将药液灌完。如是灌喂药片、药丸时，可将药片、药丸放在灌药筒中，再加些水，同样操作。

注意：灌喂的药丸不宜太大，灌喂的速度不宜太快。

（2）猪的灌药法。通常用药匙、竹片或注射器（不连接针头）。一人握住猪两前肢或两耳，使腹部向前，将猪提起，并将后躯夹于两腿之间，灌药时一手用小木棒将嘴撬开，另一只手用药匙、竹片或小灌角进行灌服。片剂、丸剂可直接从口角送入舌背部，舔剂可用药匙或竹片送入。投入药后使其闭嘴，可自行咽下。

（3）犬灌药法。固体药物灌喂时，一人保定好犬，另一人一手抵压唇及皮肤覆盖在牙齿面上，打开口腔，用喂药器将药物倒在舌根部，迅速抽回喂药器，用手托起下颌部，将嘴合拢；当犬舌伸出或出现吞咽动作说明已将药物咽下。液体药物可用注射器将药物从口角缓慢注入。

（4）鸡的口服给药。一人捉住翅膀保定好鸡，另一人左手打开口腔，右手把药丸塞到舌根部，将嘴合拢，当鸡出现吞咽动作说明已将药物咽下。

注意：灌药时动作要缓慢、仔细，切忌粗暴；灌溶液性药剂时，头部不宜过高（嘴角不宜高于耳根），谨防将药物灌入气管或肺中；每次灌入的药量不宜太多，灌药中动物如发生强烈咳嗽时，应立即停止灌药，并使其头部低下，促使药液咳出，安静后再灌。

**2. 胃导管给药** 当需要灌服大量药液或给予刺激性大或带有特殊气味的药

鸡的口服给药

物时，经口不易灌服时，一般都需用胃导管经鼻道或口腔给服。

（1）牛经口或经鼻插入胃导管。经口插入时，将牛保定好，并给牛戴上开口器，固定好头部。将胃导管涂润滑油后，从开口器的孔内送入。如经鼻插入时，将胃导管涂润滑油后，自鼻孔送入。胃导管尖端到达咽部时，牛将自然咽下。确定胃管插入食管无误后，接上漏斗即可灌药（图8-5）。灌完后慢慢抽出胃管，并解下开口器。

（2）猪经口插入胃导管。先将猪保定好，视情况采取直立、侧卧或站立方式，一般多用侧卧保定。用开口器将口打开（无开口器时，可用一根木棒中央钻一孔），然后将胃导管沿孔向咽部插入。当胃导管前端插至咽部时，轻轻抽动胃导管，引起吞咽动作，并随吞咽顺势插入食道。判定胃导管确实插入食道后，接上漏斗即可灌药（图8-6）。灌完后慢慢抽出胃导管，并解下开口器。

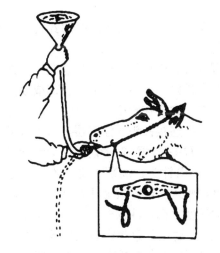
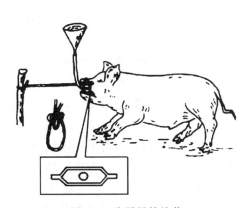

图8-5　牛胃导管给药　　　　　图8-6　猪胃导管给药

猪的胃导
管给药

鸡的混饲
给药

鸡的混饮
给药

（3）犬经口插入胃导管。将犬侧卧或犬坐保定。用开口器将口打开（无开口器时，可用两个纱布条将上、下颌拉开或放置一筒圈纸后扎起上、下颌），将胃导管经口插入。当胃导管前端插至咽部时，轻轻抽动胃导管，引起吞咽动作，并随吞咽插入食道。判定胃导管确实插入食道后，接上漏斗即可灌药。灌完后慢慢抽出胃导管，并解下开口器。

**注意：** 要注意人和动物的安全；插胃导管时要小心、缓慢，不宜粗暴；胃导管投药时，必须判断是否正确插入食道，以免将药物灌入肺内。

**3. 混饲、混饮给药**

（1）鸡（禽）的混饲给药。鸡混饲给药临床多用于预防给药，或鸡病群发时的治疗给药。给药方法为根据鸡的饲养量和用药剂量说明进行，例如称取1 000g大蒜粉，将其与5kg饲料预混，再将混有大蒜粉的饲料与600kg的饲料在混合机内混合直至均匀，最后通过传送设备将拌有药物的饲料输送到饲槽中喂鸡。这种给药方法只在鸡有食欲的情况下进行，且为保证每只鸡都能用上药，喂料量最好减半。

（2）鸡的混饮给药。鸡混饮给药临床多用于预防给药，或鸡病群发时的治疗

犬的皮下注射
给药

猪的皮下注射
给药

猪的皮下注射
给药

牛的肌肉注射
给药

猪的肌肉注射
给药

犬的肌肉注射
给药

鸡的肌肉注射
给药

给药。混饮给药方法为根据鸡的饲养量和用药剂量，将粉状药物溶于一定比例的饮水中进行。例如将消毒药在配液缸里加水按一定的比例配制好，然后通过水管流入到饮水器，供鸡自由吮饮。这种给药方法只在鸡有饮欲的情况下进行，且为保证每只鸡都能用上药，最好在给水之前禁饮，夏天 1h 左右，其他季节 2～3h。

**（二）注射给药**

1. **皮下注射法**　适用于注射小剂量、易溶解、刺激性小的药物及疫苗等。

（1）注射部位：选择在皮肤较薄而皮下疏松的部位，猪在耳根后或股内侧，禽类在翼下，犬在颈背部。

（2）注射方法：将动物保定，注射部位消毒，用手提起注射部位皮肤，沿皱褶基部的陷窝处刺入 2～3cm（视动物大小决定刺入深度），感觉针头无抵抗，且能自由拔动时，一手指头按住针头结合部，推压针筒活塞，注入药液。注完后，局部消毒，并稍加按摩。

2. **肌内注射法**　主要用于注射刺激性较强且不宜进行皮下注射的药物。要求注射后药物吸收较快时也可以选用肌内注射。

（1）注射部位：凡肌肉丰富的部位，均可进行肌内注射，但应注意避开大血管及神经路径。羊多在颈侧部；大家畜在臀部和颈侧部；猪在耳后、臀部或股内侧；犬、猫多在脊柱两侧的腰部肌肉或股部肌肉；禽多在胸肌。

（2）注射方法：左手固定于注射局部，右手持连接针头的注射器，与皮肤呈垂直的角度，迅速刺入肌肉；左手持注射器，以右手推动活塞手柄，抽动针管活塞，确认无回血时，注入药液；注射完毕后，拔出针头，局部消毒。为安全起见，对大家畜也可先以右手持注射器针头，直接刺入局部，接上注射器，然后以左手把住针头和注射器，右手回抽无血后推动活塞手柄，注入药液。

3. **静脉注射（滴注）**　主要用于大量的输液、输血及急救；刺激性较强的药物或皮下、肌肉不能注射的药物的给药和要求药物起效快等情况。注射部位见表 8-1。

表 8-1　不同种类动物注射部位

| 动物种类 | 静脉注射部位 |
| --- | --- |
| 牛、羊 | 颈静脉或耳静脉 |
| 猪 | 耳静脉或前腔静脉 |
| 犬、猫 | 前臂内侧头皮静脉或后肢外侧面的小隐静脉 |
| 兔 | 耳静脉 |

前腔静脉注射时将猪仰卧保定，仰卧保定时，固定其前肢及头部，局部消毒后，术者持接有针头的注射器，由右侧沿第一肋骨与胸骨接合部前侧方的凹陷处刺入，并稍偏斜刺向中央及胸腔方向，边刺边回血，见回血后即可徐徐注入药液；注完后拔出针头，局部按常规消毒处理。

（1）牛、羊的静脉注射（滴注）。一人保定好牛或羊，一人用拇指压迫颈静脉的下方，使颈静脉怒张，用碘酊棉球消毒，酒精棉球脱碘，右手持针头瞄准颈静脉，以腕力使针头近似垂直方向迅速刺入皮肤及血管（或刺入皮肤后再调整刺入血管内），见有血液流出后把针头再顺血管进针 $1\sim2cm$，接连上吸好药物的注射器（或输液器），即可注入药液。注射完后拔出针头，用酒精棉球消毒。

（2）猪的静脉注射（滴注）。将猪站立或横卧保定，局部按常规消毒，一人捏压耳根部静脉根部处或耳根部结扎，使静脉充盈、怒张（用酒精棉反复涂擦可引起更为明显的充血）；静脉注射时另一人用一手把持猪耳，将其托平并使注射部位稍高；另一手持连接针头的注射器，然后沿静脉径路刺入血管内（针头与皮肤呈 $30°\sim45°$ 的角），抽活塞见回血后再将注射器沿血管方向伸入；解除压迫，徐徐推进药液，注射完毕，用酒精棉球压住针孔，迅速拔针，并按压酒精棉。如进行静脉滴注则用输液器的针头刺入静脉，见回血后，将针头再推进少许，撤去静脉近心端的压迫，打开开关，调好滴速，用胶布固定好，即可进行静脉滴注。注射完后拔出针头，酒精棉球消毒。

牛的静脉注射
给药

（3）犬、猫的静脉注射（滴注）。犬、猫前臂内侧头皮静脉比后肢小隐静脉还粗一些，而且比较容易固定，因此一般静脉注射或取血时常用此静脉。注射时一人将犬俯卧保定，局部剪毛、消毒。用手或用止血带扎压静脉根部使静脉血管怒张。另一人手持连接有胶管的针头，将针头向血管旁的皮下先刺入，而后与血管平行刺入静脉，接上注射器回抽，如见回血，将针尖向血管腔再刺进少许，撤去静脉近心端的压迫，徐徐将药液注入静脉。如进行静脉滴注则用留置针刺入静脉，见回血后，将针头再推进少许，撤去静脉近心端的压迫，盖上帽子，连上吊瓶，调好滴速，用胶布固定好，即可进行静脉滴注。注射完后拔出针头，用酒精棉球消毒。

猪的静脉注射
给药

4. 腹腔注射法 主要用于治疗顽固性腹膜炎等疾病而进行局部给药；当静脉注射出现困难时，可通过腹膜腔进行补液等，尤其适用于犬、猫、猪等中、小动物。

犬的静脉注射
给药

（1）注射部位：牛在右䏎窝中央；猪、犬、猫在下腹部耻骨前缘 $3\sim5cm$ 腹白线旁。

（2）注射方法：将猪、犬、猫等动物两后肢提起，做倒立保定，术部剪毛、消毒。一手把握动物的腹侧壁，另一手持连接针头的注射器（或仅取注射针头）于注射部位垂直刺入 $2\sim3cm$，感觉针头无抵抗，回抽注射器活塞不见血、尿、粪后注射药物，注入药液后，拔出针头，局部消毒处理。

【作业】记录实训过程和结果，完成实训报告。

### 实训五 药物的配伍禁忌

【目的要求】了解药物配伍禁忌发生的机理，观察常见物理和化学性配伍禁忌的各种现象，熟悉处理配合禁忌的一般方法，掌握配伍禁忌表的使用。

【材料】

药物的配伍禁忌

（1）药品：液体石蜡、樟脑酒精、水合氯醛、樟脑、碳酸钠、醋酸铅、20%磺胺嘧啶钠、5%碳酸氢钠、5%碘酊、2%氢氧化钠、葡萄糖酸钙、10%盐酸、

0.1%肾上腺素、3%亚硝酸钠、高锰酸钾、甘油（甘油甲缩醛）、维生素 $B_1$、维生素 C。

（2）器材：试管、乳钵、移液管、量筒、滴管、玻璃棒、试管架、试纸、天平、试管刷、砂轮。

【教学组织】

（1）讲授：实训内容、目的要求及注意事项。

（2）录像观察。

（3）学生操作，记录实训结果。

（4）考核总结，布置作业，并写实训报告。

【方法步骤】

**（一）物理性、化学性配伍禁忌现象观察**

1. 物理性配伍禁忌　指处方中各种药物配合后，产生外观上的变化，如分离、析出、潮解、溶化等物理反应，而有效成分未变。

（1）分离。两种液体互相混合后，不久又分开。

取试管一支加液体石蜡和水各 3mL。互相混合振摇后，静置于试管架上。10min 后，观察分离现象。

（2）析出。两种液体互相混合后，由于溶媒性质的改变，其中一种药物的析出沉淀或使溶液混浊。

取试管一支，先加入樟脑酒精 2mL，然后再加水 1mL，则樟脑以白色沉淀析出。

（3）液化。两种固体药物混合研磨时，由于形成了低熔点的低熔混合物，熔点下降，而由固态变成液态，称为液化。

取水合氯醛（熔点 57℃）和樟脑（熔点 171～176℃）各 3g 混合研磨，产生液化（研磨混合物，熔点为 −60℃）。

（4）潮解。易吸湿的药物与含结晶水的药物混合研磨时，由于结晶水析出而潮解。例如干酵母、胃蛋白酶、乳酶生和含结晶水的药物等。

取碳酸钠（含结晶水）和醋酸铅各 3g 于研钵内共研即潮解。

2. 化学性配伍禁忌　指处方各成分之间发生化学变化，常见的表现有沉淀、产气、变色、爆炸或燃烧。

（1）沉淀。两种或两种以上的药物溶液配伍时，由于化学变化而产生沉淀（不溶性盐，或是由难溶性碱或酸制成的盐，因水溶液 pH 改变而析出原来形式的难溶性的碱或酸）。

①取试管一支，分别加入磺胺嘧啶钠 2mL 和维生素 $B_1$ 2mL，观察现象。

②取试管一支，分别加入碳酸氢钠 2g 和 5%氯化钙溶液 2mL，充分混合，观察现象。

（2）产气。药物配伍时，偶尔会发生产气现象，有的会导致药物失效或不完全失效。

取一支试管先加入稀盐酸 5mL，再加碳酸氢钠 2g，不久即会见到产生气体（二氧化碳）而逸出。反应式如下：$NaHCO_3 + HCl \rightarrow NaCl + H_2O + CO_2 \uparrow$

（3）变色。易氧化药物的水溶液与 pH 较高的其他药物溶液配伍时，容易发生氧化变色现象。

①取试管一支，分别加入 0.1％高锰酸钾 2mL 和维生素 C 2mL，观察现象。

②取试管一支，分别加入 5％碘酊 2mL 和 2％氢氧化钠 1mL，观察现象。

（4）爆炸或燃烧。强氧化剂与强还原剂配伍时，因发生激烈的氧化还原反应，产生大量的热能，而引起燃烧或爆炸。

称取高锰酸钾 1g，放入乳钵内，再滴加一滴甘油或甘油甲缩醛，然后研磨，观察现象。

（5）外观变化。有一些化学性配伍禁忌，其分子结构已发生了变化，但外观看不出来，因而常被忽视。如青霉素钠（钾）盐水溶液水解为青霉素胺和青霉醛而失效。

记录实训结果（表 8-2）。

表 8-2　药物配伍禁忌的实验结果

| 药品 | 器皿 | 取量 | 加入药品 | 取量 | 结果 |
|---|---|---|---|---|---|
| 液体石蜡 | 试管 | 3mL | 蒸馏水 | 3mL | |
| 樟脑酒精 | 试管 | 2mL | 蒸馏水 | 1mL | |
| 水合氯醛 | 乳钵 | 3g | 樟脑 | 3g | |
| 碳酸钠（含结晶水） | 乳钵 | 3g | 醋酸铅 | 3g | |
| 磺胺嘧啶钠注射液 | 试管 | 2mL | 维生素 $B_1$ | 2mL | |
| 碳酸氢钠 | 试管 | 2g | 5％氯化钙溶液 | 2mL | |
| 碳酸氢钠 | 试管 | 2g | 10％盐酸 | 5mL | |
| 0.1％高锰酸钾 | 试管 | 2g | 维生素 C | 2mL | |
| 5％碘酊 | 试管 | 2mL | 2％氢氧化钠 | 1mL | |
| 高锰酸钾 | 乳钵 | 1g | 甘油或甘油甲缩醛 | 1 滴 | |

### （二）处理配伍禁忌的一般方法

处理配伍禁忌是处方调剂的一个重要问题，采取适当的调剂方法，可避免有些药物配伍禁忌的产生，处理方法有以下几种：

1. 改变药物的剂型　如乳酸钙与 $NaHCO_3$ 水溶液，易生成 $CaCO_3$ 沉淀。若配成散剂，则可避免。

2. 改变药物的混合顺序　如 $NaHCO_3$ 和复方龙胆酊混合后加水，则 $NaHCO_3$ 易析出沉淀。若将 $NaHCO_3$ 先用适量水溶解，再混合复方龙胆酊，则充分溶解（$NaHCO_3$ 不易溶于乙醇）。

3. 增加第三种物质　配制时加入增溶剂、助溶剂、稳定剂或稀释剂等（无害的，不影响药效的第三种成分）。如 0.5％氯霉素，需加入吐温-80 作增溶剂；配制肾上腺素溶液时加入 0.5％的焦亚硫酸钠作稳定剂等。

4. 增加溶媒　如水杨酸钠与 $NaHCO_3$ 各 10g 溶于 60mL 水中，不会溶解。若将溶液增加一倍，即可溶解。

5. 调换成分　采用作用相同的药物或制剂来代替处方中的某一种成分，如次硝酸铋 6g、碳酸氢钠 3g、薄荷水 60mL 配成溶液，次硝酸铋在水中可缓缓水解生成硝酸，与碳酸氢钠作用产生二氧化碳，如果将次硝酸铋改成次碳酸铋，则可避免。

6. 处方中有配伍禁忌的成分，分别溶解后再混合 如林格溶液中的碳酸氢钠和氯化钙有化学性配伍禁忌，若先将现两药分别溶解后，再加到其他已充分稀释的成分中，则不会产生沉淀。

**（三）配伍禁忌表的使用**

具体内容参考附录二。

【作业】

1. 记录实训结果，并完成实训报告。

2. 记录配伍禁忌现象，分析原因，并判定属于哪种药物配伍禁忌。

3. 熟练查找配伍禁忌表。

## 实训六　兽医处方开写

【目的要求】在学习初始阶段，能了解处方的意义，基本掌握处方的格式及处方的书写规则，能识别处方结构和格式上的错误，并予以纠正。在学习各类药物后，能根据动物疾病的诊断结果，合理选药用药，并开写治疗处方。

【材料】动物医院、当地兽医站或宠物医院病历及处方；教师提供学习资料及相关网站。

【组织形式】课堂训练和教学实习，或学生课外社会实践。

（1）讲授处方格式和处方的书写规则。

（2）举例并分析处方。

（3）练习。要求学生查阅资料，开写处方。

（4）学生在黑板上演示处方练习并考核。

（5）学生对处方纠错并考核。

【内容与方法】

1. 学习初始阶段　训练处方开写格式。

（1）教师讲述处方的结构，正确的开写方法及注意事项。

（2）提供临床病历，让学生开写处方（或者提供结构格式有错误的处方给学生）。学生讨论后，在黑板上演示开写的处方。

（3）学生和教师共同指出处方开写结构格式上的错误，并予以改正。

2. 各类药物学习阶段　训练处方开写格式和选药用药方法。

（1）教师根据教学内容，提供相关病历，或学生参与学院的动物医院、当地兽医站或宠物医院的门诊，获得相关病历材料。

（2）学生根据病历资料，结合所学药物，开写处方。

（3）教师和学生共同对学生开写的处方进行评阅。

3. 教学实习阶段

（1）教师收集动物医院、当地兽医站或宠物医院门诊部的病历材料，整理提供给学生。

（2）学生根据病历资料，结合所学药物，查阅相关资料，开写治疗处方。

（3）教师评阅学生处方练习作业，并给出该项目实训成绩。

【作业】

给出若干临床病例或错误处方，让学生开出正确的处方。

## 实训七 消毒药的配制与使用

【目的要求】掌握常用消毒药的配制及其在厩舍、场地、用具、病畜、排泄物等环境的消毒方法。

【材料】

（1）药品：煤酚皂溶液（或结合畜牧生产上所用的消毒药）、氢氧化钠、氧化钙。

（2）器材：烧杯、量筒、喷雾器（或高压消毒枪）等。

【教学组织】

（1）教师指导：介绍实训目的与意义、分组安排及实训过程中的注意事项。

（2）学生分组训练：分组分工，相互配合，人人动手，教师指导。

（3）实训小结。

【方法步骤】

1. 操作步骤

（1）清扫污物。彻底扫除地面、墙壁、笼架或畜栏等上的粪污，室内蜘蛛网等杂物。

（2）配制药物。要求浓度适宜，均匀。

（3）正确消毒。喷洒全面、均匀，不留死角。

2. 实训内容

（1）第一组：将煤酚皂溶液稀释成 3％～5％溶液。在动物医院和实习牧场进行厩舍、场地、病畜排泄物等的消毒，并用部分溶液浸泡用具、器械等。

5％来苏儿的配制：取来苏儿溶液 2.5mL，加水 47.5mL，拌匀即成。常用于圈舍、用具及场地的消毒，但对结核菌无效。

（2）第二组：将氢氧化钠用热水配置成 2％溶液，对细菌或病毒污染的畜栏、禽舍、场地、饲槽、车辆及养殖场消毒池等进行消毒。配制溶液的量根据畜栏、禽舍、场地等面积大小而定。消毒厩舍时，应驱出畜禽，消毒后隔 12h 用清水冲洗饲槽、地面。

2％氢氧化钠（火碱）的配制：取火碱 10g，加水 490g，充分溶解后即成 2％的火碱水。如加入少许食盐，可增强杀菌力。冬季要防止溶液冻结。常用于病毒性疾病的消毒及细菌性感染时的环境、用具的消毒。火碱有强烈的腐蚀性，不能用于金属器械及纺织品的消毒，更应避免接触动物皮肤。

（3）第三组：将氧化钙加水配置成 10％～20％石灰乳，涂刷厩舍、墙壁、畜栏、地面和病畜排泄物。石灰乳应现用现配，不宜久放。也可用生石灰 10g 加水适量，松散后撒布在潮湿地面、粪池周围及污水沟等处进行消毒。但如直接将生石灰撒布在干燥地面，则消毒效果差。

10％～20％石灰乳的配制：取生石灰 10g 加水 10g，待化为糊后，再加入 80～90g 水即成。用于圈舍及场地的消毒，现用现配，搅拌均匀。

**【注意事项】**

（1）消毒前要把动物驱出，把消毒场地的卫生打扫干净，然后再进行消毒。

（2）注意药品的腐蚀性。

（3）有些消毒药宜现配现用，过久会失效。

**【作业】**

简要记录实训过程和结果，分析实训结果。分析剂量大小对药物作用的影响，完成实训报告。

## 实训八 抗菌药物的药敏试验

**【目的要求】** 掌握利用药敏纸片扩散法测定细菌对某种药物的敏感试验的操作方法、结果判定，明确药敏试验在实践生产中的应用。

抗菌药物的
药敏试验

**【材料】** 涂布环、酒精灯、恒温箱、镊子、药敏试纸、普通琼脂平板、微量移液器、大肠杆菌、枯草杆菌和黄色葡萄球菌的培养物、记号笔、测量尺等。

**【教学组织】**

（1）教师指导，介绍实训目的与意义。

（2）教师示范操作，并说明实训过程中的注意事项。

（3）学生分组实训，人人动手，教师指导。

（4）抽查与总结。

（5）第二天组织学生观察实训结果。

**【方法步骤】**

1. **接种细菌** 无菌操作，用微量移液器取 $30\mu L$ 营养肉汤内的混浊菌液，加到普通营养培养基上，用玻璃环涂开，使菌液均匀地涂布在培养基上。

2. **粘贴药敏试纸** 无菌操作，用镊子取药敏试纸均匀贴放在普通琼脂平板上，轻压贴牢，两片之间距离大于 2cm 以上，距培养皿边缘 1cm 以上。

3. **标注及细菌培养** 在培养皿边缘清晰标注菌种名称、时间和姓名，若药敏纸上药名标注不清晰，应在培养皿上标注药敏试纸上药物名称；将培养皿倒置于 37℃培养箱内，培养 24h。

4. **观察并记录、分析结果** 判断各种药物的敏感性（图 8-7）。

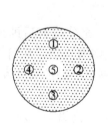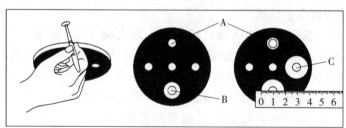

图 8-7 药敏纸片的贴放
A. 不敏感 B. 中度敏感 C. 高度敏感

根据纸片周围有无抑菌圈及其直径大小，按表8-3标准确定细菌对抗生素等药物的敏感度。

表8-3　细菌对不同抗菌药物敏感度标准

| 药物名称 | 抑菌圈直径（mm） | 敏感度 |
|---|---|---|
| 青霉素 | <10 | 不敏感 |
| | 10～20 | 中度敏感 |
| | >20 | 高度敏感 |
| 土霉素、四环素、新霉素、链霉素、磺胺 | <10 | 不敏感 |
| | 10～14 | 中度敏感 |
| | >14 | 高度敏感 |
| 庆大霉素、卡那霉素 | <12 | 不敏感 |
| | 12～14 | 中度敏感 |
| | >14 | 高度敏感 |
| 氯霉素、红霉素 | <10 | 不敏感 |
| | 10～17 | 中度敏感 |
| | >17 | 高度敏感 |
| 其他 | <10 | 不敏感 |
| | 10～15 | 中度敏感 |
| | >15 | 高度敏感 |

【注意事项】

（1）实训用菌种对于被测定的抗生素应具有高度敏感性。建议与当地药检所联系，选用如金黄色葡萄球菌、大肠杆菌等菌种。

（2）实训时，一定要建立无菌操作的观念。

【作业】

（1）记录实验过程和结果，完成实训报告。

（2）试述药敏试验在生产中的应用。

## 实训九　有机磷中毒及其解救

有机磷中毒
及其解救

【目的要求】了解有机磷的毒理、中毒症状，掌握有机磷中毒的解救方法，并理解阿托品和碘解磷定对有机磷中毒的解救机理，会捉拿、徒手保定家兔，并掌握耳静脉给药技术。

【材料】

（1）动物：家兔3只。

（2）药品：5%敌百虫溶液、0.1%硫酸阿托品注射液、2.5%碘解磷定注射液。

（3）器材：台秤、5mL注射器、酒精棉球、干棉球、尺子、听诊器、秒表。

【教学组织】

（1）教师指导，介绍实训目的与意义。

（2）教师示范操作，并说明实训过程中的注意事项。

（3）学生分组实训，人人动手，教师指导。

（4）抽查与总结。

**【方法步骤】**

（1）取家兔 3 只，称重，依次标记为甲、乙、丙兔。分别观察其正常活动情况，并记录呼吸频率、心跳频率、瞳孔大小、唾液分泌量、大小便、肌肉张力及震颤等情况。

（2）3 只家兔按每千克体重 2mL 的剂量分别由耳静脉缓慢注射 5% 敌百虫注射液，待产生中毒症状时，观察以上指标有何变化及产生时间，并记录于表 8-4。

（3）待中毒症状明显后，甲兔按每千克体重 1mL 的剂量由耳静脉注射 0.1% 硫酸阿托品注射液；乙兔按每千克体重 2mL 的剂量由耳静脉注射 2.5% 碘解磷定注射液；丙兔同时注射 0.1% 硫酸阿托品注射液和 2.5% 碘解磷定注射液，方法、剂量同甲、乙兔。

（4）观察并记录甲、乙、丙兔解救后各项指标的变化情况，并记录于表 8-4 中。

**表 8-4　有机磷酸酯类中毒及其解救结果**

（梁运霞．2006．动物药理与毒理）

| 兔号 | 体重 | 药物 | 变化及时间（min） | | | | 心跳（次/min） | 呼吸（次/min） |
| --- | --- | --- | --- | --- | --- | --- | --- | --- |
| | | | 瞳孔（mm） | 唾液分泌 | 肌肉震颤 | 粪、尿 | | |
| 甲 | | 用药前 | | | | | | |
| | | 注射敌百虫后 | | | | | | |
| | | 注射阿托品后 | | | | | | |
| 乙 | | 用药前 | | | | | | |
| | | 注射敌百虫后 | | | | | | |
| | | 注射碘解磷定后 | | | | | | |
| 丙 | | 用药前 | | | | | | |
| | | 注射敌百虫后 | | | | | | |
| | | 注射阿托品和碘解磷定后 | | | | | | |

**【注意事项】**

（1）敌百虫可通过皮肤吸收，接触后应立即用自来水冲洗干净，但切忌用碱性肥皂，否则可转化为毒性更强的敌敌畏。

（2）解救时动作要迅速，否则动物会因抢救不及时而死亡。

（3）瞳孔大小会受光线影响而变化，在整个实验过程中不要随便改变家兔的位置，保持光线条件一致。

**【作业】**

（1）有机磷酸酯类中毒时，阿托品和解磷定分别能缓解哪些症状，为何二者联用效果更好？

（2）分析实训结果，完成实训报告。

## 单元二 ◇ 药理作用实验

### 学习目标

通过课堂实验和教学录像观察，掌握相关药物的临床作用结果，并能分析、理解其作用机理，了解药理作用实验的方法。

### 实验一　剂量对药物作用的影响

【目的要求】观察不同剂量对药物作用的影响，进一步理解剂量在临床用药中的重要性。

【材料】

(1) 实验动物：家兔。

(2) 药品：0.02％硝酸士的宁溶液。

(3) 器械：台秤、一次性注射器、酒精棉球、秒表。

【教学组织】

(1) 教师指导：介绍实验目的、要求及注意事项。

(2) 录像观察。

(3) 学生操作，记录实验结果。

(4) 讨论与小结。

【方法步骤】

(1) 取大小相似家兔两只，分别标记为甲、乙，称重。

(2) 甲兔按每千克体重1mg的剂量，肌内注射0.02％硝酸士的宁溶液，计时并观察甲兔的表现。

(3) 乙兔按每千克体重10mg的剂量，肌内注射0.02％硝酸士的宁溶液，填写给药剂量，计时并观察乙兔的表现。

记录给药时间和出现明显的药理作用的时间。将记录结果填于表8-5中。

剂量对药物作用的影响

表 8-5　剂量对药物作用的影响结果

| 家兔 | 给药前 | | | 给药后 | |
| --- | --- | --- | --- | --- | --- |
| | 药物 | 体重/kg | 剂量/mg | 反应时间/min | 反应表现 |
| 甲兔 | 0.02％士的宁 | | | | |
| 乙兔 | | | | | |

【作业】根据观察结果，进行理论分析并完成实验报告。

### 实验二　联合用药对药物作用的影响

【目的要求】通过观察硝酸士的宁和硫酸镁联合用药后的拮抗作用，进一步理解联合用药对药物作用的影响。

【材料】

(1) 实验动物：蟾蜍。

联合用药对药物作用的影响

（2）药品：0.02％硝酸士的宁溶液、10％硫酸镁溶液。

（3）器械：一次性注射器、酒精棉球、秒表。

【教学组织】

（1）教师指导：介绍实验目的、要求及注意事项。

（2）录像观察。

（3）学生操作，记录实验结果。

（4）讨论与小结。

【方法步骤】

（1）取大小相似的蟾蜍 2 只，分别标记为甲、乙。

（2）甲蟾蜍在腹淋巴囊先注射 10％硫酸镁溶液 0.8mL，等 5min 后再在腹淋巴囊注射 0.02％硝酸士的宁 0.1mL。计时并观察蟾蜍的精神状态。

（3）乙蟾蜍在腹淋巴囊注射 0.02％硝酸士的宁注射液 0.1mL，计时并观察蟾蜍的精神状态。

记录给药时间，观察出现惊厥的时间，填入表 8-6。

表 8-6　联合用药对药物作用的影响结果

| 蟾蜍 | 10％硫酸镁 | 0.02％士的宁 | 给药时间 | 出现症状时间 | 反应表现 |
| --- | --- | --- | --- | --- | --- |
| 甲 | 0.8mL | 0.1mL | | | |
| 乙 | | 0.1mL | | | |

【作业】根据观察结果，进行理论分析并完成实验报告。

## 实验三　给药途径对药物作用的影响

【目的要求】通过观察同一个药物不同途径给药后产生不同的药物反应，进一步理解给药途径对药物作用的影响。

给药途径对药物作用的影响

【材料】

（1）动物：小鼠。

（2）药品：10％硫酸镁溶液。

（3）器械：台秤、一次性注射器、小鼠灌胃管、小烧杯、记号笔。

【教学组织】

（1）教师指导：介绍实验目的、要求及注意事项。

（2）录像观察。

（3）学生操作，记录实验结果。

（4）讨论与小结。

【方法步骤】

（1）取大小相似禁食 12h 的小鼠 3 只，称重，分别在小鼠的头部、背部、尾部作标记，代表甲鼠、乙鼠、丙鼠。检查三只小鼠肌张力、大小便和活动情况。

（2）甲鼠按每 10g 体重 0.1mL 的剂量灌服 10％硫酸镁溶液；乙鼠按每 10g

体重 0.1mL 的剂量腹腔注射 10％硫酸镁注射液；丙鼠不给任何药物。观察各小鼠的肌张力、大小便和活动情况。把结果记录在表 8-7 中。

表 8-7　给药途径对药物作用的影响结果

| 鼠号 | 给药途径 | 药物 | 剂量 | 给药前 | | | 给药后 | | |
|---|---|---|---|---|---|---|---|---|---|
| | | | | 大小便 | 活动 | 肌张力 | 大小便 | 活动 | 肌张力 |
| 甲 | 灌服 | 10％硫酸镁溶液 | | | | | | | |
| 乙 | 腹腔注射 | 10％硫酸镁注射液 | | | | | | | |
| 丙 | — | — | — | | | | | | |

【作业】根据观察结果，讨论不同给药途径对药物作用的影响，并完成实验报告。

## 实验四　普鲁卡因的局部麻醉作用及肾上腺素对普鲁卡因局部麻醉作用的影响

【目的要求】通过实验观察，了解普鲁卡因的局部麻醉作用和肾上腺素延长普鲁卡因的局部麻醉时间的作用。理解其作用机理，并指导临床上合理应用。

【材料】

（1）动物：家兔。

（2）药品：0.1％盐酸肾上腺素注射液、2％盐酸普鲁卡因注射液。

（3）器材：注射器（1mL、5mL）各两支、9 号针头、镊子、酒精棉球、秒表、台秤。

普鲁卡因的局部麻醉作用和肾上腺素对药物作用的影响

【教学组织】

（1）教师指导：介绍实训目的、要求及注意事项。

（2）录像观察。

（3）学生操作，记录实验结果。

（4）讨论与小结。

【方法步骤】

（1）取家兔 1 只，称重，观察其正常活动情况，用针刺后肢，观察有无疼痛感，并记录。

（2）使家兔自然仰卧后，按每千克体重 2mL 的剂量，于家兔左侧坐骨神经周围（在尾部坐骨嵴与股骨头之间摸到一凹陷处，即为注射处）注入 2％盐酸普鲁卡因注射液，于家兔右侧坐骨神经周围注入加有肾上腺素的 2％普鲁卡因注射液（按 1∶100 的体积比将 0.1％盐酸肾上腺素注射液与 2％盐酸普鲁卡因注射液混合）。

（3）5min 后开始观察两后肢有无运动障碍，并以针刺两后肢，观察有无疼痛感，以后每 10min 检查一次，观察两后肢恢复感觉的情况，并记录于表 8-8。

表8-8 肾上腺素对普鲁卡因局部麻醉作用的影响的结果

| 部位 | 药物 | 剂量 | 用药前兔的活动情况及针刺反应 | 用药后兔的活动情况及针刺反应 | |
|---|---|---|---|---|---|
| | | | | 疼痛感消失时间 | 疼痛感恢复时间 |
| 左后肢 | 2%普鲁卡因 | | | | |
| 右后肢 | 加有上肾腺素的普鲁卡因 | | | | |

【注意事项】①麻醉给药部位要准确；②麻醉药用量要精准。

【作业】根据观察结果，分析药物作用机理，并完成实验报告。

## 实验五 新斯的明与阿托品对肠管蠕动的影响

【目的要求】通过观察新斯的明与阿托品对肠管蠕动的影响，从而理解其作用机理，掌握其临床应用。

【材料】

（1）动物：家兔。

（2）药品：2%戊巴比妥钠溶液、生理盐水，新斯的明注射液、阿托品注射液。

（3）器材：手术台、保定绳、电剪、圆头剪刀、注射器、酒精棉球、碘酊棉球、台秤、透明胶布等。

【教学组织】

（1）教师指导：介绍实验目的、要求及注意事项。

（2）录像观察。

（3）学生操作，记录实验结果。

（4）讨论与小结。

【方法步骤】

（1）取家兔一只，用2%戊巴比妥钠按每千克体重20mg的剂量耳静脉注射，麻醉家兔。

（2）麻醉后，把家兔仰卧保定在手术台上。

（3）剃毛、消毒后沿腹中线剪开腹壁，暴露肠管，适时地滴加生理盐水使肠湿润，观察肠管的正常肠蠕动情况。在肠管上直接滴加新斯的明注射液，观察肠管蠕动情况。然后在肠管上直接滴加阿托品注射液，观察肠管蠕动情况。最后再在肠管上直接滴加新斯的明注射液，观察肠管的蠕动情况。把实验结果记录于表8-9。

新斯的明与阿托品对肠管蠕动的影响

表8-9 新斯的明与阿托品对肠管蠕动的影响结果

| | 肠蠕动情况 |
|---|---|
| 用药前 | |
| 滴加新斯的明后 | |
| 滴加阿托品后 | |
| 再滴加新斯的明后 | |

【作业】从实验结果说明新斯的明和阿托品临床用途，完成实验报告。

## 实验六　消沫药的消沫作用

【目的要求】通过观察几种消沫药在体外的消沫作用，掌握其作用机理。

【材料】

(1) 药品：1%肥皂水、花生油、松节油、二甲硅油。

(2) 器材：试管、试管架、胶头滴管、量筒、秒表。

【教学组织】

(1) 教师指导：介绍实验目的、要求及注意事项。

(2) 录像观察。

(3) 学生操作，记录实验结果。

(4) 讨论与小结。

【方法步骤】

(1) 取大小一致的试管 4 支，作相应的标记，向 4 支试管内分别装入 5mL 1%肥皂水。用力振摇 4 支试管使产生等量泡沫。

(2) 再向对应的试管中滴入水、花生油、松节油、二甲硅油各 2 滴，计时，观察泡沫消失所需时间，填入表 8-10。

消沫药的消沫作用

表 8-10　泻药的导泻作用结果

| 药物 | 水 | 花生油 | 松节油 | 二甲硅油 |
| --- | --- | --- | --- | --- |
| 泡沫消失所需时间（min） | | | | |

【作业】根据观察结果，分析各药物的消沫作用，完成实验报告。

## 实验七　泻药的导泻作用

【目的要求】通过观察盐类和油类泻药的泻下作用，理解其作用机理，掌握泻药的合理选用。

【材料】

(1) 动物：家兔。

(2) 药品：生理盐水、3.2%硫酸钠、20%硫酸钠、液体石蜡、2%戊巴比妥钠。

(3) 器材：一次性注射器、剪刀、镊子、止血钳、缝线、台秤、纱布、秒表。

泻药的导泻作用

【教学组织】

(1) 教师指导：介绍实验目的、要求及注意事项。

(2) 录像观察。

(3) 学生操作，记录实验结果。

(4) 讨论与小结。

【方法步骤】

(1) 取家兔一只，由耳静脉注射 2%戊巴比妥钠溶液（约每千克体重 1mL），使家兔麻醉。沿腹中线剪开腹壁，取出小肠一段，观察正常的蠕动和充盈状况。

（2）在不损伤肠系膜血管的情况下用线将此肠扎成等长的四段，每段长2～3cm，使肠腔互不相通，依次向肠腔内注射下列药物，使小肠中度膨胀。

第1段：生理盐水；第2段：3.2％硫酸钠溶液；第3段：20％硫酸钠溶液；第4段：液体石蜡。

（3）注射后，将小肠放回腹腔，关闭腹腔，盖以浸有39℃生理盐水的温湿纱布，保湿保温。40min后打开腹腔，观察四段小肠的充盈度，把结果记录于表8-11。在此过程中，应注意避免将肠管拉出腹腔置于毛上，还应不时地滴加温生理盐水于肠管上以保持肠管湿润。

（4）抽出内容物后，剪开肠管观察肠黏膜充血情况。

表 8-11　泻药的导泻作用结果

| 肠段编号 | 药　　物 | 肠管充盈度 | 肠黏膜颜色 |
| --- | --- | --- | --- |
| 1 | 生理盐水 | | |
| 2 | 3.2％硫酸钠溶液 | | |
| 3 | 20％硫酸钠溶液 | | |
| 4 | 液体石蜡 | | |

【作业】根据观察结果，分析各段肠管所产生变化的原因，说明应用盐类泻药的适宜浓度，并完成实验报告。

## 实验八　枸橼酸钠的抗凝作用

【实验目的】通过观察枸橼酸钠对动物体外血液的抗凝作用，理解其作用机理从而掌握枸橼酸钠的临床应用。

【材料】

（1）动物：家兔。

（2）药品：生理盐水、3.2％枸橼酸钠溶液、3％氯化钙溶液。

（3）器材：小试管、试管架、恒温水浴锅、一次性注射器、秒表、移液器、小玻璃棒。

【教学组织】

（1）教师指导：介绍实验目的、要求及注意事项。

（2）录像观察。

（3）学生操作，记录实验结果。

（4）讨论与小结。

【方法步骤】

（1）取大小一致、清洁干燥的小试管3支，编号为A、B、C。A管加入生理盐水0.1mL、B、C管分别加入3.2％枸橼酸钠溶液各0.1mL。

（2）用注射器从家兔耳中动脉取血约5mL，拔去针头，迅速向每支试管中各加入兔血1.0mL。充分混匀后，放入（37±0.5）℃恒温水浴中，启动秒表计时。每隔30s将试管轻轻倾斜一次，观察各试管的血液是否凝固，直至A管出现凝固为止。记下时间，继续向C管加入3％氯化钙溶液0.1mL，混匀后放入

枸橼酸钠的
抗凝作用

(37±0.5)℃恒温水浴中，计时，每隔30s将试管轻轻倾斜，观察B、C管血液是否凝固。

（3）分别记录各试管的血凝时间。将结果填于表8-12。

表 8-12　枸橼酸钠的抗凝作用结果

| | A试管 | B试管 | C试管 |
| --- | --- | --- | --- |
| 生理盐水 | 0.1mL | | |
| 3.2%枸橼酸钠溶液 | — | 0.1mL | 0.1mL |
| 血液 | 1.0mL | 1.0mL | 1.0mL |
| (37±0.5)℃恒温水浴 | | | |
| 观察并记录出现变化情况及时间 | | | |
| 3%氯化钙溶液 | — | — | 0.1mL |
| 混匀后放入（37±0.5)℃恒温水浴 | | | |
| 观察并记录出现变化情况及时间 | | | |

【注意事项】

（1）小试管应大小一致，清洁干燥。

（2）取血动作要快，以免血液在注射器内凝固。

（3）兔血加入小试管后，需立即颠倒试管混匀，搅拌时应避免产生气泡。

（4）由动物取血到试管置入恒温水浴的间隔时间不得超过3min。

【作业】讨论各管出现的结果，分析其原因，并说明其在临床上的意义，完成实验报告。

# 附　　录

## 附录一　实训技能考核内容与方法

| 序号 | 考核项目 | 考核内容 | 考核方式 |
|---|---|---|---|
| 1 | 药物的保管与贮存 | 1. 保管制度,贮存要求,影响药物变质的主要环境因素,药物变质的外观表现<br>2. 普通药、剧毒药、麻醉药品的保管<br>3. 易吸湿、易潮解、易风化、遇光遇热易变质、易燃及有腐蚀性药物的贮存<br>4. 假、劣兽药肉眼的识别方法 | 实操、提问<br>以代表性药物为例,在药房实地抽问,让学生指出其保管方法,教师提供兽药样品,学生指出其中假、劣兽药 |
| 2 | 兽医处方的开写 | 1. 处方开写格式及注意要点<br>2. 处方纠错<br>3. 根据病例,能开写处方 | 练习、提问<br>给错误处方,学生更正<br>开写治疗处方 |
| 3 | 实验动物的捉拿、保定及给药方法 | 1. 小鼠、蟾蜍、家兔的捉拿和保定<br>2. 小鼠、蟾蜍和家兔等动物的给药方法 | 实操、提问<br>老师任意抽1种捉拿保定方法、给药方式,学生操作 |
| 4 | 动物给药技术 | 1. 牛、羊、猪、犬、猫、禽等动物的保定方法<br>2. 牛、羊、猪、犬、猫、禽等动物的各种给药方法 | 实操、提问<br>老师任意抽1种捉拿保定方法、给药方式,学生操作 |
| 5 | 药物的配伍禁忌 | 1. 常用药物的物理、化学配伍禁忌<br>2. 处理配伍禁忌的一般方法<br>3. 配伍禁忌表的使用 | 实操、提问<br>配伍禁忌表的使用,老师任意点出10种注射制剂,分5对,学生操作,指出有无配伍禁忌 |
| 6 | 常用药物制剂的配制 | 1. 药物浓度的计算方法<br>2. 溶液剂的配制方法<br>3. 酒精稀释法<br>4. 2%碘酊的配制 | 计算、实操<br>老师任意抽1~2种制剂,学生操作 |
| 7 | 抗菌药物的药敏试验 | 1. 接种细菌的方法<br>2. 粘贴药敏试纸方法<br>3. 标注及细菌培养法<br>4. 结果判读方法 | 实操、提问<br>老师任意抽1~2个学生进行操作,其他学生进行观察纠错 |

注:实训内容逐项训练,逐条考核,时间在每项教学实习内容完成现场进行,学生实际操作和口试相结合,成绩实行等级评定。

### 成绩评定

考核成绩分优、良、及格、不及格四个档次(也可用百分制):

1. 回答提问完全正确,实践操作熟练、结果准确,评定为优(90分以上,含90分)。

2. 回答提问较正确，实践操作较熟练、结果较好，评定为良（75分以上，含75分）。

3. 回答提问尚可，实践操作不够熟练、结果一般，评定为及格（60分以上，含60分）。

4. 回答提问不正确，实践操作不熟练、结果不准确，评定为不及格（60分以下）。

# 附录二　常用药物的配伍禁忌简表

| 类别 | 药　　物 | 禁忌配合的药物 | 变　　化 |
|---|---|---|---|
| 消毒防腐药 | 漂白粉 | 酸类 | 分解放出氯 |
| | 酒精 | 氧化剂、无机盐等 | 氧化、沉淀 |
| | 硼酸 | 碱性物质 | 生成硼酸盐 |
| | | 鞣酸 | 药效减弱 |
| | 碘及其制剂 | 氨水、铵盐类 | 生成爆炸性碘化氮 |
| | | 重金属盐 | 沉淀 |
| | | 生物碱类药物 | 析出生物碱沉淀 |
| | | 淀粉 | 呈蓝色 |
| | | 龙胆紫 | 药效减弱 |
| | | 挥发油 | 分解失效 |
| | 阳离子表面活性消毒药 | 阴离子如肥皂类、合成洗涤剂 | 作用相互拮抗 |
| | | 高锰酸钾、碘化物 | 沉淀 |
| | 高锰酸钾 | 氨及其制剂 | 沉淀 |
| | | 甘油、酒精 | 失效 |
| | | 鞣酸、甘油、药用炭 | 研磨时爆炸 |
| | 过氧化氢溶液 | 碘及其制剂、高锰酸钾、碱类、药用炭 | 分解、失效 |
| | 过氧乙酸 | 碱类如氢氧化钠、氨溶液 | 中和失效 |
| | 氨溶液 | 酸及酸性盐 | 中和失效 |
| | | 碘溶液如碘酊 | 生成爆炸性的碘化氮 |
| | 碱类（氧化钙、氢氧化钠等） | 酸性溶液 | 中和失效 |
| 抗生素 | 青霉素 | 酸性药液如盐酸氯丙嗪、四环素类抗生素的注射液 | 沉淀、分解失效 |
| | | 碱性药液如磺胺药、碳酸氢钠注射液 | 沉淀、分解失效 |
| | | 高浓度酒精、重金属盐 | 破坏失效 |
| | | 氧化剂如高锰酸钾 | 破坏失效 |
| | | 快效抑菌剂如四环素、氯霉素 | 疗效减低 |
| | 红霉素 | 碱性溶液如磺胺药、碳酸氢钠注射液 | 沉淀、析出游离碱 |
| | | 氯化钠、氯化钙 | 混浊、沉淀 |
| | | 林可霉素 | 出现拮抗作用 |
| | 链霉素 | 较强的酸、碱性溶液 | 破坏、失效 |
| | | 氧化剂、还原剂 | 破坏、失效 |
| | | 利尿酸 | 肾毒性增大 |
| | | 多黏菌素E | 骨骼肌松弛 |
| | 多黏菌素E | 骨骼肌松弛药 | 毒性增强 |
| | | 先锋霉素I | 毒性增强 |

（续）

| 类别 | 药 物 | 禁忌配合的药物 | 变 化 |
|------|-------|----------------|--------|
| 抗生素 | 四环素类如四环素、土霉素、金霉素、盐酸多西环素等 | 中性及碱性溶液如碳酸氢钠注射液<br>生物碱沉淀剂<br>阳离子（一价、二价或三价离子） | 分解失效<br>沉淀、失效<br>形成不溶性难吸收的络合物 |
| | 氯霉素 | 铁剂、叶酸、维生素 $B_{12}$<br>青霉素类抗生素 | 抑制红细胞生成<br>疗效减低 |
| | 先锋霉素Ⅱ | 强效利尿药 | 增大对肾毒性 |
| 合成抗菌药 | 磺胺类药物 | 酸性药物<br>普鲁卡因<br>氯化铵 | 析出沉淀<br>疗效降低或无效<br>增加肾毒性 |
| | 氟喹诺酮类药物如诺氟沙星、环丙沙星、氧氟沙星、洛美沙星、恩诺沙星等 | 氯霉素、呋喃类药物<br>金属阳离子<br><br>强酸性药液或强碱性药液 | 疗效降低<br>形成不溶性难吸收的络合物<br>析出沉淀 |
| 抗螨虫药 | 左旋咪唑 | 碱类药物 | 分解、失效 |
| | 敌百虫 | 碱类、新斯的明、肌松药 | 毒性增强 |
| 抗球虫药 | 氨丙啉 | 维生素 $B_1$ | 疗效减低 |
| | 二甲硫胺 | 维生素 $B_1$ | 疗效减低 |
| | 莫能菌素、盐霉素、马杜霉素、拉沙洛菌素 | 泰妙霉素、竹桃霉素 | 抑制动物生长，甚至中毒死亡 |
| 强心药 | 洋地黄毒苷 | 钙盐<br>钾盐<br>酸或碱性药物<br>鞣酸、重金属盐 | 增强洋地黄毒性<br>对抗洋地黄作用<br>分解、失效<br>沉淀 |
| 止血药 | 肾上腺素色腙 | 脑垂体后叶素、青霉素G、盐酸氯丙嗪<br>抗组胺药、抗胆碱药 | 变色、分解、失效<br>止血作用减弱 |
| | 酚磺乙胺 | 磺胺嘧啶钠、盐酸氯丙嗪 | 混浊、沉淀 |
| | 亚硫酸氢钠甲萘醌 | 还原剂、碱类药液<br>巴比妥类药物 | 分解、失效<br>加速维生素 $K_3$ 代谢 |
| 抗凝血药 | 肝素钠 | 酸性药液<br>碳酸氢钠、乳酸钠 | 分解、失效<br>加强肝素钠抗凝血 |
| | 枸橼酸钠 | 钙制剂如氯化钙、葡萄糖酸钙 | 作用减弱 |
| 抗贫血药 | 硫酸亚铁 | 四环素类药物<br>氧化剂 | 妨碍吸收<br>氧化变质 |
| 平喘药 | 氨茶碱 | 酸性药液，如维生素C、四环素类药物盐酸盐、盐酸氯丙嗪等 | 中和反应，析出茶碱<br>沉淀 |
| | 麻黄素（碱） | 肾上腺素、去甲肾上腺素 | 增强毒性 |
| 泻药 | 硫酸钠 | 钙盐、钡盐、铅盐 | 沉淀 |
| | 硫酸镁 | 中枢抑制药 | 增强中枢抑制作用 |

（续）

| 类别 | 药　物 | 禁忌配合的药物 | 变　化 |
|---|---|---|---|
| 利尿药 | 呋塞米（速尿） | 氨基糖苷类如链霉素、卡那霉素、新霉素、庆大霉素<br>头孢噻啶<br>骨骼肌松弛剂 | 增强耳毒性<br>增强肾毒性<br>骨骼肌松弛加重 |
| 脱水药 | 甘露醇 | 生理盐水或高渗盐 | 疗效减弱 |
| | 山梨醇 | 生理盐水或高渗盐 | 疗效减弱 |
| 糖皮质激素 | 强的松、氢化可的松、强的松龙 | 苯巴比妥钠、苯妥英钠<br>强效利尿药<br>水杨酸钠<br>降血糖药 | 代谢加快<br>排钾增多<br>消除加快<br>疗效降低 |
| 性激素与促性腺激素 | 促黄体素 | 抗胆碱药、抗肾上腺素药<br>抗惊厥药、麻醉药、安定药 | 疗效降低 |
| | 绒促性素 | 遇热、氧 | 水解、失效 |
| 影响组织代谢药 | 维生素 B$_1$ | 生物碱、碱<br>氧化剂、还原剂<br>氨苄西林、头孢菌素Ⅰ和Ⅱ、氯霉素、多黏菌素 | 沉淀<br>分解、失效<br>破坏、失效 |
| | 维生素 B$_2$ | 碱性药液<br>氨苄西林、头孢菌素Ⅰ和Ⅱ、氯霉素、多黏菌素、四环素、金霉素、土霉素、红霉素、链霉素、卡那霉素、林可霉素 | 破坏、失效<br>破坏、灭活 |
| | 维生素 C | 氧化剂<br>碱性药液如氨茶碱<br>钙制剂溶液<br>氨苄西林、头孢菌素Ⅰ和Ⅱ、四环素、土霉素、多西环素、红霉素、新霉素、链霉素、卡那霉素、林可霉素 | 破坏、失效<br>氧化、失效<br>沉淀<br>破坏、灭活 |
| | 氯化钙 | 碳酸氢钠、碳酸钠溶液 | 沉淀 |
| | 葡萄糖酸钙 | 碳酸氢钠、碳酸钠溶液<br>水杨酸盐、苯甲酸盐溶液 | 沉淀<br>沉淀 |
| 解热镇痛药 | 阿司匹林 | 碱类药物如碳酸氢钠、氨茶碱、碳酸钠等 | 分解、失效 |
| | 水杨酸钠 | 铁等金属离子制剂 | 氧化、变色 |
| | 安乃近 | 氯丙嗪 | 体温剧降 |
| | 氨基比林 | 氧化剂 | 氧化、失效 |
| 解毒药 | 碘解磷定 | 碱性药物 | 水解为氰化物 |
| | 亚甲蓝 | 强碱性药物、氧化剂、还原剂及碘化物 | 破坏、失效 |
| | 亚硝酸钠 | 酸类<br>碘化物<br>氧化剂、金属盐 | 分解成亚硝酸<br>游离出碘<br>被还原 |

（续）

| 类别 | 药　物 | 禁忌配合的药物 | 变　化 |
|---|---|---|---|
| 解毒药 | 硫代硫酸钠 | 酸类<br>氧化剂如亚硝酸钠 | 分解、沉淀<br>分解、失效 |
| 解毒药 | 依地酸钙钠 | 铁制剂如硫酸亚铁 | 干扰作用 |
| 助消化与健胃药 | 乳酶生 | 酊剂、抗菌剂、鞣酸蛋白、铋制剂 | 疗效减弱 |
| 助消化与健胃药 | 胃蛋白酶 | 部分中药 | 降低疗效 |
| 助消化与健胃药 | 胃蛋白酶 | 强酸、碱性、重金属盐、鞣酸溶液及高温 | 沉淀或灭活、失效 |
| 助消化与健胃药 | 干酵母 | 磺胺类 | 拮抗、降低疗效 |
| 助消化与健胃药 | 稀盐酸、稀醋酸 | 碱类、盐类、有机酸及洋地黄 | 沉淀、失效 |
| 助消化与健胃药 | 人工盐 | 酸类 | 中和、疗效减弱 |
| 助消化与健胃药 | 胰酶 | 强酸、碱性、重金属盐溶液及高温 | 沉淀或灭活、失效 |
| 助消化与健胃药 | 碳酸氢钠 | 镁盐、钙盐、鞣酸类、生物碱类等 | 疗效降低、分解、沉淀或失效 |
| 助消化与健胃药 | 碳酸氢钠 | 酸性溶液 | 中和失效 |

**注**：氧化剂：漂白粉、过氧化氢、过氧乙酸、高锰酸钾等。

还原剂：碘化物、硫代硫酸钠、维生素 C 等。

重金属盐：汞盐、银盐、铁盐、铜盐、锌盐等。

酸类药物：稀盐酸、硼酸、鞣酸、醋酸、乳酸等。

碱类药物：氢氧化钠、碳酸氢钠、氨水等。

生物碱类药物：阿托品、安钠咖、肾上腺素、毛果芸香碱、氨茶碱、普鲁卡因等。

有机酸盐类药物：水杨酸钠、醋酸钾等。

生物碱沉淀剂：氢氧化钾、碘、鞣酸、重金属等。

药液显酸性的药物：氯化钙、葡萄糖、硫酸镁、氯化铵、盐酸、肾上腺素、硫酸阿托品、水合氯醛、盐酸氯丙嗪、盐酸金霉素、盐酸土霉素、盐酸普鲁卡因、糖盐水、葡萄糖酸钙注射液等。

药液显碱性的药物：安钠咖、碳酸氢钠、氨茶碱、乳酸钠、磺胺嘧啶钠、乌洛托品等。

# 附录三　不同动物用药量换算表

## 1. 各种畜禽与人用药剂量比例简表（均按成年）

| 畜禽种类 | 成人 | 牛 | 羊 | 猪 | 马 | 鸡 | 猫 | 犬 |
|---|---|---|---|---|---|---|---|---|
| 比例 | 1 | 5～10 | 2 | 2 | 5～10 | 1/6 | 1/4 | 1/4～1 |

## 2. 不同畜禽用药剂量比例简表

| 畜别 | 马<br>（400kg） | 牛<br>（300kg） | 驴<br>（200kg） | 猪<br>（50kg） | 羊<br>（50kg） | 鸡<br>（1岁以上） | 犬<br>（1岁以上） | 猫<br>（1岁以上） |
|---|---|---|---|---|---|---|---|---|
| 比例 | 1 | 1～1.5 | 1/3～1/2 | 1/8～1/5 | 1/6～1/5 | 1/4～1/20 | 1/10～1/16 | 1/16～1/22 |

## 3. 家畜年龄与用药比例表

| 畜别 | 年龄 | 比例 | 畜别 | 年龄 | 比例 | 畜别 | 年龄 | 比例 |
|---|---|---|---|---|---|---|---|---|
| 猪 | 1 岁半以上 | 1 | 羊 | 2 岁以上 | 1 | 牛 | 3～8 岁 | 1 |
|  | 9～18 个月 | 1/2 |  | 1～2 岁 | 1/2 |  | 9～15 岁 | 2/4 |
|  | 4～9 个月 | 1/4 |  | 6～12 个月 | 1/4 |  | 15～20 岁 | 1/2 |
|  | 2～4 个月 | 1/8 |  | 3～6 个月 | 1/8 |  | 2～3 岁 | 1/4 |
|  | 1～2 个月 | 1/16 |  | 1～3 个月 | 1/16 |  | 4～8 个月 | 1/8 |
| 马 | 3～12 岁 | 1 | 犬 | 6 个月以上 | 1 |  |  |  |
|  | 15～20 岁 | 2/4 |  | 3～6 个月 | 1/2 |  |  |  |
|  | 20～25 岁 | 1/2 |  | 1～3 个月 | 1/4 |  |  |  |
|  | 2 岁 | 1/4 |  | 1 个月以上 | 1/16～1/8 |  |  |  |
|  | 1 岁 | 1/12 |  |  |  |  |  |  |
|  | 2～6 个月 | 1/24 |  |  |  |  |  |  |

4. 给药途径与剂量比例关系表

| 途径 | 内服 | 直肠给药 | 皮下注射 | 肌内注射 | 静脉注射 | 气管注射 |
|---|---|---|---|---|---|---|
| 比例 | 1 | 1.5～2 | 1/3～1/2 | 1/3～1/2 | 1/4～1/3 | 1/4～1/3 |

## 附录四　兽药有效期表

| 品　名 | 有效期/年 | 品　名 | 有效期/年 |
|---|---|---|---|
| 乙氧萘青霉素钠 | 2.5 | 注射用硫酸链霉素 | 3 |
| 土霉素 | 4 | 硫酸新霉素 | 3.5 |
| 土霉素片 | 2 | 普鲁卡因青霉素 | 3 |
| 盐酸金霉素 | 4 | 注射用普鲁卡因青霉素 | 2 |
| 盐酸林可霉素 | 2 | 制霉菌素 | 3 |
| 盐酸林可霉素片 | 2 | 制霉菌素片 | 2 |
| 盐酸林可霉素注射液 | 2 | 乳糖酸红霉素 | 4 |
| 盐酸多西环素 | 3 | 注射用乳糖酸红霉素 | 3 |
| 盐酸多西环素片 | 2 | 单硫酸卡那霉素 | 3 |
| 四环素 | 2 | 硫酸卡那霉素注射液 | 2.5 |
| 四环素片 | 2 | 红霉素 | 4 |
| 灰黄霉素 | 4 | 红霉素片 | 3 |
| 灰黄霉素片 | 3 | 杆菌肽 | 3 |
| 注射用琥珀氯霉素（所有食品动物禁用） | 3 | 注射用杆菌肽 | 2 |
| 硫酸庆大霉素 | 4 | 氯唑西林钠 | 2.5 |
| 硫酸庆大霉素注射液 | 3 | 注射用氯唑西林钠 | 2 |
| 硫酸卡那霉素 | 4 | 青霉素钠（钾） | 4 |

（续）

| 品　名 | 有效期/年 | 品　名 | 有效期/年 |
|---|---|---|---|
| 注射用硫酸卡那霉素 | 3 | 注射用青霉素钠（钾） | 2 |
| 注射用苄星青霉素 | 3 | 注射用青霉素钠（钾）安瓿装 | 3 |
| 硫酸链霉素 | 4 | 苯唑西林钠 | 3 |
| 注射用苯唑西林钠 | 2 | 含糖胃蛋白酶 | 1.5 |
| 氨苄西林钠 | 2.5 | 精蛋白锌胰岛素注射液 | 2 |
| 注射用氨苄西林钠 | 2 | 细胞色素C注射液 | 2 |
| 盐酸土霉素 | 4 | 注射用细胞色素C | 2 |
| 盐酸土霉素片 | 2 | 注射用绒促性素 | 2 |
| 盐酸四环素 | 4 | 马来酸麦角新碱注射液 | 2 |
| 盐酸四环素片 | 3 | 胰岛素注射液 | 2 |
| 缩宫素注射液 | 2 | 硫酸鱼精蛋白注射液 | 2 |
| 肝素注射液 | 2 | | |

## 附录五　食品动物禁用的兽药及其他化合物清单

| 序号 | 兽药及其他化合物名称 | 禁止用途 | 禁用动物 |
|---|---|---|---|
| 1 | β—兴奋剂类：克仑特罗 Clenbuterol、沙丁胺醇 Salbutamol、西马特罗 Cimaterol 及其盐、酯及制剂 | 所有用途 | 所有食品动物 |
| 2 | 性激素类：己烯雌酚 Diethylstilbestrol 及其盐、酯及制剂 | 所有用途 | 所有食品动物 |
| 3 | 具有雌激素样作用的物质：玉米赤霉醇 Zeranol、去甲雄三烯醇酮 Trenbolone、醋酸甲孕酮 Mengestrol，Acetate 及制剂 | 所有用途 | 所有食品动物 |
| 4 | 氯霉素 Chloramphenicol 及其盐、酯（包括琥珀氯霉素 Chloramphenicol Succinate）及制剂 | 所有用途 | 所有食品动物 |
| 5 | 氨苯砜 Dapsone 及制剂 | 所有用途 | 所有食品动物 |
| 6 | 硝基呋喃类：呋喃西林 Nitrofurazone 和呋喃妥因 Nitrofurantoin 及其盐、酯及制剂；呋喃唑酮 Furazolidone、呋喃它酮 Furaltadone、呋喃苯烯酸钠 Nifurstyrenate sodium 及制剂 | 所有用途 | 所有食品动物 |
| 7 | 硝基化合物：硝基酚钠 Sodium nitrophenolate、硝呋烯腙 Nitrovin 及制剂 | 所有用途 | 所有食品动物 |
| 8 | 催眠、镇静类：安眠酮 Methaqualone 及制剂 | 所有用途 | 所有食品动物 |
| 9 | 替硝唑 Tinidazole 及其盐、酯及制剂 | 所有用途 | 所有食品动物 |
| 10 | 卡巴氧 Carbadox 及其盐、酯及制剂 | 所有用途 | 所有食品动物 |
| 11 | 万古霉素 Vancomycin 及其盐、酯及制剂 | 所有用途 | 所有食品动物 |
| 12 | 氟喹诺酮类：洛美沙星 Lomefloxacin、培氟沙星 Pefloxacin、氧氟沙星 Ofloxacin、诺氟沙星 Norfloxacin 及其盐、酯及制剂 | 所有用途 | 所有食品动物 |

（续）

| 序号 | 兽药及其他化合物名称 | 禁止用途 | 禁用动物 |
|---|---|---|---|
| 13 | 非泼罗尼 Fipronil 及相关制剂 | 所有用途 | 所有食品动物 |
| 14 | 喹乙醇 Olaquindox 及制剂 | 所有用途 | 所有食品动物 |
| 15 | 氨苯胂酸 Arsanilic acid 及制剂 | 所有用途 | 所有食品动物 |
| 16 | 洛克沙胂 Roxarsone 及制剂 | 所有用途 | 所有食品动物 |
| 17 | 林丹（丙体六六六）Lindane | 杀虫剂 | 所有食品动物 |
| 18 | 毒杀芬（氯化烯）Camahechlor | 杀虫剂、清塘剂 | 所有食品动物 |
| 19 | 呋喃丹（克百威）Carbofuran | 杀虫剂 | 所有食品动物 |
| 20 | 杀虫脒（克死螨）C hlordimeform | 杀虫剂 | 所有食品动物 |
| 21 | 双甲脒 Amitraz | 杀虫剂 | 水生食品动物 |
| 22 | 酒石酸锑钾 Antimony potassiumtartrate | 杀虫剂 | 所有食品动物 |
| 23 | 锥虫胂胺 Tryparsamide | 杀虫剂 | 所有食品动物 |
| 24 | 孔雀石绿 Malachitegreen | 抗菌、杀虫剂 | 所有食品动物 |
| 25 | 五氯酚酸钠 Pentachlorop henolsodium | 杀螺剂 | 所有食品动物 |
| 26 | 各种汞制剂包括氯化亚汞（甘汞）Calomel、硝酸亚汞 Mercurous nitrate、醋酸汞 Mercurousacetate、吡啶基醋酸汞 Pyridyl mercurous acetate | 杀虫剂 | 所有食品动物 |
| 27 | 性激素类：甲基睾丸酮 Methyltestosterone、丙酸睾酮 Testosterone Propionate、苯丙酸诺龙 NandroloneP henylpropionate、苯甲酸雌二醇 Estradiol Benzoate 及其盐、酯及制剂 | 促生长 | 所有食品动物 |
| 28 | 催眠、镇静类：氯丙嗪 C hlorpromazine、地西泮（安定）diazepam 及其盐、酯及制剂 | 促生长 | 所有食品动物 |
| 29 | 硝基咪唑类：甲硝唑 Metronidazole、地美硝唑 Dimetronidazole 及其盐、酯及制剂 | 促生长 | 所有食品动物 |

# R参考文献
## References !!

操继跃，2005. 兽医药物动力学 ［M］. 北京：中国农业出版社.

陈杰，2007. 家畜生理学 ［M］. 4 版. 北京：中国农业出版社.

陈杖榴等，2017. 兽医药理学 ［M］. 4 版. 北京：中国医药科技出版社.

东北农业大学，2005. 兽医临床诊断学 ［M］. 3 版. 北京：中国农业出版社.

范开，2006. 中兽医方剂辩证应用及解析 ［M］. 北京：化学工业出版社.

高迎春，2006. 动物科学用药 ［M］. 北京：中国农业出版社.

李春雨，贺生中，2007. 动物药理 ［M］. 北京：中国农业出版社.

李瑞，2003. 药理学 ［M］. 5 版. 北京：中国农业出版社.

梁运霞等，2006. 动物药理与毒理 ［M］. 北京：中国农业出版社.

林曦，2007. 家畜病理学 ［M］. 3 版. 北京：中国农业出版社.

凌沛学，2007. 药物制剂技术 ［M］. 北京：中国轻工业出版社.

刘爱红，2008. 食品毒理基础 ［M］. 北京：化学工业出版社.

全国执业兽医资格考试委员会编写组，2014. 执业兽医资格考试应试指南（上、下册）［M］. 北京：中国农业出版社.

任养生，2005. 中兽医验方妙用 ［M］. 北京：金盾出版社.

沈建忠，谢联金，2000. 兽医药理学 ［M］. 北京：中国农业大学出版社.

沈建忠，2002. 动物毒理学 ［M］. 北京：中国农业出版社.

夏世钧，吴中亮，2001. 分子毒理学基础 ［M］. 武汉：湖北科学技术出版社.

许剑琴等，2001. 中兽医方剂精华 ［M］. 北京：中国农业出版社.

张红超，孙洪梅，2012. 宠物药理 ［M］. 北京：化学工业出版社.

张克家，2009. 中兽医方剂大全 ［M］. 北京：中国农业出版社.

中国兽药典委员会，2016. 兽药使用指南·化学药品卷（2015 年版）［M］. 北京：中国农业出版社.

中国兽药典委员会，2016. 中华人民共和国兽药典（2015 年版）［M］. 北京：化学工业出版社.

周立国，2003. 药物毒理学 ［M］. 北京：中国医药科技出版社.

# 读者意见反馈

亲爱的读者：

感谢您选用中国农业出版社出版的职业教育教材。为了提升我们的服务质量，为职业教育提供更加优质的教材，敬请您在百忙之中抽出时间对我们的教材提出宝贵意见。我们将根据您的反馈信息改进工作，以优质的服务和高质量的教材回报您的支持和爱护。

地　　址：北京市朝阳区麦子店街 18 号楼（100125）
　　　　　中国农业出版社职业教育出版分社
联系方式：QQ（1492997993）

教材名称：　　　　　　　ISBN：

个人资料

姓名：_____ 所在院校及所学专业：_____
通信地址：_____
联系电话：_____ 电子信箱：_____
您使用本教材是作为：□指定教材□选用教材□辅导教材□自学教材
您对本教材的总体满意度：
　　从内容质量角度看□很满意□满意□一般□不满意
　　　改进意见：_____
　　从印装质量角度看□很满意□满意□一般□不满意
　　　改进意见：_____
　　本教材最令您满意的是：
　　□指导明确□内容充实□讲解详尽□实例丰富□技术先进实用□其他_____
　　您认为本教材在哪些方面需要改进？（可另附页）
　　□封面设计□版式设计□印装质量□内容□其他_____
您认为本教材在内容上哪些地方应进行修改？（可另附页）
_____
_____

本教材存在的错误：（可另附页）
第_____页，第_____行：_____应改为：_____
第_____页，第_____行：_____应改为：_____
第_____页，第_____行：_____应改为：_____
您提供的勘误信息可通过 QQ 发给我们，我们会安排编辑尽快核实改正，所提问题一经采纳，会有精美小礼品赠送。非常感谢您对我社工作的大力支持！

欢迎访问"全国农业教育教材网"http：//www.qgnyjc.com（此表可在网上下载）
欢迎登录"中国农业教育在线"http：//www.ccapedu.com 查看更多网络学习资源